U0320081

珠江河口咸潮上溯规律及水库—闸泵群抑咸调度

邹华志　万东辉　刘　晋　丁晓英　著

中国环境出版集团·北京

图书在版编目（CIP）数据

珠江河口咸潮上溯规律及水库—闸泵群抑咸调度/邹华志等著.
—北京：中国环境出版集团，2018.8
ISBN 978-7-5111-3715-9

Ⅰ．①珠…　Ⅱ．①邹…　Ⅲ．①珠江—盐水入侵—河口治理
Ⅳ．①P641.4②TV882.4

中国版本图书馆 CIP 数据核字（2018）第 146104 号

出 版 人	武德凯
责任编辑	殷玉婷
责任校对	任　丽
封面设计	宋　瑞

出版发行	中国环境出版集团
	（100062　北京市东城区广渠门内大街 16 号）
	网　　址：http://www.cesp.com.cn
	电子邮箱：bjgl@cesp.com.cn
	联系电话：010-67112765（编辑管理部）
	发行热线：010-67125803，010-67113405（传真）
印　　刷	北京建宏印刷有限公司
经　　销	各地新华书店
版　　次	2018 年 8 月第 1 版
印　　次	2018 年 8 月第 1 次印刷
开　　本	787×960　1/16
印　　张	25.25
字　　数	400 千字
定　　价	60.00 元

【版权所有。未经许可，请勿翻印、转载，违者必究。】
如有缺页、破损、倒装等印装质量问题，请寄回本社更换

前　言

　　珠江下游的三角洲是我国经济和社会高速发展的地区，在我国经济建设中具有极其重要的战略地位。珠江三角洲地区聚集了众多一线、二线城市，形成了我国重要的城市圈，其经济总量之大、人口密度之稠堪称中国之最。据 2017 年统计资料，该地区 9 市 GDP 总和为 75 809.74 亿元，占广东省 GDP 的 79.67%；全国副省级、地级城市的 GDP 排名中，珠江三角洲的深圳（22 438.39 亿元）和广州（21 503.15 亿元）分别位列第 1 位和第 2 位，经济地位举足轻重。

　　此外，珠江三角洲地区毗邻香港和澳门特别行政区，政治地位也极为敏感。

　　随着经济社会的发展，珠江三角洲地区工农业生产和生活用水量进一步增加，珠江河口地区饮水安全问题随之凸显。据预测，到 2020 年珠江三角洲地区的总用水量将会达到 590 亿 m³，到 2030 年将会达到 960 亿 m³，社会经济的发展将对珠江三角洲的水量和水质及供水安全提出更高要求。

　　珠江流域水资源时空分布不均，全球气候变暖使流域水资源分布更趋极值，即水量更向洪季集中，枯季水量更趋减少，枯水期咸潮上溯更加剧了水资源短缺的局面，凸显了珠江三角洲的饮水安全问题。

　　近 10 年，珠江三角洲咸潮活动越来越频繁，影响范围越来越大，且持续时间越来越长。咸潮上溯已直接威胁到珠海、澳门、中山、广州、东莞等城市饮水供应安全，受灾人口多达 1 500 余万人，成为港澳及珠三角地区饮水安全中亟待解决的突出问题。2004 年年底咸潮上溯而引发的种种问题已经引起国家领导人和社会各界的广泛关注，国家领导人纷纷作出了重要批示，国家防总下令由水利部珠江水利委员会牵头，通过对远在千里之遥的珠江上游水库群的调度，实施压咸补淡应急调水，以缓解城市供水紧张局面。2005—2006 年枯水期，咸潮上溯更为严重，珠海、澳门取水口观测到水体含氯度达 7 500 mg/L，超过生活饮用水水质标准 29 倍，国家防总再次启动由珠江水利委员会牵头的流域调水抑咸方案。2006—2012 年枯水期咸潮年年肆虐，国家防总授权珠江防总先后实施珠江流域骨干水库调度和珠江枯季水量统一调度，以抵御咸潮。

咸潮上溯的危害既有自然因素，也有人为因素。自然因素主要包括上游径流大小及其过程变化，下游潮汐和潮差周期性变化、海平面季节变化及风浪、沿岸流的影响，河道口门形态和拦门沙的消长和运移等；人为因素主要包括河口河道整治工程、航道整治工程及河道内挖砂等。事实上，人类活动产生的负面影响短期内是很难消除的；采用工程措施如河口建闸、三角洲修建蓄淡水库等抑制咸潮，一方面周期长、投资大，另一方面在技术和实施时间上也存在一定困难。实践证明，利用流域现有的工程措施，通过优化调度，科学调配流域水资源是现阶段抑咸的有效途径。

2005 年以来，水利部珠江水利委员会通过科学论证、精心组织，已成功地实施了 2005 年和 2006 年两次压咸补淡应急调水，2006—2007 年和 2007—2008 年两次珠江骨干水库统一调度，2008—2009 年、2009—2010 年、2010—2011 年、2011—2012 年、2012—2013 年 5 次珠江枯季水量统一调度工作。流域水量统一调度的实施，确保了珠海、澳门等珠江三角洲重要城市的供水安全，取得了良好的社会、经济和生态效益，得到了社会各界的充分肯定。珠江水量统一调度实践证明，通过流域和区域水资源的合理调配，是目前解决枯水期咸潮上溯对珠江三角洲地区城市供水安全影响的一种有效途径。

然而，在实施流域水量的统一调度的实践中发现：流域现有的工程措施及骨干水库的建设，在工程的功能设计和运行调度规则中并未考虑抑咸调度的需求，利用现有的工程措施进行抑咸调度，仍需对工程的应用功能和调度规则进行研究和调整。此外，珠江三角洲取水口的布局也未考虑咸潮的影响，再加上由于三角洲地区城市扩张速度快，配套水源的建设也相对滞后。因此，仍需研究淡水资源配置和利用效率提高的方法。

随着珠江三角洲社会经济的快速发展，解决枯水期饮水安全问题已成为该地区经济发展和社会稳定的迫切需求。为此，国家水专项办于 2009 年启动了水体污染控制与治理科技重大专项"珠江下游地区水源调控及水质保障技术研究与示范"课题（2009ZX07423-001），其中专设"多汊河口的水库—闸泵群联合调度咸潮抑制技术"子课题（2009ZX07423-001-2），以解决咸潮对饮水安全的影响。该子课题主要针对珠江河口咸潮上溯问题和珠江三角洲水动力特性，以珠江河口咸潮上溯规律研究为基础，以流域和区域水资源抑咸调配为技术核心，重点从珠江河口咸潮上溯规律、流域骨干水库群优化调度抑咸技术、河口联围闸泵群联合调度抑咸技术 3 个方面开展研究，并选择珠江三角洲典型地区作为示范区，通过工程示范，形成多汊河口水库—闸泵群联合调度抑咸关键技术体系。

通过该子课题实施，提高珠江三角洲水厂取水安全保证率，为保障珠江下游地区饮用水安全提供技术支持。本书是对水体污染控制与治理科技重大专项"多汊河口的水库—闸泵群联合调度咸潮抑制技术"子课题（2009ZX07423-001-2）、公益性行业科研专项"咸潮动态监测与预测预报技术研究"（200901032）等研究成果和珠江枯季水量统一调度实践经验的提炼和总结，针对珠江河口咸潮上溯问题，以抑咸调控需求为导向，紧紧围绕珠江河口咸潮上溯规律、流域骨干水库群抑咸调度、三角洲闸泵群抑咸调度3大关键科学问题展开系统论述。本书主要包括以下研究内容。

（1）珠江河口咸潮及影响因素

首先，对珠江流域、珠江三角洲水系和珠江河口的地理位置、水系分布、水文泥沙特征、咸潮活动特点等基本情况进行了介绍；其次，对珠江河口咸潮的影响因素及其对供水的影响进行了概述。

（2）珠江河口咸潮模拟方法

详细介绍了珠江河口咸潮研究所采用的主要方法，包括表层盐度遥感定量反演、物理模型试验和数值模拟，本书大部分研究成果来源于这些方法的成功应用。

（3）珠江河口咸潮时空分布

结合原型观测资料和珠江河口咸潮试验、模拟研究成果，对珠江河口咸潮的多维时空分布规律进行了探讨，包括咸潮上溯的日、半月、季节周期变化和平面、垂向、上溯距离、混合特征的空间分布特征。

（4）珠江河口咸潮上溯动力机制

珠江河口咸潮具有明显的三维密度分层流特点，其动力机制较为复杂。本书采用资料分析、理论公式推导、物理模型试验和数值模拟研究相结合的方法，对珠江河口咸潮上溯的动力机制进行了较为详细的研究，包括盐水楔活动特征、盐淡水的混合机制及其对径流、潮汐、水深、海平面变化等的过程。

（5）磨刀门咸潮上溯规律

在上述研究成果的基础上，以磨刀门水道作为重点研究区域，对咸潮上溯过程、规律和机理进行了更进一步的分析。

（6）珠江流域枯季径流特征及来水预报

建立了基于EasyDHM的珠江流域分布式水文模型，分析了珠江流域水循环要素演变规律及枯季径流特征；在实时水雨情信息分析的基础上，开展了关键断面的径流预报研究。

（7）珠江流域骨干水库群抑咸调度

针对珠江骨干水库群所具有的大系统、大跨度、多维、多目标复杂调度决策特征，根据水库群枯季兴利用水和抑咸用水需求，建立了珠江流域骨干水库群抑咸优化调度模型，通过长系列及典型年的调节计算，提出了抑咸优化调度方案；在抑咸优化调度方案的基础上通过实时水雨情信息的滚动修正，制定了抑咸实时调度方案，并开展了实时调度工程示范。

（8）珠江河口联围闸泵群抑咸调度

以三角洲联围单闸或简单多闸组合常规调度为基本单元，灵活运用闸泵群联合调度优化手段，构建了集多汊河口河网水量水质模拟、闸泵群联合调度模拟，以及抑咸关键调度时机确定等关键技术为一体的珠江河口联围闸泵群抑咸调度体系。合理确定了联围内河涌引水冲污、开闸蓄淡、释淡抑咸时机，制定了不同潮型、不同潮时、不同放水模式及上游径流、工程运用多重约束条件影响下的最优闸泵群联合调控方案，并开展了工程示范。

全书共分为 11 章，由王琳统稿。前言、第 1 章绪论由王琳、万东辉执笔，第 2 章珠江河口咸潮及影响因素由邹华志、万东辉执笔，第 3 章珠江河口咸潮监测与模拟方法由邹华志、丁晓英、卢陈执笔，第 4 章珠江河口咸潮时空分布由邹华志执笔，第 5 章珠江河口咸潮上溯动力机制由邹华志、卢陈执笔，第 6 章磨刀门咸潮上溯规律由邹华志执笔，第 7 章珠江流域枯季径流特征及来水预报由刘晋执笔，第 8 章珠江流域骨干水库群抑咸调度由刘晋、万东辉执笔，第 9 章珠江河口联围闸泵群抑咸调度由万东辉执笔，第 10 章珠江河口水库—闸泵群联合抑咸调度工程示范由万东辉、邹华志执笔，第 11 章认识与展望由王琳执笔。

在项目研究和本书编写过程中，得到了国家水体污染控制与治理科技重大专项管理办公室、水利部珠江水利委员会、广东省住房和城乡建设厅、中山市水务局等单位领导的大力支持和帮助。参与相关研究工作的还有于宜法、陈荣力、余顺超、唐克旺、左军成、贺新春、雷晓辉、何启莲、马志鹏、杨莉玲、曾碧球、陈钰祥、唐韵、杜凌、罗丹、黑亮、董延军、解河海、高时友、范群芳、何用、崔树彬、王世俊等。在本书出版之际，我们一并谨向支持和帮助本书编写出版的有关单位领导、专家和研究人员，表示衷心的感谢！

受时间和笔者水平所限，本书中错误和不足之处在所难免，恳请广大读者批评指正。

作　者

2017 年 11 月

目 录

1 绪论

1.1 河口咸潮研究进展

1.1.1 咸潮上溯规律研究

为了更深入地认识咸潮的运动规律，国内外学者开展了大量的研究工作，概括起来其主要内容包括咸潮活动规律、咸潮数值模拟及咸潮预测预报技术与方法等。

国外对咸潮现象的研究始于 20 世纪 50 年代，研究主要集中在河口动力和河口形态对咸潮活动的作用机理、海平面变化对咸潮的作用、河口咸潮数值模拟等方面。

（1）河口动力对咸潮活动的作用机理研究

国外对河口（海湾）咸潮上溯现象的研究，自河口学起源便受到重视。从最初的盐淡水混合、河口环流规律的研究（Pritchard，1952；Bowden，1959；Hansen，1965；Schubel，1968），到借助流体力学基本概念和数值模拟技术，应用 Arons 和 Stommel 的混合长度理论求解河口盐水楔入侵长度和盐水楔形态等，并根据河口盐淡水混合特征，提出了环流参数、分层系数和山潮比等定量指标来描述咸潮强度（Hansen，1966；Simmons，1969）。随后，许多研究者提出了各种数值模拟模式，对河口环流模式进行了探讨（Bowden，Hamiton，1975），并以河口环流概化模式来模拟最大浑浊带的形成和变化规律（Festa，Hansen，1978；Office，1980）。近十几年，不同时间尺度（日、季节、年际）和流量变化与盐水楔位置及移动长度的关系研究逐渐受到重视（Neilson，2001；Kurup，1998；Parissis，2001），一些学者把咸潮上溯作为潮汐入侵锋，用以分析径流、潮流对锋面的迁移作用（Thain，2004）。

（2）河口形态对咸潮活动的作用机理研究

河口咸潮上溯实际上是河口混合的结果，而河口混合不仅与动力有关，还与混合的空间大小有关，即河口形态对咸潮上溯也有较大影响。与此相关的研究包括河口地貌发育演变、河口拦门沙发育及其对水体交换的影响等。

（3）海平面变化对咸潮的作用

长时期以来，由于人类活动尤其是世界性工业的发展，大气层中的 CO_2 浓度大量增加，全球气候变暖所产生的"温室效应"加速了冰川融化，使海水发生热膨胀、海平面上升；自然条件下，海平面还呈现出明显的季节性变化。海平面上升将打破原有的外海海洋与河流径流间的动力平衡，使高盐潮水上溯距离加长，河道沿程水体含盐度增加，持续时间更久，对河口区咸潮上溯产生直接影响（曾从盛等，1991；叶林宜，2005）。在长江河口，徐海根等（1994）根据公式计算得出：在海面上升 0.3 m、0.5 m 和 1.0 m 的条件下，盐水楔将分别向上游推进 3.3 km、5.5 km 和 12 km。在珠江河口，由于海平面的上升导致的咸潮加剧，给珠江三角洲地区城镇、乡村供水及农田灌溉带来重大危害（刘晨，1993）。李素琼等（2000）根据 Ippen 和 Harlomen 的扩散理论和方法推算了当海平面上升 0.4～1.0 m 时，各河口区咸潮上溯距离的变化情况，得出枯期高潮时虎门水道咸潮上溯距离增加 1～3 km，最大约 4 km；磨刀门水道咸潮上溯最大距离增加约 3 km；黄茅海区最大咸潮上溯距离增加 5 km 的结论。

（4）河口咸潮数值模拟

河口咸潮数学模型研究在 20 世纪 70 年代以河口一维潮流计算为主，进入 80 年代后，大多已采用二维潮流数学模型。国外对咸潮上溯的数学模型研究较早，数学模型从一维、二维向三维发展。Uncles 和 Stephens 对特威德（Tweed）河口不同强度潮汐动力、径流作用下的盐度资料进行了对比分析并考虑波浪影响，研究了河口的动力变化及其对盐水入侵的影响。Stephens 等建立了一维数学模型对尤森（Ythan）河口的水位、盐度和总氧氮（TON）进行了模拟，并将迎风差分与中心差分相结合以模拟强潮流，在采用一系列实测资料对模型进行验证后对尤森河口的盐水分布进行模拟研究。Gordon 提出了一个二维水动力、盐度模型，在采用最新实测地形资料、年实测潮汐、盐度数据对模型进行验证后，利用该模型对洛克斯哈奇（Loxahatchee）河流的水动力、含盐度进行了模拟，研究了径流、潮汐入流、海平面变化等因素对河口盐水体的影响。Essink 采用 MOCDENS3D 对北部奈瑟（Nether）岛屿水生系统的淡水、咸味水、盐水的分布进行了模拟，研究了其三维空间的盐水入侵情况。Meselhe 则采用有限差分三维模型 H3D 对路易斯安那州南部卡萨里乌萨宾（Calcasieu-Sabine）水域的水动力和盐度进行了模拟研究，根据流域内各站点一年内的完整实测数据对模型进行了率定后，对卡萨里乌萨宾的水动力、盐度作了精确模拟分析。

国内对河口咸潮活动的研究起步较晚，直到 20 世纪 80 年代才开始专题研究。国内对咸潮上溯的研究主要集中在大河口区，研究内容主要包括咸潮上溯的统计规律与盐度分布特征、径流和河口形态对咸潮活动的作用机理、海平面上升对咸潮上溯的影响、河口流场和盐度场的数值模拟等方面。

（5）咸潮上溯的统计规律与盐度分布特征研究

朱鹏程（1982）通过分析长江口北槽和南槽实测资料发现，最大浑浊带的范围与盐水楔锋面的进退区域及滞流点移动范围相对应，根据流线方程推导出盐水楔发生滞流点的条件式，并从力学观点阐述盐水对浑浊带形成的机理。严镜海（1986）参考国外盐水楔试验成果并结合长江口铜沙地区盐水楔实测资料分析，详细阐述了盐水楔异重流的形成条件，在研究其纵向扩散系数时考虑了异重流是有密度差的扩散。潘安定等（1988）分析了夏季长江口的盐淡水混合特征；俞鸣同（1992）分析了闽江口北支冬季盐水入侵规律；徐建益等（1994）分析了长江口南支河段盐水入侵规律；茅志昌（1995）分析了长江口盐水入侵锋的特征；孔亚珍等（2004）根据新的观测资料分析了长江口盐度分布特征。

（6）径流和河口形态对咸潮活动的作用机理研究

沈焕庭和茅志昌（1980、1983、1987）等结合南水北调和三峡工程分析计算了工程对长江口咸潮上溯的可能影响，随后对长江河口盐水入侵展开了系统研究；韩乃斌（1981）利用实测资料作统计，建立了大通流量与盐水入侵长度之间的经验公式；应秩甫（1983），田向平（1986）对伶仃洋的咸淡水混合特征、河口环流、最大浑浊带的成因等进行了探讨；李春初（1990）在研究珠江河口时，提出了高盐陆架水对上溯河口过程的作用。在河口形态对咸潮活动的影响方面，陈宝冲（1993）分析了长江北支河势变化与水、沙、盐的输移作用机理。韩曾萃（2000）利用钱塘江河口的实测资料，通过对咸潮上溯理论的区域修正，对其咸潮上溯进行较为精确的预测预报。并与尤爱菊、徐有成等（2006）通过对钱塘江维护河口泥沙冲淤平衡需水、防止咸水入侵需水等的计算，探讨了海域来沙为主的强潮河口环境和生态需水。

（7）海平面上升对咸潮上溯的影响研究

杨桂山（1993）研究了全球海平面上升对长江口盐水上溯的影响。程杭平（2002）也研究了全球海平面上升对钱塘江口盐水上溯的影响。左军成等（1996、1997、1999、2005）把最大熵谱分析、非线性最小二乘法应用于动态预报，建立了一种海平面的本征分析和随机动态分析预报的联合模型，得出中国沿岸海平面加速上升的结论；利用经验模态法给出了整个中国沿岸海平面的上升速率分布图；利用建立的灰色系统一阶模型 GM（1，1）对太平洋海域海平面变化进行了系统的研究；研究了比容海平面变化对海平面季节和长期变化的影响和贡献。

（8）河口流场和盐度场的数值模拟研究

20 世纪 80 年代起，不少研究者建立数值模型模拟河口局部水域的流场和盐度场。易家豪（1983）建立了长江口二元盐度分布数学模型。严以新（1993）研究了长江口航道水域平面流场与盐水入侵数学模型。匡翠萍（1993）在研究长江口拦门沙冲淤及悬沙沉降规律的基础上，建立了水流、盐度和泥沙耦合数学模型。随后，匡翠萍（1997）又建立了长江口盐水入侵三维数值模拟模型。肖成猷（2000）研究了长江口北支盐水倒灌数值模型。朱建荣（2003）进行了河口环流和盐水入侵模式及控制的数学模型研究。谭维炎、胡四一等（1995）应用二维有限体积法计算了钱塘江口涌潮产生、发展到消亡的全过程。涌潮的主要特征（如涌潮高度、移速、水位和流场等）与实测资料符合良好，证实了模型的合理性和模拟能力。祝丽丽、孙志林等（2007）采用 Deldt3D 模型对钱塘江弯道潮流场进行二维数值模拟，着重研究了河口弯道的流场特性。浙江省水利河口研究院采用一维咸水入侵模型，研究了不同用水水平年不同季节所需的抗咸净流量，并采用二维水质模型，计算了维持河口水功能区水质要求的需水，取得了较好的成果。

近 20 年来，国内不少学者和单位针对不同需要，对珠三角网河及河口区进行了多角度的研究。如李毓湘、逄勇对珠江三角洲局部河网区河道进行概化，利用一维非恒定流方程组、河网节点联结方程及边点方程建立了珠江三角洲局部网河区水动力学模型，研究珠江三角洲污染物对东四口门通量影响。珠江水利委员会设计院与天津水运科研院建立了珠江三角洲河网及河口水沙整体模型，河网区采用一维有限元水沙模型，河口区采用拟合坐标系下平面二维水沙模型，该模型着重对伶仃洋海区进行了验证。河海大学与广东省航道局建立了珠江三角洲航道网水沙数学模型，其模型主要以一维航道网线为主，二维计算区域内网格嵌套。根据一维、二维联网的需要，一维网河采用隐格式计算，而二维河口海域采用隐格式（DSI 法）模拟，模型验证仅涉及局部河口。

珠江水利科学研究院建立了珠江三角洲河口区潮流泥沙及含盐度耦合联解数学模型，该模型上游网河区采用三级联解法，下游用曲线网格模拟河口计算区域，采用显隐交替的 ADI 法离散求解曲线坐标下的基本方程，设置交界面连接一维、二维模型，该模型已广泛应用于珠江河口潮流、泥沙和盐度问题的数值模型，在历年珠江压咸补淡应急调水中的模拟和预测中发挥了重要的作用。

纵观国内外的研究成果，河口咸潮活动的相关研究内容比较丰富，但在以下几方面还有待加强。

①入海径流和河口潮差是影响咸潮上溯强度的主要因子，它们之间的不同组合，即不同水文年（丰、平、枯水年）入海径流量和不同潮型组合对河口咸潮上溯强度的影响有很大差异，而至今对这种不同组合的不同影响研究依然很少。

②河口河槽地形冲淤变化对咸潮上溯强度及上溯源有重要影响，现有的研究一般将河口形态视为常量考虑。河槽冲淤变化导致潮波特性、进潮量和汊道径流分流比的变化，直接影响到咸潮上溯源的派生和上溯强度的时空差异。河口形态变化对咸潮上溯的作用机理研究亟待加强。

③除径流动力和潮汐动力外，河口还受风、沿岸流、陆架水等动力的影响，现有的研究多是考虑单个因素对咸潮活动的作用，对多因素的群体效应研究较少；此外，河口区人类活动的强度日益增大，河道挖沙、航道疏浚、无序取水等对河口形态的影响已不再是微不足道，但人类活动对咸潮上溯影响的定量研究还比较薄弱，考虑人类活动下的河口动力与河口形态对咸潮活动的综合作用机理研究还有待加强。

④现有的成果主要是潮周期平均状态下的表达，小尺度瞬时变化研究成果鲜见，仍有较大的研究空间。

⑤在河口咸潮数值研究中仍未全面考虑各因素（如波浪、风场、潮汐等）对盐度输移的影响；在数值模式上部分模型仍采用守恒性较差有限差分法或者直接进行矩形网格计算，不能很好地和边界拟合，在模拟复杂边界下水流运动和盐度输移时存在一定困难；咸潮上溯具有明显的三维特征，表、底层盐度差异较大，水深平均无法反映河口咸潮的真实情况。因此，三维模型的研究和应用日趋广泛，并取得了一些颇有价值的研究成果。河口咸潮上溯数值模拟将朝着高效、高精度、可视化和软件化方向发展。

1.1.2　咸潮抑制措施与技术研究

（1）抑咸工程措施

在应对咸潮上溯的工程措施上，世界上受咸潮影响的国家所采用的工程措施各有不同，但是工程的主要功能都是围绕减弱海域向内陆的动力从而抑制咸潮上溯而设计。

美国密西西比河下游河道由于航道开挖，导致枯水季节咸潮上溯加剧，最初的应急方法是通过驳船从上游运来淡水与从取水口抽上来的咸水混合，以冲淡咸水，但从上游航运淡水进行冲淡的费用昂贵。随后美国陆军工程兵团在适当的天然横沙洲顶部修建人工堰或人工潜坝，该措施能有效阻滞咸潮的上溯（W.H. 麦克纳里，1997）。密西西比河抑咸的实践表明，修建人工潜坝应满足如下条件：挡盐潜坝必须位于河口地区取水口位置的下游；潜坝必须位于河中横沙洲处，以利用天然河床高程；在所选的横沙洲附近，必须有级配合适的沙料场，一旦根据预报确定下游可能发生临界流量时，能经济快速地修建人工潜坝；挡盐潜坝沙料的特性，要求在枯水期潜坝能保持稳定，而流量增加至某一预定值时，能被迅速冲走，以免妨碍泄洪；所选定的横沙洲横断面形状，要求挡盐潜坝所需沙料不能太多，才能在某个预定工期内达到设计深度；所选的坝址，不需改动现有设施和管路，施工中也不影响通航。

欧洲许多国家通常通过在河口建闸来阻挡咸潮的上溯，以荷兰为代表。荷兰是一个以三角洲平原为主的国家，有55%的国土面积低于海平面，1958—1986年的近30年，荷兰政府实施了三角洲计划，在三角洲4个地区的主要潮汐通道及靠陆地方向的江心岛之间建造防潮大坝和挡潮闸。1997年，荷兰政府在尼韦·韦特韦格（Nieuwe Waterweg）河上建造活动挡潮闸，它的建成使荷兰经贸中心鹿特丹及周边地区的100万人口免受风暴潮的威胁。挡潮闸的建造能大大提高抑咸能力，涨潮时挡潮闸可阻止咸潮入侵，落潮时挡潮闸可截留潮水，把多余淡水导入蓄水库，减轻旱情。

在我国，长江口的咸潮主要受北支倒灌的影响，因此，上海拟采用土地围垦缩小北支口门宽度的方法来抑制盐水倒灌的影响（陈美发，2003）。

上述工程措施在一定程度上能抑制咸潮上溯，但还存在一些难以克服的缺陷。如人工潜坝的抑咸作用只能在一定的径流范围内有效，当上游来水锐减，而上游水库不增加泄水时，人工潜坝的抑咸效果将大打折扣；挡潮闸容易引起闸下淤积，对防洪产生不利影响，阻断河口生物的洄游路线，对生态环境有一定的负面影响。同时，在船舶进出船闸时如何避免咸潮上溯是挡潮闸亟待解决的难题；通过土地围垦缩小河口会改变河口地区的植被与地貌，引发一系列的生态环境问题，也影响通航。

（2）抑咸非工程措施

非工程措施具有投入少、见效快的特点，采用非工程措施抑制咸潮上溯是一类投入少且短期内能发挥成效的方法，在保障咸潮上溯区的饮水安全中发挥了重要作用。国内外抑制咸潮的非工程措施主要包括流域水资源调配抑咸、区域淡水资源的调节抑咸、河口地区供水系统优化调控、咸潮预警预报技术等方面。

①流域水资源调配抑咸方法

径流的强弱是影响和决定咸潮上溯强度的重要因素。通过流域上游的水库调度运用，调节枯季下泄的径流量以控制咸潮，是国内外运用较多的一类措施。徐小燕（2001）针对钱塘江河口咸潮入侵影响下游两岸尤其是杭州市的供水水质，对调整新安江水库的调度方式，增加压咸用水量的可能性及其产生的环境影响进行分析。2003 年以来，浙江省防汛抗旱指挥部杭州抗咸工作联席会议，积极协调各方关系，抗咸工作取得显著成效，通过精心准备、科学调度，杭州市区供水一直保持正常，既保障了杭州市居民的正常安全用水，又节约了新安江、富春江水库的水资源，取得了很好的社会和经济效益。水利部珠江水利委员会 2005—2012 年连续 8 次组织实施了珠江骨干水库统一调度和珠江枯季水量统一调水，有效地缓解了澳门及珠江三角洲地区供水紧张的局面。调水方式从最初的被动应急调水，转变为主动应对的流域骨干水库调度、枯季水量调度，调度方案更加科学合理，通过不断实践调整和修正，逐步完善形成了珠江枯季水量统一调度，调度方案更加科学，对电网的影响也更小，在确保供水安全的前提下，实现发电、航运、重点工程建设、环境多方共赢。

②区域淡水资源的调节抑咸

针对咸潮活动情况，利用河口地区现有的水闸、泵站等设施抑制咸潮上溯是保障感潮河口地区饮用水安全和改善内河涌水环境的另一个重要的非工程措施。河口地区的三角洲内河涌众多、水网密布，其容积相当可观。感潮河口地区大多数河涌通过水闸、泵站等设施与干流水系连通，构成了三角洲水系的重要纽带，为区域淡水资源调节和配置提供了重要的连通渠道。通过对三角洲内河涌闸、泵群的科学调度运用，可进一步发挥河涌的蓄淡能力。此外，由于经济社会的发展，河口地区水污染问题日益加重，闸、泵群联合调度的另一个重要作用是通过水量的调度，改善河涌内水体的水质，解决内河涌的污染问题。目前通过闸、泵群的调度调配淡水资源的研究尚不多见，通过对闸、泵等水利设施的科学调度，实现淡水资源在三角洲区域的再分配是抑制咸潮上溯实践中值得探索的新途径。要达到上述目的，需要通过闸、泵群的联合调度和调度方案的优化来实现。目前，闸、泵群的优化调度算法，多采用离散微分动态规划法（DDDP）、系统分析、神经网络、模糊理论等。随着最优化理论和方法的日益成熟，模糊理论、灰色理论、神经网络等计算方法越来越多地被应用。同时，随着闸、泵工程自动化水平的不断提高，优化调度理论在泵站运行的计算机监控系统中的应用也将越来越多。

③河口地区供水系统优化调控

在河口地区供水系统优化调控方面，珠江水利委员会做了大量有益的研究与实践工作。澳门和珠海供水系统中现有的取水口主要分布在磨刀门水道联石湾以下河段，距离出海口不到 20 km，枯水期上游流量减小，咸潮上溯覆盖沿江各取水口。为了完善供水系统，克服咸潮的影响，水利部珠江水利委员会通过研究，提出了珠澳供水系统规划设想，在各地方政府的共同努力下，供水系统得以实施。该供水系统以磨刀门水道的竹洲头、平岗和广昌等泵站为骨干取水工程，以竹仙洞和南屏水库等南库群、大镜山水库等北库群、竹银水库和鹤洲南平原水库为调节水库，配置完善的输水管网，实现南、北水库群的联网，形成了"江水为主，库水为辅；江水补库，库水调咸"的珠澳供水工程布局。此外，珠江水利委员会还从流域层面研究了保障澳门及西北江三角洲饮用水安全的长效机制，将河口地区供水系统纳入流域水资源配置体系，重点研究流域控制性枢纽工程的水资源配置作用，上游骨干水库与河口地区供水系统的联合调度机制与技术，并开展了相关前期工作。

为缓解长江口咸潮上溯带来的负面影响，上海市也兴建了一些蓄淡水库。1985 年上海市在宝钢公司所在的长江岸段建造了总库容为 1 300 万 m^3 的宝钢水库，起到了避咸蓄淡的功能；总库容为 860 万 m^3 的陈行水库也是利用了长江口的咸潮入侵规律、借鉴宝钢水库的经验设计的，陈行水库位于宝钢水库下游，与宝钢水库相邻，陈行水库解决了上海部分城区工业和市民的用水需求；2011 年兴建了青草沙水库，青草沙水库位于长江口南北港分流口下方，水库总面积约 66 km^2，设计总库容为 5.24 亿 m^3，有效库容 4.35 亿 m^3，水库供水总规模为 719 万 m^3/d，能有效保障咸潮影响期上海市中心城区的用水需求。

④咸潮预警预报技术

目前，国内咸潮预警预报研究方面正处于起步阶段，水利部珠江水利委员会（以下简称珠江委）在近 10 年的调水实践中，通过实测资料和遥感信息的综合分析、数学模型计算、物理模型验证，积累了丰富的经验，逐步形成了一套适合珠江河口咸潮预报的技术。

国内外河口咸潮上溯的控制主要以工程措施为主，在非工程措施方面，采用流域和区域水资源调配、供水系统优化调控的手段来抑制咸潮上溯，水利部珠江水利委员会做了有益的探索，这方面的研究和实践在全国乃至全世界都很少见。

1.2 珠江河口咸潮上溯情势

1.2.1 咸潮上溯现状

珠江三角洲的咸潮一般出现在 10 月至次年 4 月。一般年份，南海大陆架高盐水团入侵至伶仃洋内伶仃岛附近，磨刀门及鸡啼门外海区，黄茅海湾口；盐度为 2‰（氯化物约为 1 110 mg/L）的咸水上溯至虎门大虎，蕉门南汊，洪奇门及横门口，磨刀门大涌口，鸡啼门黄金；盐度为 0.5‰（氯化物约为 270 mg/L）的咸潮线在虎门东江北干流出口，磨刀门水道灯笼山，横门水道小隐涌口。

　　大旱年盐度为 2‰的咸水上溯到虎门黄埔以上，沙湾水道下段，小榄水道、磨刀门水道大鳌岛，崖门水道；盐度为 0.5‰的咸潮线可达广州水道西航道、东江北干流的新塘，东江南支流的东莞、沙湾水道的三善滘、鸡鸦水道及小榄水道中上部、西江干流的西海水道、潭江石咀等地。其等盐度线大致为东北—西南走向，形似西岸等深线的分布，具体见图 1-1。

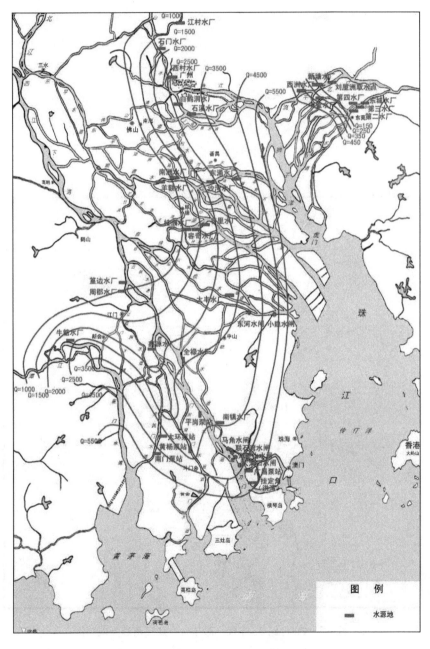

图 1-1　不同来水条件下珠江河口水体含氯度 250 mg/L 等值线

珠江三角洲地区发生较严重咸潮的年份是 1955 年、1960 年、1963 年、1970 年、1977 年、1993 年、1999 年、2004 年、2005 年、2006 年、2007 年、2009 年。

20 世纪 80 年代以前,珠江三角洲受咸潮危害最严重的是农业。珠江三角洲沿海经常受咸害的农田约有 68 万亩。遇大旱年咸害更加严重,如 1955 年春旱,咸潮上溯和咸水内渗,滨海地带受咸面积达 138 万亩之多。1964 年春,由于咸潮影响,滨海地带当年曾插秧 4 次。位于鸡啼门的斗门县(现为珠海市斗门区),常年受咸达 7 个多月,严重年份达 9 个月。20 世纪 80 年代初,珠江三角洲经常受咸的农田之中,东莞市和番禺各有 19.5 万亩,斗门有 12.45 万亩,其余受咸农田分布在珠海、中山、新会等地。一般年份,水稻受咸灾的范围为广州前航道至二沙头岛东,后航道至新造,沙湾水道至市桥,东江至新塘和厚街,蕉门至新沙东,洪奇沥至蓑衣沙西,横门至东河口,磨刀门至竹排沙南,鸡啼门至泥湾,虎跳门至梅阁,崖门至双水。一般年份珠江三角洲受咸范围见图 1-2。

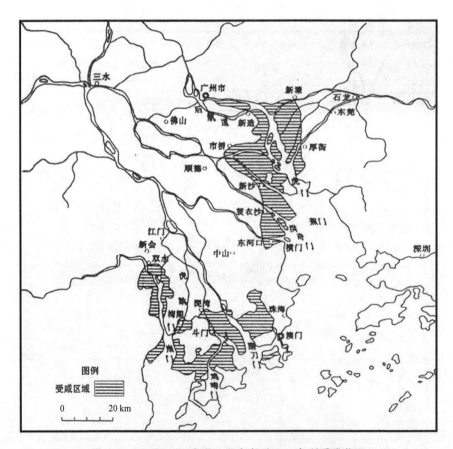

图 1-2 20 世纪 80 年代一般年份珠江三角洲受咸范围

20 世纪 80 年代以来，随着珠江三角洲城市化进程的加速发展，农业用地大幅减少，受咸潮影响的主要对象已从农业灌溉用水转为工业用水及城市生活用水。如 1998 年 10 月—1999 年 4 月，珠海市居民有相当长时间用的是"带咸"的自来水。2003 年 10 月以来，咸潮影响比以往更为严重。以磨刀门水道为水源的各水厂供水含氯度经常高达 800 mg/L。近年来，由于连续枯水年，咸潮影响范围扩大到广州、东莞、中山的大部分地区，甚至佛山的南海区也受到影响，三角洲区域影响人口近 1 500 万人，并已严重影响该区域人民生活和社会安定。

目前在咸潮影响区，分布有 20 多家水厂主力取水泵站和供水水厂，如澳门自来水公司，珠海自来水公司，广州的新塘水厂，西洲水厂，石溪水厂，白鹤洞水厂，西村水厂，石门水厂，江村、番禺沙湾水厂，番禺第二水厂，中山市的大丰水厂，全禄水厂，江门自来水公司，新会自来水公司等，具体见表 1-1。

表 1-1　珠江三角洲咸潮影响或潜在影响区主要水厂情况

序号	影响水厂（取水口）	所在城市	取水口所在河道
1	洪湾泵站	珠海	磨刀门水道
2	广昌泵站	珠海	磨刀门水道
3	平岗泵站	珠海	磨刀门水道
4	黄杨泵站	珠海	鸡啼门水道
5	全禄水厂	中山	磨刀门水道
6	大丰水厂	中山	小榄水道
7	番禺第二水厂	广州番禺	沙湾水道
8	沙湾水厂	广州番禺	沙湾水道
9	石溪水厂	广州	后航道
10	白鹤洞水厂	广州	后航道
11	西村	广州	西航道
12	石门	广州	西航道
13	江村	广州	流溪河
14	南洲水厂	广州	顺德水道
15	西洲水厂	广州	东江北干流
16	新塘水厂	广州	东江北干流
17	中堂水厂	东莞	中堂水道
18	东莞第二水厂	东莞	东江南支流
19	东莞第三水厂	东莞	东江南支流
20	东莞第四水厂	东莞	东江南支流
21	东莞东城水厂	东莞	东江南支流
22	牛箕水厂	江门新会	潭江
23	鑫源水厂	江门新会	磨刀门水道

上述水厂担负着珠江三角洲90%以上的供水任务，咸潮上溯使上述水厂取水水质受到严重的影响，解决枯水期取水口水质问题已是关乎三角洲地区人民生命健康及社会和谐稳定的重大问题。

1.2.2 咸潮上溯趋势

自20世纪90年代以来，珠江口咸潮上溯已成为制约当地经济发展的重要影响因素之一，咸潮灾害频繁侵袭珠三角的河口地区，咸潮上溯越来越严重，其主要趋势如下。

（1）活动频次越来越高

20世纪90年代以前，咸潮影响较严重的年份只是大旱年1963年。20世纪90年代以来，1992—1993年、1998—1999年、2001—2002年、2003—2004年、2005—2006年、2007—2008年、2009—2010年均发生较严重的咸潮上溯现象。

（2）强度越来越大

据实测资料统计，1993年3月咸潮进入广州市的后航道，广州地区黄埔水厂、员村水厂和石溪水厂先后局部或全部停产，影响程度为四五十年来最甚，广州市海珠区居民用水受到直接威胁。1998—1999年，珠海市居民有相当长时间用的是"带咸"的自来水。2003—2004年枯水期的咸潮上溯，区域内500多万人的生活用水和一大批工业企业生产用水受到不同程度的影响，造成巨大的经济损失。

（3）持续时间越来越长

2007—2008年枯水期，珠江三角洲发生了历史罕见的强咸潮上溯现象，平岗泵站超标时数达到1 233 h，超标天数达到82 d。

（4）上溯距离越来越远

如西江下游磨刀门河段，1992年咸潮上溯至大涌口，1995年上溯至神湾，1998年上溯至南镇，1999年上溯至全禄水厂，2003年后更是越过全禄水厂，2004年中山市东部的大丰水厂也受到影响，2007—2008年枯水期的咸潮上溯距离更远。

（5）出现越来越早

近年来，珠江三角洲咸潮出现具有提前的趋势，如2009年8月30日，珠海的广昌泵站已经出现连续6 h含氯度超标，咸潮比前几年提前近1个月。

1.3 珠江河口抑咸调控实践

2005 年以来，为了保障澳门及珠江三角洲地区供水安全，珠江防总、珠江委连续 8 次实施应急调水和枯季水量调度，确保了澳门及珠江三角洲地区经济发展和社会稳定，多次实现了供水、发电、施工、航运、生态等多方共赢，社会效益和经济效益显著，社会反响强烈。

（1）2005 年、2006 年压咸补淡应急调水

2000 年以来，珠江流域连续干旱，上游来水严重减少，尤其是 2004 年、2005 年西北江的连续干旱，导致珠江三角洲咸潮上溯影响日益严重。为了保障珠三角珠海、澳门及中山等主要城市的供水安全，珠江流域分别于 2005 年和 2006 年开展了两次应急调水，其中 2005 年 1 月 17 日—2 月 7 日，集中补水 15 d；2006 年 1 月 10—17 日，集中补水 7 d。两次应急调度分别从上游水库增调水量 8.43 亿 m^3 和 5.5 亿 m^3，确保了澳门及珠江三角洲地区春节期间的供水安全，大大改善了沿江的水环境。两次压咸补淡应急调水工作，为珠江流域的骨干水库抑咸统一调度拉开了序幕。

（2）2006—2007 年骨干水库统一调度

2006—2007 年珠江流域骨干水库统一调度从 2006 年 9 月—2007 年 2 月 28 日。这是第一次长达 6 个月的长时期调度，珠江流域第一次枯季水量统一调度，集中补水调度 8 次。此次调度与前两次应急调度不同，由被动应急到主动调控，通过研究咸潮规律、提出珠江骨干水库调度方案，到调度组织实施。既保证了珠江三角洲的用水安全，又能兼顾各方面的利益，同时能够将枯季咸潮上溯的影响降到最低。骨干水库调度采用"月计划、旬调度、周调整、日跟踪"的方式，通过滚动预报，不断细化和优化实施方案，合理确定了龙滩水库的下闸蓄水。骨干水库调度共调度水量达 188.67 亿 m^3，其中，西江上游各水库调度水量 130.75 亿 m^3，郁江百色水利枢纽调度水量 40.59 亿 m^3，北江飞来峡水库调度水量 17.32 亿 m^3。关键调度期，控制西江广西梧州断面流量不低于 1 800 m^3/s，控制广东思贤滘断面流量不低于 2 200 m^3/s。实施水量调度后，有效地调配了水资源的时空分配，充分发挥了水资源的综合效益。

（3）2007—2008 年骨干水库统一调度

2007—2008 年骨干水库统一调度从 2007 年 10 月—2008 年 2 月底结束，历时 5 个月。此次调度珠江流域遭遇近 50 年最枯来水，咸潮强度更是进一步增强；在此期间，流域在

建工程众多，光照、长洲计划下闸蓄水，桥巩水电站计划截流，龙滩电站正值初期蓄水阶段；澳门、珠海经济社会发展，用水量剧增。

此次调度采用了"前蓄后补""避涨压退""动态控制"的技术思路，利用统一调度成功化解了流域来水严重偏枯的不利局面，有效地应对了南方发生严重的冰冻雪灾，保障了澳门及珠江三角洲地区供水安全。各水库总调度水量 341.16 亿 m³，集中补水期调度与不调度情况相比，梧州平均增加流量 170 m³/s，有效地抑制了咸潮上溯产生的影响。

（4）2008—2009 年枯季水量统一调度

2008—2009 年珠江枯季水量统一调度，2008 年 11 月—2009 年 2 月底，历时 4 个月。本次调度期间受"金融海啸"和春节假期的双重影响，南方电网负荷大幅减少，水调和电调矛盾突出。枯季珠江流域降雨量与多年同期基本相当，西江控制站梧州天然来水为频率50%的平水年，北江控制站石角天然来水为频率80%枯水年。2008 年 11 月—2009 年 2 月，流域降雨量减少了近 70%，遭遇了自 1956 年以来最严重的枯季。为缓解枯季咸潮上溯的影响，本次调度采用了"前蓄后补"的总体方案，各骨干水库前期增蓄水量约 67 亿 m³，为枯季补水储备了充足的水源。调度期采取月出库水量总量控制的方式。经本次水库统一调度，广西梧州断面日平均流量都在 1 900 m³/s 以上，高于调度 1 800 m³/s 的调度目标。

（5）2009—2010 年枯季水量统一调度

2009—2010 年珠江枯季水量统一调度，2009 年 9 月—2010 年 2 月底，本次枯水期珠江水量调度形势显著特点是降雨偏少、来水偏枯、蓄水不足、咸潮加剧。2009 年汛期，珠江流域降雨量较常年同期偏少两成，汛末 9 月骨干水库天生桥一级、龙滩、百色入库流量均为建库以来历史最枯。保障澳门、珠海供水安全的形势是 2005 年连续 6 年实施水量调度以来形势最为严峻的一年。本次骨干水库统一调度期间共实施了 10 次集中补水，天生桥一级、龙滩、岩滩三座水库共补水量为 46.20 亿 m³，枯水期（10 月—翌年 2 月）平均增加梧州站流量约 350 m³/s，梧州站天然情况下枯水期平均流量为 1 410 m³/s，是来水频率 P=97%的特枯年。本年度调水有效地改善了珠江三角洲网河区水环境。每次集中补水后，珠江三角洲河网区水环境均得到一定改善，尤其是第 6 次集中补水，彻底置换了坦洲联围内的脏、咸水，围内淡水氨氮指标基本满足国家饮用水标准。

（6）2010—2011 年枯季水量统一调度

2010—2011 年珠江枯季水量统一调度于 2010 年 11 月 1 日开始实施，2011 年 2 月 28 日结束。2010 年枯季，珠江流域水量调度面临的形势更加严峻，本次调度不仅要完成保障2010—2011 年枯季澳门、珠海等珠江三角洲地区供水安全任务，而且还要完成保障 2010

年 11 月在广州召开的第 16 届亚运会水环境安全的阶段性首要任务。经初步还原计算，2010—2011 年枯水期，西、北江天然来水呈偏枯形势，西江天然来水为 $P=75\%$ 的平偏枯年份，北江来水为 $P=83\%$ 的枯水年。西江梧州站 2011 年 1—2 月连续两个月天然流量低于 1 800 m^3/s。其中西江逐月天然来水偏少 1～5 成，北江逐月来水偏少 1～5 成。本次调度按照"前蓄后补、节点控制；上下联动、总量调度"方式进行水量分配。统计结果显示，调度期内珠海当地取水系统从河道直接抽取淡水 1.188 亿 m^3，向澳门提供原水 2 480 万 m^3，澳门供水含氯度小于 50 mg/L，有效地保障了澳门、珠海等城市的供水安全。

经过几年的水量调度实践，珠江流域"压咸补淡"水量统一调度已由初始的调水压咸发展到兼顾经营生产的多赢并举；调度方案也由单一的水库补水发展到多元化的水库联调，并产生了"前蓄后补""避涨压退""动态控制"等一套先进的流域调度理念，使珠江流域水量统一调度更具规模化、规范化，使压咸效果更精确化、合理化。现在通过流域统一调度已能够充分利用上游来水推移咸界下行，确保用水安全；利用径流动力改善河网内水体质量；统筹协调大型水利工程的拦、蓄水时机，保证航运、发电、用水安全等方面的多元共同发展。近几年珠江枯水期水量调度，有效地保障澳门、珠海等珠江三角洲地区的供水安全，社会反响强烈，也积累了不少成功的经验，但枯水期水量调度面临的一些难点问题依然存在。

1.4 关键科技问题的提出

随着珠江上游地区社会经济发展，上游用水量的增加，同时，人类活动对珠江三角洲地区河道形态的影响日益加剧，珠江河口咸潮上溯越来越频繁，影响越来越大，这对珠江三角洲地区的饮水安全问题构成了十分严峻的胁迫和考验。珠江三角洲属于典型的多汊河口河网区，该地区的饮水安全保障技术研究是涉及多项科学问题的复杂课题，必须解决如下 3 个方面的关键科技问题。

（1）珠江河口咸潮上溯规律

咸潮上溯受河川径流与海洋动力过程的共同作用及潮汐河口边界条件的控制，其变化规律极其复杂。影响潮汐河流咸潮上溯的自然因素主要有径流、潮汐、台风、风暴潮、河势演变、海平面变化、地壳沉降等。而加剧咸潮上溯危害的人类活动包括河道挖沙、航道疏浚、河口地区滩涂围垦、流域中上游取水、上游水库蓄水等。建立多汊河口各种影响因素变化与咸潮活动的响应关系，揭示咸潮上溯的定量规律，是解决多汊河口地区潮汐影响城市饮水安全的基础。

本书以长时间序列、多测点、多垂向分层的原型观测为基础，通过水槽试验，获得了咸淡水的运动特征和咸潮运动机理；针对珠江磨刀门河口属缓混合型河口的特点，开展国内首次的缓混合河口咸潮物理模型试验，分析了径流影响下磨刀门河道盐度变化特点和咸界变化特点，提出了抑咸流量与咸潮上溯强度的对应关系；建立了基于珠江三角洲网河、河口区一维、二维盐度耦合数学模型联解，实现了咸界上溯范围的数值模拟和预报，且基于并行计算的无结构三维数值模式，实现了河口区及河道内盐水楔的数值模拟，并结合潮汐预报和遥感资料，实现三维盐度预报。

（2）流域骨干水库群抑咸调度问题

通过流域骨干水库调度抑制咸潮上溯，是近年来珠江流域所采取的抑咸主要措施。2005—2012 年，珠江流域连续 8 年的流域骨干水库统一调度和珠江枯季水量统一调度成功实践，印证了该项技术的有效性。但值得注意的是，抑咸调度也会带来对珠江上游骨干水库原有以防洪、灌溉、发电为主要功能的改变。流域水资源抑咸调度涉及众多骨干水库，抑咸调度既要考虑上游及区间来水、水库前期蓄水、下游咸潮强度变化和抑咸用水需求等因素，又要充分考虑上游骨干水库的发电、灌溉和供水利益。因此，珠江流域骨干水库群抑咸调度是一个大规模、大跨度、多维、多目标优化问题。如何通过优化调度减少上游骨干水库的发电、灌溉、供水损失，同时提高抑咸效果和建立长效机制，是保障珠江河口饮水安全需要解决的一个关键科技问题。

通过研究团队的努力工作，首次开发了一套基于 EasyDHM 的珠江流域分布式水文模型，构建了基于 GIS 技术、数据库技术和优化技术的水文模拟模型及系统，分析了珠江流域枯季径流特征，并对流域关键断面枯水期来水过程进行了滚动预报；以河口径流-咸潮响应关系确定的抑咸流量需求为目标，协调枯季兴利用水和抑咸用水要求的关系，耦合珠江枯水期河道水流演进模型，构建了珠江骨干水库群抑咸优化调度模型，该调度模型有效地解决了枯水期电调与水调的矛盾，且能实现大跨度河道枯水期水流演进；以上游骨干水库及区间实时来水信息为基础，在优化调度方案的基础上实现了实时调度方案的耦合与嵌套，通过实时调度方案的滚动修正，克服了确定性调度模型带来的不足，大大提高了调度期内水资源利用率。

（3）珠江三角洲闸泵群抑咸调度问题

珠江三角洲河网水系密布，区域内河涌蓄水能力强，而且联围内水闸、泵站众多，这些闸泵一般都具有防洪排涝、水环境调控、水资源调度等功能，能控制河段的水流出入，调节河涌水位，为水力调度调控提供了便利条件。如何发挥珠江三角洲河网调蓄能力，通过现有的水闸和泵站联合调度，达到蓄积淡水和释淡抑咸目的，是珠江三角洲区域水资源调度面临的技术难题。

在综述国内外相关研究成果和经验的基础上，通过历史资料分析和实地调查等手段，深入分析了珠江河口区饮水安全现状、趋势和闸泵群抑咸调度需求；分析珠江三角洲进行闸泵群联合调度的基本条件，并以中顺大围为示范区详细分析了用水需求、水闸泵站工程条件、内外江潮位差等闸泵群联合调度基本条件；以上游来水过程和河口咸潮活动为边界条件，基于多汊河口河网水量水质模拟模型平台，构建了多汊河口闸泵群联合调度抑咸模型；在此基础上进行了闸泵群联合调度抑咸方案研究，提出了闸泵群联合调度实时监测及动态控制技术研究，并开展了示范工程中顺大围的闸泵群联合调度实践。

本书构建的三角洲闸泵群抑咸调度模型能根据上游径流过程、不同潮型、不同潮时、不同放水模式及工程运用等不同情景，优化确定联围内河涌引水冲污、开闸蓄淡、释淡抑咸等抑咸关键调度时机，实现抑咸时长最大、工作量最省、可操作性最强、抑咸效果最好的最优闸泵群联合调控，确保取水口取水安全。

2 珠江河口咸潮及影响因素

2.1 河流水系

2.1.1 珠江流域概况

珠江流域是西江、北江、东江和珠江三角洲诸河 4 个水系的总称，流域面积 45.37 万 km²，其中我国境内 44.21 万 km²，珠江流域水系分布详见图 2-1。

西江发源于云南省曲靖市的马雄山东麓，源头至思贤滘，全长 2 075 km，平均坡降 0.58‰，集水面积 35.31 万 km²，占珠江流域面积的 77.83%，其中广东省境内 1.80 万 km²。干流各河段自上而下依次有南盘江、红水河、黔江、浔江和西江，沿途接纳的主要支流有北盘江、柳江、郁江、桂江和贺江等。

北江发源于江西省信丰县石碣，上游称浈江，至广东省韶关市与武江汇合后始称北江。干流思贤滘以上河长 468 km，平均坡降 0.26‰，集水面积 4.67 万 km²，占珠江流域面积的 10.30%，其中广东省境内 4.29 万 km²。较大的支流有武江、滃江、连江、绥江等。

东江发源于江西省寻乌县的桠髻钵，上游称寻乌水，至广东省龙川县汇贝岭水后称东江，沿途接纳的主要支流有贝岭水、新丰江、秋香江、西枝江等。干流石龙以上河道长 520 km，平均坡降 0.39‰，集水面积 2.70 万 km²，占珠江流域面积的 5.96%，其中广东省境内 2.35 万 km²。

珠江三角洲由西北江三角洲、东江三角洲构成。珠江的西江和北江在广东三水思贤滘处沟通后形成西北江三角洲，东江在广东东莞石龙形成东江三角洲。

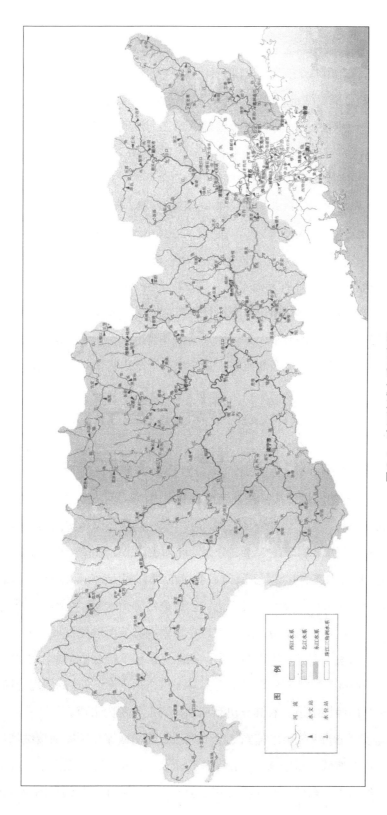

图 2-1 珠江流域水系示意图

2.1.2 珠江三角洲水系

珠江三角洲是复合三角洲，由西、北江思贤滘以下，东江石龙以下河网水系及入注三角洲诸河组成，集水面积 2.68 万 km²，占珠江流域面积的 5.91%，其中河网区面积 9 750 km²。入注珠江三角洲的中小河流主要有潭江、流溪河、增江、沙河、高明河、深圳河等。

珠江三角洲河网区内河道纵横交错，其中西、北江水道互相贯通，形成西北江三角洲，集雨面积 8 370 km²，占三角洲河网区面积的 85.8%，主要水道近百条，总长约 1 600 km；东江三角洲隔狮子洋与西北江三角洲相望，基本上自成一体，集雨面积 1 380 km²，仅占三角洲河网区面积的 14.2%，主要水道 5 条，总长约 138 km。

西江的主干流从思贤滘西滘口起，向南偏东流至新会区天河，称西江干流水道，长 57.5 km；天河至新会区百顷头，称西海水道，长 27.5 km；从百顷头至珠海市洪湾企人石流入南海，称磨刀门水道，长 54 km。主流在甘竹滩附近向北分汊经甘竹溪与顺德水道贯通；在天河附近向东南分出东海水道，东海水道在海尾附近又分出容桂水道和小榄水道，分别流向洪奇门和横门出海；主流西海水道在太平墟附近分出古镇水道，至古镇附近又流回西海水道；在北街附近向西南分出江门水道流向银洲湖；在百顷头分出石板沙水道，该水道又分出荷麻溪、劳劳溪与虎跳门水道、鸡啼门水道连通；至竹洲头又分出螺洲溪流向坭湾门水道，并经鸡啼门水道出海。

北江主流自思贤滘北滘口至南海紫洞，河长 25 km，称北江干流水道；紫洞至顺德张松上河，长 48 km，称顺德水道；从张松上河至番禺小虎山淹尾，长 32 km，称沙湾水道，然后入狮子洋经虎门出海。北江主流分汊很多，在三水区西南分出西南涌与芦苞涌汇合后再与溪流河汇合流入广州水道，至白鹅潭又分为南北两支，北支为前航道，南支为后航道，后航道与佛山水道、陈村水道等互相贯通，前后航道在剑草围附近汇合后向东注入狮子洋；在南海紫洞向东分出潭洲水道，该水道又于南海沙口分出佛山水道，在顺德登洲分出平洲水道，并在顺德沙亭又汇入顺德水道；顺德水道在顺德勒流分出顺德支流水道，与甘竹溪连通，在容奇与容桂水道相汇后入洪奇门出海；在顺德水道下段分出李家沙水道和沙湾水道，李家沙水道在顺德板沙尾与容桂水道汇合后进入洪奇门出海；沙湾水道在番禺磨碟头分出榄核涌、西樵分出西樵水道、石碁分出骝岗涌，均汇入蕉门水道。

东江流至石龙以下分为两支，主流东江北干经石龙北向西流至新家埔接纳增江，至白鹤洲转向西南，最后在增城禺东联围流入狮子洋，全长 42 km；另一支为东江南支流，从石龙以南向西南流经石碣、东莞，在大王洲接东莞水道，最后在东莞洲仔围流入狮子洋。

东江北干流在东莞乌草墩分出潢涌，在东莞斗朗又分出倒运海水道，在东莞湛沙围分出麻涌河；倒运海水道在大王洲横向分出中堂水道，此水道在芦村汇潢涌，在四围汇东江南支流；中堂水道又分出纵向的大汾北水道和洪屋涡水道，这些纵向水道均流入狮子洋经虎门出海。

2.1.3 珠江河口概况

珠江河口前缘东起九龙半岛九龙城，西到赤溪半岛鹅头颈，大陆岸线长 450 多 km。河口由八大口门组成，东 4 口门自东而西是虎门、蕉门、洪奇门和横门，同注入伶仃洋；西 4 口门自东而西为磨刀门、鸡啼门、虎跳门和崖门，其中磨刀门直接入注南海，鸡啼门注入三灶岛与高栏岛之间的水域，虎跳门和崖门注入黄茅海河口湾。八大口门动力特性不尽相同，泄洪纳潮情况不一，中部的磨刀门为西江的主要泄洪口门，泄洪输沙量最大，而东部虎门的潮汐吞吐量则占首位。两侧的虎门和崖门以潮汐作用为主，其他口门径流动力较强，详如图 2-2 所示。

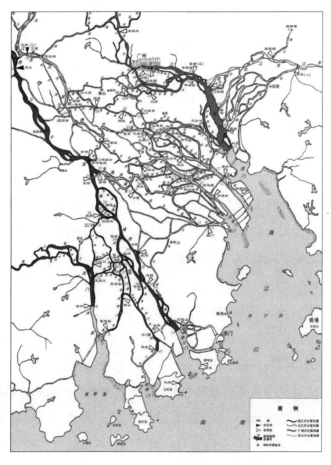

图 2-2 珠江河口区水系分布示意图

（1）虎门

虎门是虎门水道的出口，虎门水道纳东江、流溪河全部来水来沙和北江部分水沙后，从虎门入注伶仃洋河口湾。虎门水道水流含沙量低，水深河宽，河床较稳定，出虎门向南是伶仃洋河口湾，东、西两条深槽将伶仃洋浅滩分隔为东滩、中滩和西滩3部分。虎门潮流动力较强，纳潮量居八大口门之首，伶仃洋—虎门—狮子洋是重要的纳潮、泄洪通道，也是广州主要的远洋航道。

（2）蕉门

蕉门是蕉门水道的出口，位于内伶仃洋西侧，承泄部分西、北江的水沙。蕉门水道上游有沙湾水道分出的榄核涌、西樵涌和骝岗涌3条水道在亭角汇入，下游有洪奇门水道分出的上横沥、下横沥汇入，蕉门口外分为两条水道与伶仃洋相通，主干为东西向的凫洲水道，直接汇入内伶仃洋的顶部，支汊蕉门延伸段沿万顷沙垦区向东南向延伸，汇入内伶仃洋的中部。

（3）洪奇门

洪奇门位于内伶仃洋的西北角，是洪奇门水道的出口，承泄部分西、北江的水沙，上游由李家沙水道、容桂水道在板沙尾汇流而成，西侧有桂洲水道、黄圃沥、黄沙沥汇入，至大陇滘向蕉门分出上横沥、下横沥。自下横沥分水口向东南延伸、至万顷沙垦区十七涌与横门北汊相汇后，其汇合延伸段进一步向东南向延伸，在伶仃洋中部汇入。

（4）横门

横门是横门水道的出口，承泄部分西江的水沙。横门水道上游由西江的支流小榄水道和鸡鸦水道汇合而成，鸡鸦水道通过黄沙沥、黄圃沥与洪奇门水道相通。横门水道出横门后分为南、北两汊，北汊为主干，与洪奇门水道相汇后，经汇合延伸段入伶仃洋，南汊经芙蓉山峡口后，向南流、从内伶仃洋西侧汇入。

（5）磨刀门

磨刀门是西江主要的泄洪输沙出口，径流作用较强。磨刀门上游是西江干流水道，向东分出甘竹溪、东海水道后向东南向延伸，至北街、百顷头向西又分出江门水道和石板沙水道、螺洲溪。磨刀门浅海湾的一主一支洪水通道格局已基本形成，主干为磨刀门水道，于横洲口入南海，支流洪湾水道向东延伸至马骝洲，经澳门水道入伶仃洋。

（6）鸡啼门

鸡啼门是西江分支鸡啼门水道的出口，鸡啼门外是三灶岛与高栏岛之间的浅海区，海床呈浅碟形式，明显的深槽仅局限于小木乃附近，小木乃—草鞋排的深槽高程只有−3 m

左右，深槽宽 500～700 m，草鞋排—三牙石之间东西横卧着拦门沙，坎顶只有–2.6 m。南水—高栏岛连岛堤建成后，阻挡了沿岸流的通道，加快了淤积速度，也减小了浅海区的潮汐动力。

（7）虎跳门

虎跳门是虎跳门水道的入海口，西侧紧临崖门，与崖门水道出流相汇后入黄茅海。虎跳门水道上游荷麻溪是西江石板沙水道的分支水道，向东分出赤粉水道与鸡啼门水道相通，虎跳门口门附近与崖门汇流处较宽浅。虎跳门水道属西江出海航道的出口段，水道内设有众多航道整治工程，如丁坝群、锁坝等。

（8）崖门

崖门是珠江河口八大入海口门中位于最西部的口门，崖门接纳上游潭江和西江分流经江门水道、虎坑水道汇入的水沙，与虎跳门出流汇合后注入黄茅海。崖门水道（又称银洲湖）以潮流动力为主，水深河宽、河床比较稳定，黄茅海—崖门—银洲湖是珠江河口西侧重要的纳潮、排洪、航运通道，也是近期正在开发的 5 000 t 级出海航道。

2.2　水文特征

2.2.1　降雨

珠江河口区域气候温和多雨，多年平均降雨量 1 771 mm，降雨量集中在 3—9 月，汛期的雨量占全年雨量的 70%～80%，且暴雨强度很大。降雨量分布明显呈由东向西逐步减少，降雨年内分配不均，地区分布差异和年际变化大，具体情况见图 2-3。

图 2-3　珠江河口区 1956—2002 年的年降雨过程

河口区各地各月平均降水量列于表 2-1。多年平均年降水量在 1 600～2 100 mm，各地降水量略有差别，一般是滨海地区降水量略大于距滨海较远地区。4—9 月为雨水集中期，即汛期，其降水量占全年降水量的 81%～85%，7—9 月为台风暴雨期，并有雷暴。全年降水天数为 145～151 d，降水天数约占全年的 40%，降水天数较多，其中大于 150 mm/d 的暴雨天数为 0.3～0.6 d。年总雨量最大为 2 250～2 850 mm，最小为 1 000 mm 左右。一次连续最大降雨量为 403.6 mm，历时为 44 h 40 min（顺德县站 1965 年 9 月 27—29 日）。24 h 最大降雨量的典型为 1979 年 9 月 23—24 日，整个三角洲降雨量在 300 mm 左右。

表 2-1　各月平均降水量　　　　　　　　　　　　　　单位：mm

站名	月份												全年平均	记录年份
	1	2	3	4	5	6	7	8	9	10	11	12		
三水	42.7	65.6	98.0	157.4	263.6	295.8	206.3	225.8	203.3	59.5	41.3	18.3	1 677.6（1 687）	1957—1970（1957—1997）
广州	39.1	62.5	91.5	158.5	267.2	299.0	219.6	225.3	204.4	52.0	41.9	19.6	1 680.5（1 620）	1951—1970（1951—1997）
番禺	38.5	58.3	74.4	181.3	253.7	249.9	226.8	222.6	180.0	77.1	41.1	27.2	1 030.9	1960—1984
顺德	33.1	56.1	69.4	165.9	241.1	275.1	197.9	295.3	216.2	49.6	42.7	14.9	1 657.3	1959—1970
东莞	31.3	43.6	60.8	189.3	275.4	308.6	236.0	279.7	219.2	86.3	30.1	29.3	1 789.9	—
深圳	28.4	45.2	57.4	133.2	241.6	337.9	318.5	347.1	262.7	97.6	32.3	25.0	1 926.7（1 763）	（1956—1997）
中山	32.7	57.1	60.2	140.1	247.5	301.7	220.1	241.9	218.8	54.3	42.1	17.3	1 633.7（1 785）	1955—1970（1955—1998）
新会	32.1	43.9	59.9	159.4	253.4	300.7	214.3	272.5	261.6	88.1	34.8	21.4	1 714.9	
珠海	26.2	49.2	57.9	126.3	191.7	399.7	252.4	298.0	278.1	91.9	27.0	17.0	1 825.3（2 042.0）	1961—1970（1961—1999）
上川	26.2	53.7	81.4	152.7	256.4	343.5	257.1	315.2	320.2	176.8	35.1	14.6	2 032.8	1958—1970

2.2.2　径流

珠江流域每年 4 月进入汛期，降水量集中在 4—10 月。珠江流域内的西江、北江和东江流域径流年内分布略有差异。西江来水量主要集中在 5—9 月，占西江流域全年的 72.1%；枯季集中在 10 月—次年 3 月，占西江流域全年的 23.5%。北江汛期较西江早，石角站来水量主要集中在 4—9 月，占北江流域全年的 76.0%；枯季集中在 10 月—次年 3 月，占北江流域全年的 21.2%。东江博罗站来水量也集中在 4—9 月，占东江流域全年的 70.3%；枯季集中在 10 月—次年 3 月，占北江流域全年的 25.8%。

北江流域以 4 月、5 月、6 月 3 个月的来水量最为集中，占全年的 47.9%，6 月是全年水量月分配的高峰值，为 18.2%；东江流域和西江流域均以 6 月、7 月和 8 月 3 个月的来水量最为集中，占全年的 40.0%～50.9%，东江在 6 月达全年月分配之峰值达 16%，西江则以 7 月达全年的峰值为 18.7%。由此可见，汛期最大来水量的 3 个月以西江的来水最为集中，北江次之，东江的集中程度最低。西北江下游进入三角洲网河区后，汛期来水量在各月分配较西北江干流相对均匀和相对平缓，峰态趋于偏平；西江马口站 4 月的来水分配值比干流的高要站大，是由于北江较早进入汛期，北江水位较西江水位高，致使北江来水经思贤滘向西江分水的结果。

西江高要站、马口站最枯月出现在 1 月，北江石角则出现在 12 月，而三水站与西江类似出现在 1 月，与枯水期西江水过思贤滘有关。三水、马口及思贤滘 1961—2005 年共 45 年实测枯季逐日流量数据表明，马口、三水、思贤滘平均枯季流量多年变化均呈现不同程度的递增趋势，三水站增长趋势最明显，马口站增长最不明显，思贤滘则综合了两者变化。

表 2-2 为马口站、三水站、博罗站多年平均各月流量分配统计表，由表可见，上游径流主要集中于洪水期，4—9 月马口站、三水站、博罗站的径流量分别约占全年的 77%、85% 及 71%。

表 2-2　各站径流年内分配比例　　　　　　　　　　　　　　　　　单位：%

测站	1 月	2 月	3 月	4 月	5 月	6 月	7 月	8 月	9 月	10 月	11 月	12 月	多年平均
马口	2.73	2.88	3.80	7.04	11.98	16.91	16.58	14.37	9.90	6.08	4.64	3.09	100
三水	1.55	1.77	2.83	6.46	12.35	20.46	19.96	15.79	9.62	4.37	3.09	1.76	100
博罗	3.97	4.23	5.29	8.03	11.16	17.73	12.10	12.02	10.43	6.23	4.65	4.16	100

图 2-4 是西江马口站、北江三水站、东江博罗站年径流过程线，根据各年径流资料统计，马口站丰枯比为 2.62，三水站丰枯比为 9.86，博罗站丰枯比为 4.62。

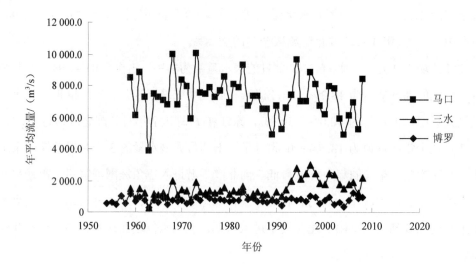

图 2-4 马口站、三水站、博罗站年径流过程线

珠江八大口门多年平均径流量为 3 260 亿 m^3，各口门的径流量所占的分配比见表 2-3。

表 2-3 八大口门径流量分配比的变化

口门 年代		东 4 口门					西 4 口门				
		虎门	蕉门	洪奇门	横门	小计	磨刀门	鸡啼门	虎跳门	崖门	小计
20 世纪 60—70 年代分配比/%		16.0	17.1	15.9	12.4	61.4	24.7	4.7	3.6	5.6	38.6
20 世纪 80 年代	径流量/亿 m^3	603	565	209	365	1 742	923	197	202	196	1 518
	分配比/%	18.5	17.3	6.4	11.2	53.4	28.3	6.1	6.2	6.0	46.6
20 世纪 90 年代分配比/%		25.1	12.6	11.3	14.5	63.5	24.9	2.8	3.9	4.7	36.5

2006 年以来，西江枯季径流量交替变化，2006—2007 年枯季西江径流频率为 70%，2007—2008 年枯季为 90%，2008—2009 年枯季为 50%，2009—2010 年枯季为 97%，2009—2010 年枯季为 75%。北江和东江枯季径流也出现类似变化。

2.2.3 潮汐

珠江河口的潮汐为不正规半日混合潮型，一天中有两涨两落，半个月中有大潮汛和小潮汛，历时各 3 天。在一年中夏潮大于冬潮，最高、最低潮位分别出现在春分和秋分前后，且潮差最大，夏至、冬至潮差最小。因受汛期洪水和风暴潮的影响，最高潮位一般出现在 6—9 月，最低潮位一般出现在 12 月—次年 2 月。

珠江八大口门平均潮差为 0.85～1.62 m，属于弱潮河口，其中以虎门的潮差最大，黄埔最大涨潮差达到 3.38 m。磨刀门、横门、洪奇门、蕉门等径流较强的河道型河口，潮差自口门向上游呈递减趋势，而伶仃洋、黄茅海河口湾，自湾口至湾顶潮差沿程增加，赤湾多年平均涨潮差为 1.38 m，到黄埔达到 1.62 m。

根据近 20 年资料计算分析，八大口门多年平均山潮比为虎门 0.38、蕉门 1.79、洪奇门 2.51、横门 3.68、磨刀门 6.22、鸡啼门 1.72、虎跳门 3.43、崖门 0.24。

口门外的赤湾站、三灶站、荷苞岛站涨、落潮历时几乎相等，潮水过程呈对称型。口门以内，无论洪季还是枯季，落潮历时均大于涨潮历时，越往上游此现象越明显。枯季涨潮历时较洪季长。

2.2.4 波浪

珠江河口附近沿海的大浪一般发生于夏季（4—9 月），由台风引起，大浪持续时间一般为 1 d 至数天不等。根据珠江口外大万山海洋站 1986 年波浪资料统计，出现 $H_{1/10}$ 大于 5.0 m 的大浪共计 3 次，波向分别为 SSW 向和 SE 向，均出现于台风影响期间。其中实测最大波高出现于 1986 年 7 月 12 日，最大 $H_{1/10}$=9.1 m，H_{max}=11.9 m，T=12.6 s，波向为 SSW 向。由大万山站 1986 年资料统计得到的各级波高出现频率见表 2-4。该站常浪向是 ESE 和 SE 向，出现频率分别为 38.14%和 25.86%，强浪向为 SE～SSW 向。根据香港外海横澜岛测波站 1971—1977 年测波资料统计，横澜岛实测最大有效波高为 7.1 m，最大波高为 10.7 m，发生于 1976 年 9 月 19 日 7619 号台风期间，当时香港实测风速约 8 级，大万山风速 30 m/s。由上述资料可见，珠江口外海大浪主要是台风浪，台风大浪的波向主要为向岸的 SE～SSW 向。

珠江河口内伶仃洋水域缺乏长期实测波浪资料，只有澳门港务局所设九澳波浪观测站资料较完整，现有 1986—2001 年波浪观测资料（期间有个别年和月缺测），该站设于澳门路环岛九澳角，波浪仪位于澳门机场跑道南端以东 1.3 km。根据澳门九澳站 1986—2001 年波浪资料统计得到的各级波高出现频率见表 2-5。该站常浪向是 SE、ESE 和 S 向，出现频率分别为 20.02%、18.69%和 16.90%，强浪向为 ESE～S 向。实测最大有效波高 H_s=2.86 m，T_s=10.1 s，波向为 SE 向，出现于 1989 年 7 月 18 日 8908 号（Gordon）台风期间；其次为 1993 年 9 月 17 日 9316 号（Becky）台风期间，H_s=2.65 m，T=8.3 s，波向为 ESE 向。大于 2.0 m 的波高出现频率约为 0.05%。

表2-4 大万山站各级波高出现频率   单位：%

波向 / $H_{1/10}$ /m	<0.5	0.5~1.0	1.0~1.5	1.5~2.0	2.0~2.5	2.5~3.0	≥3.0	合计
N	0.07	0.41	0.48	0.00	0.00	0.00	0.00	0.97
NNE	0.14	0.00	0.14	0.00	0.00	0.00	0.00	0.28
NE	0.00	0.07	0.14	0.07	0.00	0.00	0.00	0.28
ENE	0.07	0.21	0.55	0.76	0.00	0.00	0.00	1.59
E	0.14	0.90	2.14	1.52	0.48	0.14	0.00	5.31
ESE	0.76	8.76	18.14	9.03	1.38	0.07	0.00	38.14
SE	1.03	10.41	8.76	3.66	0.69	0.28	1.03	25.86
SSE	0.21	1.38	1.10	0.28	0.48	0.07	0.21	3.72
S	0.69	5.72	4.00	1.17	0.28	0.76	0.34	12.97
SSW	1.93	3.52	2.00	0.48	0.21	0.07	0.28	8.48
SW	0.00	0.76	0.62	0.21	0.00	0.00	0.00	1.59
WSW	0.00	0.00	0.00	0.00	0.00	0.00	0.00	0.00
W	0.00	0.00	0.00	0.00	0.00	0.00	0.00	0.00
WNW	0.00	0.00	0.00	0.00	0.00	0.00	0.00	0.00
NW	0.00	0.00	0.00	0.00	0.00	0.00	0.00	0.00
NNW	0.00	0.00	0.07	0.00	0.00	0.00	0.00	0.07
C	0.07	0.62	0.07	0.00	0.00	0.00	0.00	0.76
合计	5.11	32.76	38.21	17.18	3.52	1.39	1.86	100.0

表2-5 澳门九澳站各级波高出现频率   单位：%

波向 / H_s /m	<0.5	0.5~1.0	1.0~1.5	1.5~2.0	2.0~2.5	2.5~3.0	>3.0	合计
N	0.058	0.037	0.004	0.000	0.000	0.000	0.000	0.099
NNE	0.832	1.873	0.054	0.004	0.000	0.000	0.000	2.763
NE	4.425	6.718	0.233	0.008	0.008	0.000	0.000	11.392
ENE	2.148	1.765	0.083	0.008	0.008	0.000	0.000	4.012
E	8.783	5.245	0.241	0.029	0.004	0.000	0.000	14.302
ESE	10.110	8.320	0.225	0.025	0.008	0.004	0.000	18.692
SE	11.030	8.624	0.350	0.029	0.004	0.004	0.000	20.041
SSE	6.822	3.754	0.345	0.054	0.012	0.000	0.000	10.987
S	10.497	6.189	0.166	0.046	0.004	0.004	0.000	16.906
SSW	0.425	0.237	0.000	0.000	0.000	0.000	0.000	0.662
SW	0.058	0.050	0.000	0.000	0.000	0.000	0.000	0.108
WSW	0.008	0.021	0.000	0.000	0.000	0.000	0.000	0.029
W	0.004	0.000	0.000	0.000	0.000	0.000	0.000	0.004
WNW	0.000	0.000	0.000	0.000	0.000	0.000	0.000	0.000
NW	0.000	0.000	0.000	0.000	0.000	0.000	0.000	0.000
NNW	0.000	0.004	0.000	0.000	0.000	0.000	0.000	0.004
合计	55.200	42.837	1.701	0.203	0.048	0.012	0.000	100.00

2.2.5 泥沙

根据 1954—1998 年实测资料统计，珠江流域多年平均输沙量为 8 872 万 t，其中西江高要站为 7 217 万 t，北江石角站为 579 万 t，东江博罗站为 262 万 t，分别占珠江流域输沙总量的 81.5%、6.5% 和 3.0%。每年进入珠江三角洲的泥沙约有 80% 输出口门外，约 20% 留在网河区内。由八大口门多年平均输出沙量为 7 098 万 t，其中东 4 口门为 3 389 万 t，占输出总沙量的 47.7%，西 4 口门为 3 709 万 t，占 52.3%。

珠江三角洲泥沙主要来自思贤滘以上的西、北江，以西江的泥沙较多，并以悬移质泥沙输移为主。从平均含沙量和输沙率可以看出，西江的来水来沙量最大、北江次之、东江最小。马口站多年平均含沙量 0.28 kg/m³，多年平均输沙量 6 555 万 t，约占三角洲泥沙来量的 81.66%；三水站多年平均含沙量 0.191 kg/m³，多年平均输沙量 891 万 t，约占三角洲泥沙来量的 11.1%；博罗站多年平均含沙量 0.1 kg/m³，多年平均输沙量 245 万 t，约占三角洲泥沙来量的 3.05%。

表 2-6 为马口、三水、博罗等站的含沙及输沙量统计成果。从表 2-6 中可见，20 世纪 90 年代以来，上游来水含沙量明显减少，其原因为 1990 年以后上游各种类型水库的建设对泥沙有拦蓄作用，上游水土保持工程修建减少了水土流失等因素导致含沙量减少。

表 2-6 主要测站含沙及输沙统计成果表

测站名	统计年段	多年平均径流量/(m³/s)	多年平均含沙量/(kg/m³)	多年平均年输沙量/万 t
马口	1959—1969	7 260	0.309	7 331
	1970—1979	7 850	0.323	8 011
	1980—1989	7 140	0.351	8 075
	1990—1999	7 320	0.271	6 132
	2000—2008	6 590	0.128	2 771
	1959—2008	7 240	0.28	6 555
三水	1959—1969	1 170	0.188	723
	1970—1979	1 350	0.212	911
	1980—1989	1 190	0.241	916
	1990—1999	2 010	0.195	1 208
	2000—2008	1 880	0.113	695
	1959—2008	1 500	0.191	891
博罗	1954—1969	700	0.137	317
	1970—1979	780	0.104	257
	1980—1989	790	0.105	264
	1990—1999	750	0.062	154
	2000—2008	760	0.07	181
	1954—2008	750	0.1	245

受流域降水和来水条件的影响，输沙量的年内分配极不均匀。汛期含沙量较大，导致输沙量很集中。根据 1954—2008 年实测资料统计得出各站的洪/枯季水沙分配比见表 2-7。

表 2-7　三角洲各测站洪/枯季水沙分配比

季节	径流量/%			输沙量/%		
	马口	三水	博罗	马口	三水	博罗
洪季（4—9 月）	71.55	83.41	71.32	94.82	94.44	89.23
枯季（10 月—次年 3 月）	28.45	16.599	28.68	5.18	5.56	10.77

2.3　咸潮活动特点

在径流和潮流共同作用下，珠江河口地区水流呈往复流，受径流和潮流控制，咸潮活动规律十分复杂。当南海大陆架高盐水团随着海洋潮汐涨潮流沿着珠江河口的主要潮汐通道向上推进，盐水扩散、盐淡水混合造成上游河道水体变咸，即形成咸潮上溯。河口地区咸潮上溯是入海河口特有的自然现象，也是河口区的本质属性。一般地，含盐度的最大值出现在涨憩附近，最小值出现在落憩附近。

因受潮流和径流影响，河口区盐度变化过程具有明显的日、半月、季节周期性。由于本区内显著的日潮不等现象等因素的影响，一日内两次高潮所对应的两次最大含盐度及两次低潮所对应的两次最小含盐度各不相同。含盐度的半月变化主要与潮流半月周期有关。季节变化取决于雨汛的迟早、上游来水量的大小、台风和海平面季节变化等因素。汛期4—9 月雨量多，上游来量大，咸界被压下移，大部分地区咸潮消失。

珠江三角洲的咸潮一般出现在 10 月—次年 4 月。一般年份，南海大陆架高盐水团侵至伶仃洋内伶仃岛附近，磨刀门及鸡啼门外海区，黄茅海湾口。大旱年份咸潮上溯到虎门黄埔以上，沙湾水道下段，小榄水道、磨刀门水道大鳌岛，崖门水道，咸潮线甚至可达西航道、东江北干流的新塘，东江南支流的东莞、沙湾水道的三善滘、鸡鸦水道及小榄水道中上部、西江干流的西海水道、潭江石咀等地。

河口咸潮受径流、潮汐、风、浪、河口形态、水下地形、海平面季节变化等诸多因素影响，再加上珠江河口"河网如织、八口入海"的复杂水系特征，其咸潮活动特性和动力机制相当复杂。现有研究结果显示，珠江河口各口门咸潮活动特性和动力机制不尽相同。另外，相对于国内其他主要河口而言，珠江河口咸潮的相关研究相对起步较晚、资料相对较为不足，相应较为成熟的研究成果也较少，但其动力过程中所表现出来的非线性远比其他河口明显，具有很典型的研究价值。

2.4　咸潮影响因素

河流、河口、海洋构成一个系统的连续水体，径流带来的淡水流经河道源源不断地注入河口、扩散到浩瀚的海洋；河口在不断接收上游径流淡水的同时还受外海陆架高盐水周期性的影响，盐、淡水在河口区交汇，在这个特殊的过渡带形成了多样性的物理、化学、生物过程，极为复杂；海洋通过潮汐的力量，无时无刻不影响着河口和上游河道，通过潮汐的涨落与河道和河口进行水体交换和物质输移，对于维持河口生态、水环境承载能力发挥着积极作用。

咸潮上溯（或称盐水入侵）是外海大陆架高盐水团沿着河口的主要通道非正常地向上游淡水区推进，盐水扩散、盐淡水混合造成上游河道水体变咸，从而对淡水资源的供应构成威胁。导致咸潮上溯的主要因素是上游河流径流和外海海洋动力相互作用的不平衡，同时与河口形态、地形、波浪、风、口外海洋环流、海平面上升、人类活动等因素密切相关（沈焕庭等，2003）。

2.4.1　径流对咸潮活动的影响

上游径流是咸潮上溯最直接的"压制"因素，径流主要通过径流量大小、季节的变化、年际间的变化和变幅的大小来影响咸潮上溯。通常情况下，咸潮上溯的距离与上游流量呈负相关，上游流量越小，径流动力越弱，咸潮上溯距离越远。河流径流量年内基本呈季节性变化，枯季小、洪季大，因此严重的咸潮上溯现象一般出现在枯季。径流对河流和河口盐度变化的影响还表现出一定的时间滞后现象，当径流量减少时更为明显，因为河口系统需要一定的时间进行水体混合置换。

通过历史文献记载分析、同步水文测验、供水公司调查资料及实地踏勘及调查资料分析，不同流量条件下珠江三角洲 250 mg/L 含氯度上溯界线空间分布如图 1-1 所示。图中西、北江三角洲 250 mg/L 含氯度界线对应流量为进入三角洲的控制断面思贤滘流量（即马口断面加三水断面流量），东江三角洲 250 mg/L 含氯度界线对应流量为东江石龙断面加增江麒麟咀断面流量。从图 1-1 中可以看出，当思贤滘流量为 1 000 m³/s 时，西北江三角洲的佛山、顺德、江门、广州、中山、珠海全面位于咸界内，三角洲各取水口将受到全面影响；

当上游来水达到 5 500 m³/s 时，咸界基本退至各取水口以下；当思贤滘流量为 2 500 m³/s 时，广州市石门、沙湾、南洲等主力水厂，佛山市桂州、容奇、容里水厂，中山市全禄、大丰水厂和江门市牛筋、鑫源水厂基本不受咸潮影响。

2.4.2 潮汐动力对咸潮活动的影响

潮汐是咸潮上溯的最主要原动力，主要通过潮汐性质、涨落潮历时长短和潮差大小等影响咸潮活动。潮汐涨落具有较好的周期性，是一种长周期的波动，其振幅和周期具有周日、半月和年不等现象，陆架高盐水通常在涨潮流推动作用下入侵河口及河道，受其影响，河口地区和感潮河段盐度也呈现出相应的周期性，盐度峰、谷值一般出现在涨停、落憩附近时刻。

以珠江河口平岗泵站为例，在以半个月为周期的天文潮过程中，潮汐从小潮转大潮期间，水体含氯度明显增大，大潮转小潮期间，水体含氯度明显减小，而其变化在相位上较天文潮提前 3 d 左右，如图 2-5 所示。

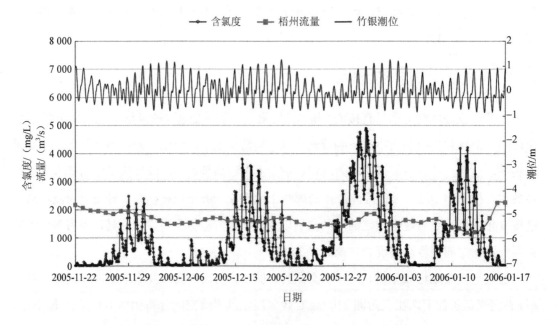

图 2-5 2005—2006 年枯季平岗泵站含氯度、潮汐、上游径流过程对比

2.4.3　风对咸潮活动的影响

风对河口和陆架水上层水体直接作用，在拖拽力作用下上层水体流速、流向改变，对表层盐度的平面分布有明显影响。更重要的是，在一定风向的作用下会在大陆架区域形成近岸下潜流，导致海水近岸堆积和水位堆高，进而形成量值可观的向岸压力梯度，驱使底层高盐水上溯。

图 2-6 为不同时期珠江河口磨刀门水道实测风力、风向与盐度变化的对比图，从图中可以看到，盐度过程的峰值与东北风或者北偏东风有很好的对应关系，东北风作用下磨刀门咸潮会有所加剧。

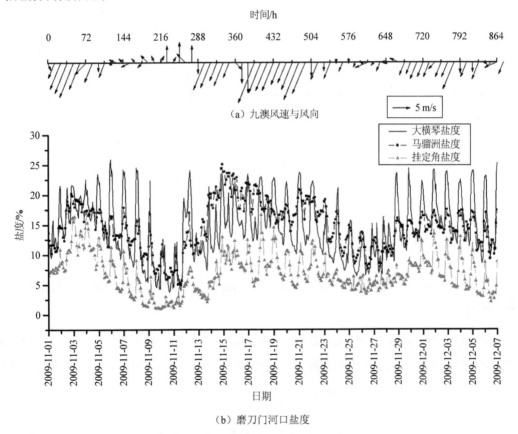

（a）九澳风速与风向

（b）磨刀门河口盐度

图 2-6a　磨刀门风力、风向与盐度变化对比

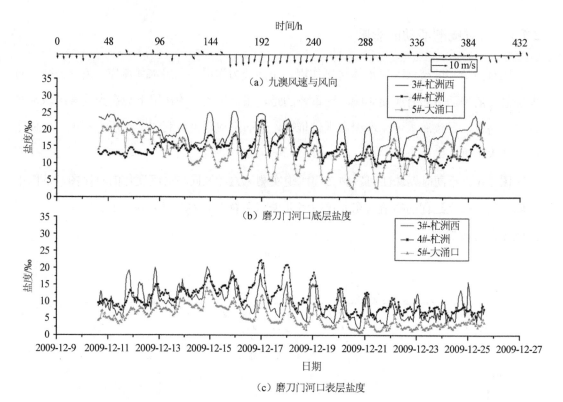

图 2-6b　磨刀门风力、风向与盐度变化对比

2.4.4　波浪对咸潮活动的影响

相对于潮汐而言，波浪为高频的周期性波动现象，主要通过波动的混合作用来影响盐淡水的混合过程。

通过对 1998—2001 年挂定角盐度、梧州流量、磨刀口门波浪进行数理统计分析，对盐度取自然对数，建立了盐度与径流量和波浪因子之间的多元线性回归方程，采用双重检验逐步回归进行处理得出以下经验公式：

$$\ln（S_{Cl}）= 7.82-0.001\ 2Q+2.096H \tag{2-1}$$

式中，S_{Cl} 表示含氯度，mg/L；Q 为流量，m³/s；H 为波高，m；ln 为自然对数符号。

从式（2-1）中可以看出，波浪因子与含氯度正相关，在流量一定的情况下，波高越大，含氯度越大，咸潮上溯越剧烈，如图 2-7 所示。为挂定角含氯度回归模型计算值与实测值的对比，从图中可以看出，模型计算值与实测值的总体变化趋势基本一致，可以认为，所采用的回归模型可以较好地反映水体含氯度—流量—波浪之间的多元相关关系。

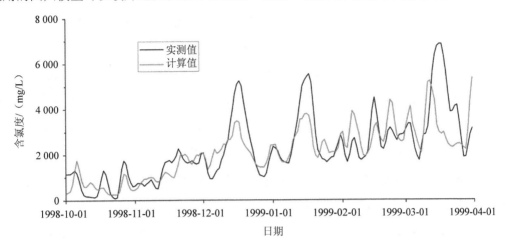

图 2-7　枯水期挂定角含氯度实测值与含氯度—流量—波浪回归模型计算值比较

2.4.5　海平面变化对咸潮活动的影响

海平面变化对河口动力及咸潮的影响可以表现为两个时间尺度：一是海平面季节性变化的年内尺度，二是全球"温室效应"作用下海平面持续上升的多年累积尺度。根据赤湾和黄埔站长期验潮站资料得到气候态的月均数据，研究珠江口附近海域海平面的季节变化得知，珠江口附近海域海平面具有显著的季节变化，其中赤湾站的年较差为 24 cm；黄埔站有两个极大值点，季节变化明显，年较差约为 27 cm。赤湾站水位的最大值出现在 10 月，最小值出现在 4 月；黄埔站水位受珠江径流的显著影响出现两个极大值，分别出现在 6 月和 10 月。根据相关研究成果，整个 21 世纪海平面将上升 30 cm，这只包括热比容因素的贡献，而没有考虑水体输入（陆地冰融化等），北大西洋的大部分海区热比容海平面上升较大，达 40 cm 以上（陈长霖，2012）。

海平面的年内季节性变化会对珠江口的潮波产生明显影响，进而对河口动力和咸潮上溯产生直接影响，是珠江河口咸潮上溯的一个重要影响因素。海平面上升是一个相对较为缓慢的长期累积过程，对河口咸潮上溯影响的表现同样也是一个较为缓慢的过程，短期内影响效果不明显。

2.4.6　河口形态与水下地形的影响

河口形态与水下地形也是决定不同口门咸潮上溯差异性的关键因素，如河口几何形态、河道断面形态、涉水工程分布、水下地形等。珠江三角洲近 20 年的大规模河道采砂，造成西北江三角洲部分河道的急剧、持续下切，过水断面面积及河槽容积普遍增大。从 1985 年河道地形与 1999 年河道地形对比分析看，西江干流平均下切 0.8 m，河槽容积较 1985 年增加 18%，下切速度较大的主要集中在中游平沙尾—灯笼山约 94 km 长河段；北江干流平均下切 2.8 m，容积较 1985 年增加 69%，下切速度较大的主要集中在上中游思贤滘—火烧头河段。对比 1999 年河道地形与 2006 年河道地形可见，西江干流平均下切 2.0 m，容积较 1985 年增加 29%，下切速度较大的为思贤滘—百顷头；北江干流平均下切速度 1.5 m，容积较 1985 年增加 36%，下切速度较大的为思贤滘—三槽口 49 km 长的河段。1999—2006 年竹排沙以下河段冲淤变化较上段小，洪湾水道入口附近由微冲变微淤，拦门沙以上河道深槽变化很小。由于河床下切，河道水深、纳潮容积量增大，一定程度上影响了珠江河口咸潮上溯。

2.4.7　人类活动对咸潮活动的影响

河口和近岸地区人类活动频繁，滩涂围垦、码头、建筑物挤占河道，同时在挖沙和航道开挖等影响下，河道缩窄变深，影响咸潮上溯。

（1）围垦和联围筑闸

滩涂围垦和堤围建设，是直接干预网河河床边界的人类活动。珠江三角洲大规模的联围筑闸工程主要在 20 世纪 50—70 年代实施，基于"控支强干、联围并流"，简化河系、缩短防洪堤线的目的，将 2 万多个小围联成 1 022 个大围，联围筑闸使河道水位明显抬高，网河水沙分流比、河床格局等发生变化。

（2）水库建设

水库建设对下游河道的主要作用是调节径流和拦截泥沙，降低洪季的洪峰流量，增大枯季径流量，减小河流输沙量；对河道河床演变的影响主要是增强冲刷、减小淤积的作用。水库的调节作用将改变径流量的年内分布，从而影响咸潮上溯活动。2005 年以来，面对珠江河口日益严重的咸潮，水利部珠江水利委员会连续 7 年实施了大规模、远距离跨省（区）调水压咸应急措施，通过上游 7 个水利水电枢纽的联合调度加大下泄径流量，经过 1 300 多千米的调水线路到达珠江三角洲，以缓解灾情，这是人类活动影响咸潮的主要体现之一。

（3）航道建设

珠江三角洲网河区航道工程主要有广州港出海航道、东平水道航道、进行中的西江—虎跳门出海航道、黄茅海航道、高栏港航道、中山港航道、陈村水道、莲沙容航道等。航道工程措施有疏浚、炸礁、建丁坝、切滩、裁弯取直等，这些工程措施的实施使得河道水深加大、河道断面形态调整，航道的顺直布置和较大水深有利于盐水楔的形成和上溯。

（4）河床采砂

近20年以来，网河区各水道年平均采砂总量为6 500万～7 000万 m^3，河床采砂使河床向窄深和滩槽分异加大的方向发展，珠江三角洲网河水道大部分河床的平均水深增大、宽深比减小、滩槽高差增大，深泓高程降低，河床采砂增深并有逐渐贯通的趋向。

总之，河床采砂对河床演变的影响，在总量与速度明显超越了其他作用因素，成为最近数十年的主导影响因素，采砂使河床迅速下切加深成为三角洲网河演变最突出的特征。大量研究结果显示，采砂河床下切是近年来珠江河口咸潮上溯加剧的重要影响因素之一。

2.5　咸潮上溯对供水的影响

2.5.1　水源地与取水设施现状

（1）珠江三角洲水源地布局

珠江三角洲水源地包括河道型水源地和水库型水源地两类。珠江三角洲河道型水源地布局情况见表2-8，水库型水源地见表2-9。

表2-8　珠江三角洲河道型水源地布局情况

序号	水源地名称	保护区范围		现状水质	水质目标	取水水厂
		起始、终止断面	面积/km^2			
1	流溪河	从化、花都、江村	9.61	II～劣V	II	广州北部各水厂
2	白坭河	赤坭、鸦岗	0.22	劣V	III	广州水厂
3	东江北干流	土江、甘涌口	29.1	V	II	广州新塘、西洲水厂
4	东江北干流	石龙头、桥头	7.3	IV	II	东莞水厂
5	东江南支流	石龙头、大王洲渡头	11.4	IV	II	东莞水厂
6	增江	天堂山水库、龙城	0.44	II	II	增城水厂
7	沙湾水道	张松、小虎山	15.1	IV	II	番禺水厂
8	西江干流	马口、古劳青岐、下东	78.6	II	II	佛山水厂
9	西江干流	沙坪、坡山	21.04	—	II	江门鹤山水厂
10	鸡鸦水道	龙涌沙顶、百顷头	—	IV	II	中山水厂
11	小榄水道	中山小榄	7.5	IV	II	中山水厂
12	磨刀门水道中山	稳益、全禄	9.7	III～IV	II	中山水厂

序号	水源地名称	保护区范围		现状水质	水质目标	取水水厂
		起始、终止断面	面积/km²			
13	磨刀门水道	百顷头、挂定角	45.57	Ⅱ	Ⅱ	珠海水厂
14	鸡啼门水道	黄杨泵站	1.4	Ⅱ	Ⅱ	珠海水厂
15	虎跳门水道	大环、南门	5.7	Ⅱ	Ⅱ	珠海水厂
16	西海水道中山段	古镇、百顷头	3.5	Ⅳ	Ⅱ	中山水厂
17	石板沙水道	板沙口、竹洲头	2.07	Ⅱ	Ⅱ	江门水厂
18	潭江	大泽牛勒	7.5	Ⅲ	Ⅱ	开平、新会水厂
19	潭州水道	南庄紫洞、顺德北滘	12.3	Ⅱ	Ⅱ	佛山水厂
20	平洲水道	顺德登洲头、南海平洲五斗桥	5.8	Ⅱ～Ⅲ	Ⅱ	南海水厂
21	顺德水道	南庄紫洞、顺德大洲口	21.4	Ⅲ	Ⅱ	顺德、广州南洲水厂
22	东海水道	顺德南华、龙涌沙顶	11.2	Ⅲ	Ⅱ	顺德水厂
23	东海水道	小榄、龙涌沙顶	3.4	Ⅱ	Ⅱ	中山小榄水厂
24	容桂水道	龙涌沙顶、顺德容奇	17	Ⅲ	Ⅱ	顺德水厂

表 2-9　珠江三角洲水库型水源地分布情况

序号	地区	饮用水水库
1	广州	苏敦水库、流溪河水库、洪秀全水库、黄龙带水库、联安水库、三坑水库、上水库、下水库、九龙潭水库、和龙水库、增塘水库、百花林水库、石灶水库、芙蓉嶂水库
2	深圳	深圳水库、西丽沥水库、铁岗水库、石岩水库、梅林水库、松子坑水库、径心水库、铜锣径水库、赤坳水库、清林径水库、茜坑水库、罗田水库、长岭皮水库、长流陂水库、龙口水库、鹅颈水库
3	珠海	乾务水库、大镜山水库、凤凰山水库、梅溪水库、竹仙洞水库、银坑水库、蛇地坑水库、南屏水库、珠海青年水库、龙井水库、缯坑水库、月坑水库、木头冲水库、黄绿背水库、先峰岭水库、南新水库、竹银水库
4	佛山	深步水库
5	东莞	松木山水库、同沙水库、茅輋水库、契爷石水库、横岗水库、虾公岩水库、黄牛埔水库、虾吓角水库、石鼓水库、打鼓山水库、仙村水库、莲塘头水库、老虎岩水库、金鸡咀水库、长湖水库、大王岭水库、水濂山水库、官井头水库、黄洞水库、牛眠埔水库、三坑水库、筋竹排水库、三丫陂水库、沙溪水库、大溪水库、白坑水库、芦花坑水库、五点梅水库、横圳水库、马尾水库、莲花山水库
6	江门	大隆洞水库、东方红水库、鹅坑水库、金峡水库、立新水库、龙门水库、龙山水库、梅阁水库、那咀水库、石花水库、狮山水库、深井水库、石洞水库、塘田水库、大沙河水库、凤子山—锦江水库
7	中山	长江水库、横迳水库、田心水库、岭蛈塘水库、古鹤水库
8	肇庆	九坑河水库、江谷水库、水迳水库、金龙低水库、金龙高水库、冲源水库、湖郎水库
9	惠州	黄山洞水库、大坑水库、显岗水库、伯山坳水库、鸡心石水库、观洞水库、黄沙水库、联合水库、梅树下水库、沙田水库、水东陂水库、下宝溪水库、招元水库、庙滩水库、白盆珠水库、花树下水库、黄坑水库、风田水库、白沙河水库

注：本表中的饮用水水库含备用水源地水库。

（2）珠江三角洲取水设施情况

2010 年，珠江三角洲地区共有水厂 375 座，总设计供水能力 3 298.62 万 m³/d。其中水厂分布较多的是惠州、深圳、广州等市，水厂总数分别为 98 座、85 座、61 座，设计供水规模分别为 245.32 万 m³/d、614 万 m³/d、766.6 万 m³/d。珠江三角洲地区各市水厂基本情况见表 2-10。

表 2-10　2010 年珠江三角洲地区各市水厂基本情况统计

行政区域	水厂总数/座	设计供水规模/（万 m³/d）
广　州	61	766.6
深　圳	85	614
珠　海	16	94.2
佛　山	47	678.4
东　莞	7	66.5
江　门	18	505.4
中　山	31	198.7
肇　庆	12	129.5
惠　州	98	245.32
珠江三角洲地区合计	375	3 298.62

受咸潮影响较大的水厂和取水口主要分布在澳门、珠海和中山等地区。澳门的原水供给约 96%来自珠海，经过珠海和澳门多年共同建设，已形成较完整的珠海和澳门原水供给系统。珠海和澳门的原水供给系统以磨刀门水道为界，基本形成东、西两大部分，西部系统承担磨刀门水道以西珠海西区的供水任务，东部系统承担澳门和磨刀门水道以东珠海东区的供水任务。珠海的河道型水源地主要是磨刀门水道、黄杨河、虎跳门水道；水库型水源地主要是珠海北库群、南库群、竹银水库和乾务水库等。珠海和澳门的原水供给系统的主要特点可概括为江水为主、库水为辅；江水补库、库水调咸。丰水期和平水期主要靠河道型水源地供给，咸潮影响期则通过若干主力泵站将磨刀门水道、黄杨河、虎跳门水道的淡水抽到蓄淡水库调蓄。珠海市主要泵站情况如表 2-11 所示。

中山市的供水水源地以河道型水源地为主，其主要水源地为磨刀门水道、鸡鸦水道和小榄水道。中山市各水厂基本情况如表 2-12 所示。

表 2-11　珠海市主要泵站基本情况统计　　　　　　　　　　单位：万 m³/d

序号	泵站名称	取水口位置	设计抽水能力	实际抽水量	输水方向
1	广昌	磨刀门水道	80	60	南屏水库
2	洪湾	磨刀门水道	45	35	蛇地坑水库
3	南沙湾	前山河	80	—	大镜山水库、拱北水厂
4	裕州	坦洲大围内河涌	60	—	广昌泵站前池
5	竹洲头	磨刀门水道	80	—	平岗泵站、竹银水库
6	平岗	磨刀门水道	124		24 万 m³/d 供水至西区水厂库，100 万 m³/d 输水至东区广昌泵站前池
7	黄杨	黄杨河	6	6	龙井水库、龙井水厂
8	南门	虎跳门水道	69	69	五山引渠
9	大环	虎跳门水道	6	6	五山引渠
	合计		370	188	—

表 2-12　中山市各水厂基本情况　　　　　　　　　　单位：万 m³/d

水厂名称	取水水源	已建成规模
南头旧水厂	鸡鸦水道	2
南头新水厂	鸡鸦水道	3
黄圃水厂	桂洲水道	8
新涌口水厂	鸡鸦水道	6
台恩净水厂	洪奇沥水道	3
民众水厂	三宝沥水道	1.5
东凤水厂	小榄水道	8
东凤同安水厂	东海水道	2.5
阜沙水厂	鸡鸦水道	2
古镇新水厂	西江水道	12
海洲水厂	海洲水道	3.5
小榄水厂	东海水道	21
小榄永宁水厂	东海水道	8.5
小榄西区水厂	东海水道	1.5
长江水厂	长江水库	10
全禄水厂	磨刀门水道	40
大丰水厂	小榄水道	20

水厂名称	取水水源	已建成规模
马岭水厂	马岭水库	1
凯茵水厂	长江水库	0.8
长坑水厂	长坑水库	0.5
板芙蟾蜍塘水厂	蟾蜍塘水库	2
稔益水厂	西江水道	8
东升水厂	小榄水道	8
南朗濠涌水厂	莲花蒂水库	1
南朗水厂	横迳水库	4
南镇水厂	磨刀门水道	8
宝元水厂	磨刀门水道	5
三乡水厂	磨刀门水道	10
三乡马坑水厂	马坑水库	1
三乡古鹤水厂	古鹤水库	1
三乡龙潭水厂	龙潭水库	1
三乡田心水厂	田心水库	2
坦洲水厂	西灌渠	6

2.5.2 珠江三角洲闸泵情况

珠江三角洲建成了若干水闸和泵站，这些水闸和泵站的主要功能是防洪（潮）、排涝和供水，同时也为珠江河口抑咸调度提供了良好的调度工程设施。珠江三角洲重要水闸和泵站分布如图 2-8 所示。

珠江河口水库—闸泵群联合抑咸调度以珠江三角洲中顺大围为示范工程区，中顺大围可作为抑咸调度的闸泵主要有凫洲河水闸、东河水闸和西河水闸等，这些水闸概况如下。

（1）凫洲河水闸（凫洲河水利枢纽）

凫洲河水闸位于中顺大围上游，始建于 1954 年。2005 年在凫洲河水闸原址上重建了凫洲河水利枢纽，水利枢纽按 50 年一遇洪水位设计，100 年一遇洪水位校核。凫洲河枢纽由水闸和船闸组成，以防洪为主要任务，兼顾航运、供水，枢纽设计引水流量为 100 m³/s。

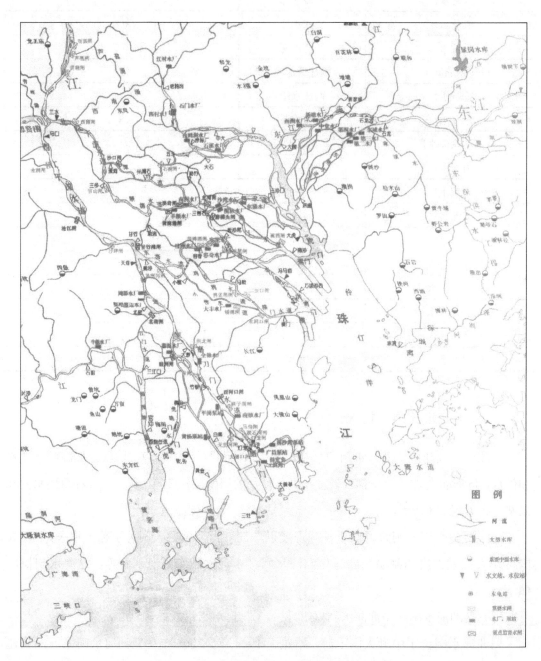

图 2-8　珠江三角洲重要水闸和泵站分布示意图

（2）东河水闸（东河水利枢纽）

东河水利枢纽位于中顺大围内石岐河的东出口，外接横门水道，属大（二）型水利工程，是中山市最大、最重要的控制性水利枢纽工程。该枢纽为百年一遇标准，拥有广东省单站排量最大的排涝泵站，每秒排水量可达 273 m³。该枢纽由水闸、船闸、泵站 3 大部分组成。水闸工程按 100 年一遇暴潮加 11 级风浪爬高标准设计；船闸工程按内河 IV 级航道、通航 500 t 级标准设计，年通航能力 1 000 万 t；泵站工程按 5 年一遇外江水位、10 年一遇24 h 连续暴雨城镇 1 d 排干标准设计，安装了 6 台叶轮直径 3.24 m 立式轴流泵。该枢纽工程具有防洪（潮）、排涝（洪）、冲污、航运、灌溉等多重功能，排涝方面，能确保围内 10 年一遇 24 h 暴雨不成涝，岐江河水位可控制在 1.3 m（珠基）以下；通过合理调度，采用泵站外排或利用潮差进行石岐河换水，强化河道自净功能，从而改善水环境；在灌溉方面，可充分利用高潮水位进水，利于农业生产。

（3）西河水闸

西河水闸位于中山市中顺大围西干堤石岐河西边出口处，外临西江磨刀门水道，是一座集防洪（潮）、排涝（洪）、航运、灌溉等多功能的大型水闸。西河水闸重建工程按 100 年一遇洪（潮）水标准设计，新水闸共 10 孔，单孔净宽提高到 15 m，总净宽为 150 m，水闸设计流量 1 414 m³/s，闸门为液压启闭；船闸按 IV 级航道、通航 500 t 设计，船闸闸首净宽增至 16 m。

2.5.3 咸潮对珠江三角洲供水的影响

咸潮是沿海地区一种特有的季候性自然现象。如果上游来水水量少，江河水位低，由此导致沿海地区海水通过河流或其他渠道倒流到内河就会引起咸潮，其主要指标是内河水体的含氯度达到或超过 250 mg/L。

根据《生活饮用水水源水质标准》（CJ 3020—93），无论一级或二级生活饮用水，氯化物含量均应小于 250 mg/L。当河道水体含氯度超过 250 mg/L，就不能满足供水水质标准。水中的盐度过高，就会对人体造成危害。如果水中的含氯度超过 250 mg/L，普通人还可以接受，但特殊人群（例如，老年人、高血压、心脏病、糖尿病等的病人）就不能饮用了，如果水中的盐度超过 400 mg/L，则不适合人类饮用。

20 世纪 80 年代以前，珠江三角洲经常受咸潮灾害的农田有 68 万亩（1 亩=666.67 m²），大旱年份咸潮灾害更加严重，80 年代以后，珠江三角洲地区城市化进程加快，农业用地大幅减少，受咸潮危害的主要对象为工业用水和城市生活用水。自 20 世纪 90 年代以来，珠江三角洲地区咸潮上溯影响范围越来越大，持续时间越来越长，活动频率越来越强。1998年10月—1999年4月，珠海市居民有相当长时间用的是"带咸味"的自来水。1999年春虎门水道的咸水线上移到白云区的老鸦岗，农作物受灾严重，咸潮上溯也使得部分水厂的取水口被迫上移，如广州市的石溪、白鹤洞、西洲3水厂曾被迫间歇性停产，西洲水厂的取水口因此也上移至浏渥洲。

2003年10月以来，咸潮影响比以往更为严重。以磨刀门水道为水源的各水厂出水氯化物经常高达800 mg/L。2004年春季广州番禺区沙湾水厂取水点咸潮强度及持续时间更是远远超过历年同期水平，横沥水道以南则全受咸潮影响，在东江北干流，咸潮前锋（250 mg/L）已靠近新建的浏渥洲取水口，2004年10月28日浏渥洲含氯度已达330 mg/L。珠海与澳门则长期受咸潮影响的困扰，特别是担负珠海、澳门主要供水任务的挂定角引水闸、洪湾泵站、广昌泵站等取水工程，受咸潮影响，2004年2月，珠海市主要泵站之一的广昌泵站泵机曾连续29 d都无法开动，珠海市和澳门多数地区只能低压供水，且供水含氯度标准提高到400 mg/L，甚至澳门个别时段提高到800 mg/L；而三灶、横琴地区的供水水源主要靠平岗泵站、洪湾泵站及部分小型水库，供水自成体系，但自身调剂能力不足，因此，横琴岛及三灶地区40多天无水供应。广州石溪水厂停产225 h，影响水量237万 m³，番禺沙湾水厂取水点咸潮强度及持续时间更是远超历年同期水平。

2004年12月—2005年1月27日，珠海（澳门）连续32 d无法正常取水，珠海（澳门）的蓄水水库仅存1 500万 m³，而且其中700万 m³蓄水的含氯度高达500 mg/L，超生活饮用水水质标准1倍；澳门个别时期的供水水质甚至将氯化物标准降到800 mg/L，超生活饮用水水质标准2.2倍；珠海（澳门）面临春节期间断水的威胁，严重影响澳门特别行政区和珠海市的居民生活和社会安定。

2005年1月9—12日，正值大潮期间，咸潮上溯直抵广州西村水厂。2005年1月11日，广州沙湾水道三沙口氯化物含量达8 750 mg/L，是生活饮水标准的35倍，造成部分地区间歇停水，严重影响了正常的生产和生活秩序，部分群众已对咸潮感到恐慌。

近年来，咸潮对主要取水口的影响程度越来越大。图2-9为2003—2004年枯水期珠海挂定角、广昌、平岗泵站含氯度超标天数。图2-10为珠海市广昌泵站近年来连续不可取水天数（即每天24 h均不能取水）。结合图2-8可知，越近下游，咸潮影响越大。从近几年情况来看，咸潮影响强度越来越大，影响时段越来越长，其中对珠海的影响最为严重。

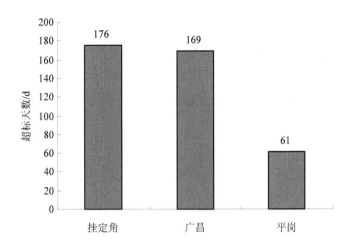

图 2-9 2003 年 10 月—2004 年 3 月挂定角、广昌、平岗氯度超标天数

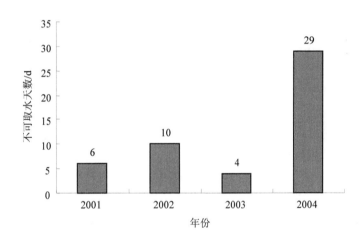

图 2-10 珠海市广昌泵站近年来连续不可取水天数比较

2.5.4 咸潮对珠江河口地区生态环境的影响

咸潮上溯严重影响着河口地区水体中营养盐的浓度与分布，间接影响该区域的生态环境。中国科学院南海海洋研究所等研究单位于 2005 年年初的咸潮期间，在广州市区河段至伶仃洋的珠江主航道上共设置 17 个站进行取样分析。结果表明，咸潮上溯使入海河段的盐度大幅提升，下游河段的硝化过程被很大程度地抑制，硝酸盐、亚硝酸盐和铵盐含量仅表现为随入海方向逐步稀释，与历史资料相比差异明显。从营养盐含量来看，与 2004 年的数据对比显示无机氮和硅酸盐有较大程度的下降，磷酸盐含量则有一定程度的上升，

N/P 值显著下降；N/Si 值则升高为原来的 2～4 倍，市区河段更高。水体中营养盐结构变化显著。溶解氧含量增加，表观耗氧量降低，其平衡点上移了 18 km；受输入减少及咸潮稀释等作用的影响，广州下游入海河段的 COD 含量有一定程度的下降，但严重污染的广州市区河段水体中的 COD 含量仍保持在很高的水平，存在明显的贫氧现象。

3 珠江河口咸潮监测与模拟方法

3.1　珠江河口表层盐度遥感定量反演技术

　　盐度是咸潮监测和模拟的重要参量，通过对水体盐度的监测和模拟，可准确掌握咸潮活动的规律和特性。目前对水体盐度的监测手段主要有两类：一类是固定站点的盐度现场监测，另一类是卫星遥感监测。固定站点式咸情监测是通过在河道布设水质监测站点，利用远程传输技术来获取水体盐度资料，是目前珠江河口地区最常用的盐度监测方式。这种监测方法，虽然可以实时收集河道的咸情数据，但无论在空间分布密度，还是时间连续性上都远远不能满足咸潮治理的需要。

　　卫星遥感技术作为目前唯一可行的大范围、高效的对地观测手段，能够获取研究区域的瞬时同步数据，在水环境和咸潮监测中具有强大优势，可弥补常规监测的不足。目前，关于水体盐度的遥感和光学特性研究非常缺乏，尤其是在与河口水体相关的盐度遥感定量反演模型方面。因此，发展卫星遥感盐度定量反演技术，对于研究咸潮活动规律，寻找治理咸潮方法具有重要意义。

3.1.1　表层盐度遥感定量反演方法及进展

3.1.1.1　盐度遥感定量反演方法

　　国际上从 20 世纪 70 年代末开始进行航空盐度遥感技术研究和实验，但在此之后相当长的时间里，因为受到技术限制，盐度遥感的精度无法提高，所以盐度遥感的研究几乎处于停滞状态。自 2000 年以来，极端的气候变化导致自然灾害频频发生，咸潮危害加剧，盐度遥感再次受到重视，盐度遥感技术进入新的发展阶段。

　　目前，国际上关于盐度卫星遥感定量反演方法大体有两种：一种是卫星微波遥感盐度反演；另一种是基于多光谱或高光谱数据的水色遥感反演。

（1）微波遥感盐度定量反演

微波辐射计遥感海水盐度的原理是：海洋盐度变化会改变海水的介电常数，进而使海面辐射的微波亮度温度（以下简称亮温）发生变化，利用微波辐射计测量海水的亮度温度，通过反演就可以从测量的微波亮度温度中得到海水的盐度。

海面分为平静海面和粗糙海面，粗糙海面由风浪所致。

平静海面的亮度温度为

$$T_{Bi}(\theta) = [1 - \tau_i(\theta)]T_0 \tag{3-1}$$

式中，$\tau_i(\theta)$ 为平静海面的 i 极化的反射系数；i 为水平极化或垂直极化；θ 为亮度温度的观察角，°；T_0 为海水表面的物理温度，℃。其中 $\tau_i(\theta)$ 是海水介电常数和观察角的函数。

粗糙海面的亮度温度为

$$T_{Bi}(\theta_0, \ \varphi_0) = \left\{ 1 - \frac{1}{4\pi\cos\theta_0} \int_0^{2\pi} \int_0^{\pi/2} [\sigma_{ii}^0(\theta_0,\varphi_0;\theta_s,\varphi_s) + \sigma_{ij}^0(\theta_0,\varphi_0;\theta_s,\varphi_s)]\sin\theta_s \mathrm{d}\theta_s \mathrm{d}\varphi_s \right\} T_0 \tag{3-2}$$

式中，$\sigma_{ii}^0(\theta_0,\varphi_0;\theta_s,\varphi_s)$ 为 i 极化到 i 极化的双基地散射系数；$\sigma_{ij}^0(\theta_0,\varphi_0;\theta_s,\varphi_s)$ 为 j 极化到 i 极化的双基地散射系数；i 为水平极化或垂直极化；j 为水平极化或垂直极化；$(\theta_0, \ \varphi_0)$ 为亮度温度的观察方向；$(\theta_s, \ \varphi_s)$ 为散射方向；T_0 为海水的物理温度，℃。$\sigma_{ii}^0(\theta_0,\varphi_0;\theta_s,\varphi_s)$，$\sigma_{ij}^0(\theta_0,\varphi_0;\theta_s,\varphi_s)$ 与海水的介电常数和海面的状态有关。

从平静海面和粗糙海面的亮度温度公式可以看出，海面的亮度温度与极化、观察角、海面状态、海水温度及海水的介电常数有关，而的介电常数与海水盐度、温度和工作频率有关。因此，利用微波辐射计测量海面辐射的亮再通过亮温与盐度的关系，就可以从辐射计输出的亮温数据中反演出海水的盐度。

在通常的海洋条件下，1.413 GHz 频率上亮温对盐度变化较敏感，而对温度的敏感性较差，该波段是盐度遥感的首选波段。

国内外对微波遥感盐度估算有大量的研究。目前，发展的海面盐度微波遥感反演算法主要有基于海表反射率估算海表盐度的算法、基于贝叶斯定理提出的反演算法及经验算法模式。

①海表反射率估算盐度算法

该算法由 Wentz 等提出，并作为 Aquarius/SAC-D 卫星（美国和阿根廷共同开发的在

轨盐度卫星）Level-2 产品算法理论基础，其形式为

$$S = s_0\left(\theta_i, t_s\right) + s_1\left(\theta_i, t_s\right) T_{BV,sur} + s_2\left(\theta_i, t_s\right) T_{BH,sur} + s_3\left(\theta_i, t_s\right) W \tag{3-3}$$

式中，S 为海表盐度，‰；$T_{BV,sur}$ 和 $T_{BH,sur}$ 分别为垂直极化和水平极化方向的海表面发射；t_s 为海表温度，℃；W 为海表面风速，m/s；θ_i 为入射角，°；s 为 θ_i 和 t_s 的功能函数。

$$T_{BP,sur} = \frac{T_{BP,toa} - T_{BU}}{\tau} - T_{BP\Omega} \tag{3-4}$$

式中，P 为极化，H/V；$T_{BP,toa}$ 为大气顶部亮温，K；T_{BU} 为大气上行辐射的亮温，K；$T_{BP\Omega}$ 为大气下行辐射；τ 为大气透射比。

②基于贝叶斯定理微波盐度反演算法

SMOS 卫星（欧空局发射盐度卫星）Level 2 产品的反演算法是根据贝叶斯定理定义的。在考虑限制条件的情况下，盐度反演算法权重函数的一般形式为

$$\chi^2 P = \sum_{i=1}^{N} \frac{\left[T_{B_i}^{meas} - T_{B_i}^{model}(\theta, P)\right]^2}{\sigma_i^2} \sum_{j} \frac{\left[P_j - P_{ref}\right]^2}{\sigma_{P_j}^2} \tag{3-5}$$

式中，i 为 SMOS 卫星测量值个数（不同入射角度 θ）；P 为参数矢量 SSS、SST、U 或者有效波高，SWH；SSS 为海表盐度，‰；SST 为海表温度，℃；U 为海表风速，m/s；$T_{B_i}^{meas}$ 为卫星观测的海表亮温值，k；$T_{B_i}^{model}$ 为模型模拟得到的亮温值，K；P_j 为每个参数的先验值；P_{ref} 为每个参数的参考值；$\sigma_{P_j}^2$ 为参考值期望误差的方差。

③其他微波盐度经验算法

微波盐度经验算法是利用实测海表盐度数据和海表亮温资料建立的水体表层盐度反演模式。这种算法受实测数据影响，存在明显的地域性。目前国内外已有不少成功的研究实例。如国外 Gaborro 等利用多个理论和经验海表发射率模式从 WISE（Wind and Salinity Experiments）的测量中反演盐度，发现海表亮温和风速有很大的关系。Camps 等利用 WISE 数据，通过研究在不同入射角情况下亮温和风速的关系，也给出了一个 T_{Brough}（粗糙海面亮温值）的经验模型。国内学者史久新等（2006）以盐度和温度为反演目标构建基于二元非线性方程组的半解析盐度反演算法；李志等（2006）利用黄海实测数据构建了一个 L 波段海表盐度遥感反演的新经验模式。

尽管微波遥感盐度定量探测方法已经被众多的研究证明了在定量遥感方面的优越性，但提高精度，达到比较高的空间分辨率一直是微波遥感面临的主要问题。在典型的大洋表

面温度和盐度条件下，L 波段亮温的变化范围大约为 4 K。在给定的温度，亮温随盐度的增大而减小，盐度引起的亮温的差异为 0.2～0.7 K。要达到盐度 0.1‰的分辨率需要亮温的测量精度为 0.02～0.07 K。要达到如此高的精度，一方面需要从仪器设计和制造入手，如提高辐射计的分辨率和稳定性，增加天线的波束效率，另一方面要针对影响因素修正，采用适当的观测仪器和修正方法。由于当前的技术尚未能解决上述问题，因此，目前在珠江河口水域运用微波卫星遥感开展盐度定量反演，尚不能满足日常盐度监测和了解咸潮活动规律的需求。

（2）基于多光谱或高光谱的水面盐度定量反演

基于多光谱或高光谱数据的水色遥感定量反演算法，是通过水体组分、盐度与传感器相应波段反射率的相关关系模型，从水色的变化反演海水的盐度。目前这类算法主要基于盐度与黄色物质间的相关性建立。

该算法思想最初由 Jerlove 等提出来，Jerlove、McKee 等（1968）在研究中发现，在近岸水域，水中黄色物质与盐度呈负相关关系，两者之间独特的相关性使得利用水色遥感数据来反演盐度变得可行。此后，其他学者在其他近岸水域也发现了相似的规律，Monahan 和 Pybus 等（1978）在爱尔兰西部海岸水域及国内学者陈楚群教授在珠江河口水域进行研究时，进一步证实了根据盐度与黄色物质的负相关性用海洋水色遥感数据来反演水表盐度的可能。

在最近 10 多年中，基于水色遥感算法的盐度遥感定量反演研究获得初步推进。2003年，英国人 C.E.Binding 在对苏格兰 Clyde 河口的盐度遥感研究中，从水色遥感（SeaWIFS数据）基于达到一定浓度时的黄色物质（溶解有机质）和源自淡水径流的黄色物质与盐度的关系分析，得到了水体盐度的分布，对海洋水色盐度的预测达到了满意的效果，在 16‰～34‰的盐度范围内黄色物质和盐度观测和预测的 RMS 分别为 0.19 m^{-1} 和 1.1 m^{-1}；从卫星海洋水色影像提取的海水盐度分布精确地表明了海洋盐度的分布特征，而在这之前只能靠实测得到。其理论依据就是 Jerlov 和 McKee 等建立的水体黄色物质和盐度的负相关关系。Charles L. Gallegos（2005）研究过与美国佛罗里达 St. Johns 河口标准水质测量有关（浮游植物、非海藻粒子、黄色物质 CDOM）的吸收和散射系数的测量，发现悬浮物吸收和散射特性系数变化很大，但在大于 5‰的盐度情况下呈稳定下降趋势，这和河口潮汐能增大情况下大颗粒矿物质的影响增加是一致的，并据此得出了基于水质浓度预测，用于辐射传输模型的水体内在光学特性的关系等式。国内学者陈水森（2007）、方立刚等（2012）也先后利用水色遥感理论进行河口区黄色物质、悬浮物与盐度等遥感定量反演研究，均取得了满意的效果。

利用卫星遥感水色数据，根据水体组分与盐度之间的线性关系来反演海表盐度的方法，虽在一定程度上依赖于黄色物质的反演精度，但该方法比较简单，数据获取方便，其精度基本满足对盐度宏观分布信息提取的要求，可作为目前河口盐度遥感监测的一个主要方法应用。

由于这类算法易受到地域因素影响并存在一定的不稳定性，目前国内外尚无统一的近岸水域盐度遥感定量反演模型。本书中，将在综合考虑各类算法特点和实际监测需求的基础上，介绍根据前人水色遥感反演算法发展的基于黄色物质及测站数据协同作用的表层盐度遥感定量反演模型，该算法不仅适用于珠江河口，而且较好地克服了原水色遥感反演算法时空不稳定的缺点，应用于珠江河口表层盐度监测，为珠江河口咸潮动力特性研究提供有力支撑。

3.1.1.2　黄色物质遥感定量反演方法回顾

利用遥感信息提取黄色物质（CDOM）浓度，常用的模式有两类：一类是直接提取浓度信息的模式，在此类模式中，CDOM 的浓度常以溶解性有机碳（DOC）浓度来表征（潘德炉，2004）；另一类是计算黄色物质在某一特征波段的吸收系数，用吸收系数来表示黄色物质浓度。Bower 等（2000）在 Conwy 河口研究中，发现了黄色物质（440 nm 波长的吸收系数）在红光波段与另一波段反射率的比值间存在非常好的线性关系，建立提取黄色物质的理论关系模式：

$$g_{400} = aR_R / R_X + b \qquad\qquad (3\text{-}6)$$

式中，g_{400} 表征黄色物质浓度，m^{-1}；R_R 为红光波段（665 nm）的反射率；R_X 为在另一水色波段的反射率；a 和 b 为常量。

自 Kalle 于 1949 年最先利用紫外线照射海水发现水体中存在黄色物质以来，很多研究表明了对黄色物质进行遥感监测的可能性（Tassan，1994；Doerffer and Fischer，1994）。陈楚群等（2003）采用 670 nm、490 nm 和 412 nm 反射率比值遥感反演了珠江河口海域 CDOM 的空间分布，建立了 CDOM 浓度与最佳波段组合光谱反射率之间的反演模式。Bricaud（1981）发现波段 350～700 nm 对 CDOM 的光吸收有响应，并提出了适用于紫外和可见光波段的吸收曲线描述方程。Gitelson 通过对内陆水体水质参数光谱特征的分析和回归实验，提出了计算黄色物质的回归算法，CDOM 的误差小于 0.65 nm/cm^3。

3.1.2　基于水色的表层盐度遥感定量反演理论基础

3.1.2.1　水色遥感的基本参数

水面辐亮度（L）：水体上方实测辐射度，主要包括离水辐射度、经过水气界面反射的天空漫散射辐射度和太阳直射反射的辐射贡献。

水面实反射率（L_w）：水面之上实测反射率，定义为实测水面辐射度与实测参考板辐射度的比值。

离水辐亮度：经水—气界面反射和透射后的刚好处于水面之下的向上辐射度。

归一化离水辐射率：为了消除不同时间获得的离水辐射度中光照条件的影像，通常引入归一化离水辐射率。即

$$L_{wn} = \frac{\overline{F_0}}{E_s} \cdot L_w \qquad (3-7)$$

式中，F_0 为平均日地距离处大气层外的太阳辐照度；E_s 为水面入射辐照度，即刚好处于水面之上的向下辐照度 $E_d(0^+)$。

遥感反射率：离水辐射与水面入射辐照度的比值。

DN 值：地面反射的辐射亮度穿过大气层，被卫星传感器接收，转换为 DN 值。

表观反射率：大气层顶的反射率

$$\rho = \frac{\pi L D^2}{E_{sun} \cdot \cos\theta} \qquad (3-8)$$

式中，ρ 为大气层顶表观反射率，量纲；π 为常量（球面度 sr）；L 为大气层顶进入卫星传感器的光谱辐射亮度，$W/(m^2 \cdot sr \cdot \mu m)$；$D$ 为日地之间距离（天文单位）；E_{sun} 为大气层顶的平均太阳光谱辐照度，$W/(m^2 \cdot \mu m)$；θ 为太阳天顶角。

3.1.2.2　水色遥感的物理基础

遥感传感器接收到的水体波谱信息，是多源信息的复合，包括水体经由气—水界面的向上辐射信息、大气散射信息、太阳直射反射信息和天空光经由气—水界面的反射信息。

太阳直射光和天空散射光到达水面，其中约有 3.5%被水面直接反射回大气，形成表面反射光 L_s。这种水面反射辐射带有少量水体本身的信息，它的强度与水面性质有关，如表面粗糙度、水面浮游生物、水面冰层、泡沫带等。其余的光经折射、透射进入水中，大部分被水分子所吸收和散射，或被水中悬浮物质、浮游生物等所散射、反射、衍射，形成水中散射光。它的强度与水的浑浊度相关，即与悬浮粒子的浓度和大小有关（随粒径相对于

光辐射波长的大小，可以产生瑞利散射和米氏散射）。水体浑浊度越大，水下散射光越强，两者呈正相关；部分衰减后的水中散射光到达水体底部形成底部反射光，它的强度与水深呈负相关，且随着水体浑浊度的增大而减小。水中散射光的向上部分及浅水条件下的底部反射光共同组成水中光或称离水反射辐射。离水辐射 L_w、水面反射光 L_s、天空散射光 L_p 共同被空中探测器所接收，它们是波长、高度、入射角、观测角的函数：

$$L = L_w + L_s + L_p \tag{3-9}$$

式中，前两部分包含有水的信息，因而可以通过高空遥感手段探测水中光和水面反射光，以获得水色、水温、水面形态等信息，并由此推测有关浮游生物、浑浊水、污水等的质量、数量以及水面风、浪等有关信息。

经过辐射传输过程进入卫星传感器的辐照度是关于观测几何的一个函数，函数关系为

$$E = \int_0^{2\pi} \int_0^{\pi/2} L(\theta,\phi)\cos\theta\sin\theta \mathrm{d}\theta \mathrm{d}\phi \tag{3-10}$$

式中，$L(\theta,\phi)$ 是传感器所在球面上 (θ,ϕ) 位置处接收到的辐射值；θ 和 ϕ 传感器的天顶角和方位角。

当光传输到水表面，在水—气界面上会发生反射、折射和吸收作用，光在水—气界面的辐射传输过程如图 3-1 所示。

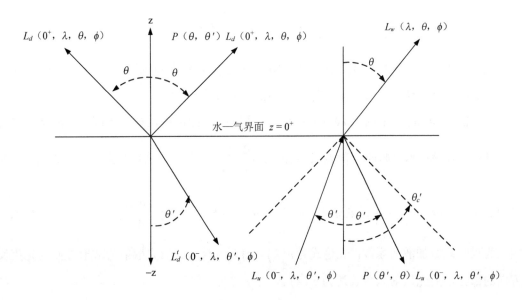

图 3-1　水—气界面的辐射传输过程

在图 3-1 中，$L_d(0^+, \lambda, \theta, \phi)$ 为水面以上入水辐亮度；$L_d'(0^-, \lambda, \theta, \phi)$ 为水面以上入水辐亮度折射入水的部分；$L_u(0^-, \lambda, \theta', \phi)$ 为水面以下离水辐亮度，$L_w(\lambda, \theta, \phi)$ 为水面以下离水辐亮度折射出水的部分；$\rho(\theta, \theta')$ 和 $\rho(\theta', \theta)$ 分别为水面以上和水面以下 θ 角度的反射率。

水面以下下行辐亮度包括水面以上入水辐亮度折射入水的部分和水面以下离水辐亮度反射的部分，表达式为

$$L_d\left(0^-, \lambda, \theta, \phi\right) = L_d'\left(0^-, \lambda, \theta, \phi\right) + \rho(\theta', \theta) L_u(0^-, \lambda, \theta', \phi) \qquad (3\text{-}11)$$

水面以上上行辐亮度包括水面以下离水辐亮度折射出水的部分和水面以上入水辐亮度反射的部分，表达式为

$$L_u\left(0^+, \lambda, \theta, \phi\right) = L_w\left(\lambda, \theta, \phi\right) + \rho(\theta', \theta) L_u(0^+, \lambda, \theta', \phi) \qquad (3\text{-}12)$$

水面以上遥感反射率表达为

$$R_{rs} = \frac{L_w(\lambda, \theta, \phi)}{E_d(0^+, \lambda)} \qquad (3\text{-}13)$$

式中，$L_w(\lambda, \theta, \phi)$ 为水面以下离水辐亮度折射出水的部分；$E_d(0^+, \lambda)$ 为水面入射辐照度。

$$E_d(0^+, \lambda) = \int_0^{2\pi} \int_0^{\pi/2} L_d(0^+, \lambda, \theta, \phi) \cos\theta \sin\theta \mathrm{d}\theta \mathrm{d}\phi \qquad (3\text{-}14)$$

光经过水—气界面的作用进入水中，将会受到水体各组分的作用，主要包括吸收和散射。下面将具体介绍一下光辐射传输过程中的固有光学特性。

当光能为 $\Phi_i(\lambda)$（单位为 μW/nm）的光束通过 Δz 距离的水柱，一部分光能将被水分子或其他颗粒物吸收，吸收系数表示为 $A(\lambda) = \dfrac{\Phi_A(\lambda)}{\Phi_i(\lambda)}$；一部分光被散射到其他方向，散射系数表示为 $B(\lambda) = \dfrac{\Phi_B(\lambda)}{\Phi_i(\lambda)}$；剩余部分的光将穿过水柱，$T(\lambda) = \dfrac{\Phi_T(\lambda)}{\Phi_i(\lambda)}$。其中，衰减系数定义为吸收系数加散射系数，表达式为 $c(\lambda) = a(\lambda) + b(\lambda)$；后先散射为散射方向与光束反方向的部分，后先散射系数表达为 $b_b(\lambda)$。

在二类水体中，吸收系数可以理解为纯水、浮游植物、非藻类颗粒物和黄质吸收系数的线性加和：

$$a(\lambda) = a_w(\lambda) + a_p(\lambda) + a_n(\lambda) + a_{\mathrm{CDOM}}(\lambda)$$ （3-15）

后向散射系数可以理解为纯水、浮游藻类和非藻类颗粒物后先散射系数的线性加和：

$$b(\lambda) = b_{bw}(\lambda) + b_{bp}(\lambda) + b_{bn}(\lambda)$$ （3-16）

3.1.2.3　水体的光学特性

水体光学成分一般包括 4 种物质，即纯水、CDOM、浮游植物和非藻类颗粒物（悬浮泥沙）。水体的光学特性，就是水体在光辐射作用下所表现的物理性质。水体光学特性可分为固有光学特性（Inherent Optic Properties，IOPs）和表观光学特性（Apparent Optic Properties，AOPs）两类。水体光谱特性应该包括表观光学特性和固有光学特性两个方面。

固有光学特性（IOPs）指只与水体组分有关而不随光照条件变化的光学特性，表征水体固有光学特性的参数有纯水、CDOM、浮游植物和非藻类颗粒物（悬浮泥沙）的光衰减系数、吸收系数、散射系数等。根据 Lambert Beer 定律，水体的总光束衰减系数、吸收系数、散射系数可以表示为各种光学成分光束衰减系数、吸收系数、散射系数的线性加和。

表观光学特性（AOPs）指不但与水体组分有关，而且会随光照条件变化而变化的光学特性，表征表观光学特性的参数有向下辐照度、向上辐照度、向下辐亮度、向上辐亮度、辐照度比、离水辐射率、遥感反射率，以及这些参数的漫衰减系数。其中，辐照度比、离水辐射率、遥感反射率等在水质参数定量遥感中是重要参数。

3.1.2.4　水体的光谱特征

水的光谱特征主要是由水本身的物质组成决定，同时又受到各种水的理化性质的影响。在可见光波段 0.6 μm 之前，水的吸收少，反射率较低，大量透射。其中，水面反射率约 5%，并随着太阳高度角的变化呈 3%～10% 不等的变化；水体可见光反射包含水表面反射、水体底部物质反射及水中悬浮物质（浮游生物或植物、泥沙及其他物质）反射 3 方面的贡献。

对于清水，在蓝—绿光波段反射率为 4%～5%，0.6 μm 以下的红光部分反射率降到 2%～3%，在近红外、短波红外部分几乎吸收全部入射能量，因此水体在两个波段的反射能量很小。由于水在红外波段（NIR、SWIR）的强吸收、水体的光学特征集中表现在可见光在水体中的辐射传输过程，它包括界面的反射、折射、吸收、水中悬浮物质的多次散射（体散射特征）等。而这些过程及水体最终表现出的光谱特征又是由水面的入射辐射、水的光学性质、表面粗糙度、日照角度与观测角度、气—水界面的相对折射率等因素决定的。

此外，水体的光谱特性（即水色）主要表现为体散射而非表面反射。所以与陆地特征不同，水体的光谱性质主要是通过透射率，而不仅是通过表面特征确定的，它包含了一定深度的水体信息，且这个深度及反映的光谱特性是随时空而变化的。水色主要决定于水体中浮游生物含量（叶绿素浓度）、悬浮固体含量（浑浊度大小）、营养盐含量（黄色物质、溶解有机物质、盐度指标）及其他污染物、底部形态（水下地形）、水深等因素。大量研究表明，叶绿素、悬浮固体等主要水色要素的垂直分布并非均匀的。水体中的水分子和细小悬浮质（粒径远小于波长）造成大部分短波光的瑞利散射（散射系数与波长四次方成反比，波长越短，散射越强），因此较清的水或深水体呈蓝或蓝绿色（清水光的最大透射率出现在 0.45～0.55 μm，其峰值波长约 0.48 μm）。

3.1.2.5　水体组分的光谱特征

（1）悬浮物质（悬浮泥沙）的光谱特征

水体中悬浮物质的存在是相当普遍的现象，悬浮物质含量的多少直接影响到光在水体中的传播。在较浅的沿岸和内陆水体，波浪和潮水会使原来沉淀在底部的沉积物悬浮在水体中，从而改变水体的颜色和光谱特性；在含泥沙较多的河流河口，水体主要受流入的河水成分影响，大范围的潮汐也会将远方的悬浮物质带进海水，从而对水体光谱特性产生影响。

悬浮固体含量不同，对辐射的吸收和散射也不同，因而在遥感影像中就可表现出不同的色调。这点最突出表现在从卫星遥感图上，可以清楚看到洪、枯季河口泥沙变化。一般地说，随着悬浮物浓度的增加，水体在可见光及近红外波段范围的反射亮度增加，水体由暗变得越来越亮，同时反射峰值波长向长波方向移动，即从蓝→绿→更长波段（0.5 μm 以上）移动，而且反射峰值本身形态变得更宽。Mertes（1993）的实际观测数据表明，650～750 nm 是反射率变化最大的波长范围，悬浮物含量为 0～1 200 mg/L，反射率从 1% 上升到 30%。而且由于黄色物质对较短波长的辐射吸收很强，对波长在 600 nm 以上的辐射吸收几乎为零。因此，最适于悬浮固体遥感的波长是 650～750 nm。

此外，Risovic 等（2002）研究发现悬浮物颗粒粒径越小，散射系数越大，相应的反射率越大，模拟实验表明在可见光波段亮色水底对悬浮物水体的光谱反射率影响最大，在 740～900 nm 处由于水的吸收作用水底亮度对反射率没有影响；对 18 种不同浓度不同类型不同粒径的悬浮物在 350～2 500 nm 范围的光谱特征研究结果表明，在 450～700 nm 波段范围，悬浮物浓度与反射率是一种对数线性关系，而在 700～1 015 nm 波段范围呈线性关系。悬浮物的含量、类型、悬浮颗粒大小、水底亮度及遥感器的观测角等都会影响悬浮物的光谱反射率，其中悬浮物浓度、颗粒大小和矿质组成是主要的影响因素（Risovic，2002；Gin，et al.，2003）。在可见光及近红外波段范围，随悬浮物含量的增加，水体的反射率增加，且随着悬浮物浓度的增大，反射峰位置向长波方向移动；400～1 000 nm 的波长是计算固体悬浮物最有效的波长范围。

悬浮物的光谱吸收、散射是水体的固有光学特性。悬浮物在紫外波段区域和波长大于700 nm 的区域，吸收性能随着波长的增加而增加。悬浮物浓度的增加，将导致整个波长反射率的增加，这主要是因为悬浮物散射特性造成的。在红光波段，悬浮物浓度大于 10 mg/L时，反射率与浓度呈线性相关。悬浮物的散射特性与悬浮物颗粒大小、成分的组成、表面的粗糙度及色泽密切相关。

（2）浮游植物的光谱特征

浮游植物是在水表层普遍存在的、微小的、自由漂浮的有机体。它们是一些单细胞的植物，是水体中食物网的基础，并对全球的碳循环起着非常重要的作用。水生环境中的浮游植物有成千上万的种类，有着不同的大小、形状和生理特征，并且其种类、浓度随着空间和时间的变化而不同。

叶绿素 a 是浮游植物的主要色素来源，常被当作浮游植物浓度的一个指标。叶绿素 a具有特定的吸收和反射光谱特征，海洋表层叶绿素遥感主要是利用从水体中反射出来的带有叶绿素 a 含量信息的可见光进行探测。当太阳可见光从水面进入水体之后，叶绿素会对可见光产生反射作用，在 440 nm 处存在一个强烈的吸收谷；520 nm 处出现节点，即该处的辐射值不随叶绿素 a 浓度而变化；550 nm 处出现辐射反射峰；同时叶绿素 a 在可见光的照射下会激发 685 nm 中心波长的荧光峰。从图 3-2 可以看出，当波长 λ 在 400～490 nm 时，反射辐射随叶绿素 a 浓度加大而降低。波长 λ 在 490～520 nm 段的反射辐射 L_w 对叶绿素 a浓度是相当不灵敏的。绿光（550～570 nm）的反射辐射 L_W 随浓度的加大而增大，最后在高浓度上饱和。不同浓度的叶绿素 a 和离水反射作用及荧光辐射作用之间存在规律性和相关性。因此，可以利用这种叶绿素 a 反射光谱、荧光辐射光谱特性，获取海面叶绿素的信息。

（3）黄色物质的光谱特征

黄色物质指有色可溶性有机物质，又称 CDOM，是一类含有腐殖酸和灰黄霉酸的可溶性有机物。海水中的黄色物质由两个途径产生：一种来源于陆地，主要是江河径流携带，浓度相对较高；另一种由海洋浮游植物有机体化学降解而形成，浓度相对较低。在近海、河口地区，江河径流携带入海为主要来源，而在大洋则主要是由海洋有机物自身降解所产生。

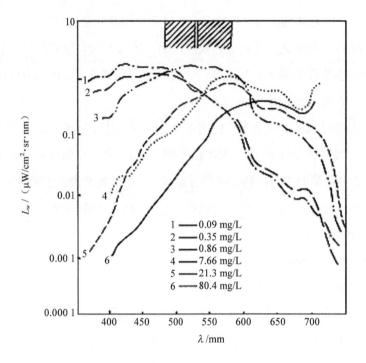

图 3-2 含不同叶绿素 a 浓度的水体反射光谱特征

黄色物质代表水体内一类重要的光吸收物质，其浓度和光学特性显著地改变了水体水色和水下光场强度的分布，它的光学特性主要表现为对光的吸收；黄色物质的吸收主要集中在 500 nm 以下的蓝光和紫外光波段，在 500～700 nm 表现出较弱的光谱吸收，在 700 nm 以后逐渐趋向于零，如图 3-3 所示。黄色物质的吸收光谱从紫外到可见光随波长的增加呈指数下降，式（3-17）用来表示黄色物质的吸收随波长的变化（Bricaud，et al.，1981）。

$$a_{\mathrm{CDOM}}(\lambda) = a_{\mathrm{CDOM}}(\lambda_0)\exp[-S(\lambda_0 - \lambda)] \tag{3-17}$$

式中，$a_{\mathrm{CDOM}}(\lambda)$ 为吸收系数，m^{-1}；λ 为波长；λ_0 为参考波长，一般取 440 nm；S 为指数函数斜率参数。S 值表征黄色物质吸收系数随波长增加而递减的参数，其与黄色物质浓度无关，但与黄色物质组成及波段的选择有关。Bricaud 等（1981）发现 S 值在 10～20 $\mathrm{\mu m}^{-1}$ 变化，平均值为 14 $\mathrm{\mu m}^{-1}$，这也是海洋水色遥感生物——光学模式中常使用的值。

在黄色物质的光吸收特性研究中，除指数函数斜率 S 外，另一个重要的参数是 CDOM 比吸收系数，即单位 DOC 浓度的 CDOM 吸收系数，表征的吸收能力随不同水体变化而变化。许多研究表明，CDOM 吸收系数与 DOC 浓度之间存在显著正相关，并可以用这些相关式来模拟 DOC 浓度的变化（Seritti，et al.，1998；Rochelle and Fisher，2002），但必须注意到这些关系式的系数存在区域性，随水体生物光学特性变化而变化。

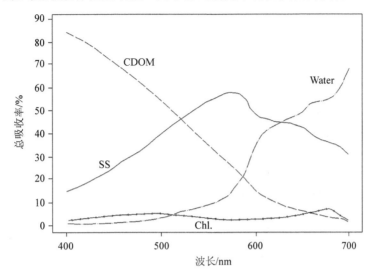

图 3-3　河口区水体中不同要素总吸收系数百分比变化

3.1.3　表层盐度遥感定量反演技术流程

根据遥感技术可有效反演的水质参数（黄色物质、盐度）构建表层盐度遥感定量反演技术路线，如图 3-4 所示。总体的技术思路为把珠江河口卫星表面盐度同步观测与水体光谱观测、珠江重要口门和重要河段特征时段的咸潮连续垂线观测、固定测站固定位置的常规观测等结合起来，获取珠江河口表层盐度遥感定量反演及咸潮机理分析基础数据，建立珠江河口较高含沙水体表层盐度反演模型。

具体的技术流程如下。

①数据源。采用 MODIS 数据、地面采集的水体组分浓度数据、固定站点咸情观测数据。

②数据处理。由于水体本身为弱反射体，其信息更容易受到大气、平台姿态及仪器设备稳定等方面的影响，所以在使用遥感影像前要对数据进行处理。处理的过程包括辐射校正和几何校正。

③表层盐度遥感定量模型构建。使用获取的各类数据，通过分析水体光谱特性、水体黄色物质与盐度的相关性、黄色物质与反射率关系，确定估算水质参数的最佳波段或波段组合，建立基于黄色物质的遥感数据与盐度参数间的定量关系，从而反演水体中的盐度信息。

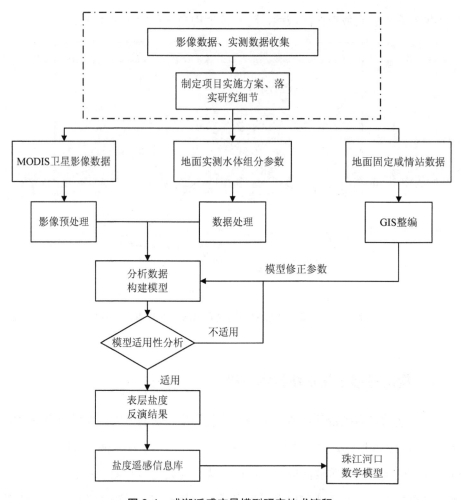

图 3-4　咸潮遥感定量模型研究技术流程

④河口区表层盐度遥感定量反演。采用构建的盐度遥感定量反演模型，通过遥感数据反演珠江河口水体盐度信息，获取长时间系列珠江河口表层盐度变化信息。

⑤成果输出。包括两种形式，一种成果是整理入库，即通过 GIS 平台建立盐度遥感信息库；另一种成果是整饰成图，通过遥感软件、图像处理软件将盐度信息以盐度分布状态图形式呈现。

3.1.4　遥感数据预处理

3.1.4.1　遥感数据源的选择

目前国内外普遍采用的水色遥感数据源有 Landsat/TM 数据、MODIS 数据、EO-1 卫星的 ALI 数据等（表 3-1）。Landat/TM 数据和 ALI 数据空间分辨率为 30 m（多光谱），但它们较长的时间分辨率对于水体这种具有流动性和不稳定性的研究对象来说，具有难以克服的缺陷。MODIS 数据空间分辨率较低，根据波段设置不同，其空间分辨率为 250 m、500 m、1 000 m 3 种；但其具有较高的光谱分辨率和高时间分辨率（一天过境一次，分上下午星），这使得对河口区域进行长时间的连续观测成为可能。由于珠江河口水域面积广，运用 MODIS 数据 250 m、500 m 波段的数据已能准确反演河口水体参数并体现其空间变化规律。因此，综合比较后，MODIS 数据是目前进行水体表层盐度监测较为理想的数据，这里将主要以 MODIS 数据作为河口表层盐度遥感定量反演的数据源。

表 3-1 不同卫星数据源对比

卫星/传感器	波段设置	扫描宽度	空间分辨率	时间分辨率
Landsat/TM、ETM$^+$	Landsat-57 波段；Landsat-78 波段	185 km	30 m，全色波段为 15 m	16 d
Landsat 8/OLi	9 波段	185 km	30 m，全色波段 15 m	16 d
EO-1/ALI	10 波段	37 km	30 m，全色 15 m	16 d
MODIS	36 波段	2 330 km	第 1～2 波段为 250 m；第 3～7 波段为 500 m；第 8～36 波段为 1 000 m	一天可过境 4 次

3.1.4.2 MODIS 仪器

中分辨率成像光谱仪（MODIS）是 TERRA 和 AQUA 卫星上都装载有的重要传感器，是 EOS 计划中用于观测全球生物和物理过程的仪器。MODIS 沿用的是传统的成像辐射计的思想，由横向扫描镜、光收集器件、一组线性探测器阵列和位于 4 个焦平面上的光谱干涉滤色镜组成。这种光学设计可为地学应用提供 0.4～14.5 μm 的 36 个离散波段的图像，星下点空间分辨率可为 250 m、500 m 或 1 000 m，视场宽度为 2 330 km。MODIS 每两天可连续提供地球上任何地方白天反射图像和白天/昼夜的发射图像数据，包括对地球陆地、海洋和大气观测的可见光和红外波谱数据。MODIS 仪器的设计寿命为 5 年，4 个仪器计划在 1999—2006 年发射，用于搜集供全球变化研究的 15 年数据集。MODIS 是一个真正多学科综合的仪器，可以对地表和大气进行全面、一致的同步观测。MODIS 是 EOS 卫星实施全球变化研究的主要工具，从中人们可以获得对地球表面和大气层底部全球动力过程的进一步认识。MODIS 将会帮助科学家了解整个地球系统，由此可以提高人类预报天气变化的能力，也能提高区分人类活动和自然变化对环境的影响的能力。MODIS 的目标是构造全球动力模型，包括大气、海洋和陆地 3 个方面，并预报它们的变化。因此，

MODIS 数据能帮助世界上的决策者对环境和资源的保护和管理进行全面、英明的决策。

3.1.4.3 MODIS 技术指标及波段分布

MODIS 作为新型的对地观测传感器，在许多技术指标上都体现出其优越的仪器特性，它提供的多波段数据不但可以同时提供反映陆地、云边界、云特性、海洋水色、浮游植物、生物地理、大气水汽、地表温度、云顶温度、云顶高度等特征信息，用于对陆表、生物圈、固态地球、大气和海洋进行长期全球观测，而且对于开展自然灾害与生态环境监测、全球环境和气候变化研究及进行全球变化的综合性研究都将是十分有意义的。表 3-2 和表 3-3 列出了 MODIS 的各项技术指标和波段分布特性。

表 3-2　MODIS 技术指标

轨道	705 km，降轨上午 10：30 过境，升轨下午 1：30 过境，太阳同步，近极地圆轨道
扫描频率	20.3 r/min，与轨道垂直
测绘带宽	2 330 km×10 km
望远镜	直径 17.78 cm
体积	1.0 m×1.6 m×1.0 m
重量	250 kg
功耗	225W
数据率	11 Mbit/s
量化	12 bit
星下点空间分辨率	250 m（波段 1～2） 500 m（波段 3～7） 1 000 m（波段 8～36）
设计寿命	5 年

表 3-3　MODIS 波段分布特征

主要	波段序号	波段宽度/ nm	光谱灵敏度/ $[W/（m^2 \cdot \mu m \cdot sr）]$	信噪比/ （NEΔt）
陆地与云的界限	1	620～670	21.8	128
	2	841～876	24.7	201
陆地与云的性质	3	459～479	35.3	243
	4	545～565	29.0	228
	5	1 230～1 250	5.4	74
	6	1 628～1 652	7.3	275
	7	2 105～2 155	1.0	110
海洋颜色/浮游植物/生物化学	8	405～420	44.9	880

主要	波段序号	波段宽度/nm	光谱灵敏度/[W/（m²·μm·sr）]	信噪比/（NEΔt）
	9	438～448	41.9	838
	10	483～493	32.1	802
	11	526～536	27.9	754
	12	546～556	21.0	750
	13	662～672	9.5	910
	14	673～683	8.7	1 087
	15	743～753	10.2	586
	16	862～877	6.2	516
大气水分	17	890～920	10.0	167
	18	931～941	3.6	57
	19	915～965	15.0	250
地表/云温度	20	3.660～3.840	0.45（300 K）	0.05
	21	3.929～3.989	2.38（335 K）	2.00
	22	3.929～3.989	0.67（300 K）	0.07
	23	4.020～4.080	0.79（300 K）	0.07
大气温度	24	4.433～4.498	0.17（250 K）	0.25
	25	4.482～4.549	0.59（275 K）	0.25
卷云	26	1.360～1.390	6.00	150（SNR）
水汽	27	6.535～6.895	1.16（240 K）	0.25
	28	7.175～7.475	2.18（250 K）	0.25
	29	8.400～8.700	9.58（300 K）	0.05
臭氧	30	9.580～9.880	3.69（250 K）	0.25
地表/云温度	31	10.780～11.280	9.55（300 K）	0.05
	32	11.770～12.270	8.94（300 K）	0.05
云顶高度	33	13.185～13.485	4.52（260 K）	0.25
	34	13.485～13.785	3.76（250 K）	0.25
	35	13.785～14.085	3.11（240 K）	0.25
	36	14.085～14.385	2.08（220 K）	0.25

3.1.4.4 MODIS 数据特点及标准数据产品

（1）MODIS 数据特点

MODIS 数据主要有 4 个特点。

①全球免费：MODIS 数据在求全实行免费接收的政策，免费政策的实施对于 MODIS 遥感数据的研究有了更好地帮助，研究学者花费更小的成本就可以获得实用的、珍贵的 MODIS 数据资源，促进了 MODIS 数据的研究与发展。

②光谱范围广：MODIS 数据属于高光谱数据，一景 MODIS 影像数据具有 36 个波段，

光谱范围较广，0.4～14.4 μm。具有 250 m、500 m 及 1 000 m 分辨率，数据较为丰富。这些丰富的 MODIS 数据资源对于对地科学的综合研究包括陆地、大气和海洋进行识别与分类研究具有重要的意义。

③数据接收简单：MODIS 接收相对简单，它利用 X 波段向地面发送，并在数据发送上增加了大量的纠错能力，以保证用户用较小的天线（仅 3 m）就可以得到优质信号。

④更新频率高：Terra 和 Aqua 卫星都是太阳同步极轨卫星，Terra 在地方时上午过境，Aqua 在地方时下午过境。Terra 与 Aqua 上的 MODIS 数据在时间更新频率上相配合，加上晚间过境数据，对于接收 MODIS 数据来说可以得到每天最少两次白天和两次黑夜更新数据。这样的数据更新频率，对实时地球观测和应急处理（例如，森林和草原火灾监测和救灾）有较大的实用价值。

（2）MODIS 标准数据产品

①MODIS 数据产品分级

MODIS 标准数据产品分级系统由 5 级数据构成，它们分别是：0 级、1 级、2 级、3 级和 4 级。

0 级数据：卫星地面站直接接收到的、未经处理的、包括全部数据信息在内的原始数据为 0 级数据。

1 级数据：对没有经过处理的、完全分辨率的仪器数据进行重建，数据时间配准，使用辅助数据注解，计算和增补到 0 级数据之后为 1 级数据。

2 级数据：在 1 级数据基础上开发出的、具有相同空间分辨率和覆盖相同地理区域的数据为 2 级数据。

3 级数据：3 级数据时以统一的时间—空间栅格表达的变量，通常具有一定的完整性和一致性。在 3 级水平上，将可以集中进行科学研究，如定点时间序列，来自单一技术的观测方程和通用模型等。

4 级数据：通过分析模型和综合分析 3 级以下数据得出的结果数据为 4 级数据。

②MODIS 数据产品分类

MODIS 标准数据产品根据内容的不同分为 0 级、1 级数据产品，在 1B 级数据产品之后，划分 2～4 级数据产品，包括：陆地标准数据产品、大气标准数据产品和海洋标准数据产品 3 种主要标准数据产品类型，总计分解为 44 种标准数据产品类型（表 3-4）。

表 3-4 MODIS 产品一览表

类别	产品号	产品名	级别
定标与定位	MOD01	0 级到 1 级数据	L1A
	MOID02	定标	L1B
	MOD03	定位	L1
陆地科学产品	MOD09	表面反射率、光谱反射率、热异常、火灾	L2，L2G，L3
	MOD10	雪盖	L2，L2G，L3
	MOD11	地表温度与发射率	L3
	MOD12	土地覆盖	L2，L3
	MOD13	植被指数	L2G，L3
	MOD14	面反射率、光谱反射率、热异常、火灾	L2，L2G，L3
	MOD15	有效光合辐射、叶面积指数	L2G，L3
	MOD17	净初级生产力	L3
	MOD29	海冰	L2，L2G，L3
	MOD43	二向性反射分布函数和反照率	L2G，L3
	MOD44	月均土地覆盖	L3
大气科学产品	MOD04	气溶胶产品	L2
	MOD04ORB	栅格化大气产品	L2G，L3
	MOD05	MODIS 可降水总量	L2
	MOD06	云产品	L2
	MOD07	大气廓线	L2
	MOD08	栅格化气候建模大气产品	L3
	MOD35	云掩膜	L2
海洋科学产品	MOD18	归一化离开海水辐射率	L2，L3
	MOD19	色素浓度	L2，L3
	MOD20	叶绿素荧光	L2，L3
	MOD21	叶绿素 a 色素浓度	L2，L3
	MOD22	光合作用可用辐射	L2，L3
	MOD23	固体悬浮物浓度	L2，L3
	MOD24	有机物浓度	L2，L3
	MOD25	球石浓度	L2，L3
	MOD26	海水稀释系数	L2，L3
	MOD27	年度海洋生产力	L4
	MOD28	海表温度	L2，L3
	MOD31	藻胆红素浓度	L2，L3
	MOD36	吸收系数	L2，L3
	MOD37	海洋浮质特性	L2，L3
	MOD39	清洁水	L2，L3

（3）MODIS 数据产品格式

MODIS 数据产品比较多，这里只介绍作为表层盐度信息提取数据源的 MODIS L1B 产品格式。

MODIS L1B 数据是 MODIS44 种系列产品中的一种，产品编号为 MOD02（Terra-MODIS）/MYD02（Aqua-MODIS）。它是经过仪器标定，但没有经过大气校正的数据产品；包含地理坐标产品的数据，但是"科学数据"和"地理数据"还没有连接，直接显示时，边缘存在"蝴蝶结"（Bow-tie）现象。

①HDF 格式说明

HDF（Hierarchical Data Format，分级数据格式）是一种多对象的文件格式，它包括文件头、一个以上的数据描述块和若干数据块（可能为 0 个）。其中，文件头用来标识 HDF 文件。数据描述块中包含若干的数据描述。每个数据描述和相应的数据元共同组成一个数据对象（Data Object）。数据对象包括数据描述和数据元。数据元包含实际的数据。而数据描述顾名思义则给出了数据元的类型、大小、位置信息。HDF 文件的这种组织方式使得 HDF 文件具有自定义性。

HDF-EOS 是 NASA 为遥感应用而对 NCSA（National Center for Supercomputing Applications，美国国家超级计算中心）的 HDF（Hierarchical Data Format，分级数据格式）进行的扩充。它已经被美国对地观测系统的数据与信息系统（EOSDIS）选定为数据标准。HDF-EOS 相对于 HDF 增加了 3 种数据对象：网格（Grid）、点（Point）、线（Swath）并提供了相应的 API。

②MODIS L1B 格式

MODIS L1B 有 250 m、500 m 和 1 000 m 3 种分辨率的数据产品，其格式基本相同，因此本书放在一起说明，只对其中不同的部分进行单独阐述。

L1B 的格式描述分为 4 个部分：全局元数据（Global Metadata）、设备和无常 SDS（Instrument and Uncertainty Science Data Sets）、波段子集 SDS（Band-Subsetting Science Data Sets）、定位 SDS（Geolocation Science Data Sets）。

③全局元数据（Global Metadata）

全局元数据包括：ECS 标准核心亚元数据（ECS Standard Core Granule Metadata），ECS 标准文档亚元数据（ECS Standard Archive Granule Metadata），MODIS L1B 产品亚元数据（MODIS Level 1B Product Granule Metadata），MODIS L1B QA 亚元数据（MODIS Level 1B QA Granule Metadata），L1B HDF－EOS 线元数据（Level 1B HDF-EOS SWATH Metadata）

及 L1B 线元数据（Level 1B Swath Metadata）。其中 ECS 标准核心亚元数据（ECS Standard Core Granule Metadata）包含产品时间、名称、白天/黑夜标识、时间范围、后继处理标志、质量标识、穿越赤道时间、穿越赤道经度、轨道号、边界经纬度、卫星名称、传感器名称等信息。ECS 标准文档亚元数据（ECS Standard Archive Granule Metadata）包含算法包接受时间、名称、版本、东西南北边界等信息。MODIS L1B 产品亚元数据（MODIS Level 1B Product Granule Metadata）包含扫描数、白天扫描数、黑夜扫描数、不全扫描数、最大 Earth View 帧等信息。MODIS L1B QA 亚元数据（MODIS Level 1B QA Granule Metadata）包含发生错误的发射波段、发生错误的反射波段、平均黑体温度的噪声、各种 FPA 温度噪声、各种热敏电阻噪声、仪器温度噪声、腔温度噪声、无效感应器、感应器质量等信息。L1B HDF-EOS 线元数据（Level 1B HDF-EOS SWATH Metadata）对数据的维数、映射关系等信息进行说明。L1B 线元数据（Level 1B Swath Metadata）包含扫描数、扫描类型、扫描完成标志、镜面、EV 部分开始时间、星下点帧数、星下点经纬度、星下点太阳高度角、星下点太阳方位角、QA 标识等。

3.1.4.5 MODIS 数据预处理

由于卫星遥感图像中，水体一般为弱信息，相对于其他地物而言，更易受大气、平台姿态、仪器信号等干扰因素的影响，因此，在水体表层盐度遥感监测中，对 MODIS 影像的预处理和标准化就显得尤为重要。MODIS 影像标准化处理流程如图 3-5 所示。

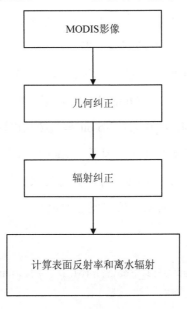

图 3-5 MODIS 数据标准化处理技术流程

（1）几何校正

MODIS 探测器对地球观测的视野几何特性、地球表面曲率、地形起伏和 MODIS 探测器运动中的抖动等因素的共同影响，导致 MODIS L1B 级数据存在几何畸变，包括像素的几何形变和相邻扫描带重叠形成的"蝴蝶结"效应。因此使用 MODIS L1B 卫星数据前必须对其进行几何纠正。几何纠正包括几何粗纠正和精纠正，几何粗纠正主要是完成那些系统的畸变和可预测的畸变的纠正，这一过程在地面接收站已经完成。几何精纠正主要是利用地面控制点对那些随机的畸变和其他未知的系统畸变进行校正。它利用数学模型来近似描述遥感图像的几何畸变过程，并利用畸变的遥感图像与标准地图之间的一些对应点求得几何畸变模型，然后利用此模型进行几何畸变校正。

MODIS 数据本身带有详细的经纬度波段信息，是 1 000 m 分辨率 MODIS 数据中对应像素点的经纬度信息，以波段的形式存放。图像处理软件 ENVI 提供了用既定地理信息校正影像功能，可利用 MODIS 数据中的地理信息对影像进行几何校正，无须再选地面控制点，缩短了校正时间，精度比选地面控制点的方法更高。值得一提的是，在选择参数时，应按不同次分辨率区别对待，250 m 分辨率的波段取 4，500 m 分辨率的波段取 2，1 000 m 分辨率的波段取 1，以保证校正精度。

（2）辐射定标

辐射定标是将传感器输出的测量值变换为其对应的目标像元的绝对亮度或表面反射率等物理量的处理过程。遥感数据的定标建立了传感器每个探测值与该探测器对应的实际地物辐亮度间的关系，是进行大气校正的前提。

MODIS L1B 产品包括了两种信息：波段 1~9、波段 26 为地物反射信息；波段 20~25、波段 27~35 为发射信息。由于 MODIS 信号数据的精度很高，用浮点数据来保存文件占用空间较大，因此，MODIS L1B 采用 16 bit 整数和尺度转换（Scaled Integer）的方法，将浮点数据通过偏移量（Offset）和尺度因子（Scale）两个参数转换为 16 bit 整数，以减少文件大小。MODIS 数据的绝对辐射定标就是通过尺度转换的方法将其整数型数据重新转换为反射率值（反射通道）、辐射亮度（发射通道）。

辐射亮度计算公式：

$$L_{B,T,FS} = \text{Radiance\_Scale}_B \times (Sl_{B,T,FS} - \text{Radiance\_Offset}_B) \tag{3-18}$$

表观反射率计算公式：

$$R_{B,T,FS} = \text{Reflectance\_Scale}_B \times (Sl_{B,T,FS} - \text{Reflectance\_Offset}_B) \qquad (3\text{-}19)$$

式中，$Sl_{B,T,FS}$ 为某波段某像素点的计算值，B 为相应波段号；Radiance_Scale_B 为辐射能缩放比；Radiance_Offset_B 为辐射能量偏移量；$\text{Reflectance\_Scale}_B$ 为反射率缩放比；$\text{Reflectance\_Offset}_B$ 为反射率偏移量，$L_{B,T,FS}$ 为某波段某像素点的辐射亮度；绝对辐射定标后辐射亮度的单位为 $W/(m^2 \cdot \mu m \cdot sr)$；$R_{B,T,FS}$ 为某波段某像素点的表观反射率。上述参数均可以在相应波段科学数据集的属性域中读取。目前，遥感图像处理软件 ENVI4.5 以上版本已实现对 MODIS 绝对辐射定标自动计算。

3.1.4.6 MODIS 数据的大气校正

理想的遥感模型是没有大气存在的，地面为朗伯体，遥感接收到的光谱直接反映地面目标的状况。但事实上，在卫星遥感成像的过程中，地面发射的电磁波在目标、大气、遥感器之间传播过程中，受到大气的吸收与散射的影响，其强度、波谱、空间分布、方向和极化等特性都会发生变化，使得遥感器的测量值与地物实际光谱辐射值不一致，测量值存在辐射失真，从而对遥感图像的质量和应用效果产生不可忽视的影响。这些影响使得基于遥感影像的应用研究，特别是定量化应用研究受到很大的影响。因此，在这些信息被成功应用于地球信息的定量化研究之前，必须对遥感影像进行大气校正，这是定量化应用的前提。大气校正就是要研究并消除大气条件对遥感的影响，在传感器位置恢复地面目标的光谱特征。

入射至海面的太阳辐射射入海水（河水），一部分被水体吸收或直接反射，透射入水的太阳光经水分子、浮游生物、悬浮微粒等散射，其中一部分由水面反射出来，这部分称为离水辐射值。卫星传感器接收的这部分信息只占总信息的10%左右，而绝大部分来自大气瑞利辐射、气溶胶和太阳反射等。因此，对水色遥感资料进行大气校正显得尤为重要，是海洋水色遥感的关键技术之一。可以说，对 MODIS 数据的大气校正直接关系到水质参数定量反演模型的精度。

（1）大气校正的原理

①大气校正的基本方程

卫星传感器在海面上空接收到的某波段 λ_i 的总辐射值 $L_t(\lambda_i)$，包括来自海水水面的离水辐射值 $L_w(\lambda_i)$、瑞利散射辐射值 $L_r(\lambda_i)$、大气气溶胶散射辐射值 $L_a(\lambda_i)$、直射太阳光的镜面反射值 $L_g(\lambda_i)$、来自水体底部的镜面反射值 $L_b(\lambda_i)$，如图 3-6 所示。

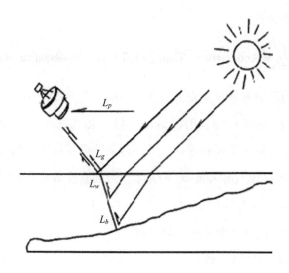

图 3-6　遥感光谱信号在海水中的传播过程

注：L_p—与大气散射辐射有关函数（包括瑞利散射和气溶胶散射）；L_g—与水面反射辐射有关函数；

L_w—与水体散射辐射有关函数；L_b—与水底反射辐射有关函数。

$$L_t(\lambda_i) = t(\lambda_i)L_w(\lambda_i) + L_r(\lambda_i) + L_a(\lambda_i) + L_g(\lambda_i) + L_b(\lambda_i) \qquad （3-20）$$

由于海洋水色传感器具有侧视扫描装置，通常可见光不可能到达海洋的底部，因而来自海面的镜面反射 $L_g(\lambda_i)$ 和底部反射 $L_b(\lambda_i)$ 可以忽略不计。因此，对海洋水色遥感资料的大气校正主要是去除瑞利散射辐射值 $L_r(\lambda_i)$ 和气溶胶散射辐射值 $L_a(\lambda_i)$ 的影响，从总辐射值 $L_t(\lambda_i)$ 中求得海水水面的离水辐射值 $L_w(\lambda_i)$。

$$t(\lambda_i)L_w(\lambda_i) = L_t(\lambda_i) - L_r(\lambda_i) - L_a(\lambda_i) \qquad （3-21）$$

式中，$t(\lambda_i)$ 为海面到卫星传感器之间的大气透过率。

②瑞利散射

由于大气的组成成分较为稳定，大气密度变化较小，加之人们对瑞利散射规律的认识和掌握都很成熟，目前已经可以很精确地得到 L_r，特别是对于 MODIS 数据的对应波段，Gordon 等（1999）已给出瑞利散射计算查找表，该数据表格可以在 NASA 网站免费下载。利用查找表可以显著地提高瑞利散射计算的效率，与直接求解传输方程相比计算的最大误差不超过 0.5%，可以满足水色遥感大气校正的要求。

③气溶胶散射

假设气溶胶波长指数在所研究的区域是恒定的、气溶胶单次散射、所研究的区域存在

"清洁水体"的前提下，气溶胶的单次散射可表示为

$$L_{as}(\lambda) = \frac{1}{4\pi\cos\theta}\omega_a(\lambda)\tau_a(\lambda)F_0(\lambda)T_{oz}(\lambda)P_a(\theta,\theta_0\lambda) \tag{3-22}$$

式中，$P_a(\theta,\theta_0\lambda)$ 为气溶胶单次散射相函数；$\omega_a(\lambda)$ 为气溶胶单次散射反照率；$F_0(\lambda)$ 为大气层外垂直入射的太阳辐照度，W/m^2；$T_{oz}(\lambda)$ 为臭气透过率；θ_0 和 θ 分别是太阳和传感器的天顶角，°。Gordon 等（1994）已给出适用于 MOIDS 数据的 16 种气溶胶类型的查找表，该数据表格也可以在 NASA 网站上免费下载，利用查找表中提供的相关参数，可以计算出气溶胶单次散射的值。由于气溶胶的单次散射会引入较大的误差，需要考虑气溶胶与大气分子之间的多次散射。Gordon（1999）发现了多次散射和单次散射之间存在较好的线性关系：

$$L_{ma}(\lambda) = K[\lambda, L_{as}(\lambda)]L_{as}(\lambda) \tag{3-23}$$

式中，$K[\lambda, L_{as}(\lambda)]$ 为单次散射与多次散射的转换系数，利用气溶胶类型查找表可以计算出 $K[\lambda, L_{as}(\lambda)]$ 的值。

（2）常见的大气校正方法

国内外针对水色遥感大气校正的方法很多，比较成熟的方法有辐射传输模型方法、黑暗像元法及基于标准一类水体校正算法发展起来的相对成熟的Ⅱ类水体算法，如光谱迭代法、神经网络法、主成分分析方法等。

①黑暗像元法

黑暗像元法的基本原理是在假定待校正的遥感图像上存在黑暗像元区域，地表为朗伯面反射，大气性质均一，大气多次散射辐照作用和邻近像元漫反射作用可以忽略的前提下，反射率或辐射亮度很小的黑暗像元由于大气的影响，亮度值相对增加。可以认为这部分增加的亮度是由于大气的程辐射影响产生的。利用黑暗像元值计算出程辐射，并代入适当的大气校正模型，获得相应的参数后，通过计算就可以得到地物真实的反射率。用黑暗像元法进行大气校正主要是依靠图像本身的信息，这种方法直接、简易，其校正精度可以满足一般遥感的研究和应用，具有较强的实用性。

这种方法通常采用简化的大气校正理论模型。假设天空辐照度各向同性，地表面是一个理想的朗伯体，并忽略大气的折射、湍流和偏振，由遥感方程可以得到如下模型：

$$R = \pi(L - L_P)/[T_\phi(T_\theta E_0\cos\theta + E_D)] \tag{3-24}$$

式中，R 为地物表面反射率；L 为卫星接收到的表观辐亮度；ϕ 是卫星传感器天顶角；T_ϕ 是从地物到传感器的反射方向的大气透射率；T_θ 为在太阳辐射入射方向上的大气透射率；θ 为太阳天顶角，°，E_0 为大气层外相应波长的太阳光谱辐照度；E_D 为由天空光漫射到地表面的光谱辐照度。其中，L 可由星上或地面定标结果求得，θ 由日期和时间计算得，ϕ 可从遥感图像头文件中读出，E_0 可由探测器响应函数计算求得。因此要求 R，还有 4 个未知数：L_P、T_ϕ、T_θ、E_D。而对该 T_ϕ、T_θ、E_D 3 个未知数的不同简化假设，以及对 L_P、T_ϕ、T_θ、E_D 4 个未知数的不同计算方法得到了不同的黑暗像元法。

通常情况下，遥感图像中黑暗像元的选取原理大致可以分为两种方案：一是选择大的水体如湖泊，这是因为水体在可见光和近红外波段的反射率非常低（一般小于 2%）；二是选择浓密植被阴影区，这是因为阴影区几乎没有太阳光的直接照射，而且植被在中红外波段反射率非常小。

②辐射传输模型法

在诸多的大气校正方法中校正精度高的方法是辐射传输模型法（Radiative Transfer Models）。辐射传输模型法是利用电磁波在大气中的辐射传输原理建立起来的模型对遥感图像进行大气校正的方法。基于不同的假设条件和适用的范围，目前已建立了很多可选择的大气较正模型，应用广泛的就有近 30 个。例如，6S 模型（Second Simulation of the Satellite Signal in the Solar Spectrum）、LOWTRAN 模型（Low Resolution Transmission）、MOR-TRAN 模型（Moderate Resolution Transmission）、大气去除程序 ATREM（The Atmosphere Removal program）、紫外线和可见光辐射模型 UVRAD（Ultraviolet and Visible Radiation）、TURNER 大气校正模型、空间分布快速大气校正模型 AT-COR（A Spatially-Adaptive Fast Atmospheric Correction）等。其中以 6S、MODTRAN、LOWTRAN 和 ATOCOR 模型应用最为广泛。

a. 6S 模型。6S 模型是在法国大气光学实验室 Tanre D，Deuze J L，Herman M 和美国马里兰大学地理系 Vermote E 在 5S（Sim-ulation of the Satellite Signal in the Solar Spectrum）模型的基础上发展起来的。该模型采用了最新近似（State of the Art）和逐次散射 SOS（Successive Orders of Scattering）算法来计算散射和吸收，改进了模型的参数输入，使其更接近实际。该模型对主要大气效应：H_2O、O_3、O_2、CO_2、CH_4、N_2O 等气体的吸收，大气分子和气溶胶的散射都进行了考虑。它不仅可以模拟地表非均一性，还可以模拟地表双向反射特性。但 6S 的主要开发者 Eric Vermote（1997）认为，6S 在高精度要求的水色遥感中只适于作为敏感性研究（Sensitivity Study）之用。

b. LOWTRAN 模型。LOWTRAN 模型是美国空军地球物理实验室研制的。目前流行的版本是 LOWTRAN7，它是以 20 cm^{-1} 的光谱分辨率的单参数带模式计算 0～50 000 cm^{-1} 的大气透过率，大气背景辐射，单次散射的光谱辐射亮度、太阳直射辐射度。LOWTRAN7 增加了多次散射的计算及新的带模式、臭氧和氧气在紫外波段的吸收参数。它提供了 6 种参考大气模式的温度、气压、密度的垂直廓线，H_2O、O_3、O_2、CO_2、CH_4、N_2O 的混合比垂直廓线及其他 13 种微量气体的垂直廓线，城乡大气气溶胶、雾、沙尘、火山喷发物、云、雨廓线和辐射参量如消光系数、吸收系数、非对称因子的光谱分布，还包括地外太阳光谱。目前使用的 LOWTRAN7 已经基本成熟固定，自 1989 年以来没有大的改动，仅修改了其中一些小的错误。

c. MORTRAN 模型。MORTRAN 模型主要是对 LOWTRAN7 模型的光谱分辨率进行了改进，它把光谱分辨率从 20 cm^{-1} 减少到 2 cm^{-1}，发展了一种 2 cm^{-1} 光谱分辨率的分子吸收的算法和更新了对分子吸收的气压温度关系的处理，同时维持 LOWTRAN7 的基本程序和使用结构。ENVI3.6 以后版本提供的 FLAASH 大气校正模型就是使用了改进的 MORTRAN 模型的代码。

d. ATCOR 模型。ATCOR 大气校正模型是由德国 Wessling 光电研究所的 Rudolf Richter 博士于 1990 年研究提出的一种快速大气较正算法，并且经过大量的验证和评估。该模型已经广泛应用于很多的通用图像处理软件，如 PCI、ERDAS。目前，ATCOR2 模型是 ATCOR 经历了多次改进和完善的产品，上述软件中引入的即为 ATCOR2 版本。1999 年和 2000 年 ATCOR3 及 ATCOR4 模型适用范围推广到更广泛的山区。虽然受局地气候的控制且新模块需要进一步的完善，但 ATCOR2 系列仍然是 ATCOR 的主产品。ATCOR2 是一个应用于高空间分辨率光学卫星传感器的快速大气校正模型，它假定研究区域是相对平的地区并且大气状况通过一个查证表来描述。在具体实施过程中将针对太阳光谱区间和热光谱范围进行计算。

③标准 I 类水体大气校正方法

标准 I 类水体大气校正均采用"暗像元"假设，这样就可以估计出近红外的气溶胶散射贡献，通过适当方法将近红外的气溶胶信号外推到可见光，即可得到可见光的气溶胶贡献。

针对 I 类水体的大气校正算法研究最初是围绕处理 CZCS 资料而开展的（Gordon，1978；Viollie et al.，1980；Gordon and Clark，1980；Gordon et al.，1983；Gordon and Castano，1989）。CZCS 算法基于两个假定（Gordon，1993）：a. 海表面为水平表面，即无风速的影响，可以忽略海面白帽的贡献；b. CZCS 共有 5 个可见光通道（443 nm、490 nm、520 nm、

550 nm、670 nm），由于没有设置近红外波段，对 I 类清洁水体，假定 670 nm 处的离水辐射率为零，用单次散射理论进行瑞利和气溶胶散射计算。CZCS 传感器设计了 ±20° 的倾角，这样避开了太阳耀斑的影响。CZCS 的大气修正算法可用式（3-25）表示（Godon，1990）。

$$L(\lambda) = L_r(\lambda) + L_a(\lambda) + t(\lambda)L_w(\lambda) \tag{3-25}$$

在 CZCS 算法的基础上，又发展了 SeaWiFS 标准大气校正算法（Gordonand Wang，1994a）。与 CZCS 相比，SeaWiFS 具有两个近红外波段（765 nm 和 865 nm），利用这两个波段的信息可以确定每个像元的光谱变化，而不必采用统一的参数或者利用"清洁水体"（叶绿素浓度 0.25 mg/m^3）的近似，而且这两个波段的离水反射率要比 670 nm 的更低，另外该算法采用了多次散射理论进行瑞利和气溶胶散射计算。

传统的标准 I 类水体大气校正方法存在如下问题：a. 在图像中可能不存在所要求的清洁水体；b. 在图像中，气溶胶类型发生变化；c. 即使所有其他假设都满足（单次散射），由于气溶胶相位函数与波长之间仅存在较弱依赖关系，也将引起某些参数的变化；d. 该方法忽略了多次散射、表面粗糙不平、垂直结构、白帽、臭氧层变化、大气压强变化等诸多因素；e. 单次散射的假设不够精确。

④II 类水体大气校正方法

国际上通用的 Gordon 标准算法在清洁大洋水体中精度较高，一般可达 95% 左右。但对 II 类水体而言，该算法的一个基本假设——近红外波段的离水辐射为零，不再成立，从而导致算法失效。

总的来说，目前国际上针对 II 类水体提出的水色大气校正算法主要有以下几类。

a. 在 Gordon 标准算法基础上的，着重解决近红外波段的离水辐射量。

i. 近红外光谱迭代算法。Amone 等（1998）基于两个假设：红光和近红外波段的水体总吸收系数主要由纯水的吸收系数决定；颗粒物后向散射在上述波段范围内随光谱是线性变化的，根据简化的生物—光学模型提出改进算法。但对近岸高浑浊水体而言，以上两个假设有可能不成立，计算会产生较大误差。

ii. 借用邻近清洁水体的大气光学特性。Hu 等（2000）提出一种邻近像元法来解决近岸浑浊水体的 SeaWiFS 图像大气校正问题。算法的基本思想为假设气溶胶类型在较小的空间范围内（50～100 km）保持不变，然后利用邻近清洁水体像元法来确定浑浊区域的气溶胶类型。虽然气溶胶类型是固定的，但其浓度是可变的。利用这种方法可同时求得 765 nm 和 865 nm 波段的气溶胶散射和离水辐射量。

iii. 比利时 MUMM（The Management Unit Mathematical Mode1S）算法（Ruddiek，2000）。它是一种针对 SeaWiFS 数据的 II 类水体大气校正方法。该算法假设离水辐射率的比率具有空间一致性，研究区域内 765 nm 和 865 nm 的气溶胶散射比和离水辐射率的比率为某一确切值，这种假设较之于之前针对 CZCS 可见光波段的经验关系更有通用性。此外，采用这一假设可以避免迭代运算，因为两个近红外波段离水辐射率的计算只需要同时解算两个线性方程，进行运算只需要执行两步程序。

b. 优化方法，可同时求解大气和水色要素参数，也可以单独求解海面离水辐射信号。重点在于大气气溶胶模型、海面离水反射光谱模拟及误差函数（Error Function）的选取。神经网络模型，也属于优化方法，但与传统的优化方法相比非线性逼近能力更强，模型的推广能力更好，且该模型用网络权值进行多项式计算，运算速度大大提高。Schiller 和 Doerffer（l999）利用模拟的 MERIS 16 个波段的大气顶去瑞利散射后的反射率数据集，通过 NN 模型反演三要素浓度和大气气溶胶浓度。该模型有两个隐含层，每层分别有 45 个和 12 个神经元。模拟结果显示，该算法对较大范围内的富营养 I 类水体和浑浊 II 类水体都适用，而且在高浑浊水体近红外光谱信号不为零的情况下，该大气校正算法也有效。

c. 主成分分析法，主要用于同时求解大气参数和水色要素参数。该方法以最优加权系数和多变量线性回归为基础，而典型 II 类水体的各成分与光谱之间是高度非线性相关的，因而限制了其在复杂 III 类水体中的应用。一般情况下，它是将大气修正和水色要素反演看作一个整体来完成。Neumann 等（2001）针对 MOS-IRs 水色遥感数据，提出一种利用主成分分析法进行大气校正和水色反演的算法。根据 Morel 等（1989）给出的半分析模型模拟海面离水辐射（TOA），然后利用 Angstrom 指数法计算气溶胶散射，从而获得大气顶去瑞利散射后的总信号（TOA）。利用 TOA 模型的反演结果与现场实测值的相对误差在 30% 以内。直接利用海面信号的 BOA 反演模型测试结果还需要进一步与现场数据作对比。

（3）基于 FLASSH 模型的 MODIS 数据大气校正

本书在提取水体盐度信息过程中，利用 ENVI 软件的 FLASSH 模块进行 MODIS 数据的大气校正。FlAASH 大气校正模型是以 MODTRAN4 大气辐射传输模型为基础发展起来的，该模型嵌于图像处理软件 ENVI 中。下面将详细介绍 FLASSH 模型的基本原理及应用。

1）FLAASH 大气校正基本原理

FLAASH（Fast Line-of-sight Atmospheric Analysis of Spectral Hypercubes）是由光谱科技公司（Spectral Sciences Inc）和空气动力研究实验室（Air Force Research Laboratory）共

同研制开发的，是基于 MODTRAN4 的大气校正模块，它集成在 ENVI 遥感处理软件中，能对 400～2 500 nm 波长范围内的遥感影像进行大气校正。直接获取影像获取时的大气状况是不现实的，因此 FLAASH 模型不是在预先计算好的模型数据库中加入辐射传输参数来进行大气校正，而是直接结合 MODTRAN4 的大气辐射传输，通过大气在高光谱像素上的特征来估计大气的属性，进而为每一幅影像生成一个唯一的 MODTRAN 解决方案，同时，标准的 MODTRAN 大气模型和气溶胶类型也可被直接使用。FLAASH 模块还可以纠正邻域效应，计算整幅影像的大气能见度，对光谱进行平滑、消噪等，能对 Landsat、SPOT、AVHRR、ASTER、MODIS、MERIS、AATSR、IRS 等多光谱和高光谱数据进行大气校正。FLAASH 模型是在 MODTRAN 模型的基础上发展起来的，其大气校正基于传感器处单个像素点接收到的太阳波谱范围内（不包括热辐射）标准的平面朗伯体（或近似平面朗伯体）反射的光谱辐射亮度，光谱辐射亮度计算公式如下。

$$L = \frac{A\rho}{1 - \rho_e S} + \frac{B\rho_e}{1 - \rho_e S} + L_a \qquad (3\text{-}26)$$

式中，L 为传感器处单个像素点接收到的辐射亮度；ρ 为该像素点的地表反射率；ρ_e 为该像素点及其周边区域的平均地表反射率；S 为大气球面反照率；L_a 为大气后散射的辐射亮度；A、B 是基于大气和几何条件的系数，与地表反射率无关。该公式中所有的变量都与波长有关，为了简化公式，式（3-26）中省略了波长指数。

FLAASH 模型中认为传感器接收到的辐射亮度由 3 部分组成：第一部分是太阳辐射经过大气照射到地表，然后经地表反射再经过大气而进入到传感器的一部分，即式（3-26）中的 $A\rho / (1 - \rho_e S)$ 部分；第二部分是大气散射的一部分散射光经地表反射后进入到传感器中的部分，即式（3-26）中的 $B\rho_e / (1 - \rho_e S)$ 部分；第三部分为 L_a，即太阳辐射经大气散射后的一部分散射光直接经过大气而进入传感器的部分。

A、B、S 和 L_a 通过 MODTRAN 辐射传输模型的计算获得，它们的值由卫星观测的角度、太阳的角度、地表平均海拔高程、大气模型、气溶胶模型及能见度决定，这些参数都可以通过其他方式或者利用标准的大气模式和气溶胶模式获取；A、B、S 和 L_a 还与大气中的水蒸气含量及气溶胶光学厚度值有着密切的关系，FLAASH 中利用暗目标法反演出气溶胶光学厚度，而水蒸气含量是利用 MODTRAN4 模拟大气吸收并形成一个查找表（Look-Up-Tables），然后利用查找表逐像元估算出来的；ρ 与 ρ_e 的区别在于大气散射引起的邻域效应，如果使 $\rho = \rho_e$，那么校正的过程中将会忽略邻域效应，但在有薄雾或地表存在强烈对比的条件下会使短波波段范围内的大气校正存在明显的误差，FLAASH 中利用大气点扩散函数（Point-Spread Function）对邻域效应进行了纠正，主要是利用下面这个公式估算ρ_e：

$$L_e = \left(\frac{(A+B)\rho_e}{1 - \rho_e S} \right) + L_a \qquad\qquad （3\text{-}27）$$

式中，L_e 为某像素及其周围像素的空间平均值，可以通过原始影像计算得到。当所有参数都获得之后，就可以利用式（3-24）和式（3-25）逐个像元地求出整幅影像的真实地表反射率。

2）FLAASH 模型参数输入

FLAASH 大气校正中需要输入的参数有以下几方面。

①卫星几何参数：主要包括太阳高度角、方位角、传感器类型、传感高度、影像获取的日期及具体时刻（格林尼治标准时间）、影像像元的大小、区域的平均海拔高程、影像区域中心的经纬度等。成像日期、成像时刻可以在 MODIS L1B 影像上直接获得；传感器类型、传感器高度及影像像元的大小可以通过查看传感器参数获得；太阳高度角和太阳方位角可以通过 MOD03 级数据获得；海拔高程通过查询相应地区 1∶50 000DEM 获得。

②大气模式：模块提供热带、中纬度夏季、中纬度冬季、极地夏季、极地冬季和美国标准大气模型，每个模块的大气水汽含量标准如表 3-5 所示，如果没有获取大气水汽含量，也可以通过地表大气温度来确定相应的模型，因为一定的温度和一定的大气水汽含量相关。如果地表大气温度也不知道，那么可以通过数据获取时间和地点选择相应的大气模型。

表 3-5　MODTRAN 模型中的水汽含量与地面大气温度

大气模型	水汽含量/ （std atm-cm）	水汽含量/ （g/cm²）	地表大气温度
极地冬季（SAW）	518	0.42	−16℃/3℉
中纬度冬季（MLW）	1 060	0.85	−1℃/30℉
美国标准（US）	1 762	1.42	15℃/59℉
极地夏季（SAS）	2 589	2.08	14℃/57℉
中纬度夏季（MLS）	3 636	2.92	21℃/70℉
热带（T）	5 119	4.11	27℃/80℉

③气溶胶模式：可供选择的气溶胶模型有无气溶胶、城市气溶胶、乡村气溶胶、海洋气溶胶和对流层气溶胶模型。当天气晴朗时，能见度一般为 40～100 km；轻微雾气时能见度为 20～30 km；雾气严重时，能见度为 15 km 甚至更少。

④水汽反演：大多数多光谱数据不推荐反演水汽含量。在 ENVI 软件中进行水汽反演，提供了 3 个波段区间以供选择，分别是 1 050～1 210 nm（选项 1 135 nm）、870～1 020 nm（选项 940 nm）、770～870 nm（选项 820 nm）。

此外，在高级设置中，Modtran 分辨率（Modtran Resolution）：一般设置成 5 cm^{-1}；反射率输出时的尺度系数，默认尺度系数是 10 000，可以使用默认的尺度系数。若使用默认的尺度系数，大气校正后得到反射率图像的数值域为 0～10 000。其余参数使用默认值。

3）基于珠江河口气溶胶类型分区的 MODIS 数据大气校正

MODIS 数据的处理流程如图 3-7 所示。

图 3-7　MODIS 数据大气校正技术流程

3.1.5　珠江河口星地同步观测

为了建立相应的水质参数反演模型，必须进行大量的水色遥感星地同步实验，在获取遥感影像数据的同时，要实时获取水体水色要素浓度及水体光谱。因此，地面实验获取的数据包括水体光谱特性、水体水色要素浓度（黄色物质浓度、总悬浮物浓度、盐度等水质参数）。水面以上光谱采用美国的 ASD 野外光谱辐射计测量，盐度参数采用现场盐度计测量法，水体组分浓度采用实验室常规方法测量。其中，黄色物质浓度采用黄色物质光学分析实验系统（GOALS）。

在珠江河口地区共开展了两期卫星同步观测，分别在 2010 年 1 月 19 日和 2011 年 12 月 11 日进行。2010 年 1 月布设站点 52 个，重点观测伶仃洋、磨刀门河口水域（图 3-8）；2011 年 12 月布设站点 36 个，监测区域在伶仃洋、磨刀门近口门水域、黄茅海近口门水域（图 3-9）。此外，还收集了中科院南海海洋研究所海上巡测数据，其中 2003 年和 2004 年分别获取样点数据 18 个和 18 个。

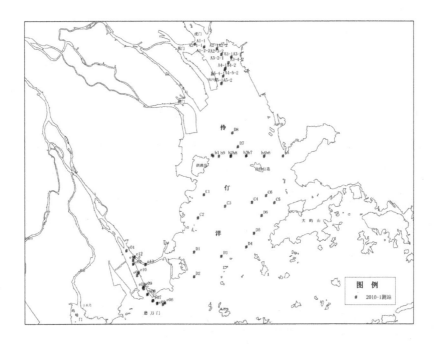

图 3-8　2010 年 1 月珠江口实测站位

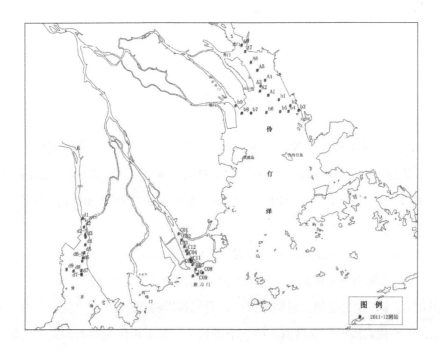

图 3-9　2011 年 12 月珠江口实测站位

3.1.5.1　水体光谱观测

（1）表观光学量测量

现场表观光谱的测量从方法上可分为剖面测量法和表面法两种。两种方法相对独立，使用范围具有互补性，因为这两种测量方法的误差源及信号过程不一样。剖面法（Profiling Method）是由水下光场测量外推得到水表信号，同时可以更好地刻画出水体光场垂直变化，采用的仪器昂贵，仪器操作、布放复杂，且一般只能用于水深大于 10 m 的水体。表面法（Above-Water Method）是采用与陆地光谱测量近似的仪器，在经过严格定标的前提下，通过合理观测几何安排和测量积分时间设置，进行水面以上光谱观测。在 I 类水体，剖面法是国际水色遥感界推荐的首选方法；在 II 类水体，目前唯一有效的方法是表面法。因此，针对珠江河口 II 类水体特性在星地同步观测中采用的是表面法（图 3-10）。

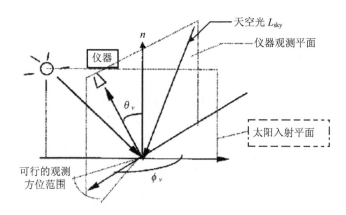

图 3-10　光谱仪水面以上观测几何

表面法通常采用野外光谱辐射计在水面直接测量，目的是获得水面反射率，并换算出离水辐射、遥感反射率、水面以下辐照度比等参数。本书星地同步观测采用的野外光谱辐射计为 ASD Fieldspec Pro Dual VNIR，其光谱范围为 350～1 050 nm；光谱分辨率为 3 nm。

1）观测参数

L_w，离水辐亮度，ASD 野外光谱辐射计对着水面的测量值。

L_{sky}，避开太阳直射和阴影，对着天空测量时测得的天空光辐亮度。

$E_d(0^+)$，水表面上总的入射辐照度，对着标准板测量。

L_{pdif}，天空漫射辐照度测量值，用一个带长竿的黑板挡住直射太阳光，使黑板的阴影正好挡住标准板，用探头对着标准板测量。

2）观测几何

因为离水辐射率 L_w 在天顶角 0～40°范围内变化不大，所以为避开太阳直射反射和船舶阴影对光场的破坏，在现场船舶上的观测几何按以下方式设定（角度以光线矢量的走向为依据）。

仪器观测平面与太阳入射平面的夹角 90°≤ϕ_v≤135°（背向太阳方向），仪器与海面法线方向的夹角 30°≤θ_v≤45°，这样便可避免绝大部分的太阳直射反射，同时减少船舶阴影的影响。

天空光在水面的反射是不可避免的，因此，在仪器面向水体进行测量后，必须将仪器在观测平面内向上旋转一个角度，使得天空光辐亮度 L_{sky} 的观测方向天顶角与水面测量时的观测角 θ_v 一致。

目前，典型的观测几何设置为以下几种。

①ϕ_v=90°，θ_v=40°。这种安排的优点是：a. 天空光分布均匀，天空光的测量受船舶摇摆的影响较小；b. 在此角度的表面反射率受水面粗糙度的影响较小；c. 仪器在船上的安装架设和几何安排比较容易。

这种安排的缺点是：a. 相对于 ϕ_v=90°，θ_v=40°几何设置而言，与剖面观测结果的固有差异较大，即水体二向性影响较大；b. 太阳直射反射比较严重，需要快速获取大量的数据进行太阳耀斑剔除工作，有效数据量可能在 5%左右。

②ϕ_v=90°，θ_v=40°。这种安排的优点是：a. 可更好地避免太阳直射反射；b. 与剖面观测的固有差异较小。

目前国际水色 SIMBIOS 计划中推荐采用第二种观测几何（唐军武，1998）。

①离水辐亮度的计算。在避开太阳直射反射、忽略或避开水面泡沫的情况下，光谱仪测量的水体光谱数据为

$$L_{sw} = L_w + r \times L_{sky} \tag{3-28}$$

式中，L_{sky} 为天空光辐亮度，不带有任何水体信息，必须去掉；r 为海表反射率，r=2.1%～5%，$r = r(\vec{W}, \theta_v, \phi_v, \theta_0, \phi_0)$ 为气—水界面对天空光的反射率，取决于太阳位置（θ_0, ϕ_0）、观测几何（θ_v, ϕ_v）、风速风向（$\vec{W}$）或海面粗糙度等因素。

海表反射率 r 的取值目前仍有很大争议，根据唐军武等（2004）的经验，在上述观测几何条件下，平静水面可取 r=0.022，在 5 m/s 左右风速的情况下，r 可取 0.025，10 m/s 左右风速的情况下，取 0.026～0.028。

由此可得离水辐亮度为

$$L_w = L_{sw} - r \times L_{\text{sky}} \tag{3-29}$$

②归一化离水辐亮度的计算。为使得不同时间、地点与大气条件下测量得到的水体光谱具有可比性，需要对测量结果进行归一化。所谓归一化是指把太阳移到测量点的正上方、去掉大气影响。归一化离水辐亮度定义为

$$L_{WN} = \frac{F_0}{E_d(0^+)} L_w \tag{3-30}$$

式中，F_0 为平均大气层外太阳辐照度；$E_d(0^+)$ 是水表面上总的入射辐照度。水表面入射总辐照度 $E_d(0^+)$ 或 E_s 可由测量标准板的反射 L_p 计算：

$$L_p = \rho_p E_d(0^+) / \pi \tag{3-31}$$

式中，ρ_p 为标准板的反射率，通畅采用 $10\% \leqslant \rho_p \leqslant 30\%$ 的标准板，Carder 等采用 10% 的标准板，以便使得仪器在观测水体和标准板时工作在同一状态。因此：

$$E_d\left(0^+\right) \equiv E_s = L_p \pi / \rho_p \tag{3-32}$$

③遥感反射率的计算。目前，遥感反射率 R_{rs} 越来越多地用于水色遥感反演模型，该参数的获得具有重要的应用价值。遥感反射率定义为

$$R_{rs} = L_W / E_d(0^+) \tag{3-33}$$

对于未经严格标定的光谱仪，可以直接按下列公式进行计算遥感反射比：

$$R_{rs} = \left[S_{SW} - r S_{\text{sky}} \right] \rho_p / \pi S_p \tag{3-34}$$

式中，S_{SW}、S_{sky}、S_p 分别为光谱仪面向水体、天空和标准板时的测量信号码值。一个粗略估计测量结果是否可信的方法是除了在高浓度泥沙水体，R_{rs} 在各个波段的值一般小于 0.051（唐军武等，2004）。

④刚好处于水面以下的辐照度比的计算。对于刚好处于水面以下的辐照度比 $R(0^-) = E_u(0^-) / E_d(0^-)$，可通过以下计算获得：

$$E_u\left(0^-\right) = Q L_u\left(0^-\right) \tag{3-35}$$

$$L_u\left(0^-\right) = \left(n^2/t\right) L_w \tag{3-36}$$

$$E_d\left(0^-\right) = \left(1 - \rho_{aw}\right) E_d\left(0^+\right) \tag{3-37}$$

式中，Q 为光场分布参数，通常取值为 410（唐军武等，2004）；ρ_{aw} 为气水表面的辐照度反射率，为 0.04～0.06（Hoogenboom，et al.，1998）；t 是气—水界面的 Fresnel 透射系数，通常取 $t=0.98$；n 是水的折射指数，通常取 $n=1.34$；R（0^-）计算的最大误差来源于 Q 的变化，不同的水体、太阳角度、观测角度，Q 可在 1.7～7 变化。图 3-11～图 3-14 是水面以上测量法实测的珠江河口数据。

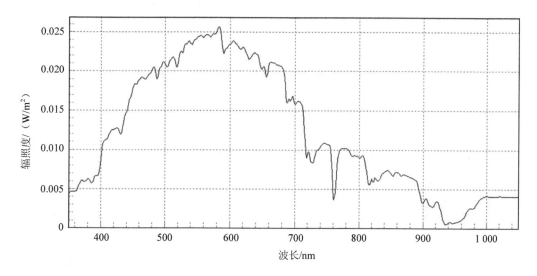

图 3-11　伶仃洋 2010 年 1 月实测水面辐亮度

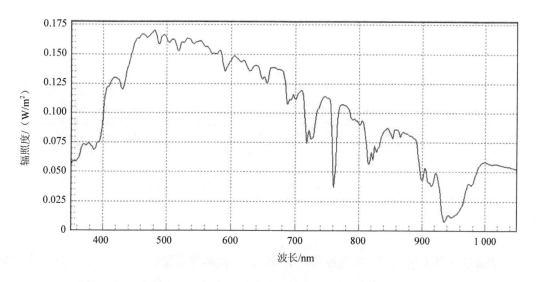

图 3-12　伶仃洋 2010 年 1 月实测天空光辐亮度

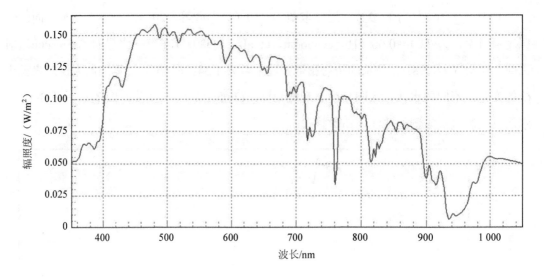

图 3-13 伶仃洋 2010 年 1 月实测灰板辐亮度

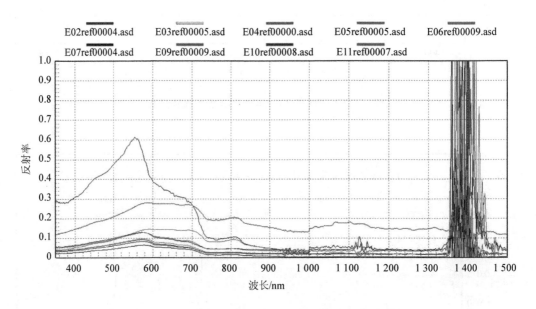

图 3-14 伶仃洋 2010 年 1 月直接测量的水体反射率

（2）水面光谱测量步骤

表面法水体光谱测量，应当遵循以下步骤：①仪器提前预热；②暗电流测量；③标准板测量；④遮挡直射阳光的标准板测量；⑤目标测量；⑥天空光测量；⑦标准板测量；⑧遮挡直射阳光的标准板测量。

具体操作步骤如下：①试验前的仪器检测，主要是仪器稳定性的检测。用仪器在不同时间测量相同光源的光谱曲线，两曲线的峰谷特征应该相同，可用日光灯作为光源进行检测。②仪器准备。将标准板放置于船头位置，仪器与电脑连接上，先打开仪器电源，再启动电脑。③仪器的优化。探头垂直对准标准板对仪器进行优化，探头离标准板的垂直高度在 1 m 左右。④标准板 DN/辐亮度值测量。测量 10 条以上数据。⑤水表面光谱数据的测量。采用前面所述的观测几何，仪器探头与水面呈 40°天顶角。测量时注意水面，尽量避开漂浮物和泡沫。⑥测量天空光。将探头在同一平面旋转一个角度，使得天空光的测量与水体测量角度相同。探头尽量朝无云的天空，如果无法避免，须朝向稳定的云，从而避免在测量的过程中光线变化太强烈。⑦进行第二次标准板测量，以便检测在整个测量过程中太阳入射辐照度的变化，在处理数据时，一般采用两次标准板的平均值来计算太阳总辐照度。⑧进行第二组测量，测量步骤与方法与前面相同，其他可以省略一次标准板的测量。

这些目标的测量曲线每个不得少于 10 条，且测量时间至少跨越一个波浪周期，以修正因测量平台摇摆而导致的误差。

（3）水面光谱测量对光谱仪的要求

①仪器的动态范围：≥5 个量级，且在 400～900 nm 光谱范围内的动态范围内保持 10 以上的信噪比。标准板最好为反射率小于 30% 的灰板。

②仪器必须经过严格的绝对辐射定标，以便获得水色遥感的基本参数——离水辐亮度和海面入射辐照度。如果仪器有增益变化功能，不同增益之间的线性度要高；另外，必须对波长进行标定。

③测量水体目标时，不能让仪器进行自动增益调整或内部平均，不然会将随机的太阳直射反射平均到结果数据中。

④应能快速连续测量多条曲线，并可设置采样间隔，以便测量时间能够跨越波浪周期。在后期的数据处理中舍弃数值较高的那些曲线，利用较低的几条（甚至一条曲线） 进行计算。

⑤仪器积分时间固定。由于即使在 1 s 内海面的太阳直射反射和白帽也会有很大变化，因此采样时间最好在 100～200 ms 以内完成，更短的时间会导致仪器信噪比太差。

⑥光谱仪应该有措施保证二级光谱不会对近红外波段的结果产生干扰，以及具备其他消除杂散光措施（唐军武，2004）。

（4）黄色物质（CDOM）吸收系数测定

光束在水体中传输，被水体及其组分吸收、散射造成衰减，因此，水体及其组分的吸收系数、散射系数决定了水体的固有光学特性。固有光学量是水色遥感应用基础之一。本书介绍的盐度遥感定量反演算法是基于黄色物质为介质的经验算法，因此，对于水体组分固有光学量的观测，这里只介绍黄色物质吸收参数的测量方法。

黄色物质吸光度的测定方法比较成熟，具体方法是先利用孔径为 0.45 μm 的 GF/F 滤膜过滤 75 mL 的水样，再使用孔径 0.22 μm 的聚碳酸酯滤膜过滤上面已经过滤过的水样，作为黄色物质样品。将 10 cm 的盛满纯水的参比比色皿和样品比色皿放入黄色物质光学分析实验系统（Gelbstoff Optical Analysis Laboratory System，GOALS），测量参比纯水的光学密度 $OD_{bs}(\lambda)$（量纲一）；取出样品比色皿，倒掉纯水空白，盛满样品，测量黄色物质相对于纯水的光学密度 $OD_s(\lambda)$（量纲一）。

黄色物质吸收系数的计算公式为：

$$a_g(\lambda) = \frac{2.303}{L} \times \left\{ \left[OD_s(\lambda) - OD_{bs}(\lambda) \right] - OD_0 \right\} \tag{3-38}$$

式中，L 是比色皿的光程（通常是 0.1 m）；$OD_s(\lambda)$ 是样品相对于参比纯水的光学密度（量纲一）；$OD_{bs}(\lambda)$ 是经过样品处理程序处理的空白纯水相对于参比纯水的光学密度（量纲一）；OD_0 是在可见光长波段或近红外波段溶解物质吸收可以假定为零的波段的表观残余光学密度（量纲一），即在长波段可见光或近红外波段的残余吸收。

这里以 400 nm 处的吸收系数来表征水体黄色物质吸收系数，通常以 $a_g(400)$ 表示。实际测量中，每个样品测试 3 次以上，取平均值。

注意事项：①在测定非色素颗粒物实验的过滤中，要注意过滤频率，不可使过多的滤膜暴露在空气中等待测量，这样可能导致由于滤膜的湿度不同造成误差，以及藻类在光照条件下部分分解导致误差。在滤膜吸光度的测量过程中要始终保持滤膜湿润。②在非色素颗粒物吸收系数测定的同时，把色素颗粒物吸收系数及时计算出来，发现问题后可以及时纠正。

3.1.5.2　其他参数测量

（1）悬浮泥沙浓度测量

悬浮泥沙是指不能通过孔径为 0.45 μm 滤膜的固体物，常常悬浮在水流之中，水产生的浑浊现象，也都是由此类物质所造成。水体悬浮物主要指悬浮泥沙。

根据《水质　悬浮物的测定　重量法》（GB 11901—89）标准，采用常规的干燥、烘烧、称重法进行测定。首先，利用称重好的 0.45 μm 的 GF/F 滤膜过滤水样；其次，对过滤后的滤膜进行烘烤以去除水分；最后，待冷却后，对烘干的滤膜进行二次称重，两次重量相减得到悬浮泥沙的重量，除以过滤水样的体积计算出悬浮泥沙浓度。

无机悬浮泥沙样品的制备，可通过高温煅烧去除有机悬浮物获得。即将过滤的总悬浮物滤膜放入马弗炉，利用550℃高温烘烧，去除有机悬浮物，称重得到无机悬浮物的重量，并计算无机悬浮物和有机悬浮物浓度。

测量悬浮泥沙浓度具体操作步骤如下。

①预先烘烧滤膜，在干燥剂中干燥称重。

②用量筒量取一定体积水样（一般在50～400 mL），利用真空泵和过滤器过滤水样，过滤膜采用事先烘烧过的GF/F过滤膜。

③首先过滤一小部分水样，清洗锥形瓶，然后过滤剩下的水样，滤液用于过滤CDOM。

④过滤的滤膜按顺序放在定性滤纸上，待水样过滤完后，将全部滤膜放入恒温箱中，在105℃条件下烘干，一般需要4 h左右。

⑤将烘干的过滤膜在干燥剂中冷却称重。

⑥称重后的滤膜放入马弗炉中在550℃条件下煅烧6 h。

⑦冷却煅烧好的滤膜，并称重。

⑧计算总悬浮物、无机悬浮物、有机悬浮物的浓度。

（2）水体盐度测量

水体盐度测量采用现场盐度计进行测量。现场盐度计是测量并记录现场海水的盐度随时空变化的仪器，测量精确度一般为±0.02。这里，采用WYY-1盐度计，该仪器为电极式手持盐度计，测量范围为0～28%；最小格数值为0.1；精度为0.1%。

具体测量步骤如下。

①准备：将被测采样水放置至与标准海水温差在±2℃以内，以备测量。

②仪器标定、校准：首先，准备好8%含盐量的溶液（如100 g溶液中含8 g盐）；其次，把盐度计的探头完全浸入待测溶液中，同时注意摇动探头直到读数趋于稳定；最后，利用仪器的调整功能，将读书调整为8.00。

③测量：将校准后的仪器探头，放入待测的样品溶液中，读取盐度含量值，并进行现场记录。

注意：利用电极式盐度计进行盐度观测时，盐度探头（电导率传感器）必须保持清洁，每次观测完毕都须用蒸馏水（或去离子水）冲洗干净，不能残留盐粒或污物。

3.1.6 表层盐度遥感定量反演模型

咸潮遥感动态监测的核心是水体盐度信息定量反演模型，目前国内对盐度、污染物等水体组分信息的遥感定量反演尚处于摸索阶段。本书从黄色物质与盐度关系入手，以星地同步观测资料为数据源，建立基于黄色物质的盐度遥感定量模型；并以此为原型，通过对此模型在日常应用中的稳定性分析，实现对模型的优化，最终建立了适用于珠江河口区的基于黄色物质及测站数据协同作用的表层盐度遥感定量反演模型。下面将着重介绍珠江河口表层盐度定量模型的研究。

3.1.6.1 盐度与黄色物质相关分析

由前文已知，目前国内外关于盐度遥感定量反演模方法主要有微波遥感盐度反演算法和基于黄色物质的水色遥感反演算法两类。微波遥感盐度反演算法已经被众多的研究证明了其在定量遥感方面的优越性，由于微波遥感数据空间分辨率低，目前主要应用于大洋水体。基于黄色物质的水色遥感反演算法具有操作简单、数据获取容易、空间分辨率适中等特点，较适合近海或河口水体的表层盐度遥感检测，但这种算法具有明显的地域性。因此，应用基于黄色物质的盐度遥感反演算法的前提是确定区域水体中盐度与黄色物质的相关关系。

Bowers 等在克莱德海（Clyde Sea）的研究（2000）中明确了在克莱德海海域黄色物质与盐度呈如下线性关系：

$$S = \alpha g_{400} + \beta \qquad (3\text{-}39)$$

式中，S 表示表层盐度值，‰；以 g_{400} 表征黄色物质浓度，m^{-1}；α、β 分别为常量。

笔者在对珠江河口盐度遥感定量反演模型进行研究的过程中，根据 2003 年 1 月 15 日、2004 年 1 月 5 日、2011 年 12 月 12 日 3 次水上观测数据，对黄色物质和盐度数据进行相关性分析，发现在珠江河口区盐度与黄色物质存在线性负相关关系。图 3-15 分别为 2003 年、2004 年、2011 年实测的黄色物质与盐度相关关系图。这同时表明，在珠江河口区可通过黄色物质与盐度之间的相关性，建立基于黄色物质的表层盐度遥感定量反演模型。

表 3-6 为根据各期水上观测资料，进行相关分析，所获得拟合关系参数值。

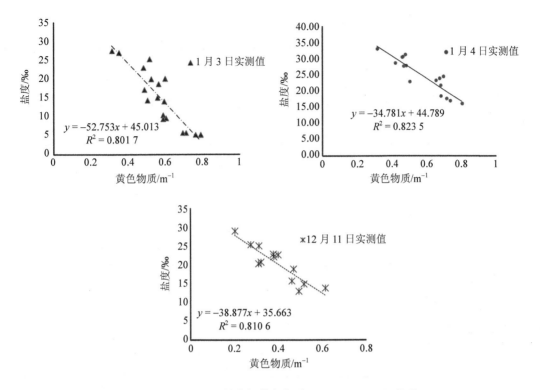

图 3-15　珠江河口盐度与黄色物质（CDOM，g_{400}）关系

这里 S 表示表层盐度值；α、β 分别为常量，具体取值见表 3-6。

表 3-6　伶仃洋水域实测盐度与 g_{400} 线性回归分析结果

测量日期	$S = \alpha g_{400} + \beta$			
	α	β	R^2	n
2003-1	−52.75	45.01	0.801	18
2004-1	−34.78	44.78	0.823	18
2011-12	−38.87	35.66	0.810	13

需要说明的是，实际监测中虽然也对黄茅海水域进行了观测，但由于该区观测样点较少，代表性不强，因此，这里关于黄色物质与盐度关系分析主要基于珠江河口的伶仃洋和磨刀门水域。

3.1.6.2　表层盐度遥感定量反演模型构建

根据珠江河口区水体盐度与黄色物质存在负相关关系，本节在借鉴前人水色遥感反演算法的基础上，首先，利用星地同步观测数据，建立基于黄色物质的表层盐度遥感定量反演单参数模型；其次，通过对模型的稳定性分析，提出优化建议；最后，确立了以地面固定站点数据为修正因子的建立基于黄色物质及测站数据协同作用的表层盐度自适应遥感优化模型。该模型较好地克服了原水色遥感反演模型精度稳定性差的特点，在珠江河口区表层盐度监测中取得较好的效果，为河口整体的咸潮活动与动力特性研究提供有力的支撑（图 3-16）。

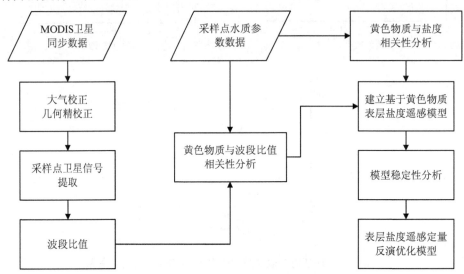

图 3-16　基于黄色物质的表层盐度遥感定量反演技术路线

（1）建模数据

黄色物质、表层盐度数据采用 2011 年 12 月 12 日海上准同步观测数据。共有 38 个样点数据，其中 25 个样点用于建模，另 13 个用于验证。

卫星影像采用与观测数据同步的 2011 年 12 月 12 日 MODIS 卫星影像。

（2）基于黄色物质的表层盐度遥感定量反演模型

按照 Bowers 等的理论及中科院南海研究所陈楚群教授在珠江河口的研究结果，在珠江河口地区反演黄色物质可采用统计回归模型，即

$$g_{400} = aR_R / R_X + b \qquad (3\text{-}40)$$

式中，g_{400} 表征黄色物质浓度；R_R 为红光波段（665 nm）的反射率；R_X 为在另一水色波段的反射率；a 和 b 为常量。

黄色物质在蓝光波段表现出强吸收特性，而悬浮颗粒在蓝光波段表现弱吸收、弱反射特性，因此，这里 R_X 取水中悬浮颗粒干扰较弱的蓝光波段，即 MODIS 第 3 通道（459～

479 nm）的反射率值；R_R 则取与红光波段对应的 MODIS 第 1 通道（620～670 nm）的反射率值，即式（3-40）中 R_R/R_x 用 R_{645}/R_{469} 代表。

通过利用与卫星同步观测的 2011 年 12 月 12 日测点数据和经过辐射校正、大气校正的同期 MODIS 反射率影像进行分析，建立了基于黄色物质的单参数珠江口表层盐度遥感模型：

$$S = -38.87 \times \left(0.825 \times \frac{R_{645}}{R_{469}} - 0.792\right) + 35.66 \tag{3-41}$$

式中，S 表示盐度，‰；R_{645}/R_{469} 表示 MODIS 数据第 1 通道与第 3 通道的比值。

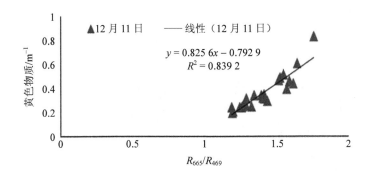

图 3-17　黄色物质（g_{400}）和 R_{665}/R_{469} 关系

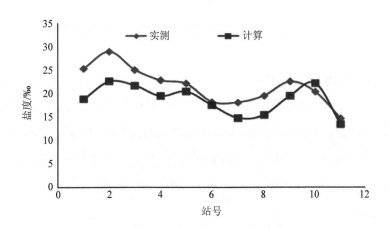

图 3-18　模型 3 的盐度计算值和实测值对比

图 3-17 为建模过程中，黄色物质与 MODIS 影像反射率关系分析，拟合相关系数达到 $R^2 > 0.8$。

图 3-18 为利用式（3-41）对同期观测的另 11 个验证站点数据进行精度验证结果，该

结果显示模型计算相对误差最大值为25.71%，平均相对误差为14.36%。

（3）单参数表层盐度遥感模型稳定性分析

式（3-38）为依据2011年12月实测数据建立的基于黄色物质单参数的表层盐度遥感反演模型。当以另一测次数据对该模型结果进行评估时发现，模型稳定性并不理想。图3-19为利用2010年1月卫星同步观测数据进行稳定性验证结果。结果显示，盐度计算值与实测值间存在较大误差，模型计算精度起伏较大。初步分析原因，与遥感反射率扰动有关。由于成像时刻不同，外界的大气、水质等因素也会有所差别，从而导致影像遥感反射率扰动，造成模型反演精度变动。要用于珠江河口日常咸潮监测，需要对原有模型进行修正，提高模型的稳定性。

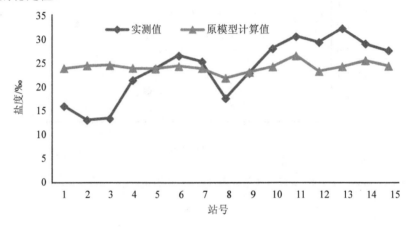

图3-19　实测值与表层盐度遥感单参数定量模型计算值比较

（4）表层盐度遥感定量模型优化算法

考虑到原有模型是因成像时刻外界条件差异出现反射率扰动导致计算精度起伏。因此，优化算法中考虑：发挥珠江河口少数咸情监测站点优势，在模型中引入局部测站盐度数据，对模型参数进行自适应修正，摒除成像日期变化对遥感反射率的干扰，建立基于黄色物质及测站数据协同作用的表层盐度自适应遥感优化模型。

推算步骤如下。

首先，根据式（3-40）和式（3-41）反推可得

$$R_{bx} = (\frac{S - \beta}{\alpha} + 0.753) / 0.795 \qquad (3-42)$$

式中，S为表层盐度值，‰；α、β分别为常量（见前文）；R_{bx}为R_{645}/R_{469}的值。

假设S_0为X日大咸情站卫星过境时刻实测盐度值，则可由S_0推算该站点在X日时的

R_{645}/R_{469} 计算值，即 $R_{bx0'}$。将 X 日卫星影像在该站点对应的 R_{645}/R_{469} 实测值 R_{bx0} 与计算值进行比较，获取模型修正系数 b_x，即

$$b_x = R_{bx0'} / R_{bx0} \qquad (3\text{-}43)$$

式中，x 为日期，即 b_x 表示 x 日的修正系数。

最后，根据式（3-40）、式（3-41）、式（3-42）、式（3-43），获得优化的表层盐度遥感反演模型为

$$S = -38.87 \times (0.825 \times R_{bx} \cdot b_x - 0.792) + 35.66 \qquad (3\text{-}44)$$

由于式（3-44）是基于黄色物质建立的，在河口水体中因泥沙反射影响，对黄色物质的反演存在较大干扰。因此，基于在盐度大于 5‰ 的情况下悬沙干扰呈稳定下降趋势的分析，模型适用的盐度范围为盐度大于 5‰。

注意：在本次研究中基于研究目标和固定站点分布情况，选择更临近外海的大横琴咸情站作为参数修正站点。

3.1.7　表层盐度遥感定量反演模型精度验证

以 2010 年 1 月 19 日海上观测盐度数据进行验证。由于 1 月 19 日天空多云，无法获得清晰卫星影像图，故选用与该日卫星过境时刻潮情、水情相似的 1 月 18 日 MODIS 影像作为模型输入的源反射率影像。

图 3-20 为经过优化算法处理后的河口表层盐度信息成果图。表 3-7 和图 3-21 为利用实测数据进行验证结果。

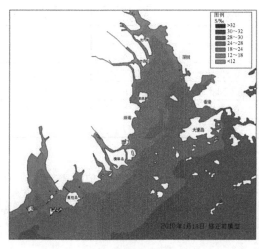
（原单参数模型）

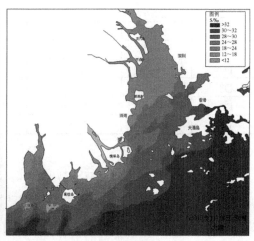
（优化后模型）

图 3-20　模型优化前后反演珠江河口表层盐度分布信息对比

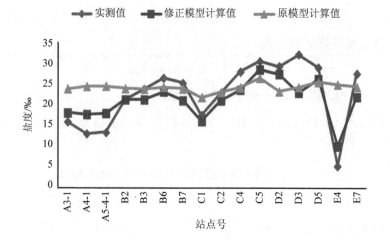

图 3-21　实测值与表层盐度遥感定量模型计算值关系

表 3-7　优化遥感模型与原遥感模型精度对比

站点序号	实测值/‰	优化模型计算值/‰	优化模型误差/%	原模型计算值/‰	原模型误差/%
A3-1	15.88	18	13.35	23.78	49.75
A4-1	13	17.65	35.77	24.35	87.31
A5-4-1	13.31	17.89	34.41	24.42	83.47
B2	21.29	21.16	−0.61	23.82	11.88
B3	23.72	21.17	−10.75	23.71	−0.04
B6	26.37	23.08	−12.48	24.2	−8.23
B7	25.15	20.99	−16.54	23.81	−5.33
C1	17.53	16	−8.73	21.77	24.19
C2	22.76	20.97	−7.86	22.98	0.97
C4	27.86	23.53	−15.54	24.1	−13.50
C5	30.37	28.38	−6.55	26.38	−13.14
D2	29.15	27.298	−6.35	23.16	−20.55
D3	32.05	22.84	−28.74	24.16	−24.62
D5	28.88	26.16	−9.42	25.43	−11.95
E7	27.45	21.86	−20.36	24.27	−11.58

由表 3-7 的模型优化前后的精度对比，发现优化前原模型盐度计算值误差波动在 0～87%，误差变化剧烈；优化后模型误差波动幅度减小，虽然存在个别点反演精度比优化前降低，但整体上各样点计算误差基本控制在 30% 以内，满足长时间序列监测基本需求。优化后模型的稳定性获得明显改善。

此外，还将优化模型（式 3-41）应用于 2010—2012 年不同时相 MODIS 数据分析，都能获得比较合理的表层盐度信息，其中图 3-22 为依据优化模型获得的珠江河口枯季涨、落潮典型时段的表层盐度分布图，其空间分布反映了珠江河口盐度的日变化是随潮位的变化而变化，涨潮时盐度增高，落潮时降低，盐度变化周期与潮位基本一致。

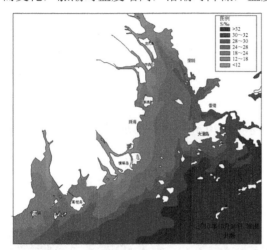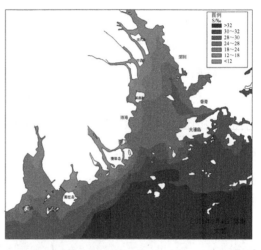

图 3-22 MODIS 数据估算珠江口表层盐度分布

原型观测结果均为单点资料，无法获得珠江河口大范围的平面盐度分布特征，一定程度上限制了河口整体的咸潮活动及动力特性研究的开展。为此，在现有研究成果的基础上，利用盐度与黄色物质呈线性负相关的关系，构建了表层盐度遥感定量反演模型，并通过2011 年 12 月 11 日海上准同步观测，获取了与卫星过境时刻接近同步的水体光谱、盐度、泥沙、黄色物质等数据，利用这些数据对表层盐度遥感定量模型进行了率定和验证，提高了模型的精度，为河口整体的咸潮活动与动力特性研究提供有力的支撑。

3.2 物理模型试验

通过对原型观测资料和遥感信息反演分析，可初步掌握咸潮运动的时空变化规律，为进一步探索咸潮运动的机理，还采用咸潮物理模型试验方法，开展了咸潮物理模型试验研究。

由于咸潮运动的复杂性，物理模型试验研究采取了由简单到复杂的技术路线，先开展恒定流试验，后非恒定流试验；先理想简单地形，后真实复杂地形；先水槽（二维）模型试验，后整体（三维）模型试验。在试验中，考虑了影响咸潮运动的风、浪、潮、流等因素，形成了风、浪、潮、流和盐多因子耦合同步测控系统，为揭示珠江河口咸潮活动特性及其动力机制提供了重要的技术支持。

3.2.1 咸潮水槽物理模型

（1）咸、潮、流同步测控水槽

水槽设计是进行试验的基础性工作，包括试验水槽尺寸设计及控制系统的布置。

①咸潮水槽

水槽长度与水深根据咸潮上溯距离和原型河道水深确定。根据原型资料分析，珠江磨刀门口门内河道主槽深度约为 10 m，局部深度可达 20 m；咸潮活动可达口门以上 60 km。试验水槽上游需预留一定的过渡段，满足水槽进水口为淡水的要求，下游设有模拟海域的前池，结合场地条件，水槽总长度约 120 m。玻璃水槽宽度为 0.25 m、高度为 0.40 m，如图 3-23 所示。

图 3-23　咸潮水槽照片

②控制系统和回水系统设计

根据水槽试验的要求，水槽下游需设置潮汐控制系统及加盐设备，水位控制系统和盐水循环系统是实现河口潮汐和盐度边界的关键。

水位控制采用自行研制的潮汐控制系统，如图 3-24 所示。在浅前池安装水位计，在 5 号盐水池与深前池之间，1 号盐水池和尾池各分别安装两个水泵，控制系统根据水位计测得的水位和目标水位之间的关系控制水泵转动频率，使得前池和尾池水位能够按照给定的潮位-时间曲线变化，驱动水槽水位发生变化。图中标出了 5 个盐水池，它们在盐水循环中发挥不同的作用。图中的箭头描述了盐水在尾池和前池中的循环路线。盐水进入 1 号池后通过溢流进入 2 号池，该溢流坝略高于实验最高潮位，以保证 1 号池的水位不会太低而影响尾池水位的稳定。进入 2 号池的水一部分通过 6 号泵抽到废水池，另外一部分通过 7 号泵抽到 3 号池。在 3 号池中，经过了盐淡水混合，水的盐度已经降低，盐度降低了的盐水被重新调配到实验要求的盐度，然后通过 8 号泵抽到 4 号盐水池。4 号盐水池与 5 号盐水池之间又有一个溢流坝，该坝的高度与平均潮位相同，9 号泵一直工作，将恒定盐度的盐水抽到 5 号池，以保持 5 号池水位基本恒定。图中标出的 9 个泵，只有 7 号和 8 号泵是在 4 号池盐水不足时需要调配盐水，或者 2 号池盐水快要溢出时才开动，其他的泵都根据控制频率连续工作。盐水在尾池和前池中的循环路线并不随涨落潮变化，只是 2 号到 5 号泵的功率会发生变化。

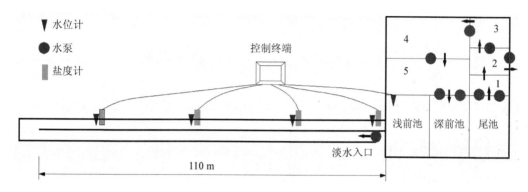

图 3-24　咸潮水槽下游潮汐及盐水控制示意

（2）相似比尺推导

物理模型试验相似比尺推导主要考虑重力相似，用密度弗劳德数作为相似准则。

$$Fr' = \frac{u}{\sqrt{\frac{\Delta\rho}{\rho_0}gH}} \tag{3-45}$$

式中，u 为段面平均流速，m/s；$\Delta\rho$ 为口门盐水与淡水的密度差，kg/m^3；ρ_0 为淡水密度，kg/m^3；g 为重力加速度，m/s^2；H 为水深，m。

原型与模型满足相似准则，即

$$\frac{u_m}{\sqrt{\frac{\Delta\rho_m}{\rho_0}gH_m}} = \frac{u_p}{\sqrt{\frac{\Delta\rho_p}{\rho_0}gH_p}} \tag{3-46}$$

重力加速度和淡水密度在原型和模型中相等，所以上式变为

$$\lambda_v = (\lambda_h \lambda_{\Delta\rho})^{0.5} \tag{3-47}$$

$$(\lambda_{\Delta\rho})^{0.5} = k_\rho \tag{3-48}$$

$$\lambda_v = k_\rho \lambda_h^{0.5} \tag{3-49}$$

$$\lambda_t = \frac{t_p}{t_m} = \frac{l_p / v_p}{l_m / v_m} = \lambda_l / \lambda_v = \frac{\lambda_l}{k_\rho \lambda_h^{0.5}} \tag{3-50}$$

$$\lambda_Q = \frac{Q_p}{Q_m} = \frac{A_p v_p}{A_m v_m} = \lambda_l \lambda_h \lambda_v = k_\rho \lambda_l \lambda_h^{1.5} \tag{3-51}$$

根据原型资料对磨刀门水道进行概化处理,建立水槽物理模型,并结合多年实测资料,以及实验条件和设备,初步拟定模型水深为 20 cm,模型河宽为 25 cm,口门盐度为 10‰,则

垂向比尺 λ_h：50

密度比尺 $\lambda_{\Delta\rho}$：3

流速比尺 λ_v：12.25

取时间比尺 λ_t：90

则长度比尺 λ_l：1 102

流量比尺 λ_Q：67 510

对应模型初始控制参数见表 3-8。

表 3-8　模型参数

	盐度/‰	宽度/m	水深/m	大潮潮差/m	小潮潮差/m	时间/s	平均流量/(m³/h)
原型	30	1 000	10	2	1	3 600	2 610 000
模型	10	0.25	0.2	0.04	0.02	40	0.97

（3）示踪模拟技术

咸潮运动的实验室模拟难度大,所需试验测量精度高。当在试验阶段加入风、浪或者水流等外部动力时,密度流所引起的表底层密度梯度与速度梯度的差异会改变咸潮的运动状态。了解这种改变,有助于我们进一步了解咸潮上溯机理。因此需要研究各种河口动力因素对咸潮运动、紊动强度与掺混强度的影响。

咸潮运动的一个最明显的特性即存在垂向梯度,主要表现为盐度垂向梯度和速度垂向梯度,另外在河口区域还有垂向环流出现。因此,了解咸潮运动必须测量盐度和流速在垂向的分布情况。

对于流动和盐度分层现象的测量,若采用接触式测量手段,势必破坏咸潮运动结构。

即便不得已而采用接触式测量手段，由于在模型中流速通常较小，其速度测量精度也很难达到要求。

综上所述，非接触式测量手段是首选。非接触式测量手段最常用的是拍照之后对图片进行处理获得测量数据。在盐水和淡水混合区，如果界面清晰，可以通过界面的运动计算速度。欲解决对在盐水层、水层内部和盐淡水混合区的水团流动状况和流动速度的观测，必须先解决示踪物质的选择问题，否则将无法通过非接触手段获取数据。因此，在非接触式测量技术中，示踪技术是难点之一。

传统的单一密度粒子示踪技术，如氢气泡技术和荧光颗粒等，无法保证粒子均布在咸潮分层流中各个层内，因此无法准确测量咸潮运动的垂向分布特性。

针对咸潮运动试验的特点和测量所遇到的问题，本技术基于咸潮模型试验中盐度分层特性，采用新技术配置数种密度不同、颜色不同且与水不互溶的示踪溶剂，采用专用技术将溶剂粒子化，利用这些粒子的示踪来显示分层流动，这些密度不同的粒子由于浮力作用会在不同的水深位置随着水流运动，这样就可以直观地显示流动的垂向和纵向的详细分布，同时了解密度的垂向变化。经初步试验，示踪效果较好。

示踪粒子配制和使用主要包括以下几个步骤。

①选择和配制粒子溶剂

本技术选用两种不同密度的油性化工酯来配制溶剂。这两种酯性质相近，均不溶于水，所以能在水中形成球型颗粒状，并保持形状相对稳定。由于淡水的比重在 0.993～1.000（随温度变化而略有不同），盐水的比重在 1.001～1.015（随盐度与温度变化而略有不同），选择的两种酯的比重分别为 1.04 和 0.98，将它们按一定的比例配到一起，就可以得到比重在盐水与淡水之间的多种示踪溶剂。最后将不同颜色的染料加入不同比重的溶剂中，以便通过颜色区分盐度的大小。

②投放粒子

在试验中投放粒子是为了达到跟踪水质点运动的目的。示踪粒子的配制关键在于控制好粒子的比重。将配好的溶剂装入塑料瓶内，并在塑料瓶盖上连接一根细小的铜管。在试验时将铜管前端伸至水面以下，挤压塑料瓶的同时均匀摆动铜管，就会出现连续的油滴。调节挤压的力度和铜管摆动的速度，可以得到大小合适的粒子。比重较大的粒子会下沉至盐水层内，甚至水槽底，比重较小的粒子则多数停留在盐淡水的交界面上，少数能悬浮在淡水层内。不断调整溶液的合成物质和配比，最终产生各种比重的粒子，以供试验所需。

③观察与图像处理和分析

在水槽中投入足够数量的不同比重（颜色）的粒子后，在试验段加入风、波浪或者水流，通过观察粒子的运动，了解流动的情况。观察过程中需要较强的光源，目前以碘钨灯作为光源。在光照较好的情况下，采用高清摄像机或者彩色 CCD 获取连续图像，以供处理。图像处理和分析依靠自编软件完成。

（4）盐度初始场控制

①恒定径流试验

试验开始时，开启上游流量计和潮汐控制系统，先将水位进行恒定控制，此时盐水会以盐水楔的形态上溯，待多个周期稳定后测量每 10 m 断面盐水楔高度及盐水楔长度（底层盐度 0.5‰距口门位置）。

②径流潮汐共同作用试验

开始时，开启上游流量计和潮汐控制系统，潮位控制系统将口门水位控制在预定平均水位。然后开启口门处的盐淡水闸门，盐水以盐水楔的形态上溯。待盐水楔上溯至试验观测段的中部，潮位控制系统按照预定潮位曲线控制口门水位。随后咸界位置除了随着口门水位涨落而周期性进退，也因潮差大小和盐水楔初始位置不同而发生不同的运动。

2～10 个潮周期后，咸界的移动范围稳定下来。小潮达到稳定的时间较大潮长得多。多次重复试验表明同一工况稳定的咸界位置（底层盐度 0.5‰位置）与盐水楔初始位置无关。

咸界移动范围稳定后，记录涨憩和落憩时刻咸界位置，并开启实时流速和盐度数据采集程序。

3.2.2　磨刀门咸潮整体物理模型

3.2.2.1　模型设计

在物理模型试验研究中，模型设计是关系到试验成果的可靠性和精度至关重要的环节。目前，我国国内对于咸潮运动的物理模拟尚无系统的规范，因此模型设计中我们参考了国外有关试验的做法，但是对于一些密度分层流模拟设计的具体细节，尚无资料可查。对于密度分层流的模拟，包括水流系统、盐度测控等方面，是在水槽试验的基础上逐步总结经验，根据实践摸索出一套较为成熟、可行的方法。以下将讨论模型相似律、模型边界的确定、模型边界的处理、模型各种比尺的确定、咸潮系统、盐度测控等方面的内容。

（1）模型相似比尺推导

①水流运动相似

这里所指水流，是指密度均匀流。水流运动和物质分布主要受对流、剪切应力及扩散所控制，要使模型的水流运动与原型相似，必须满足下列相似条件：

重力相似条件：

$$\lambda_u = \lambda_h^{1/2} \tag{3-52}$$

阻力相似条件：

$$\lambda_n = \frac{\lambda_h^{2/3}}{\lambda_l^{1/2}} \tag{3-53}$$

水流运动时间相似条件：

$$\lambda_{t1} = \frac{\lambda_l}{\lambda_h^{1/2}} \tag{3-54}$$

式中，λ_l 为平面比尺；λ_h 为垂直比尺；λ_u 为流速比尺；λ_n 为糙率比尺；λ_{t1} 为水流时间比尺。

②密度分层流运动相似

咸潮运动的主要特征是密度分层流。控制其运动的机制除对流、剪切和扩散外，最重要的特征是还有浮力。

在密度分层流中，无因次数除常用的雷诺数 $Re = \dfrac{uh}{v}$ 和弗劳德数 $Fr = \dfrac{u}{\sqrt{gh}}$（$u$ 为流速，m/s，h 为水深，m；g 为重力加速度，m/s^2；v 为运动黏滞系数，Ns/m^2）外，还有以下3个：

一是密度弗劳德数 Fr，又称内部弗劳德数，表示惯性力与浮力（有效重力）之比，定义为

$$Fr = \frac{u}{\sqrt{g'h}} \tag{3-55}$$

即将 F_d 定义中的 g 改为折减重力加速度（又称浮力加速度）g'。

$$g' = \varepsilon g \tag{3-56}$$

$$\varepsilon = \frac{\Delta \rho}{\rho_2} = \frac{\rho_2 - \rho_1}{\rho_2} \tag{3-57}$$

式中，ρ 为密度，kg/m^3；下标1、2分别表示上、下层水体的密度。

二是梯度 Richardson 数 R_i，分层流中常以惯性力及浮力为主导，故定义两者量级之比为

$$R_i = \frac{g}{\rho}\left|\frac{\partial \rho}{\partial z}\right| \bigg/ \left(\frac{\partial u}{\partial z}\right)^2 \tag{3-58}$$

式中，z 为向上纵坐标；R_i 是表征密度分层流的最重要的无因次数。R_i 较大时，分层流才能保持稳定。常把 $R_i \geqslant 1$ 的流动称为强分层流。

三是 Jeffreys-Keulegan 数 Θ（简称 Keulegan 数）

Keulegan 数用来表示界面在扰动波作用下的稳定性，定义为

$$\Theta = \frac{\sqrt[3]{v_2 g'}}{\Delta u} \tag{3-59}$$

式中，v_2 为下层水体运动黏滞系数；Δu 为上、下层水体相对速度。当上、下层相对流速较大时，界面上会生成波，波相互作用在一定条件下会增长。当达到某个临界状态时，界面波开始出现间歇性破碎和掺混。Keulegan 证明 $\Theta \geqslant \Theta_c$ 时分层流才能保持稳定。他通过试验得知，当上层流 $Re < 450$，$\Theta_c = 0.127$；$Re > 450$，$\Theta_c = 0.178$。其他几位试验者对 $360 \leqslant Re < 2\,613$，得 $\Theta_c = 0.12 \sim 0.192$。

当密度连续分布时，设 ρ 与 u 线性变化，则

$$\frac{\partial u}{\partial z} = \frac{u}{h} \tag{3-60}$$

$$\left|\frac{\partial \rho}{\partial z}\right| = \frac{\Delta \rho}{h} \tag{3-61}$$

故有

$$R_i = \Theta^3 Re \tag{3-62}$$

$$\text{或 } Fr'Re = \frac{1}{\Theta^3} \tag{3-63}$$

由此可见，上述 3 个无因次数中独立的只有两个。通过推导，我们发现采用密度弗劳德数 Fr' 和梯度 Richardson 数 R_i（两者都表示惯性力与浮力的比值）得到的相似准则是一致的。因此在下面我们以密度弗劳德数作为相似准则进行具体推导。

对于密度分层流运动，我们采用初始密度弗劳德数作为相似准则，要求原型和模型的初始密度弗劳德数相等。初始密度弗劳德数为

$$Fr_o' = \frac{u}{\sqrt{\dfrac{\Delta\rho}{\rho_0}gh}} \tag{3-64}$$

式中，u 为断面平均流速，m/s；$\Delta\rho$ 为口门盐水与淡水的密度差，kg/m³；ρ_0 为淡水密度，kg/m³；g 为重力加速度，m/s²；h 为水深，m。

模型与原型满足初始密度弗劳德数相似准则，即

$$\frac{u_m}{\sqrt{\dfrac{\Delta\rho_m}{\rho_0}gh_m}} = \frac{u_p}{\sqrt{\dfrac{\Delta\rho_p}{\rho_0}gh_p}} \tag{3-65}$$

$$\sqrt{\frac{h_p}{h_m}\frac{\Delta\rho_p}{\Delta\rho_m}} = \frac{u_p}{u_m} \tag{3-66}$$

由于需要同时满足重力相似

$$\lambda_u = \lambda_h^{1/2} \tag{3-67}$$

$$\frac{\Delta\rho_p}{\Delta\rho_m} = 1 \tag{3-68}$$

$$\lambda_{\Delta\rho} = 1 \tag{3-69}$$

由于试验用淡水与原型淡水密度相同，则要求试验用盐水密度与原型海区海水密度相同，即

$$\lambda_{\rho_2} = 1 \tag{3-70}$$

在珠江河口，海水盐度与密度基本线性相关，由此得到：

$$\lambda_s = 1 \tag{3-71}$$

式中，λ_s 表示盐度比尺。

（2）模型范围与边界的确定

采用珠江河口咸潮整体（三维）物理模型进行模拟，在模型设计中对模型功能的考虑除了应用于常规的淡水条件下珠江河口复杂的水沙运动模拟，还需考虑采用盐水作为试验用水，模拟盐淡水的密度分层流。因此，模型设备的防腐蚀、盐淡水水库的分离、盐水净化分离循环等工艺在设计时均应考虑。研究选取珠江河口八大口门中的典型口门进行试验。而八大口门中密度分层流最为明显、咸潮上溯变化最大、影响最大的当属磨刀门。

磨刀门是珠江河口八大口门中径流水量分配比最大的口门。根据最新分析成果（《珠江三角洲河道地形及水量分配比变化分析》，2008 年 8 月），洪水期磨刀门水量分配比为

28.7%，枯水期为 30.4%。磨刀门河口潮差是八大口门中最小者，多年平均潮差（灯笼山）为 0.86 m，最大涨潮潮差为 1.90 m，最大落潮潮差为 2.29 m。磨刀门多年平均山潮比为 5.53，最低值 1 月平均为 1.18，最高值 8 月平均为 21.33，山潮比值均为八大口门中最大，是典型的强径流弱潮河口。

从 2004 年年底起开始实施的珠江枯水期"调水压咸"与水量调度实践的实测资料可见，磨刀门是珠江河口八大口门中咸潮上溯最为典型的口门，咸潮变化规律最为复杂；同时由于中山、珠海的主要水厂取水口均布设在磨刀门水道，澳门水源也由珠海供给，因而咸潮上溯引起的供水问题最为严重。因此，选定磨刀门水道作为咸潮活动规律模型试验研究的对象。

模型海区外边界一般选择在盐度均匀、变化甚小的位置。图 3-25 为采用遥感技术按照水体黄色物质反演得到的珠江河口表层盐度分布成果。根据遥感技术反演的研究成果及水文实测资料分析得出：枯水期，珠江河口外海 15 m 等深线表层水体盐度基本维持在 30‰左右，此时表底层盐度垂向分布均匀。因此，模型的外海边界选取在 15 m 等深线位置；东北边界至大九洲—大碌岛，西南边界三灶岛珠海机场西侧。

模型上边界选择在咸界（盐度等于 0.5‰）上游且有实测流量资料处。根据图 3-25，大旱年 0.5‰咸界至江门外海镇。因此，鸡啼门、虎跳门包括黄茅海均需考虑纳入模型范围之内，模型模拟又将变得复杂。由于在国内对珠江河口密度分层流进行物理模拟还属首次探索，因此，为使问题简单化，先行选择单一口门进行模型试验研究。

结合实际情况，因此模型试验选择竹银作为上边界，在平水年均在 0.5‰咸界以上，基本处在盐度为 2‰咸界附近。以 2005 年 1 月 18 日 9：00—2 月 7 日 23：00 水文测验作为模型模拟试验研究的验证水文组合，以下简称"2005.01"水文组合，对近 500 h 的实测水文测验资料进行分析得出：盐度大于 2‰的累积时刻为 58 h，最大值小于 7‰。由此可见从咸界选择来说，竹银作为上边界是基本合适的。模型上边界流量控制以与"2005.01"水文组合相对应的竹银有逐时流量测验数据为依据，便于模型中上游流量控制。以竹银作为上边界，剔除了泥湾门水道—鸡啼门等河汊的影响，使问题简单化，既节省了工作量与试验成本，又抓住了咸潮上溯的主要矛盾，因而也是较为合理的。

综上所述，磨刀门咸潮物理模型范围上边界为竹银，下边界至海区 15 m 等深线，东北边界至大九洲—大碌岛一线，西南边界三灶岛珠海机场西侧，原型面积约 1 500 km²，包括磨刀门水道、洪湾水道及澳门附近水域在内，如图 3-26 所示。

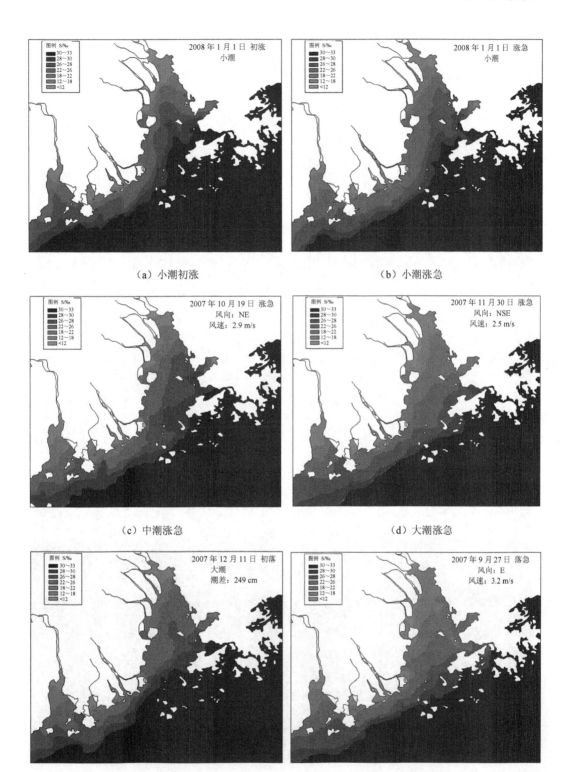

（a）小潮初涨　　　　　　　　　　　（b）小潮涨急

（c）中潮涨急　　　　　　　　　　　（d）大潮涨急

（e）大潮初落　　　　　　　　　　　（f）大潮落急

图 3-25　珠江河口特征潮位表层盐度分布（遥感反演成果）

图 3-26 珠江河口磨刀门咸潮物理模型范围示意

（3）模型比尺的确定

①几何比尺的选择

咸潮整体物理模型试验大厅长 66 m，宽 46 m。从国内外河口模型实践来看，平面比尺一般在 300～2 000。根据试验研究的目的、要求，考虑模拟原型范围、试验场地面积及供水供电能力，模型的平面比尺定为 λ_l =1 000。

垂直比尺的确定除常规考虑层流与紊流的界限、阻力平方区的界限、表面张力起作用的界限、变率的限制，以及变态模型糙率实现的可能性外，对于密度分层流而言，还有一个重要的因素就是水深的要求及垂向与横向混合。

磨刀门口门出口，水深较小，东、西汊主槽 5～6 m，由于拦门沙的存在，浅滩区域水深只有 1～2 m。水槽试验的结果表明，模型水深小于 0.1 m 时不仅影响盐水楔行进速度，而且影响垂向分层，因此在进行咸潮整体模型垂直比尺考虑时，我们确定模型主槽水深尽量不小于 0.1 m。

垂直比尺的确定决定了模型水深和变率。根据大量研究，变率小于 10 时，水流动力轴线及垂线平均流速分布基本一致，相对误差小于 10%；变率加大，模型糙率加大，纵向流速垂线分布偏离正态模型加大，流速梯度增大。对于河口宽浅型式河道，变率可达到 20。

表 3-9 列出了国外几个主要咸潮模型试验的几何比尺及其变率，咸潮模型模拟试验研究中，垂直比尺与变率的选取参考了国内外咸潮试验的相关成果。

表 3-9　国外咸潮模型试验几何比尺及变率

模型名称	所在国家	平面比尺	垂直比尺	变率
切萨皮克湾（Chesapeake）模型	美国	1 000	100	10
旧金山海湾（San Francisco Bay）模型	美国	1 000	100	10
卡鲁卡丘河口（Calcasieu Estuary）模型	美国	1 000	50	20
鹿特丹水道河口（Rotterdam waterway estuary）模型	荷兰	640	64	10

参考表 3-9 中模型设计的几何比尺，结合磨刀门水流、地形条件及宽浅式河道特征，本次试验选取垂直比尺 λ_h 为 67，模型变率为 15，基本能保证磨刀门口门出口水深在 0.1 m 左右。

根据有关文献，在满足 Froude 相似律，平面比尺与垂直比尺满足下式时可以自动满足其他相似率

$$\lambda_h = \lambda_l^{\alpha} \tag{3-72}$$

$$\alpha = 0.75 \sim 0.66 \tag{3-73}$$

本试验采用变率为 15 的模型，采用上式核算，$\alpha = 0.61$，与其下限相距不大，因此可以基本满足相似性的要求。

② 水流比尺的确定

根据重力相似条件，得流速比尺为：

$$\lambda_u = \lambda_h^{1/2} = 8.18 \tag{3-74}$$

③ 水流运动时间比尺的确定

根据水流运动时间相似条件，水流运动时间比尺

$$\lambda_{t1} = \frac{\lambda_l}{\lambda_h^{1/2}} = 122.47 \tag{3-75}$$

（4）模型设施工艺

咸潮试验研究中，上游施放淡水径流，需要淡水库；下游海区涨潮为盐水，需要盐水库；由于上游淡水径流源源不断汇入海区，将会导致海区盐度降低，进而影响后面周期咸潮上溯的强度，因此需要给海区按需要补给盐水，以保持海区盐度基本恒定。为此，咸潮波浪水池设计了配套的 3 个水库，以满足咸潮物理模型试验的需要。这 3 个水库分别为盐水库、淡水库和盐水补给库，为防腐蚀，盐水库与盐水补给库库壁都涂了防腐材料。其中盐水库与淡水库为地下水库，其底板高程在咸潮波浪水池底板下 2.8 m；地下盐水库的设计库容为 1 800 m³，地下淡水库的设计库容为 200 m³。盐水补给库在咸潮波浪水池外部靠东侧位置，设计库容为 40 m³。在试验中，给海区补给盐水是实时进行的。为此，模型专门配置了净化分离循环系统。该系统通过抽取下游海区咸淡混合水，经过处理，生成高浓度盐水和淡水，高浓度盐水排放到盐水补给库再根据流量需求抽至地下盐水库，淡水则直接排入至地下淡水库供上游下泄淡水径流使用。根据磨刀门口门外沿岸流的特点，咸淡混合水一般在落潮期沿西南方向下泄，为此在模型海区西侧专门设置了咸淡水回收区，并安装了可调式溢流堰作为潮控自动门，该溢流堰在落潮时溢流咸淡水至咸淡水回收区，涨潮时关闭，并设置咸淡水隔离墙，以防涨潮时高浓度盐水进入咸淡水回收区。

由于盐水库位于地下且容积较大，难以配置均匀浓度的海区盐水。一般先将普通食盐倒入至盐水补给库，再加水配置所需浓度的盐水，并用卤水泵搅拌均匀，然后抽取至地下盐水库，如此反复配置，直到达到盐水库所需盐水用量。在地下盐水库四角安装了卤水泵，使盐水在地下盐水库进一步循环流动，以保持均匀浓度的盐水。

为模拟磨刀门近海区的涨落潮流，在咸潮波浪水池头部设置海区咸潮生潮卤水泵群，安装了 18 台卤水泵；为模拟沿岸流，在海区东、西侧设置产生沿岸流的卤水泵群，各安装了 6 台卤水泵。

磨刀门咸潮物理模型设施工艺如图 3-27 所示。

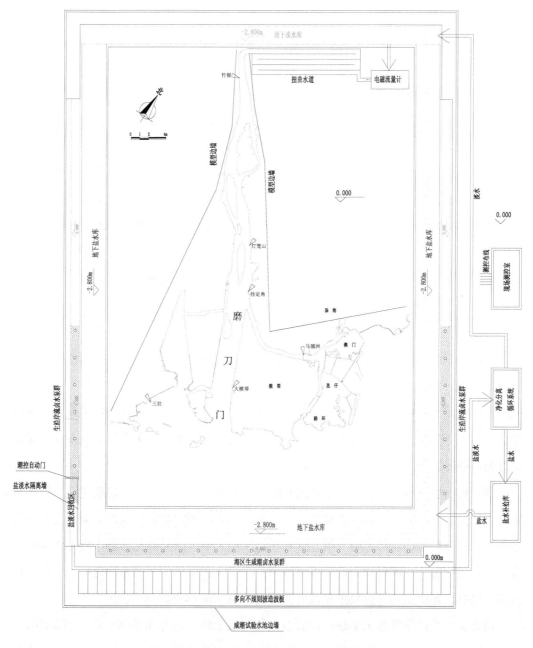

图 3-27　磨刀门咸潮物理模型配套设施工艺

（5）边界条件控制

模型下游的控制主要包括潮位、盐度和沿岸流的流场。模型潮位通过模型海区东南面下边界的生潮系统，控制横琴站的潮位过程与原型相似；外海的盐度控制，通过抽取部分的混合水体进行实时的脱盐回归，高浓度盐水返回盐水库，淡水返回淡水库，脱盐后的淡水量与上游施放的径流量相当。这样可使生潮沟供水的含盐度保持在30‰左右，误差不大于 0.5‰；口门外沿岸流的强弱将影响河口下泄淡水的保存量，模型通过海区东西两侧造流系统来控制沿岸流的强弱。由于口门外没有同步的水文测验资料，试验参照 2008 年 1 月磨刀门口外部分散点的测验成果来加以控制。

模型上游主要是控制径流量，下游口门采用潮位控制，河道内验证点的水力要素通过调整河道糙率和扭曲水道的长度、宽度及阻力来实现，这与常规的潮汐河口模型的验证试验方法的主要区别在于对半月潮的验证要比常规的单潮验证复杂得多，需兼顾的面更广。由于在半月潮的过程中，竹银断面每天的径流量不同，模型径流由扭曲水道的末端进水，其与竹银断面相距约 100 km（原型值），要实时地控制竹银断面的径流量实属困难。通过摸索试验，考虑径流下泄的时间，实际操作采用提前一天施放流量，即在每天大涨潮的时刻开始施放第二天的平均径流量，经过扭曲水道潮汐过程的调整，第二天即可在竹银断面出现所需的流量过程。

（6）初始条件控制

物理模型有一个基本要求就是可重复性。对于咸潮物理模型，对于初始条件控制的要求较高。初始条件控制得好，模型的可重复性就较好。咸潮模型试验的水力要素（潮位、流速、流向）不管初始条件如何，只需经过 1～2 个潮周期的运行就会自动跟上稳定的过程状态。但盐度分布的调整则需要一个相当长的调整期，所以咸潮模型初始条件的设置就显得相当必要。

通过对原型资料的分析，可了解到各时段的盐度分布，由此来确定模型咸、淡水分隔插板的位置。经过反复试验，大潮稳定所需时间最短，因此试验选取大潮期作为模型的初始条件，即半月潮试验从大潮开始。通常先经过几个连续且潮差相等的大潮单潮运行，待水力要素及盐度分布调整稳定后，再进入半月潮试验。所谓的"调整稳定"是指前后两次的潮过程中，各测站的水力要素和盐度的时空分布基本不变。

初始条件按以下操作来实现：试验前先将隔板上游河道及扭曲水道灌上适量的淡水，下游河道及海区按预定的潮型控制。等下游水体随着潮汐运动起来，尾门控制站的水位按控制曲线正常运行之后，当隔板下游水位涨至隔板上游水位时抽掉隔板，同时在上游扭曲水道末端通过上游供水系统开始施放设定的径流过程。随后，上游水体也随潮汐运动起来，通常经过 4～5 个潮周期之后盐度的时空分布就可达到稳定的过程状态。在隔板上游区域所灌的"适量的淡水"，要根据不同潮型对应的咸界状况，经多次摸索试验来确定。水量多了，一开始的咸界就偏下游，少了就偏上游，偏差量不会影响稳定后的咸界位置，但是影响达到状态所需要的时间。

由于单潮的大潮与半月潮的大潮其盐度的分布并非完全一致，所以半月潮试验开始的 2～3 个潮周期还属于过渡阶段，之后盐度的时空分布才能与实测情况完全重合。所谓"完全重合"是指盐度的重复性偏差不超过 0.2‰，咸界位置的重复性偏差不超过 0.5 km（原型值）。

3.2.2.2　模型制作

（1）采用的地形资料

模型地形资料的采用原则上是尽可能采用同步的地形，并且地形测量时间尽量与验证水文测验时间基本一致，根据上述原则，试验研究将采用"2005.01"作为验证水文条件。

根据已有的实测地形资料，磨刀门水道与洪湾水道采用 2004 年 12 月—2005 年 1 月施测的 1∶5 000 比例的河道水下地形图。澳门附近水域采用 2005 年 4 月施测的 1∶5 000 比例的水下地形图。磨刀门口门外附近海区采用 2000 年施测的 1∶10 000 比例的水下地形图；其他海区采用 1∶120 000 海图。

（2）模型安装精度

模型共安装了 3 个固定水准点，这些固定水准点同时又是导线控制点。磨刀门水道、洪湾水道、澳门水道、十字门水道采用三角形导线网进行了平面控制，磨刀门口门以下区域采用平行导线控制，高程控制测量使用精密水准仪，平面位置测量用精度较高的红外全站仪。

磨刀门水道、洪湾水道、澳门水道、十字门水道采用断面法进行模型制作，口门以下海区采用桩点法进行模型制作，河道断面的剖取以每隔 0.5～0.7 m（模型距离）为控制标准，口门以下海区桩点以每隔 0.7～1.0 m 为控制标准。对断面间地形变化较大的，增加内插点对地形加以控制。

模型制作完毕后，对模型进行了全面校核。由于模型面积较大，模型校核采用抽查方式进行。并根据校核情况，对误差较大的地形进行了修改，并根据新收集到的新测地形资料，对模型进行及时更新。抽查结果表明，高程误差在 2 mm 以内的占 90%，平面位置误差 1 cm 以内的占 95%，基本达到模型安装精度要求。

图 3-28 为模型制作完毕后试验场地图。

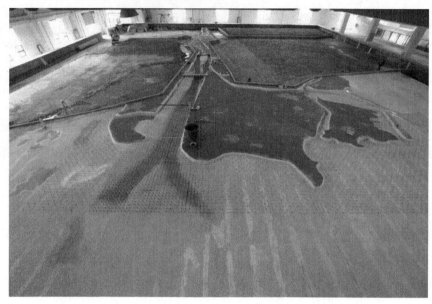

图 3-28　磨刀门咸潮物理模型现场照片

3.2.2.3　模型控制及测量设备

（1）生咸潮设备结构

本系统的生潮采用低扬程通用潜水泵（卤水泵），采用分散供水方式，以减少消能设施，模型场与水池（水渠）之间仅用一隔墙分开，根据需要在隔墙下部沿口门方向的同一水平面上，每隔 2 m 左右设置一排孔；潜水泵安装在供回水渠侧，潜水泵出水口对准隔墙的孔洞，潜水泵的另一端由一小墩及楔子固定，如图 3-29 所示。

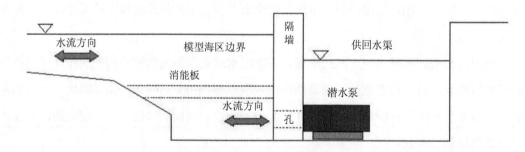

图 3-29　生潮设备布置断面示意

工作时，工控机通过变频调速器控制潜水泵转速，从而控制进入模型内的流量，模拟潮沙的涨潮，模型设计时使模型的河床或海面高于供回水渠水面，利用重力模拟潮沙的退潮（必要时可控制潜水泵的电机反转）。

（2）咸潮模拟控制系统

自然界通过潮汐动力的作用从外海向河口输入的水体是含盐度的，但是由于试验用水的限制，常规潮汐模型试验用水均采用淡水。为了复演盐水上溯的动力过程，试验用水必须采用盐水，方能模拟咸潮上溯过程的动力结构。因此，咸潮模拟控制系统的设计与新型潮汐自动控制系统要考虑加入盐水产生的影响。如由于采用盐水，在试验中要跟踪水体盐度变化过程，咸潮模型就表现出其特殊性。咸潮模拟控制系统在新型潮汐自动控制系统（HMMC）基础上还需增加盐度控制及反馈单元，其流程如图 3-30 所示。

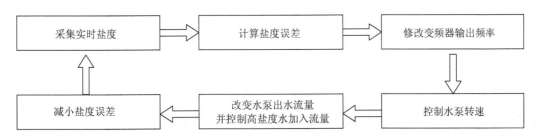

图 3-30 盐度控制及反馈单元流程示意

（3）主要量测设备

①水位仪

GS-3B 光栅跟踪水位仪实时完成测量所需水位，并将水位数据通过 RS485 通信口送至远端采集机。产品结构采用了机电一体化设计，使用 LM 线性轴承导轨、同步带传动机构、可逆交流永磁同步电机，行走顺畅。内置双微处理器、闪速存储器等，具有仪器自检和看门狗功能，主控制器负责通信、键盘命令、显示和电机控制，副控制器负责光栅位移量的计算、水位值的拾取和光栅故障诊断。6 位高亮度 LED 数码显示，三键键盘，操作灵活，可单机独立使用，也可用于计算机联网。水位测针叠加微弱交流电，减少测针极化；测针设下行限位设定，保护针尖不戳碰模型地面。主要技术特点：

内置高精度长光栅编码器，分辨率达 0.01 mm。

振动式入水，消除水表面张力，保证测量精度 0.05 mm。

测量长度：>30 cm

行走速度：>15 mm/s

振动频率：>5 次/s（静水面）

RS485 标准通信接口，最大通信距离 1 000 m。

②流速仪

LS-8C 光电流速仪采集设定时间内红外旋桨测杆转动的圈数，并进行数据的预处理，再通过 RS485 通信口，将流速数据送出。主要技术特点：

量程：20～1 000 mm/s

测杆电流：32 mA/50 mA DC 两档。

信号幅度：1 Vp-p，宽度：＞1 ms。

③盐度计

盐度测量采用了定点与巡测相结合的方法。定点观测即在下面将要介绍的盐度测点进行测验，使用的仪器为；巡测主要是根据每天咸界的最远与最近距离，使用的仪器为 AZ8306 电导率仪。

3.2.2.4　模型验证

（1）验证水文组合

磨刀门水道已有很丰富的原型长期观测资料，但少有长时段的垂向分层观测资料，目前可供验证的分层长时段实测资料仅有两组，并且与采用的地形基本匹配，分别是 2005 年 1 月 18 日—2 月 5 日和 2009 年 12 月 10—25 日，其分层测点的分布如图 3-31 和图 3-32 所示。2005 年的资料仅有表、底两层；2009 年的资料是沿垂线每间隔 1 m 施测、采样一次。可供模型验证的资料见表 3-10 和表 3-11。

图 3-31　"2005.1" 水文组合测点

图 3-32　"2009.12" 水文组合测点

表 3-10　"2005.01"水文组合

项目	位置
流量	竹银
水位	竹银、灯笼山、挂定角、马骝洲、大横琴、三灶
流速和盐度	竹排沙、挂定角左、挂定角右三垂线表底

表 3-11　"2009.12"水文组合

项目	位置
流量	竹银
水位	竹银、灯笼山、挂定角、马骝洲、大横琴、三灶
流速和盐度	$1^{\#} \sim 8^{\#}$测点表、中、底

由于"2009.12"组合可供验证的资料较齐，验证以"2009.12"组合为主。对"2005.1"组合的资料也进行了复核验证。

（2）验证结果

模型对两组咸潮水文组合的资料均进行了验证试验。

①"2005.1"水文组合

"2005.1"水文组合实测资料较少，仅进行复核性验证。咸界的验证成果如图 3-33 所示，其他几个测站的流速、盐度验证效果与"2009.12"水文组合的效果基本一致，这里不再细述。

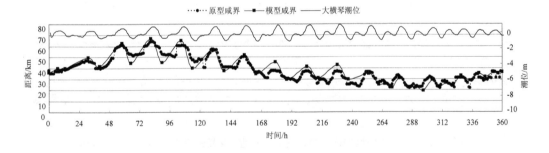

图 3-33　"2005.1"咸界逐时过程曲线

②"2009.12"水文组合

"2009.12"水文组合在磨刀门水道上共有 7 个垂向的流速和盐度测点，验证试验在原型测站对应的位置布置了表、中、底的流速和盐度测点及相应的潮位测站，并且用手持盐度计在涨憩和落憩时刻跟踪表层 250 mg/L 盐度的咸界位置。部分代表性的验证成果如图

3-34 至图 3-37 所示。

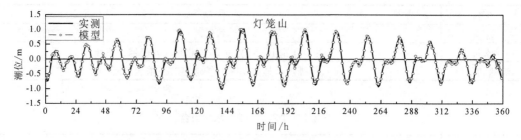

图 3-34　灯笼山潮位过程（2009/12/10 10：00 为零时刻）

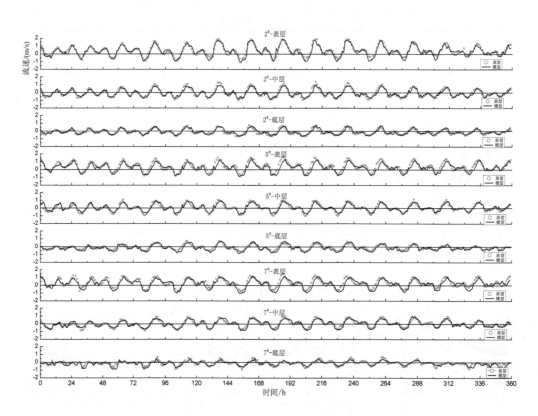

图 3-35　2#、5#、7#断面的表、中、底流速过程（2009/12/10 10：00 为零时刻）

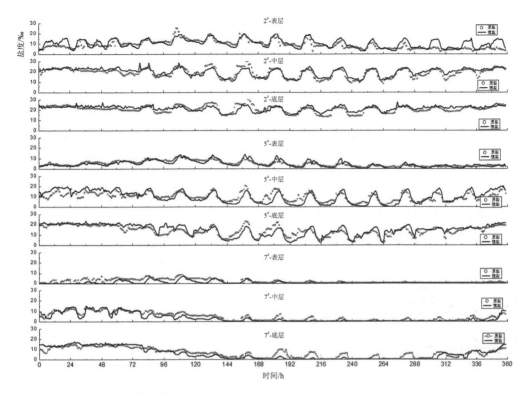

图 3-36　2#、5#、7#断面的表、中、底盐度过程（2009/12/10 10：00 为零时刻）

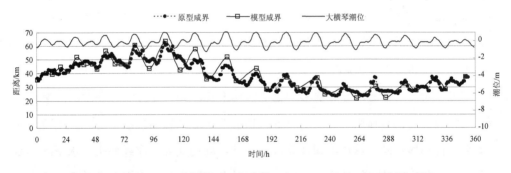

图 3-37　"2009.12"咸界逐时过程曲线（2009/12/10 10：00 为零时刻）

　　从以上的验证成果可见，潮位和流速验证成果表明：潮位验证较为理想，误差较小；流速略有偏差，但误差值仍在模型试验规范要求之内；咸潮以各站的盐度变化过程和咸界作为验证指标，各站盐度变化需进行分层流速验证，周期长，难度大，误差稍大，但形态基本一致。分层测流是咸潮模型试验重要的一环，从流速图 3-35 中可见，各断面在小潮期间，底层以涨潮为主，表层落潮为主。这种表落底涨的纵向环流流态是弱潮河口咸潮上溯的主要原因，也是流态验证的关键。这种环流贯穿在半月潮的各个潮期，但以小潮期间最为明显，试验说明流场环流特征吻合后，盐度和咸界能基本吻合。

从盐度的验证成果看，虽然局部的量值和峰值存有很大的偏差，但整体来看，各测点的盐度在咸潮上溯的整个消涨过程与原型的形态基本一致。底层的盐度在小潮前期开始升高，小潮中期达到峰值，然后逐渐下降；表层的盐度在小潮后开始升高，在大潮前期达到峰值，随后逐渐下降；在底部盐度上涨的时期，表层盐度还在下降；底部盐度下降的时期，表层盐度同时上涨。磨刀门咸潮在潮动力较小时由底部上溯，随着潮动力加大而往表层扩散，然后逐渐消退的特殊上溯规律都能在模型中得到很好的体现。这些特征的相似可以说明模型盐度的时空分布与原型基本相似。

从咸界的试证成果看，咸界峰值出现的时刻也是表层盐度最高的时刻，咸界的变化过程与表层盐度过程线相似。模型观测的咸界过程线与由磨刀门沿线各水厂、闸门和水位站观测的盐度值内插出的咸界位置过程基本一致。

总体而言，咸潮模型的验证效果基本合理，为进一步开展咸潮运动规律的研究提供了一个必要的研究手段。

3.3 数值模拟

数值模拟具有成本低、通用性好、可控性强等优点，一直是河口咸潮问题研究的主要手段之一，近年来，随着数值计算技术的不断发展和完善，这一方法越来越被广泛应用，逐渐成为该领域研究的发展趋势。河口区的盐淡水混合是一个极其复杂的动力过程，包括了重力环流、对流、扩散、卷吸等多种物质输移形式，同时受径流、潮汐、波浪、风、沿岸流等动力因素的耦合作用，又与河口形态和水下地形息息相关，不同河口咸潮上溯的形式和动力过程不尽相同。珠江河口及其近岸水域，岛屿众多，岸线曲折，水下地形复杂；八口入海，且各口门动力特性不尽一致，口门以上河网密布，河道纵横贯通，动力条件较为复杂。因此，对珠江河口的咸潮上溯规律和动力过程开展准确的数值模拟研究较为困难，这也是珠江河口相关研究成果相对我国其他河口研究成果较少的原因所在。目前，需要解决以下几个关键问题：一是模型控制方程必须为三维和斜压的，并能准确地模拟盐、淡水输移和扩散的动力过程，这是准确模拟河口咸潮上溯动力过程的基本要求。二是模型覆盖范围要足够大。首先，盐淡水相互作用范围涉及网河、河口和近岸水域，这是一个相互作用密不可分的连续水域，应将其作为一个整体进行模拟；其次，近岸水体盐度受河口冲淡水的影响，其盐度值是随时间变化的，在难以获得有效实测资料的情况下，外海开边界位置最好能超出冲淡水的影响范围，以方便盐度边界值的给定；最后，河流上边界应置于三角洲网河潮区界上游，从而避免潮汐对上游边界的影响。三是模型计算网格要有足够高的平面和垂向分辨率。首先，计算网格的尺度应小于研究所需解析的动力结构的尺度，尤其是在盐淡水锋面交界区，平面和垂向网格都需足够高的分辨率才能较好地模拟密度分层流的动力结构特征；其次，较高的平面分辨率可以更好地拟合岛屿、河道及其汊口、涉水建筑物等的曲折岸线和港池、航道、滩槽等的突变地形，从而更为准确地模拟盐淡水混合输移的动力过程。四是要给定适当的盐度初始场。盐度初始场是咸潮数值模拟的重要定解条件，受技术手段的限制，准确和大范围的盐度场通常是难以获取的，如何科学地为咸潮上溯数值模拟输入合理的盐度初始场，是提高模拟准确性的关键问题之一。五是大范围、高分辨率的三维斜压数值模型会带来惊人的计算量，因此数值模型应具有较高的计算效率。

3.3.1　模型的特色和优点

为研究近海和河口环流，美国马萨诸塞大学（The University of Massachusetts）海洋科学技术学院陈长胜博士带领的研究团队开发了一个基于三角形计算网格、有限体积算法的三维原始方程组海洋河口模型 FVCOM（Finiet Volume Coast and Ocean Model）。历经 10 多年的发展与完善，FVCOM 逐渐趋于成熟，与现有河口数值模型相比，具有以下几个突出的特点：计算网格采用三角形无结构网格；数值离散求解过程采用有限体积法；模型求解过程采用高效的并行算法。有限体积法最大的特色和优点是结合了有限元法易拟合边界、局部加密网格方便的优点和有限差分法计算效率高的优点，且守恒性较好。有限元法采用三角形或四边形无结构网格，特点是网格灵活性高，可方便地拟合复杂岸边界和局部加密计算网格；有限差分法直接离散原始方程，特点是动力学基础明确，差分直观，计算效率高。FVCOM 所采用的有限体积法，在三角形无结构网格上对方程的积分形式进行离散，兼有两者的优点，数值计算采用方程的积分形式和更好的计算格式，使动量、能量和质量具有更好的守恒性。同时，FVCOM 基于单程序多数据流（SPMD）算法对模型进行了并行化处理，可以进行大范围的数值模拟计算。另外，FVCOM 采用了干湿判别方法处理潮滩动边界，应用 Mellor 和 Yamada 的 2.5 阶紊流闭合子模型使得模型在物理和数学上闭合，垂向采用 σ 坐标，采用内外模式分裂算法以节省计算时间。FVCOM 已成功应用于美国的一些河口和我国的长江口，并取得了很好的效果，它代表了数值模型新的发展方向，具有广阔的应用前景。

FVCOM 的特色和优点能够较好地解决了上述几个关键问题，非常适用于珠江河口咸潮问题的数值模拟研究,本书将采用 FVCOM 构建珠江河口大范围、高分辨率的咸潮数值模型,以此开展相应的研究。出于节约版面的目的,本书不再对 FVCOM 的控制方程、求解方法等基本内容进行叙述,感兴趣的读者可参考 FVCOM 的用户手册或相应的论文与书籍。另外,为适应在珠江河口的应用,我们还对 FVCOM 的部分源代码进行了修改。

3.3.2　计算网格的构建和优化

珠江河口水系是一个典型的多河道多河口系统,伶仃洋和黄茅海均为喇叭状河口湾,湾内和湾口岛屿众多,分布有大屿山岛、万山群岛、担杆列岛、桂山岛、高栏岛、荷包岛、上川岛、下川岛等,岸线复杂;各口门附近存在拦门沙。河口水域盐、淡水混合,多种动力因素共存,珠江河口更是有着"八口入海"的特征,各口门动力条件各异,相互影响,各口门间存在着频繁的物质输移和交换。另外,珠江河口外海区的潮流、余流、沿岸流对咸潮上溯具有重要影响。

为正确模拟各口门冲淡水的相互影响,同时考虑到边界条件给定的方便性,计算范围应足够大。上游边界位置分别为潭江的石咀站、西江的马口站、北江的三水站、白坭水道的老鸦岗站,东江的新家铺和泗盛站,外海边界取至约 200 m 等深线处。整个计算范围东—西方向宽约 714 km,南—北方向长约 600 km,覆盖了珠江三角洲网河区主要河道、珠江河口八大口门和外海冲淡水的范围。

计算网格的布置充分考虑了岸线与地形的拟合,对狭窄河道、岛屿附近和深水航道水域的网格进行了局部优化和加密,能最大程度地拟合这些特殊水下地形,外海及水下地形变化不大的水域网格则较为稀疏,这样既能保证岸线和水下地形的较好拟合又不至于带来过大的计算量;另外,考虑到磨刀门是本次研究的重点区域,对磨刀门水道和磨刀门口外拦门沙水域网格进行了局部加密。计算网格如图 3-38 所示,计算网格单元总数约为 30 万个,其中,最小网格单元边长约 25 m,最大网格单元边长约为 5 km,网格由疏到密均匀过渡,充分体现了无结构三角形网格灵活性的优点,既保障了岸线和水下地形的准确拟合,又不至于计算量过大。由图 3-38 可知计算网格较好的拟合了曲折岸线和水下地形,由于在港池、航道等重点水域网格进行了优化和加密,网格单元布置与地形的边界和走势相协调,较好地拟合了水深较大且宽度较小的航道地形及其边坡等复杂地形。

垂向计算网格,根据不同的计算要求,在 Sigma 坐标下划分为等距的 11~15 层。

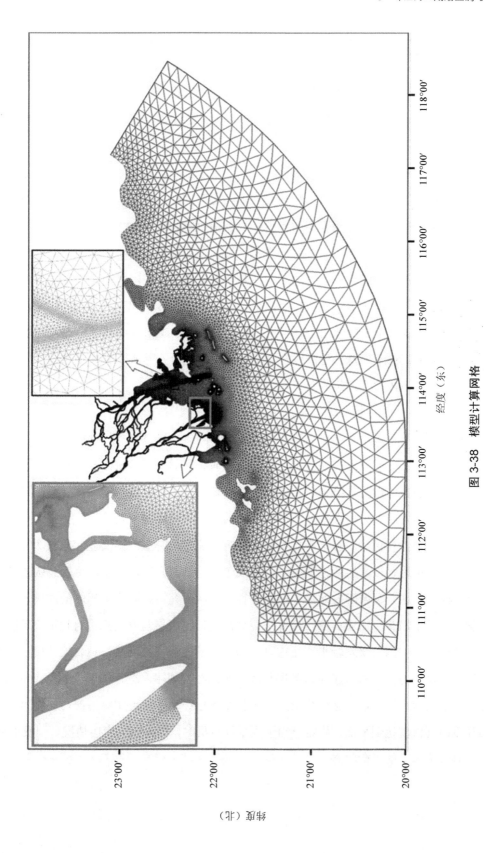

图 3-38 模型计算网格

3.3.3 模型定解条件

河口三维模型作为适定的数学物理问题，求解控制方程需给出边界和初始条件。模型边界条件主要有河道径流、外海潮汐、风和陆架环流；初始条件有水位、流场、温度场和盐度场。

（1）边界条件

上游流量和盐度边界条件均可由相应站点的实测时间序列给定，由于模式计算范围足够大，上游边界盐度值基本为接近零的定值，可直接给定为零。

外海潮汐和盐度边界没有相应的实测资料，给定较为困难。外海水深较大时，潮汐受近岸地形和河道径流的影响较小，可由潮汐调和常数计算所得。本书中，模型的外海潮汐边界由 T/P 卫星高度计资料调和分析得到的潮汐调和常数计算所得，包括 M_2、S_2、N_2、K_2、K_1、P_1、O_1、Q_1 8 个主要分潮，并根据南中国海海平面季节性变化和近岸站点资料对边界条件进行校核。由于外海开边界设在距离河口足够远处，基本不受冲淡水的影响，在一定的模拟计算时段内盐度的边界条件可以给为定值。

（2）初始条件

外模计算初始条件采用"冷启动"，即初始水位为平均水位值，流速场初始条件为零。盐度初始场对盐淡水分布计算影响较大，且其为垂向分层的三维结构，准确盐度初始场的给定较为困难，通常的做法是给定一个定值的盐度初始场，进行长时间模拟计算，直至盐度达到平衡，这样做最大的缺点是盐度值由初始的定场达到平衡需要较长时间，大大浪费了宝贵的三维模型计算机时，且其需要长时间序列的流量边界条件，实施起来较为困难。近年来，由于卫星遥感技术的高速发展，以及咸潮问题日益突出，盐度遥感受到国内外学者的普遍关注。在这一领域国内外学者已经进行了多次研究，并取得了相应的成果，珠江水利科学研究院采用黄色物质反演盐度算法对珠江河口区表层盐度信息进行提取，反演得到的表层盐度值与实测值误差较小。在这里，利用卫星遥感资料反演得到表层盐度值，再根据初始时刻水动力情况和珠江河口各层盐度分布的经验规律，进行盐度值的垂向插值，得到计算所需的盐度初始场。这样给出的盐度初始场已经基本接近实际情况，盐度可以在较短的计算时间内就达到平衡，从而节约了大量计算机时，根据实际应用情况，一般 1～2 日便可达到较为理想的平衡状态。

3.3.4　模式运行环境

数值模型的计算范围较大，为了提高其计算效率，将采用并行计算。模型所采用的并行结构为单程序多数据流（SPMD）算法，运行的软件环境为基于 LINUX 的 MPICH2 并行接口，硬件环境为浪潮天梭 HPC 集群高性能计算系统，如图 3-39 所示，其理论计算峰值为 4 085.72 G Flops（4.08 万亿次），可以较好地满足本研究的计算需求。

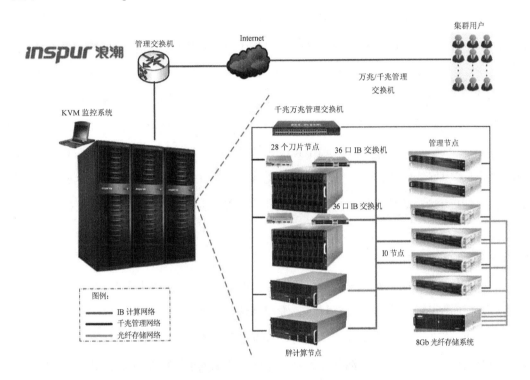

图 3-39　高性能并行计算系统架构示意

3.3.5　模式的率定和验证

数值模型建立后，必须通过一系列的算例来验证它的正确性和有效精度。在给定的理想条件下，将模型结果与精确解析解进行比较，可准确地评估模型的近似精度和动力学的一致性。同样地，在给定相同的条件下，以解析解为比较标准，进行该模型与其他模型之间的比较有助于客观地了解各模型的优缺点。基于这个出发点，FVCOM 的研究团队通过与解析解和 POM 模型及 ECOM-si 模型之间的比较，对 FVCOM 模型进行了一系列的验证。通过平底圆状闭合大湖风生表面重力波数值模拟试验，将 FVCOM 计算结果与 POM 和

ECOM-si 的计算结果进行了比较，发现在网格分辨率减小的情况下 POM 和 ECOM-si 模型计算会产生相位滞后的情况，指出能否精确地拟合弯曲的岸界将直接影响到模型对风生重力波的模拟；通过斜坡地形圆状闭合大湖风生波、流模拟试验，发现在网格分辨率较低情况下会出现计算误差涡旋，展示了三角形网格在计算精度上的优势；通过半封闭水渠潮汐共振数值模拟试验，发现当水渠几何形状接近于共振条件时，FVCOM、POM 和 ECOM-si得到的计算结果有明显不同，证明 FVCOM 模型具有模拟接近共振条件的潮波的能力，POM 和 ECOM-si 模型的计算结果则十分不稳定，在一些情况下甚至出现了与解析解完全相反的结果；通过河口冲淡水试验，说明由于 FVCOM 采用的具有二阶精度的数值格式和更好的单元水体质量守恒性，其结果比 POM 更加接近真实值，说明水平网格分辨率和差分格式对陆架冲淡水的模拟十分重要；通过陡坡地形上底边界层试验，说明网格局部加密的重要性。除此之外，FVCOM 还被成功应用于我国渤海（Chen and Liu，2003）、长江口（Chen et al.，2008）、美国乔治浅滩（Ji，R.C. et al.，2006；Tian and Chen，2006；Chen et al.，2008）得到了很好的结果。为进一步验证 FVCOM 在珠江河口的适用性，进行典型水文组合条件下珠江河口的数值模拟计算，将计算结果与实测资料和遥感反演的表层盐度分布进行对比。

3.3.5.1 实测水文资料

为充分体现率定和验证的全面性，针对珠江河口东、西两个河口湾伶仃洋和黄茅海，分别选取如下两组同步实测水文资料对三维模型进行了率定和验证。

① 2006 年 2 月实测水文组合（简称"2006.2"）。本次实测水文组合测点主要集中在珠江河口西侧河口湾黄茅海及湾外近海水域，测点位置如图 3-40 所示。其中，V1～V12测站为流速、流向和盐度测站，资料时段为 2006 年 2 月 23 日 10：00—2006 年 2 月 24 日12：00，共计 27 h 的逐时实测分层流速、流向和盐度时间序列，V1～V3 测站水深较浅，分垂向 3 层，其余各测站均为垂向 5 层。

② 2005 年 4 月实测水文组合（简称"2005.4"）。本次实测水文组合测点主要集中在珠江河口东侧河口湾伶仃洋，盐水楔活跃的中部断面水域，测点位置如图 3-40 所示。其中，T1～T7 测站为潮位测站，资料时段为 2005 年 4 月 19 日 14：00—4 月 21 日 21：00，共计56 h 的逐时实测潮位时间序列；U1～U7 测站为流速、流向和盐度测站，资料时段为 2005年 4 月 14 日 14：00—4 月 21 日 21：00，共计 32 h 的逐时实测分层流速、流向和盐度时间序列，流速、流向分表、中、底垂向 3 层，盐度为表、底两层。另外，将计算表层盐度的平面分布与遥感反演表层盐度进行对比。

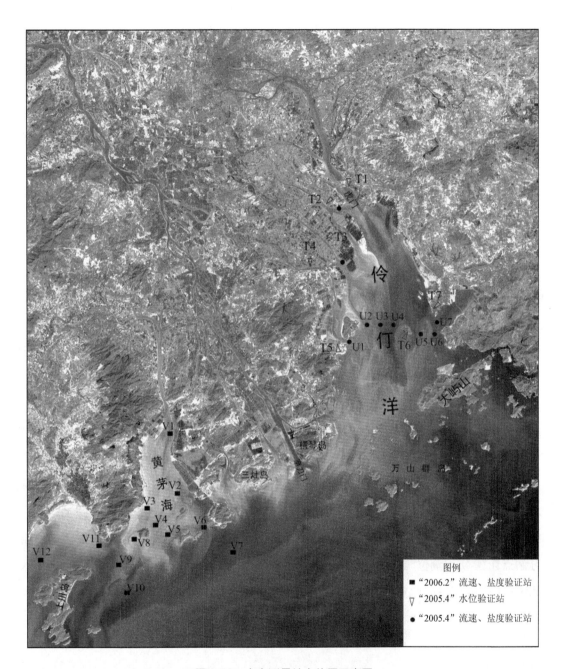

图 3-40 水文测量站点位置示意图

③ 2009 年 12 月实测水文组合（简称"2009.12"）。2009 年 12 月，珠江水利科学研究院开展了一次规模较大的咸潮原型观测，观测时段为 12 月 10 日 15：00—12 月 25 日 15：00，共布设了 8 条测量垂线（见图 3-32，1#~8#），观测内容包括盐度、流速、流向、风速和风向，其中流速、流向和盐度的垂向测量密度为每隔 1 m 测量一个数据，垂向分层数为 8～12 层，获得了为期半个月的逐时资料。本次观测主要针对磨刀门水道咸潮上溯问题，具有以下几个特点：观测时间长，达到了 15 d 的半月潮周期；观测频率高，每隔 1 h 测录一次数据；测点位置布置合理，兼顾了磨刀门水道和洪湾水道，覆盖了磨刀门水道咸潮活动的主要范围；垂向分层数较多，达到 8～12 层。因此，本次测量数据具有非常好的代表性，既能反映磨刀门水道咸潮上溯的日周期和半月潮周期变化规律，又能体现密度分层流垂向动力结构特征。

3.3.5.2 验证结果

验证结果主要为潮位、流速、流向和盐度计算与实测值时间序列的对比，由于篇幅所限，这里只列出部分具有代表性站点的对比图，各水文组合具体情况如下。

① "2006.2" 水文组合计算-实测对比如图 3-41 和图 3-42 所示。其中，图 3-41 为部分站点相应时段计算-实测分层流速、流向时间序列对比图；图 3-42 为部分站点相应时段计算-实测分层盐度时间序列对比图。

② "2005.4" 水文组合计算-实测对比如图 3-43 至图 3-46 所示。其中，图 3-43 为部分站点全计算时段计算-实测潮位时间序列对比图；图 3-44 为部分站点相应时段计算-实测分层流速、流向时间序列对比图；图 3-45 为部分站点相应计算时段计算-实测分层盐度时间序列对比图；图 3-46 为对应的涨、落急时刻遥感反演和计算所得表层盐度大范围平面分布对比图。

③ "2009.12" 水文组合计算-实测对比如图 3-47 至图 3-49 所示。其中，图 3-47 为部分站点计算-实测潮位时间序列对比图；图 3-48 为部分站点计算-实测分层流速时间序列对比图；图 3-49 为部分站点计算-实测分层盐度时间序列对比图。

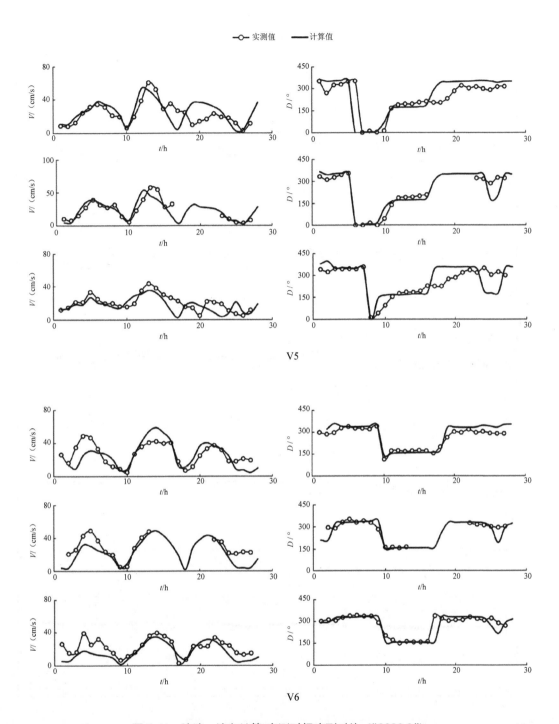

图 3-41 流速、流向计算-实测时间序列对比（"2006.2"）

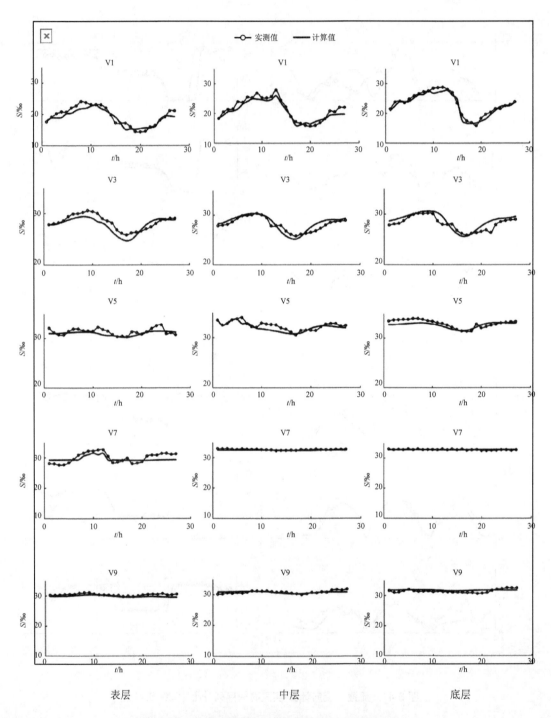

图 3-42　盐度计算-实测时间序列对比（"2006.2"）

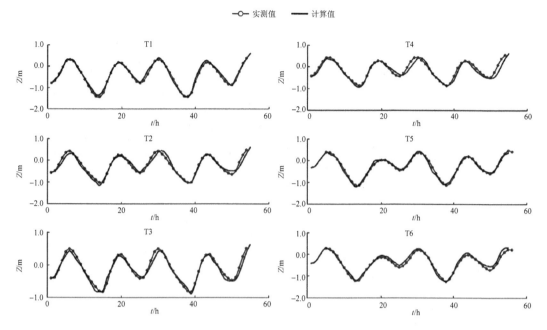

图 3-43 潮位计算-实测时间序列对比（"2005.4"）

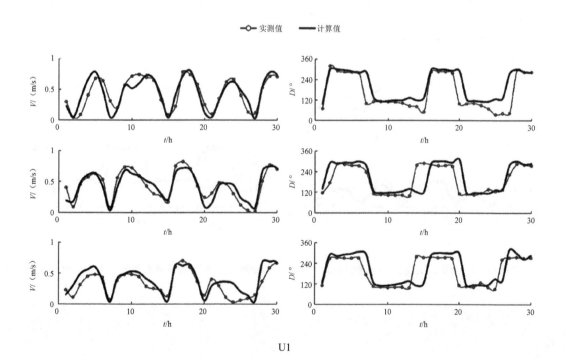

U1

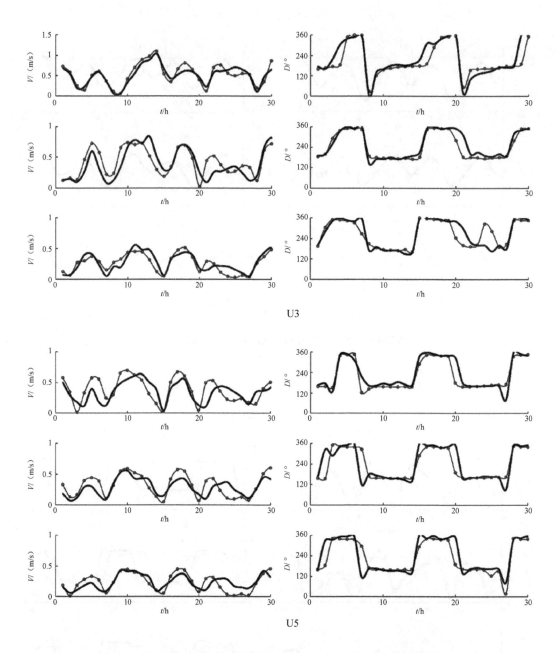

图 3-44 流速、流向计算-实测时间序列对比（"2005.4"，自上而下分别为表、中底、层）

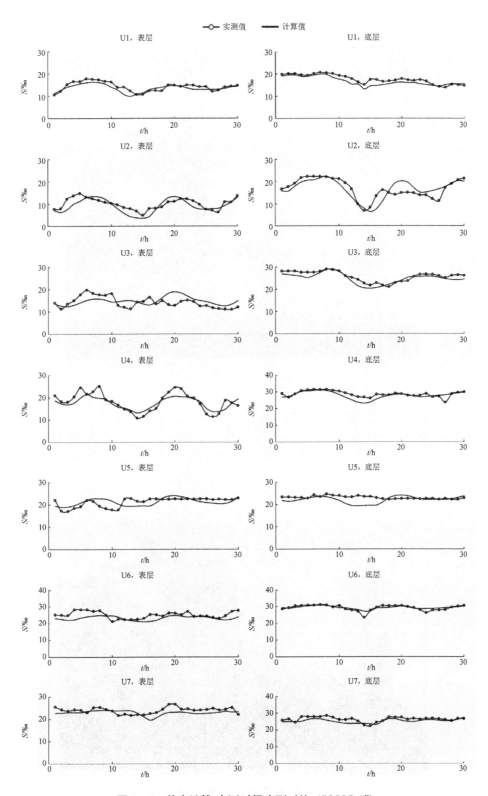

图 3-45 盐度计算-实测时间序列对比（"2005.4"）

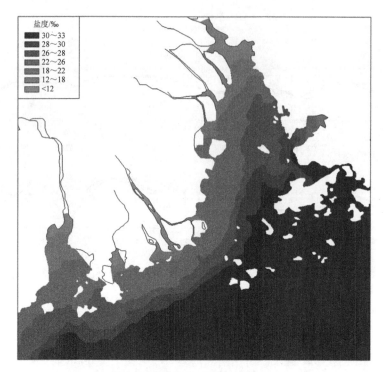

（a）遥感表层盐度分布（涨潮，"2005.4"）

（b）计算表层盐度分布（涨潮，"2005.4"）

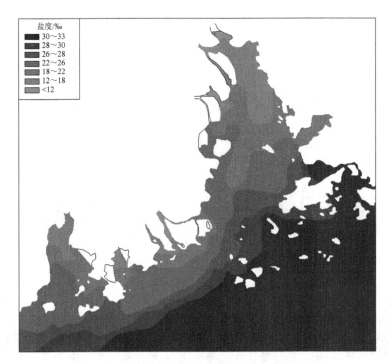

（c）遥感表层盐度分布（落潮，"2005.4"）

（d）计算表层盐度分布（落潮，"2005.4"）

图 3-46 盐度分布

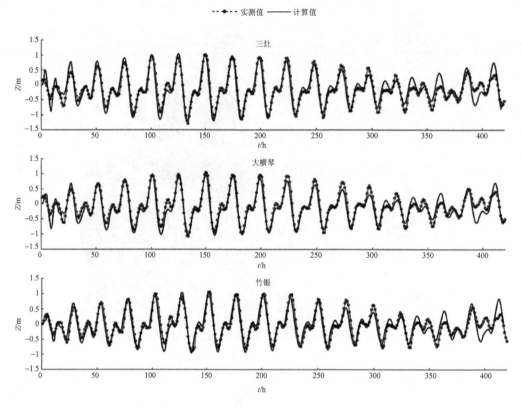

图 3-47　潮位计算—实测时间序列对比图（"2009.12"）

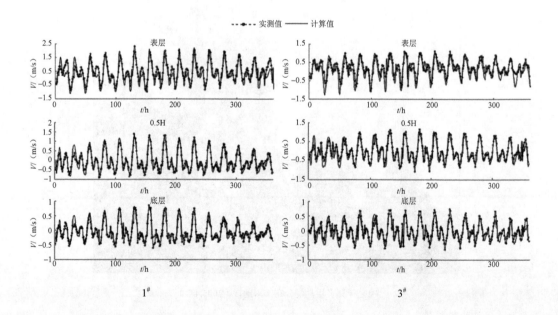

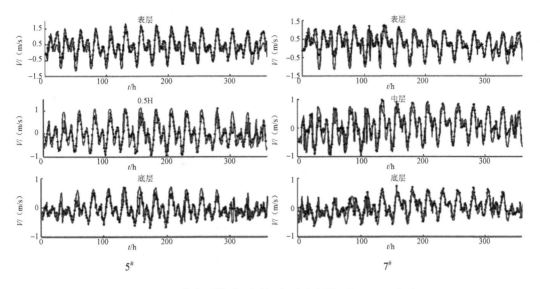

图 3-48 流速计算-实测时间序列对比图（"2009.12"）

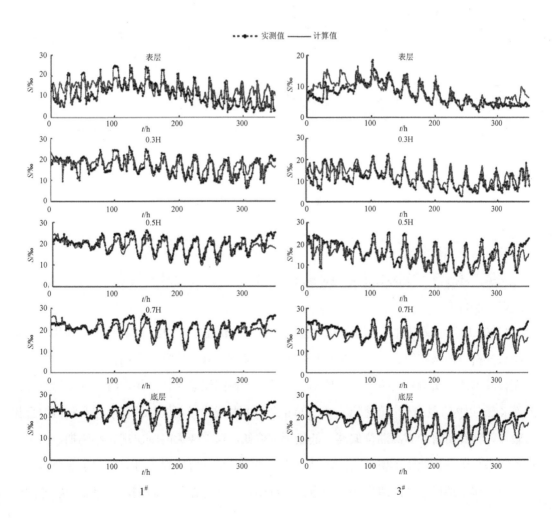

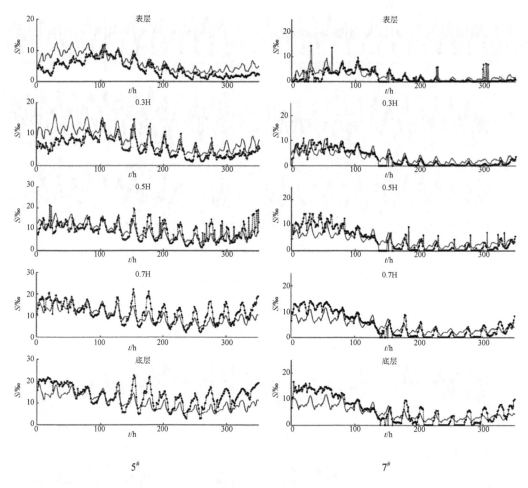

图 3-49 盐度计算-实测时间序列对比（"2009.12"）

3.3.5.3 验证结果分析

根据上述计算-实测对比图，验证成果分析如下。

（1）潮位

"2009.12"水文组合计算时段相对较长，为 417 h，包含了大、中、小潮，因此潮位验证结果分析以该水文组合为主。根据上述计算-实测对比图，计算所得潮位时间序列的相位和振幅基本能与实测资料拟合，整体吻合性较好，根据误差统计结果，特征潮位的绝对误差在 4 cm 以内，具有较高的精度。但 300 h 之后的时段内，潮位的计算值与实测值拟合相对较差，计算所得的高高潮位偏高、低低潮位偏低，误差较大时刻出现在小潮期。由于外海边界条件无法按照实测资料给定，只能依据调和常数计算所得，且只给定了 8 个最主要的分潮，这就造成了外海边界条件给定的不准确，尤其是在小潮时刻，忽略了一些分潮的叠加效果，可能会导致计算结果的误差较大（表 3-12）。

表 3-12 潮位验证特征值误差统计（"2009.12"） 单位：m

测站	统计项	实测	计算	绝对误差
三灶	高潮位	1.010	1.045	0.035
	低潮位	−1.290	−1.189	0.101
大横琴	高潮位	1.050	0.973	−0.077
	低潮位	−1.070	−1.030	0.040
竹银	高潮位	1.060	1.068	0.008
	低潮位	−0.890	−0.947	−0.057

（2）流速、流向

"2006.2"和"2005.4"两组水文组合流速、流向时间序列都为一个完整的潮周期，就整体而言，大部分测站流速、流向时间序列的相位和振幅基本能与实测资料吻合。

"2006.2"水文组合的 V5 和 V6 两个测站分别位于河口湾出口的两个主要潮汐通道，体现了河口湾内涨、落潮流的主要动力特征；V7 测站位于涨、落潮流的转向区，水动力结构较为复杂；V10 测站位于河口出流、岛间潮流和沿岸流等多股潮流汇聚的水域，流速垂向结构较为复杂，这 4 个测站是本组水文组合验证的重点。根据垂向分层流速、流向时间序列对比图，V5 和 V6 两个测站计算结果与实测资料吻合较好，可以较为准确地反映主要潮汐通道的涨、落潮流动力结构；不同时刻流速垂线分布对比图显示，计算结果较好地反映了不同时刻流速、流向的垂向分布结构特征，最大流速在垂线上的位置与实测资料基本一致。V7 和 V10 两个测站位于多股流路汇聚的地方，水动力结构复杂，表底层流速大小差别较大，最大流速在垂线上的位置在不同时刻分布于不同的相对水深位置，根据垂向分层流速、流向时间序列对比图和不同时刻流速垂线分布对比图，计算结果与实测资料吻合较好。这 4 个重要站点的验证成果较好，与边界条件的给定有关，注意到与流速、流向实测资料相应的时段，潮位验证结果也是较好的。除上述 4 个重要站点外，其余大部分站点计算结果都能与实测资料大致吻合，个别近岸的测站，水深较浅，流速、流向对局部地形较为敏感，由于网格分辨率的原因，无法完全拟合局部地形，流速、流向验证误差较大。另外，由于外海边界条件的误差无法避免，这也给验证结果带来一定的误差。

"2005.4"水文组合各流速、流向测站位于伶仃洋河口湾中部断面，这里是盐、淡水混合过程最活跃的地方，异重流现象明显，同时其潮流受上游四口门下泄径流的影响，为伶仃洋复杂的动力混合区，这也是本书选取这次同步实测资料作为验证资料的原因，不足的是本次实测只有表、底两层的盐度资料，资料的垂向分层数不够。伶仃洋内潮流受岸线约束，是较为标准的往复流，因此，流向计算结果与实测资料吻合较好。同时，流速值的大小表现出较好的周期性，根据时间序列对比图，计算结果与实测资料是基本吻合的。伶仃洋有东西两个深槽，在深槽布置有深水航道，是伶仃洋的主要潮汐通道，但两个潮汐通道的潮流特性有着不同的特点，上游下泄径流在地形和科氏力的共同作用下，大部分沿西侧通道出河口湾，因此西侧通道落潮动力较强；东侧通道比较窄，且水深大，分泄的径流量较小，相对西侧通道而言，涨潮动力较强。其中，U2~U4 3 个测站位于伶仃洋西侧潮汐通道断面，U5 和 U6 两个测站位于深而窄的东侧潮汐通道，根据计算结果，U2~U4 测站落潮流优势较为明显，U5 和 U6 两个测站最大流速值出现在涨潮时刻，与实测资料一致，计算结果能较好地反映出伶仃洋河口湾的动力特性。

"2009.12"水文组合各流速测站均位于磨刀门水道出口段，流向受岸线约束，潮流为规则的往复流，较为规整，因此验证以流速值大小对比为主。整体而言，计算所得各层的流速值与实测值吻合较好，时间序列曲线的振幅和相位与实测值吻合较好；从流速的垂向分布来看，初落时刻在盐水楔活动的水域，底层和表层流向相反的现象也数值模拟结果中得到了很好的体现，说明数值模式能较好地模拟密度分层流的垂向环流现象。流速误差与潮位一样，在 300 h 之后的时段，涨潮流速值偏大；本次水文组合的测量时段较长，由于仪器设备故障或者灵敏度的原因，在部分时段内缺少相应的实测值，在这些时段内流速值均记录为"0"，因而时间序列曲线偏差较为明显（表 3-13）。

表 3-13　流速验证特征值误差统计

测点	统计项	实测值/ (m/s)	计算值/ (m/s)	绝对误差/ (m/s)	相对误差/ %
1#	落潮最大流速	1.474	1.363	−0.111	−7.51
	涨潮最大流速	0.762	0.812	0.050	6.62
	平均流速	0.384	0.403	0.019	4.99
2#	落潮最大流速	1.264	1.408	0.144	11.43
	涨潮最大流速	0.803	0.901	0.097	12.13
	平均流速	0.374	0.400	0.026	7.04
3#	落潮最大流速	0.968	0.983	0.015	1.58
	涨潮最大流速	0.862	0.942	0.081	9.34
	平均流速	0.324	0.349	0.025	7.79
4#	落潮最大流速	0.779	0.699	−0.080	−10.25
	涨潮最大流速	0.449	0.536	0.087	19.36
	平均流速	0.190	0.207	0.017	8.85

测点	统计项	实测值/（m/s）	计算值/（m/s）	绝对误差/（m/s）	相对误差/%
5#	落潮最大流速	1.089	1.202	0.113	10.38
	涨潮最大流速	0.826	0.885	0.059	7.13
	平均流速	0.348	0.368	0.020	5.81
6#	落潮最大流速	0.939	0.856	−0.083	−8.81
	涨潮最大流速	1.002	0.814	−0.188	−18.78
	平均流速	0.296	0.298	0.003	0.88
7#	落潮最大流速	0.868	0.849	−0.019	−2.15
	涨潮最大流速	0.841	0.832	−0.009	−1.02
	平均流速	0.276	0.305	0.029	10.35
8#	落潮最大流速	0.942	0.859	−0.084	−8.88
	涨潮最大流速	0.793	0.882	0.089	11.25
	平均流速	0.314	0.331	0.017	5.57

（3）盐度

河口湾是盐、淡水混合，径、潮动力相遇的区域，盐水楔随涨、落潮流在河口湾内活动，因此，其盐度随时间和空间的变化是非常明显的。盐度验证的站点与流速一致，"2006.2"和"2005.4"两组水文组合的测站分别布置于珠江河口的两个河口湾：黄茅海和伶仃洋；"2009.12"水文组合的测站布置于磨刀门水道河道内，是盐淡水汇合、相互作用的水域，也是珠江河口咸潮上溯最为典型的河道。

相对潮位、流速验证而言，盐度验证难度更大。首先，水动力是盐度输移的驱动力，潮位、流速误差必然也会带入到盐度误差计算结果中；其次，盐度输移的数学模型计算所涉及的定解条件和参数较多，部分定解条件难以准确给定（如盐度初场、边界断面盐度过程等），部分参数是随时间和空间变化的，一般只能通过理论或者经验公式进行概化。另外，河口区盐度值的较差偏大，在上游河道内，盐度本底值非常小，对计算定解条件和参数较为敏感，采用相对误差作为判据时，其误差会非常大，宜采用绝对误差和过程趋势对比作为判据。

① "2006.2" 水文组合

V1 测站位于崖门和虎跳门出口下游不远的深槽，盐度值随时间变化最为明显，涨急时刻和落急时刻盐度差值达到一倍，表层最小盐度值为 14.32‰，底层最大盐度值达到 28.81‰，表底层间盐度差值为 2‰～6‰，盐度分层现象明显，表明高盐水体已上溯至 V1 测站。根据计算-实测时间序列对比图，V1 测站盐度计算结果与实测资料吻合，较好地模拟了 V1 测站盐度值大起大落和垂向分层明显的结构。

V2、V3 和 V4 测站位于河口湾内，其中 V3 测站位于西侧，在地形和科氏力影响下整体盐度值明显低于 V2 和 V4 测站，且其盐度值随时间的波动较 V2 和 V4 测站较大。从验证结果来看，V2 测站盐度计算结果整体偏低，特别是落潮时刻的低盐度值计算结果偏离实测资料较为明显，这可能是地形不匹配的缘故，因为 V2 测站位于崖门出海航道，该航道会不定期进行疏浚。

V5 和 V6 两个测站分别位于黄茅海河口湾两个主要潮汐通道，西侧通道落潮流占优，东侧通道则正好相反。虽然上游河流下泄径流主要通过这两个通道下泄，到达湾口位置其盐、淡水已充分混合，分层现象已不明显，其盐度值随时间的变化也较小。

V7~V12 测站均位于河口湾外，其盐度值在计算时段内变化不大，垂向分层也不明显，计算结果基本能与实测资料吻合。

② "2005.4" 水文组合

U1 测站位于伶仃洋湾内，淇澳岛西南侧峡口，其所在位置并不是主要的潮流通道，盐度计算结果基本能与实测资料吻合，但由于该水域网格布置较疏，误差也较大。

U2~U4 3 个测站自西向东布置于伶仃洋淇澳岛和内伶仃岛间的断面，从水下地形图上看，该断面东侧深槽为广州港出海主航道，水深较大，且航道边坡较陡，内外水深差几乎达到一倍。依据上述流速结果分析，伶仃洋落潮流整体平面分布是东弱西强，上游径流主要通过该断面出海，是最主要的落潮通道。盐度计算结果与实测资料吻合较好，3 个测站中，西侧的 U2 测站整体盐度值最小，东侧的 U4 测站整体盐度值则最大。另外，由于U4 测站的水深较大，其盐度垂向分层也最为明显，且计算网格在该处进行了局部加密，因而能较好地模拟出特殊地形的影响，计算结果与实测资料吻合较好，充分体现了无结构网格的优越性。

U5 和 U6 测站位于伶仃洋东侧主要潮汐通道断面，断面东侧为深槽，深槽水深非常大，达到 20 m 之多，是伶仃洋主要涨潮通道，受上游径流影响相对较小，因此其盐度值也相对较高，且盐度值随时间变化相对较小，垂向分层不如其他测站明显。计算结果与实测资料是基本吻合的，但是表层盐度时间序列曲线过于光滑，与实测误差较大，这可能是由于本次计算忽略了深圳河注入深圳湾内的径流量所致。

③ "2009.12" 水文组合

整体而言，计算所得各层盐度的时间序列与实测值吻合较好，说明数值模式能较好地模拟盐、淡水在河道内的输移与扩散。

1#~5#测站位于出口段，从垂向分层的实测盐度时间序列曲线来看，其前后两个时段内底层盐度值的振幅较小，尤其是 0～80 h 时段内，对应潮汐半月周期内相应的小潮阶段，底层盐度均保持在较高值不变，而表层盐度值则随着潮汐有较大幅度的周期震荡，表底层盐度值在落潮时刻相差较大，垂向密度梯度较大，数模计算反演了同样的结果；相应的中潮与大潮阶段，由于潮动力增强，盐淡水混合作用加剧，表底层盐度梯度相应减小，盐度曲线振幅增大，其中，表层盐度曲线的波前坡度较缓、波后坡度较陡，底层盐度曲线波锋则相对较为对称，而潮汐曲线的波锋也是相对较为对称的，说明径流作用对表层盐度分布的作用相对较为明显。

6#～8#测站位于上游段，计算所得盐度时间序列基本与实测值吻合，变化趋势一直，但底层盐度值略有偏小。

需要特别指出的是，在一个完整的半月潮汛期内，珠江河口磨刀门水道的咸潮上溯过程往往表现出明显的非线性特征。根据实测资料，磨刀门水道内不同位置的盐度峰值出现的时间各不相同，如图 3-50 所示。1#测站盐度峰值出现于最高潮位的前 1～2 d，8#测站位于 1#测站上游约 60 km，但是其盐度峰值却提前了约 70 h 出现，这正是径流、潮汐两种不同密度和动力间的非线性作用的结果。从实测-计算结果对比来看，本书所构建的数值较好地反演了这一过程，进一步说明该模式能够较好地模拟径-潮相互作用和盐、淡水输移扩散的动力过程（表 3-14）。

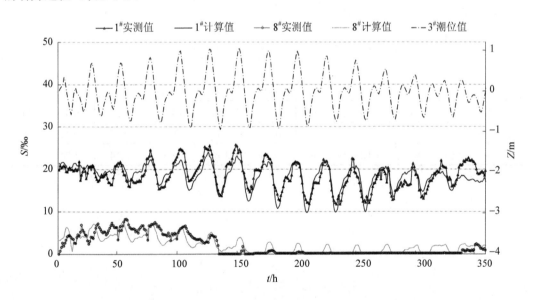

图 3-50　盐度和潮位过程对比

表 3-14 盐度验证特征值误差统计 单位：‰

测点	统计项	表层			底层			垂线平均		
		实测	计算	误差值	实测	计算	误差值	实测	计算	误差值
1#	最大值	25.00	20.37	−4.63	28.27	27.99	−0.28	25.94	24.71	−1.23
	最小值	2.00	5.77	3.77	13.00	10.24	−2.76	11.59	9.78	−1.81
	平均值	11.26	12.65	1.39	21.88	20.18	−1.70	18.57	18.39	−0.18
2#	最大值	20.15	18.45	−1.70	28.82	27.05	−1.77	24.65	22.76	−1.89
	最小值	0.80	3.69	2.89	13.24	6.73	−6.51	9.59	7.85	−1.75
	平均值	8.16	10.12	1.96	20.77	18.01	−2.76	16.55	16.00	−0.55
3#	最大值	16.23	15.51	−0.73	27.25	25.16	−2.09	22.94	20.28	−2.66
	最小值	1.66	2.96	1.30	9.65	5.81	−3.84	6.68	5.27	−1.42
	平均值	7.24	8.18	0.94	18.67	14.81	−3.86	14.43	13.12	−1.31
4#	最大值	21.82	16.29	−5.53	23.01	20.54	−2.47	22.33	16.38	−5.95
	最小值	2.84	4.19	1.35	9.40	9.33	−0.07	7.52	7.41	−0.11
	平均值	9.43	7.91	−1.52	14.34	13.29	−1.04	12.42	11.35	−1.07
5#	最大值	11.75	12.80	1.06	23.21	19.94	−3.27	18.06	17.00	−1.06
	最小值	0.61	2.48	1.87	2.85	4.79	1.94	2.00	3.93	1.92
	平均值	4.21	6.32	2.10	14.17	10.47	−3.70	9.42	9.03	−0.38
6#	最大值	11.04	12.23	1.19	18.97	15.50	−3.47	11.56	13.62	2.06
	最小值	−0.71	0.95	1.67	0.56	2.60	2.05	0.49	2.34	1.85
	平均值	2.80	4.20	1.40	8.70	7.23	−1.47	5.71	6.39	0.69
7#	最大值	14.28	9.99	−4.29	19.50	11.90	−7.60	13.67	11.14	−2.53
	最小值	0.15	0.23	0.08	0.15	1.50	1.35	0.15	0.88	0.73
	平均值	1.95	2.39	0.44	6.60	5.07	−1.53	4.36	4.10	−0.26
8#	最大值	9.85	7.50	−2.35	11.80	7.51	−4.30	8.21	6.90	−1.32
	最小值	0.00	0.06	0.06	0.00	0.13	0.13	0.15	0.11	−0.04
	平均值	0.46	1.12	0.66	3.30	2.17	−1.13	2.14	1.74	−0.40

4 珠江河口咸潮时空分布

4.1 珠江河口咸潮上溯的时间变化

4.1.1 咸潮上溯的日周期变化

珠江河口的潮汐为不正规半日混合潮型，一天中有两涨两落，半个月中有大潮汛和小潮汛，历时各约 3 d。受潮汐影响，珠江河口盐度都呈现出相应的日周期变化规律，即一天内盐度过程表现出两涨两落的特征，盐度峰、谷值一般出现在涨停、落憩附近时刻。

珠江河口区在大、小潮期不同涨、落潮阶段的表层盐度分布如图 4-1 至图 4-8 所示。对比分析可知，不论是大潮期间还是小潮期间，珠江河口表层盐度分布在涨、落潮期都表现出相似的分布特征。

（1）涨潮

初涨阶段（图 4-1、图 4-2），外海高盐水体先从伶仃洋东槽入侵湾内，此时伶仃洋口门区 30‰ 等值线沿东北向推移至大濠岛北侧。而西部口门受落潮流影响，以淡水径流作用为主，因而整个珠江口表层盐度分布表现为东南高，西北低。

涨急阶段（图 4-3、图 4-4），随着涨潮动力的进一步增强，高盐水体随涨潮流沿口门深槽向口门内推进。整个珠江河口区盐度值普遍高于落潮阶段，表层盐度分布呈南高北低，由口外向口内递减的特征。其 22‰ 等值线可达蕉门南槽出口东部水域。

（2）落潮

初落阶段（图 4-5、图 4-8），径流淡水随落潮水流进入河口区，以河道口门为中心，水体表层盐度由口门向外逐级增大，受此地形因素影响，河口区内滩、槽水流下泄速率不同，表层盐度等值线呈不规则分布。

落急阶段（图 4-6、图 4-7），落潮水流动力进一步加强，河口区盐度值明显降低，整个珠江河口区盐度等值线由西北向东南后退，表现在初落阶段，24‰等值线前沿可达内伶仃岛附近（图 4-4）；落急阶段，24‰等值线则推移至横琴岛—大濠岛一线以南。

由上述分析可知，在不同的潮汐阶段，珠江河口盐度分布有不同的特点。涨潮阶段反映的是潮流动力占优，在潮流动力作用下，高盐水流较易进入伶仃洋水域，盐度等值线呈弧状向北凸出；落潮阶段径流动力占优，各口门附近为淡水所占据，盐度值较小，低盐水明显从口门往外海冲溢，并形成一个向外海延伸的低盐舌。由此可见，珠江河口盐度的整体分布是跟随潮汐的涨落而变化的，与潮汐一样，具有较好的周期性，涨潮时盐度增高，落潮时降低，但盐度与潮汐的日周期变化有一定的相位差，一般盐度变化滞后 1～2 h。

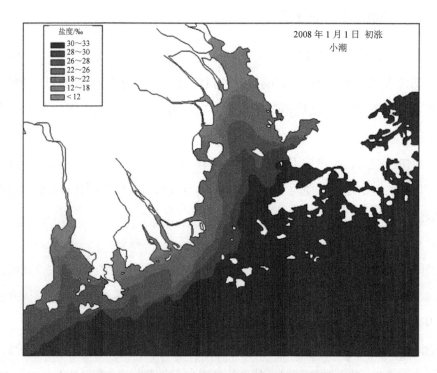

图 4-1　珠江河口小潮期初涨阶段表层盐度分布

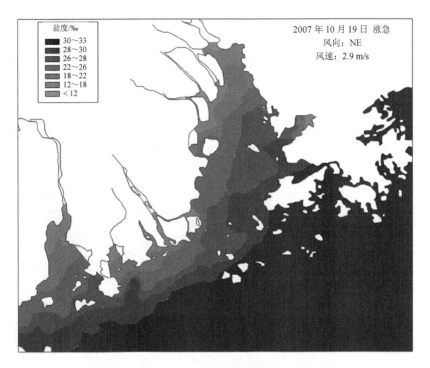

图 4-2 珠江河口小潮期初涨阶段表层盐度分布

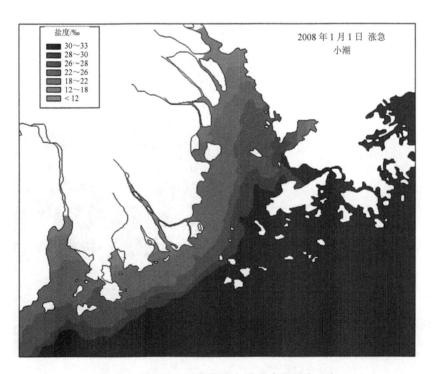

图 4-3 珠江河口小潮期涨急阶段表层盐度分布

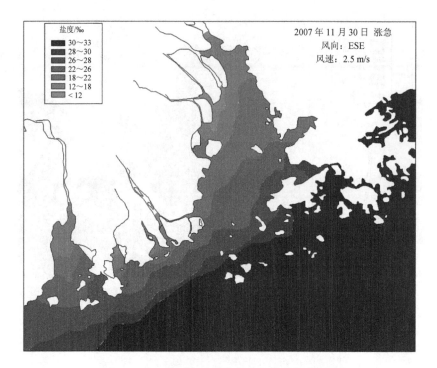

图 4-4　珠江河口中潮期涨急阶段表层盐度分布

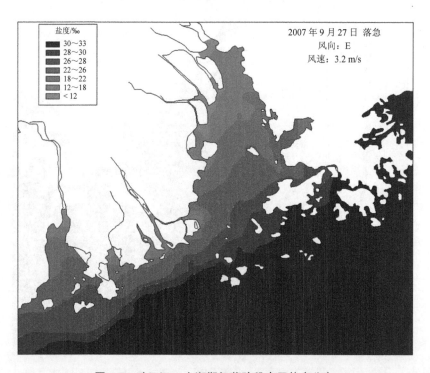

图 4-5　珠江河口大潮期初落阶段表层盐度分布

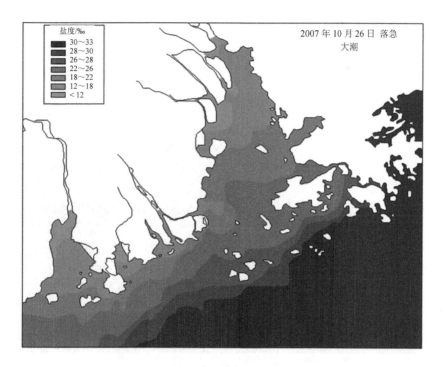

图 4-6 珠江河口大潮期落急阶段表层盐度分布

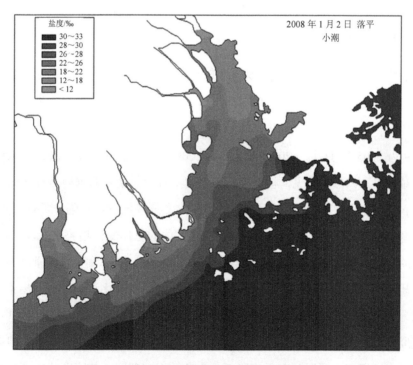

图 4-7 珠江河口小潮期落平阶段表层盐度分布

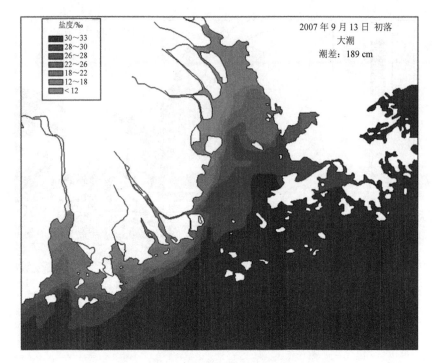

图 4-8　珠江河口大潮初落阶段表层盐度分布

4.1.2　咸潮上溯的半月周期变化

盐度的半月周期变化主要与潮汐的半月周期有关。珠江河口至今为止尚未开展整体的、长时间序列（半月周期）的同步观测，因此咸潮上溯的半月周期变化规律研究以磨刀门为主。

图 4-9 为 2005 年 11 月—2006 年 1 月和 2009 年 12 月 10—25 日磨刀门水道盐度与潮位过程的对应关系。由图可见，枯季磨刀门水道半月潮周期内的垂向盐都变化具有一定的规律性：小潮期分层特征明显，底层盐水聚集；中潮期掺混逐步加强，断面盐度持续上升；大潮期交替变化，沿程盐度大起大落。从盐度过程线的总体变化趋势来看，在半月周期内，表层盐度的变化过程大致可以分为上升和下降两个阶段，从小潮至大潮前 2～3 d 达到峰值，表层盐度逐日增大，而后盐度逐日减小。底层盐度的变化过程却表现出不同的特征，大致可以分为下降、上升、再降、再升 4 个不同的阶段：从小潮至中潮后约 1 d 期间，底层盐度逐渐降低；中潮后约 1 d 至大潮期间，底层盐度整体呈现上升趋势，但变化幅度较大；大潮转中潮期间，底层盐度再次降低；中潮转小潮期间，盐度变化幅度减小，底层盐度整体趋势再次上升。

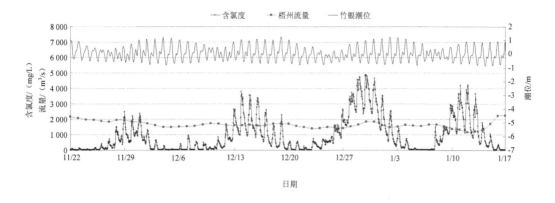

（a）2005 年 11 月—2006 年 1 月平岗垂线平均盐度和竹银潮位

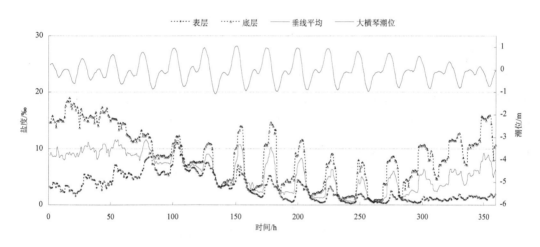

（b）2009 年 12 月垂线盐度过程线半月变化过程

图 4-9　垂线盐度变化

4.1.3　咸潮上溯的季节变化

上游河道径流量偏少是咸潮上溯的主要因素，由于径流量在年内有明显的洪枯季季节变化，珠江河口咸潮活动规律也具有季节性变化。在洪季时，径流量大，尤其在 7 月输水高峰季节中，大量的冲淡水顺着河口冲向外海，稀释外海盐水，降低咸潮上溯程度；枯季时由于径流量小，咸潮上溯距离远比洪季时更远。

除此之外，珠江口附近海域海平面具有显著的季节变化，赤湾站的年较差为 24 cm；黄埔站有两个极大值点，季节变化明显，年较差约为 27 cm。赤湾站水位的最大值出现在 10 月，最小值出现在 4 月；黄埔站水位受珠江径流的显著影响出现两个极大值，分别出现在 6 月和 10 月。冬季，珠江河口海域水位为负距平，夏季情况正好相反，春、秋两季是季风转换过渡期，海平面的季节变化也必然引起珠江河口咸潮上溯规律产生季节性的变化。

4.2 珠江河口咸潮上溯的空间变化

4.2.1 盐度平面分布特征

（1）伶仃洋盐度平面分布特征

结合前文表层盐度遥感反演图和数模计算结果分析可知，伶仃洋盐度平面分布整体呈明显"东高西低"的特征，高盐水团和低盐水团的羽状锋相向分布，高盐水团羽状锋主要分布于伶仃洋东侧的深水水域，锋前由南指向北；低盐水团羽状锋主要分布于伶仃洋西侧的浅滩水域，锋前由北指向南。这样的分布特征主要是受 4 个因素的影响，即一是向伶仃洋注入淡水的口门均分布于偏西一侧；二是伶仃洋水下地形特征为东侧深槽水深较大，西侧浅滩较多，相对而言水深越大越有利于高盐水的上溯；三是伶仃洋河口湾的出口处，东侧分布有众多岛屿，其中的大屿山几乎占据了河口湾出口一半的宽度，落潮流在这样的岸线约束下西偏是非常自然的；四是受科氏力的影响，表层低盐水有着明显的西偏趋势。盐度平面分布这种"东高西低"的特点延续到了伶仃洋河口湾外。

伶仃洋河口湾内盐度平面分布的另外一个特征就是"槽高滩低"，这一特征在底层盐度平面分布中尤为明显，这是因为较大的水深更有利于高盐水团沿底层上溯。根据图 4-10，涨停时刻伶仃洋内盐度达到峰值，表层的 30‰盐度等值线可越过内伶仃岛，底层 30‰盐度等值线则可沿伶仃洋东侧深槽上溯至上部的大铲湾位置，落憩时刻伶仃洋内盐度达到谷值，表层 30‰盐度等值线退至内伶仃岛和大屿山之间，但深槽内盐度仍维持在较高值，东侧深槽 30‰盐度等值线后退距离并不大，仍然保持在大铲湾附近位置。

伶仃洋河口湾内盐度平面分布另一个值得注意的特点是，在淇澳岛南侧出现了一片盐度偏大的水域，表层盐度遥感反演图也出现了淇澳岛附近水域盐度偏高的类似情况，分析出现这样的情况的原因，可能与底层高盐水体被落潮流一分为二形成不同盐度值水团有关。

（2）磨刀门盐度平面分布特征

磨刀门承泄磨刀门水道的上游来水，磨刀门是珠江河口八大口门中径流量最大的口门，上游来水较大，落潮流势较强，上游低盐水出口门后呈放射状扩散，出口处冲淡水呈明显的扇形平面分布，涨潮时刻口门拦门沙位置盐度等值线分布密集，表层、底层盐度差较大，说明其垂向分层明显。在磨刀门水道内部，整体盐度值不大，但由于磨刀门水道地形窄而深，涨潮时刻仍然可形成尖而细长的底层高盐水上溯锋，25‰盐度等值线可从底层进入磨刀门水道。鸡啼门径流量小，口外水域的盐度值主要受潮汐影响，盐度分布也呈"东高西低"的特点。

（3）黄茅海盐度平面分布特征

黄茅海是珠江河口第二大面积的河口湾，位于西侧，主要承泄崖门和虎跳门下泄径流，湾口处分布有高栏、荷包和大襟岛。根据计算结果，湾内盐度的整体平面分布也呈现"东高西低，槽高滩低"的特点，但与伶仃洋相比，幅度较低。黄茅海盐度锋主要出现在海湾的中部，涨潮阶段盐度羽状锋由湾外指向湾内，涨停时刻，30‰盐度等值线在底层可通过荷包岛—大襟岛间通道到达大杧岛一带水域；落潮阶段盐度羽状锋转为由湾内指向湾外，落憩时刻，30‰盐度等值线可退至湾口。

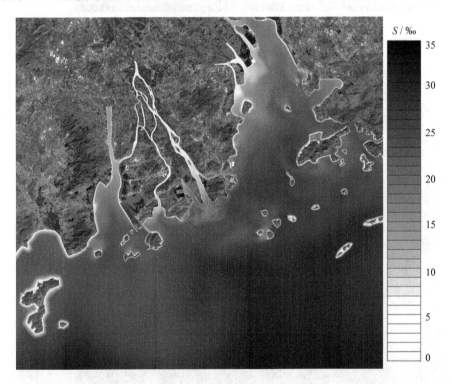

（a）盐度平面分布（涨急时刻、表层）

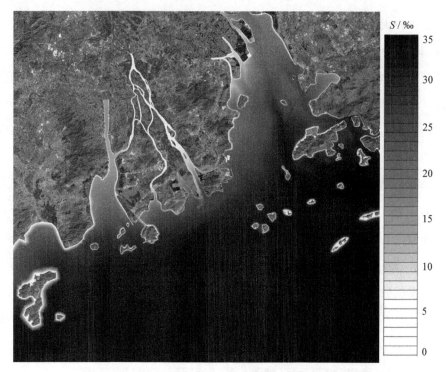

（b）盐度平面分布（涨急时刻、底层）

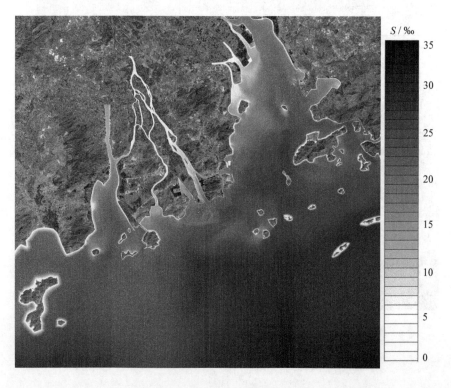

（c）盐度平面分布（涨停时刻、表层）

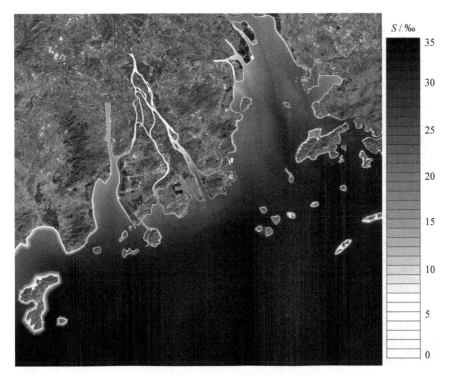

（d）盐度平面分布（涨停时刻、底层）

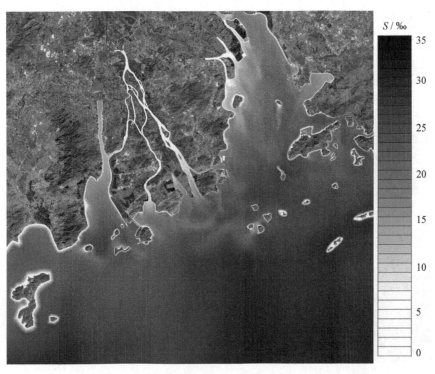

（e）盐度平面分布（落急时刻、表层）

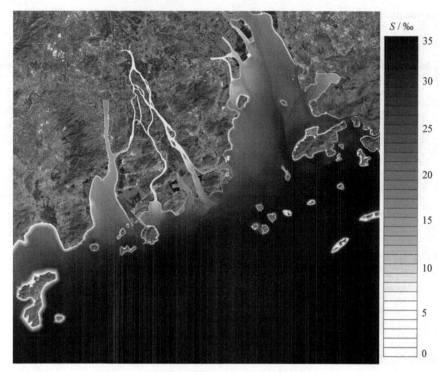

（f）盐度平面分布（落急时刻、底层）

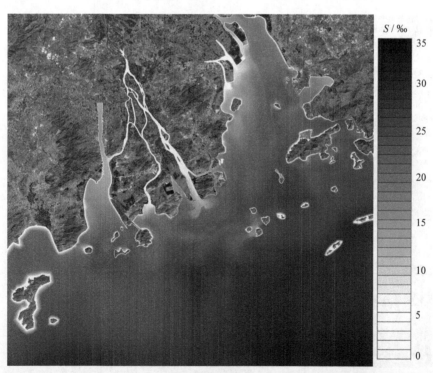

（g）盐度平面分布（落憩时刻、表层）

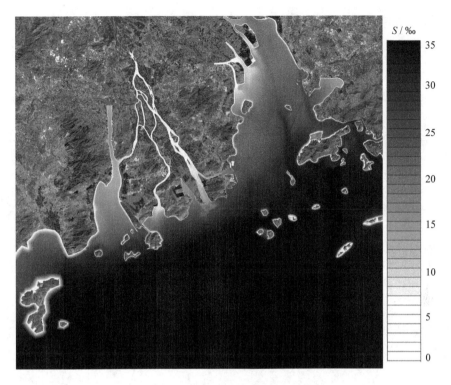

（h）盐度平面分布（落憩时刻、底层）

图 4-10　盐度平面分布

4.2.2　盐度垂向分布特征

（1）伶仃洋盐度垂向分布特征

A-A 和 B-B 断面分别是位于伶仃洋中上部和中下部的横断面（位置见图 4-11），根据数学模型计算结果，绘制了涨急、涨停、落急和落憩 4 个代表时刻 A-A 和 B-B 断面的垂向盐度分布图，如图 4-12 和图 4-13 所示。由图可知，伶仃洋上部 A-A 断面的整体盐度分布呈现明显的东高西低的特点，与上述盐度的平面分布特征一致，盐度垂向分层现象不明显，盐度等值线基本都是垂向的；B-B 断面位于伶仃洋中下部，这里是盐、淡水混合的活跃区，盐度的分布整体仍然呈现东高西低的趋势，但垂向断面的盐度等值线分布不再是简单的平行垂线，不同时刻均表现出垂向分层的特点，特别是在两个深槽位置，表底盐度差最大值达 15。上述分析说明了两个问题：一是枯水季节，伶仃洋内盐淡水混合主要集中在中下部；二是在盐淡水混合区域，盐度分层现象明显，尤其是在水深较大的深槽内。

图 4-11 采样断面位置示意

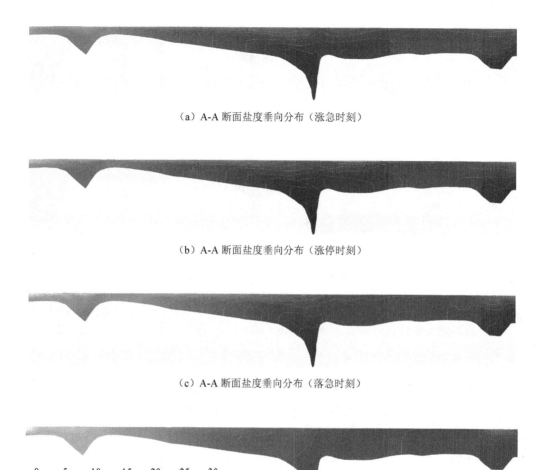

（a）A-A 断面盐度垂向分布（涨急时刻）

（b）A-A 断面盐度垂向分布（涨停时刻）

（c）A-A 断面盐度垂向分布（落急时刻）

（d）A-A 断面盐度垂向分布（落憩时刻）

图 4-12　A-A 断面盐度垂向分布

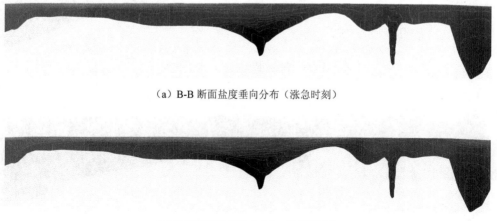

（a）B-B 断面盐度垂向分布（涨急时刻）

（b）B-B 断面盐度垂向分布（涨停时刻）

（c）B-B 断面盐度垂向分布（落急时刻）

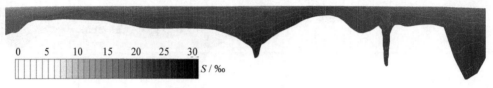

（d）B-B 断面盐度垂向分布（落憩时刻）

图 4-13　B-B 断面盐度垂向分布

　　C-C 断面是位于伶仃洋中部潮汐通道的纵向断面，涨急、涨停、落急和落憩 4 个代表时刻的断面垂向盐度分布如图 4-14 所示。断面布置于盐、淡水混合的过渡区，盐度垂向分层明显。涨急时刻，高盐水体沿底层向伶仃洋湾内推进，形成较为明显的入侵高盐锋，在锋面处盐度垂向高度分层，盐度等值线走势较为平坦；涨停时刻，涨潮流势逐渐减弱，底层高盐水体上溯趋势也逐渐减弱，锋面慢慢变陡，盐度等值线趋于竖直；落急时刻，因为表层流速明显大于底层流速，表层低盐水体迅速向外扩散，形成范围较大的低盐薄层水体；落憩时刻，涨、落潮流速趋于平衡，盐淡水垂向混合也趋于平衡，盐度等值线逐渐接近为竖直方向，一个周期的涨落结束。

（a）C-C 断面盐度垂向分布（涨急时刻）

（b）C-C 断面盐度垂向分布（涨停时刻）

（c）C-C 断面盐度垂向分布（落急时刻）

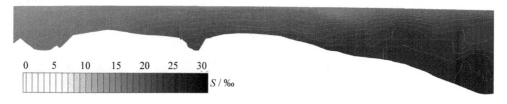

（d）C-C 断面盐度垂向分布（落憩时刻）

图 4-14　C-C 断面盐度垂向分布

（2）磨刀门盐度垂向分布特征

D-D 断面沿磨刀门水道布置，断面跨越磨刀门口外的拦门沙，断面形态为中间高两头低，用于分析磨刀门口外拦门沙对咸潮上溯的影响。根据计算结果，涨急时刻，上游低盐水和外海高盐水在拦门沙上方相遇，底层高盐水体顺拦门沙底坡慢慢上爬，拦门沙位置虽然水深较小，盐度仍然形成明显的垂向分层；涨停时刻，底层高盐水体前锋在拦门沙的阻挡作用下未能越过拦门沙，而是与上游低盐水充分混合，盐度等值线趋于竖直；落急时刻，低盐水体由磨刀门水道逐渐向外扩散，在河道内形成明显的分层；到落憩时刻，低盐水体已经将高盐水体压制在拦门沙以外，但外部高盐水体依然"潜伏"于拦门沙外坡，重新形成明显的高、底盐锋，两者"针锋相对"，盐度垂向分层依然明显（图 4-15）。

（a）D-D 断面盐度垂向分布（涨急时刻）

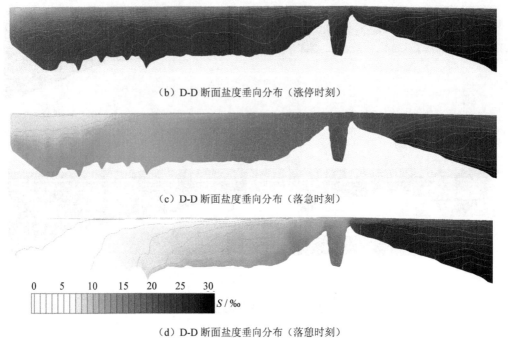

（b）D-D 断面盐度垂向分布（涨停时刻）

（c）D-D 断面盐度垂向分布（落急时刻）

| 0 | 5 | 10 | 15 | 20 | 25 | 30 |

$S / ‰$

（d）D-D 断面盐度垂向分布（落憩时刻）

图 4-15　D-D 断面盐度垂向分布

（3）黄茅海盐度垂向分布特征

E-E 断面布置于黄茅海荷包岛—高栏岛间的主要潮汐通道，也是盐淡水汇合的地方。从计算结果来看，由于该断面底坡较为均匀，盐度的垂向分布并不是很明显，断面盐度值在涨潮、落潮期间呈周期性变化（图 4-16）。

（a）E-E 断面盐度垂向分布（涨急时刻）

（b）E-E 断面盐度垂向分布（涨停时刻）

（c）E-E 断面盐度垂向分布（落急时刻）

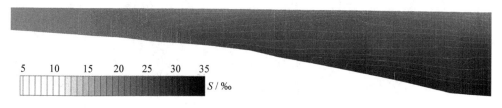

（d）E-E 断面盐度垂向分布（落憩时刻）

图 4-16　E-E 断面盐度垂向分布

4.2.3　咸潮上溯距离

在河口地区，由于降雨在年内分配不均匀，当河川径流处于枯季的时候，咸潮上溯，各河道含氯度大增。咸潮上溯以虎门影响范围最广，其次为鸡啼门、崖门、洪奇门。通常水道受咸影响范围，虎门在前航道至二沙尾，后航道至新造，沙湾水道至市桥；磨刀门口门至竹排沙下；鸡啼门口门至泥湾；崖门口门至银洲湖的双水。若以盐度 0.5‰（约合含氯度为 250 mg/L）计，各口门咸潮上溯的上界，平水年在东口门为碧头、太平、厚街、南洲、化龙、石基、新沙、万顷沙西、横门东；西口门为灯笼山、黄冲。大旱年在东口门为长安、虎门寨、厚街、莞城、新塘、南岗、黄埔、西村、鹤洞、大石、沙湾、板沙尾、横档、张家边；西口门为外海、三江口、石咀（图 4-17）。从珠江口含氯度等值线中看到，磨刀门海区含氯度等值线是向外弯的，很明显是受到上游径流量的影响；伶仃洋海区由于上游来水量不大，潮势较强，加上底坡平缓，咸潮自伶仃洋长驱直入，黄茅海区的情况与伶仃洋相似。

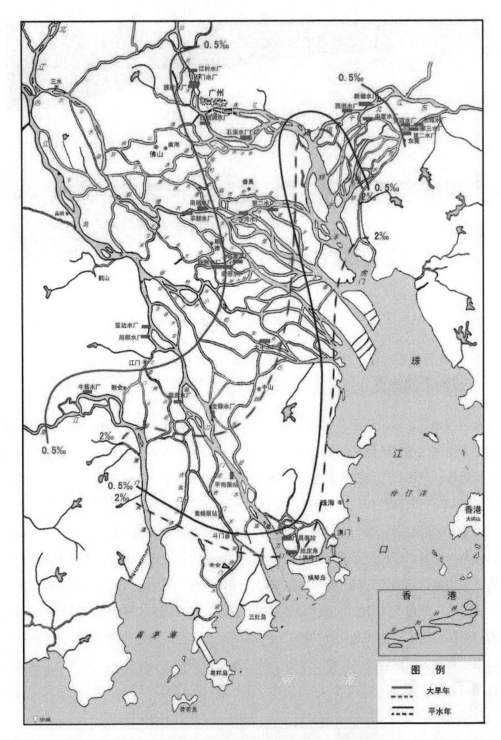

图 4-17　平水年及大旱年珠江河口咸潮上溯等值线

5 珠江河口咸潮上溯动力机制

5.1 盐水楔活动特征

当淡水注入弱潮河口时，由于海水密度较淡水密度大，淡水将从表层泄入海中，海水从底部侵入，呈"楔状"，故称为盐水楔，如珠江河口的磨刀门小潮期盐水楔现象就十分明显。盐水楔的交界面处，盐水被下泄淡水"卷吸"而带走，而在盐水楔中有少量向内陆方向流动的补偿流，在一定条件下，盐水楔会处于相对稳定的状态。盐水楔相对稳定的条件较多，主要的因素包括径流量、水深、潮流等。为使问题简单化，通过水槽物理模型试验，控制不同的流量和水深，分析径流量、平均水深等单一因素对盐水楔形态变化及上溯距离的影响，以此初步建立恒定水流条件下的盐水楔入侵距离公式。

5.1.1 径流影响下盐水楔形状变化特点

试验过程中，水深保持在 15 cm，前池盐度基本恒定为 10‰，调节上游流量分别为 1.5 m³/h、2.0 m³/h、2.5 m³/h 和 3.0 m³/h 沿纵断面方向测量盐水层厚度，模型照片如图 5-1 所示。

图 5-1　水深 15 cm，盐度 10‰，上游 2.0 m³/h 恒定盐水楔形态

　　如图 5-2 所示，其中 x 为口门距离，m；h 为盐水楔高度，m；h_0 为水深，m；h/h_0 和 x/h_0 分别表示为量纲为 1 的盐水楔相对水深和相对距离。由图可知则随着上游径流量的加大，盐水楔厚度变薄，长度变短，盐水楔形态变陡。由于上游下泄流量的加大，径流动力加强，将盐水整体往河口方向推移，由于紊动强度增大，也将更多的盐度卷吸至淡水层中，随着淡水的下泄推出河口，因此使得盐水楔变陡，盐水楔长度也变小。

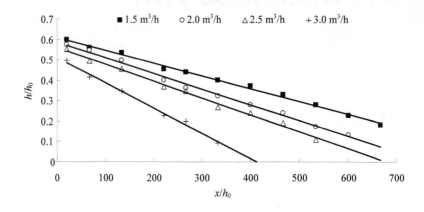

图 5-2　不同流量条件下盐水楔形状变化

5.1.2　水深影响下盐水楔形状变化特点

　　保持上游径流量 1.5 m³/h，尾池盐度 10‰不变，变化水深大小为 15 cm、12.5 cm 和 10 cm，同样沿纵断面方向测量盐水层厚度，得到稳定状态下盐水楔形状如图 5-3 所示。

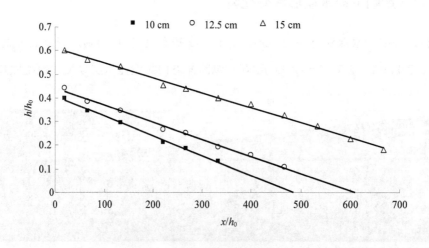

图 5-3　深度影响下盐水楔形状变化

水深加大后盐水楔长度显著增大，说明水深增加后为盐水楔沿底部的上溯提供了通道，而水深增大后各盐水楔形状基本平行，说明在下泄淡水固定的情况下形成的盐淡水交界面形状基本相同。

5.1.3 恒定流盐水楔入侵距离公式拟合

设淡水的密度为 ρ，盐水的密度为 ρ'，则它们的密度差为 $\Delta\rho = \rho' - \rho$，引入密度流速因子 $V' = \sqrt{\dfrac{\Delta\rho}{\rho}gh_0}$，则密度雷诺数 $Re' = V'\dfrac{h_0}{\upsilon}$，密度弗劳德数 $Fr' = V_r / \sqrt{\dfrac{\Delta\rho}{\rho}gh_0}$，式中 υ 为运动黏滞系数。根据量纲分析，盐水楔的入侵长度 L_0 可用式（5-1）表示：

$$\frac{L_0}{h} = f(\frac{V_r}{V'}, \frac{V'h_0}{\upsilon}, \frac{h_0}{B}) \tag{5-1}$$

式中，h_0 为水深，m；V_r 为河水流速，m/s；B 为水面宽度，m。

试验水槽固定，则 $\dfrac{h_0}{B}$ 为常数，于是盐水楔长度可以用式（5-2）表达：

$$\frac{L_0}{h_0} = k(Re')^m (Fr')^n \tag{5-2}$$

在前池盐度保持为 10‰，宽 25 cm 的水槽内进行了 6 组恒定流盐水楔试验，得到各工况相关物理量见表 5-1。

表 5-1　恒定流盐水楔长度

	工况 1	工况 2	工况 3	工况 4	工况 5	工况 6
流量/（m³/h）	3.0	2.5	2.0	1.5	1.5	1.0
水深/cm	15	15	15	12.5	10	10
咸界 L_0/m	59.5	83.1	103.3	80.8	40.3	70.1
密度速度/（m/s）	0.022	0.019	0.015	0.013	0.017	0.011
密度弗劳德数 Fr'	0.209	0.174	0.139	0.137	0.192	0.128
密度雷诺数 Re'	3 300.3	2 750.3	2 200.2	1 650.2	1 650.2	1 100.1
L_0/h_0 实测值	396.67	554.00	688.67	646.40	403.00	701.00

对各恒定流工况下盐水楔长度进行拟合,得到 k=7.2,m=0.21,n=−1.52,所以得到水槽内恒定流盐水楔的长度公式:

$$\frac{L_0}{h_0} = 7.2(Re')^{0.21}(Fr')^{-1.52} \tag{5-3}$$

由式(5-3)可知,盐水楔长度与密度雷诺数和密度弗劳德数相关性较好,并随密度雷诺数增大而增加,随密度弗劳德数增大而减少。

5.2 盐淡水混合效应

5.2.1 试验介绍

(1)工况设计

潮差变化使径潮比、紊动强度以及盐度分布发生改变,从而可能改变河口的盐淡水混合类型。为研究潮汐强度变化对咸潮上溯的影响,模型试验设计的工况如下:保持水槽平均水深为 15 cm,上游径流流量为 1.5 m³/h,潮型采用简单的正弦曲线,潮差从 0 cm 变化到 5 cm。为对比不同潮汐强度下有盐和无盐工况的流速垂向结构,还进行了潮差水深比 A/H 为 2/15、3/15 的清水试验。试验过程中生潮供水的盐度为 10‰。具体工况参数见表 5-2。

表 5-2 试验工况

工况	尾池盐度/‰	上游流量/(m³/h)	水深/m	潮差/m	潮差水深比
1	10	1.5	0.15	0	0
2	10	1.5	0.15	0.01	1/15
3	10	1.5	0.15	0.02	2/15
4	10	1.5	0.15	0.03	3/15
5	10	1.5	0.15	0.04	4/15
6	10	1.5	0.15	0.05	5/15
7	0	1.5	0.15	0.02	2/15
8	0	1.5	0.15	0.03	3/15

（2）试验步骤

①试验开始时，开启上游流量计和潮汐控制系统，潮位控制系统将口门水位控制在预定平均水位，保持水槽内水深。然后开启口门处的盐淡水闸门，盐水以盐水楔的形态上溯。待盐水楔上溯至试验观测段的中部，潮位控制系统按照预定潮位曲线控制口门水位。随后底层咸界位置除了随着口门水位涨落而周期性进退，也因潮差大小和盐水楔初始位置不同而发生不同的运动。

②2～10个潮周期后，底层咸界的移动范围稳定下来。小潮达到稳定的时间较大潮长得多。多次重复试验表明同一工况稳定的底层咸界位置与盐水楔初始位置无关。

③底层咸界移动范围稳定后，记录涨憩和落憩时刻底层咸界位置，并开启实时流速和盐度数据采集程序。

试验监测内容包括断面流速、盐度和涨、落憩时刻底层咸界位置。断面测点位于距口门 5 m、20 m 及 40 m 处，每个断面垂向布置表、中、底 3 个测点。咸界位置用手持式盐度计跟踪测量，以底部盐度为 0.5‰处作为盐淡水交界面（底层咸界）。

（3）试验现象

各工况对应试验现象如图 5-4 所示，当潮差水深比为 0、1/15 时表现为弱混合；为 2/15 时表现为缓混合；为 3/15、4/15 及 5/15 时表现为强混合的特征。说明随着潮差增加，潮汐动力加强，盐淡水的混合强度也加强。

图 5-4　典型试验现象

5.2.2 潮差与底层咸界距离

图 5-5 给出了表 5-2 中 6 种工况的底层咸界距离。工况 1 的潮差为零，底层咸界距离最远，达到水深的 1 000 倍。随着潮差逐步增大，底层咸界距离快速减小，当 $A/H=2/15$ 时，平均底层咸界上溯距离只有水深的 200 倍。随着潮差继续增大，落憩底层咸界上溯距离仍然保持缓慢减小趋势，但涨憩底层咸界上溯距离则开始缓慢增大，平均底层咸界上溯距离呈增大趋势。也就是说，存在潮差临界值（试验为 $A/H=2/15$）使得底层咸界上溯距离最短，当潮差小于该临界值，底层咸界上溯距离呈快速减小趋势，而大于该临界值则呈缓慢增大趋势。

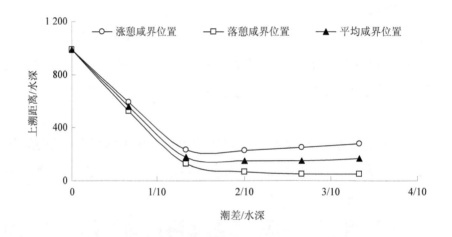

图 5-5　不同潮差条件下底层咸界距离

5.2.3 潮差与流速垂向分布

图 5-6 为各工况的流速变化及对应的潮型曲线，流速落为正，涨为负。图 5-6（b）表现出高度分层的盐水楔运动现象，其流速特点为落潮流速的大小依次为表、中、底，涨潮时由于盐水楔形成较大的密度梯度，其方向与水面坡降一致，起着加大涨潮流动力的作用，使中、下层的流速大于表层。图 5-6（c）表现为缓混合形态，依然存在较明显的盐水楔现象，流速分布特点与图 5-6（b）相近，而与之对应的清水[图 5-6（e）]则不论涨落流速大小都依次为表、中、底。图 5-6（d）表现为强混合形态，其垂向流速结构与 A/H 为 4/15 和 5/15 时类似。由于潮动力加强，盐淡水掺混加剧，盐水楔受到破坏，使得垂向流速大小分布回归为表、中、底依次减小的特点。这与清水[图 5-6（f）]工况下的流速结构无明显差别。

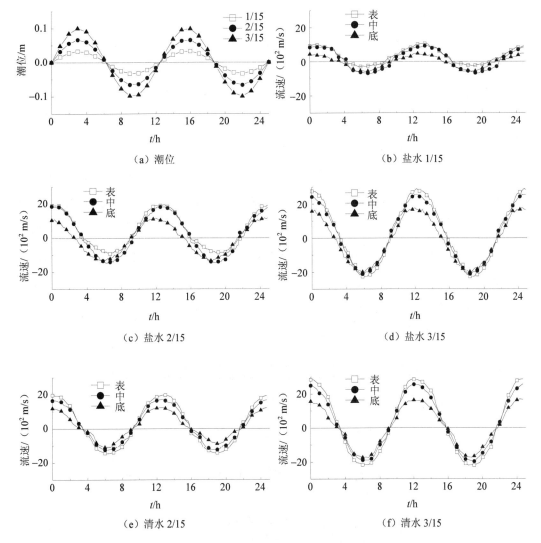

图 5-6　流速分布（落潮为正，涨潮为负）

由以上的流速分析可知，潮差逐渐增大的过程中，一方面使流速值整体增大，另一方面使盐淡水混合加强，盐水楔逐渐遭到破坏，垂向流速结构发生改变。

5.2.4　潮差与盐度分层系数

为了说明一个潮周期内混合强度的逐时变化，选取分层系数作为评价混合强弱的指标，其表达式为 $N = \Delta s / \overline{s_0}$，其中 N 为分层系数；Δs 为表底层盐度差；$\overline{s_0}$ 为断面平均盐度。分层系数 N 越小，混合越均匀；反之，则分层明显。

图 5-7 为两断面在各工况下的盐度分层系数过程线。从图 5-7（a）可看出，随着潮差

的增大盐度分层系数减少，当 A/H 为 1/15 和 2/15 时，N 始终大于 1，保持弱混合状态；当 A/H 为 5/15 时，N 基本小于 1，均处于强混合状态；而 A/H 为 3/15 和 4/15 时，随着潮汐涨落，混合形态相应发生变化：由落憩到涨急期间，分层系逐渐增大，混合强度由强变弱，至涨急时分层系数最大，混合强度最弱；再由涨急至落憩，混合强度逐渐增强，垂向混合趋于均匀。

图 5-7（b）为 20 km 断面处盐度分层系数图，A/H 为 1/15 工况下整个潮周期过程均为弱混合状态，由于随着潮差增大，盐水上溯距离减少，使得一段时间内 20 km 断面位置处于无盐状态，此时分层系数为 0；当盐水能上溯到 20 km 位置后，大部分时间内分层系数均较小，混合强度较大，垂向掺混均匀。从两断面分层系数对比可以看出，分层系数大小随潮汐涨落的变化规律并不相同，即潮汐涨落过程混合强度随断面位置而变化，对比发现这与潮流速度以及表底层盐度差有关，因而我们引进密度弗劳德数对其进行分析。

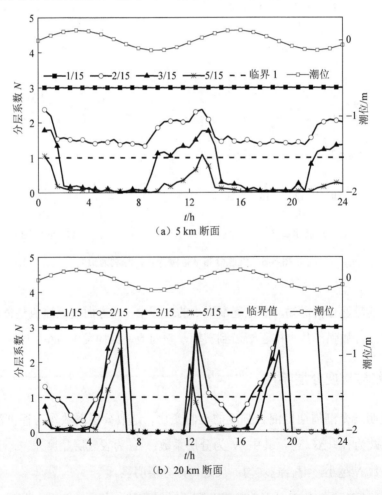

（a）5 km 断面

（b）20 km 断面

图 5-7 分层系数

5.2.5 潮差与盐淡水混合类型

由以上分析可以看出，潮差的变化引起分层状态发生改变，下面定义密度弗劳德数来衡量盐淡水的分层状态，并分析计算状态变化的临界值。密度弗劳德数表示惯性力与浮力之比：

$$Fr' = \frac{\overline{u}}{\sqrt{gh\Delta\rho}} \tag{5-4}$$

式中，$\overline{u}$ 为断面平均流速值，m/s；g 为重力加速度，m/s²；h 为断面平均水深，m；$\Delta\rho$ 为表底层密度差，kg/m³；使 Fr' 能够反映出潮流强度对分层状态的影响。

基于磨刀门河口 2009 年 12 月 10 日到 25 日进行的咸潮观测数据，计算距口门 5 km 和 18 km 两断面位置的 Fr' 值。如图 5-8（a）所示，距口门 5 km 断面位置 Fr' 随着潮周期而出现周期性变化，在小潮阶段 Fr' 均小于 1，在中潮至大潮阶段的涨落憩时刻由于流速较小，同样有 $Fr'<1$ 的时刻，至涨落急附近流速逐渐增大后 $Fr'>1$；距口门 18 km 断面位置的 Fr' 分布规律与之类似，但 $Fr'>1$ 的时刻明显增多。

在水槽物理模型试验中同样对距口门 5 m 和 20 m 断面的 Fr' 进行分析，如图 5-9（a）所示，Fr' 数值随潮流速的大小而上下摆动。对比各潮差工况下 Fr' 可以看出，当 A/H=1/15 时，潮动力较弱，Fr' 基本小于 1，盐淡水混合类型为弱混合型；随着 A/H 增加到 2/15 时，在涨急落急时刻附近 $Fr'>1$，其他大部分时段内 $Fr'<1$，仍旧以弱混合型为主；当 A/H 增大到 3/15 后，大部分时间内 $Fr'>1$，断面混合均匀。20 m 断面位置 Fr' 的变化过程与此类似，只是由于 Δs 较小，所以 Fr' 较大。通过以上分析可以确定 Fr'=1 是判别分层状态的临界值，当 $Fr'>1$ 盐淡水混合均匀，反之则分层明显。而 Fr'=1 所对应的潮汐强度正是入侵距离最小的临界强度。

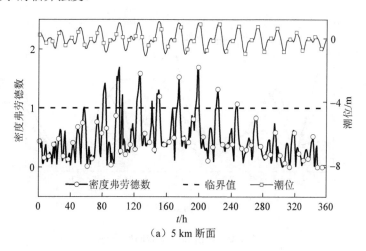

（a）5 km 断面

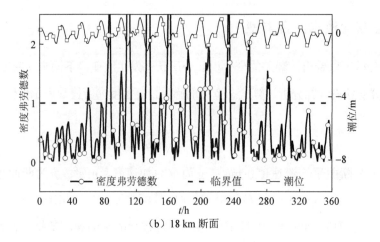

（b）18 km 断面

图 5-8 密度弗劳德数时间过程线（2009/12/10 15：00 为零时刻）

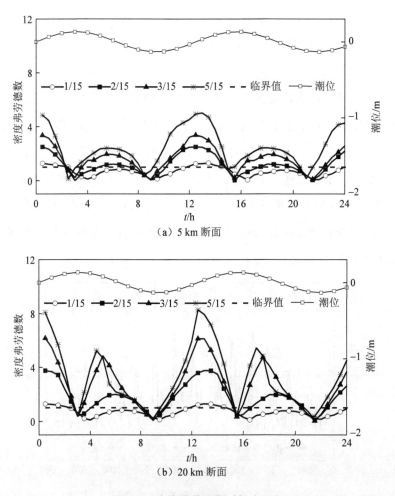

（a）5 km 断面

（b）20 km 断面

图 5-9 密度弗劳德数时间序列

由上述研究结果可以推断，当某个河口的最小潮差小于临界潮差，盐淡水分层严重，而最大潮差大于临界潮差，能够使表底层混合均匀，那么该河口的咸潮上溯距离与潮差的关系将不是简单的单向递增关系。磨刀门河道潮差水深比基本介于 0.1～0.25，密度度弗劳德数在小潮期间小于 1 而在大潮期间大于 1，正符合上述情况。而对于潮差较大的河口，当其最小潮差已经大于临界潮差，咸潮上溯距离就只是随着潮差增大而增大。

5.3 咸潮对海平面季节性变化的响应

5.3.1 珠江口海平面季节变化

利用赤湾站和黄埔站长期验潮站水位资料得到气候态的月均数据，用以研究珠江口附近海域海平面的季节变化（图 5-10）。珠江口附近海域具有显著的季节变化，赤湾站的年较差为 24 cm；黄埔站有两个极大值点，季节变化明显，年较差约为 27 cm。赤湾站水位的最大值出现在 10 月，最小值出现在 4 月；黄埔站水位受珠江径流的显著影响出现两个极大值，分别出现在 6 月和 10 月。冬季，珠江河口海域水位为负距平，夏季情况正好相反。春、秋两季是季风转换过渡期。

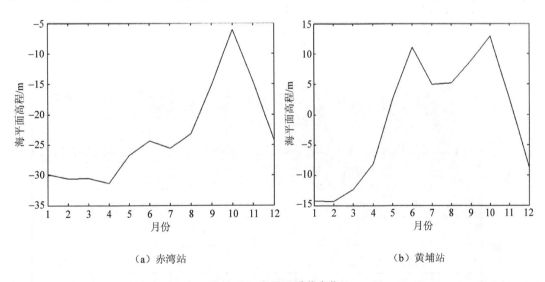

（a）赤湾站　　　　　　　　　　　（b）黄埔站

图 5-10　海平面季节变化

5.3.2　南海北部环流的季节变化

如图 5-11 所示，珠江口附近海域表层环流场（POP 模拟结果）主要表现为季节变化，在很大程度上受海区冬、夏交替的季风支配。冬季在东北季风的支配下南海环流基本上呈逆时针方向，有较强西南向沿岸流，最大流速可达 30 cm/s；夏季在西南季风作用下，南海北部的环流以顺时针为主，海水在东海岸的堆积没有冬季在西海岸的堆积明显，珠江口附近海域有较强的东北向环流，最大流速可达 40 cm/s；春季和秋季是一个过渡期，强度较弱。

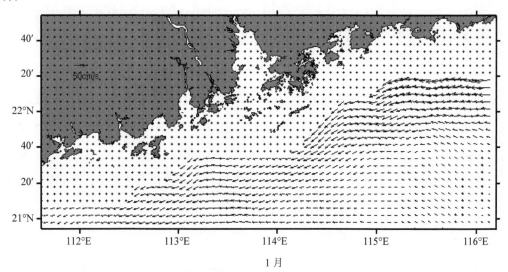

1 月

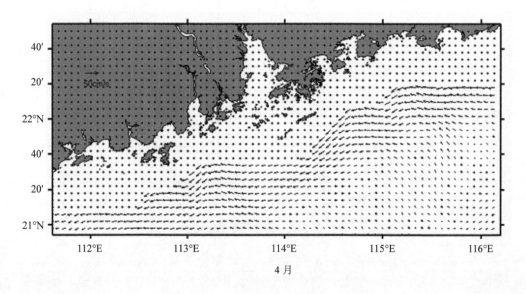

4 月

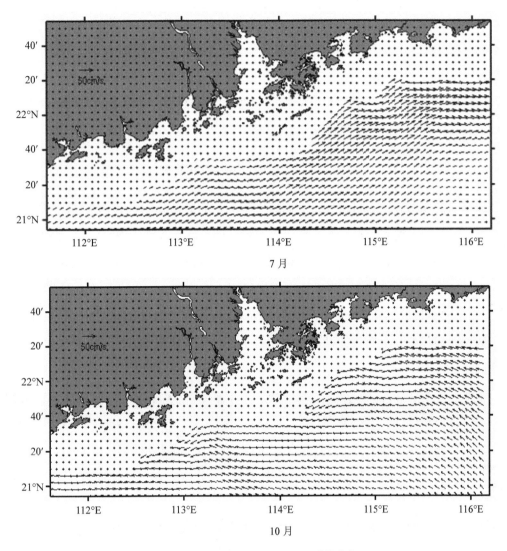

图 5-11　南海北部气候态环流季节变化

5.3.3　南海北部环流变化引起的海平面季节变化

图 5-12 为 POP 模拟的上 300 m 动力高度场的季节变化。由南海北部环流季节变化的图可以看出，冬季南海环流基本上呈逆时针方向，在广东沿岸流和吕宋冷涡之间海区的动力高度达到全年的最高值，约为 55 cm，与 Wang 等（2006）指出的在南海暖流和倾斜流之间的陆架坡处有一个带状的海面高度高值区一致。对于整个南海，由于西侧向南的沿岸流比较强，流速约为 80 cm/s，在 Ekman 输运的作用下海水在西岸堆积，所以在冬季西岸的动力高度在全年中达到最高值（曹越男，2007）。冬季南海北部的动力高度达到全年最

高，且西岸值高于东岸。夏季，在西南季风的作用下，南海北部环流为顺时针方向，海水在东海岸的堆积没有冬季在西海岸的堆积明显。广东沿岸有东北方向的沿岸流，海水离岸输运，因此南海北部的动力高度达到全年最低值。总的看来，夏季动力高度在整个南海北部区域呈现东高西低的现象。这与冬季正好相反。春季和秋季南海处于季风转换时期，环流较弱，春季动力高度呈东北西南向缓慢变化，东北部动力高度较低。

5.3.4　海平面季节变化对珠江口附近海域潮波的影响

海平面的季节变化将对珠江口的潮波产生一定的影响，根据 AVISO 高度计融合的海平面异常资料进行分析发现，冬季海平面相对较低，夏季海平面相对较高。图 5-12 给出了春季、夏季、冬季珠江口附近的潮波同潮图，从同潮图上可以看出半日分潮振幅的变化比全日分潮振幅的变化大，夏季比春季增幅可达 2 cm 之多；春季比冬季的增幅也可达 1～2 cm，而全日分潮夏季比冬季的增幅相对较小，小于 1 cm。但从总体上来看，各个季节同朝族振幅变化分布规律基本相似。对于各个季节同朝族迟角变化分布规律基本是一致的。

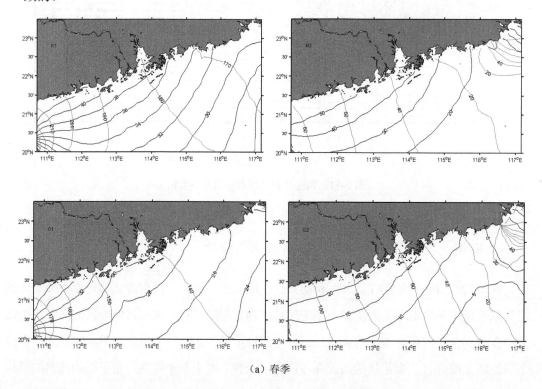

（a）春季

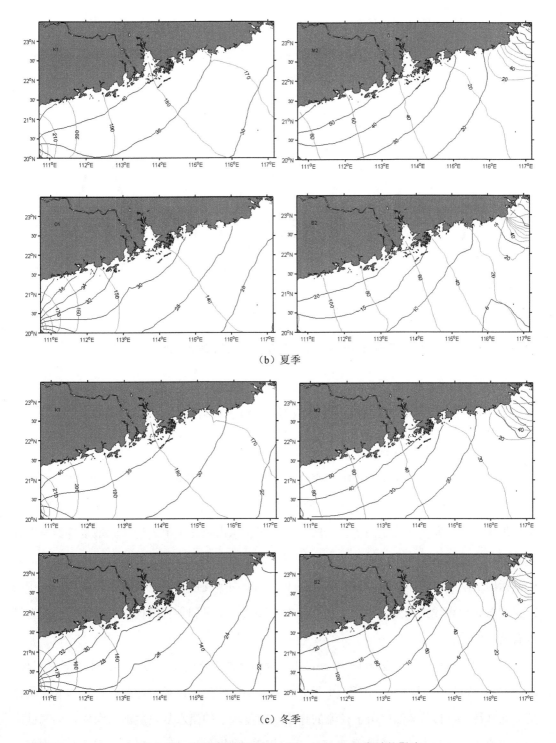

（b）夏季

（c）冬季

图 5-12　海平面变化对 K_1、M_2、O_1、S_2 分潮波的影响

注：粗线为振幅/cm，细线为迟角/°。

图 5-13 是利用数值模拟结果得到的赤湾测站不同海平面高度下的潮位，通过计算发现，在高海平面下的最大潮差比低海平面下的最大潮差要大 7.3 cm 左右。因此，由南海环流引起的海平面季节变化将增大珠江河口的潮差。

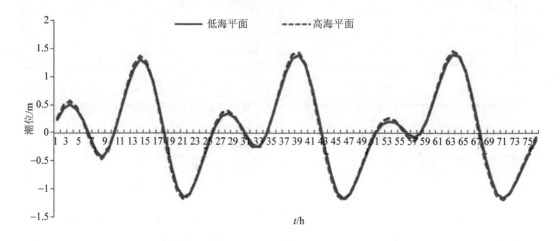

图 5-13　赤湾测站不同海平面高度下的潮位比较

5.3.5　海平面季节变化对珠江河口咸潮上溯的影响分析

（1）海平面年较差对珠江口盐度分布的影响

珠江有八大口门入海，每年 10 月至次年 3 月为珠江流域旱季，上、中游来水减少，咸潮上溯现象最为严重，其主要原因是径流量锐减，也与海平面上升影响有关（游大伟，2009）。

近年来许多研究（陈金泉等，1982）都表明在东山至汕头附近近岸海域夏季经常存在上升流，但是其强度和范围随季节和年份不同而不断变化。有些学者通过对水文资料的分析，指出夏季粤东沿岸海域普遍存在风生上升流，由于受风和径流等因素的影响，其中心位置的时空出现较大变异。由于受径流影响，珠江口水平和垂直度梯度均较大，沿岸海域具有低盐的特性。

珠江口附近海平面年较差近 30 cm，4 月为海平面较低月份，10 月为海平面较高月份，因此采用 FVCOM 模拟了 4 月和 10 月大、中、小潮期间，在径流作用下珠江口底层的盐度分布（图 5-14）。珠江口由于径流的作用，密度较小的淡水从表层泄入海中，而高盐度的海水则位于底层并沿河底上溯形成"盐水楔"，因此在河口处垂直方向存在盐度梯度，表层盐度小于底层盐度。本节主要研究底层 24‰盐度等值线的上溯距离。

海平面的季节变化导致珠江口盐度也存在明显的季节变化，对比 4 月和 10 月珠江口盐度分布图 5-14 可知，在海平面相对较低的 4 月咸潮上溯距离相对较小，而 10 月海平面较高，咸潮上溯也较大。

珠江口盐度的分布不仅与径流有关，而且与潮时和海平面的季节变化也有密切关系。从 4 月和 10 月的盐度分布图中均可以看出，大潮期间口门处的盐度较高，小潮期间较低。分析得到，底层，大潮期间 10 月咸潮的上溯距离比 4 月要增加 3.72 km；中潮期间 10 月咸潮的上溯距离比 4 月要增加 5.58 km，小潮期间 10 月咸潮的上溯距离比 4 月要增加 1.61 m；中潮期间咸潮上溯较为严重。10 月最高上溯距离比最低上溯距离要远 26 km，4 月最高上溯距离比最低上溯距离要远 24.1 km。

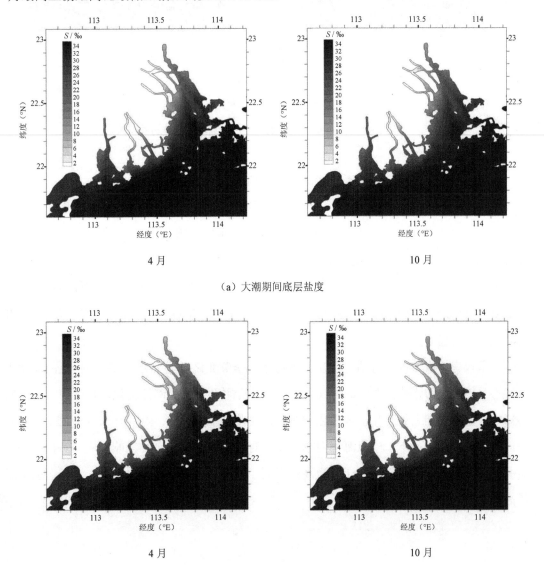

4 月　　　　　　　　　　　　　　　　10 月

（a）大潮期间底层盐度

4 月　　　　　　　　　　　　　　　　10 月

（b）中潮期间底层盐度

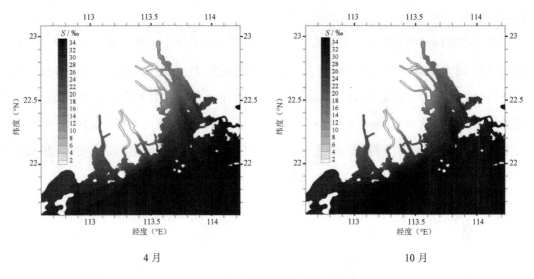

4 月   10 月

（c）小潮期间底层盐度

图 5-14　大中小潮期间的珠江口附近底层盐度分布

（2）气候变化下的海平面季节变化对珠江口咸潮上溯预测

上文讨论了海平面季节变化及大小潮对珠江口盐度分布的影响，这一节将预测气候变化（本书主要考虑海平面上升）对珠江口盐度分布的影响。整个 21 世纪海平面将上升 30 cm，这只包括热比容因素的贡献，而没有考虑水体输入（陆地冰融化等）。北大西洋的大部分海区热比容海平面上升较大，达 40 cm 以上（陈长霖，2012）。根据模拟得到的南海 2000—2080 年海平面上升情况（图 5-15），本书选取 50 cm 作为珠江口附近海域 21 世纪海平面上升值。

本节仅考虑海平面上升后珠江口附近海平面季节变化对盐度分布（以下提及的盐度为气候态月均值）的影响，不考虑岸线自然改变和海平面上升后潮波变化对珠江口盐度分布的影响。在此基础上做了几组理想化的试验，假设径流、潮汐、初始场等不变，21 世纪海平面上升 50 cm 情况下，模拟海平面季节变化对珠江口盐度分布的影响，模拟 4 种海平面情况：珠江口最低海平面、珠江口最高海平面、海平面上升后最低海平面、海平面上升后最高海平面。

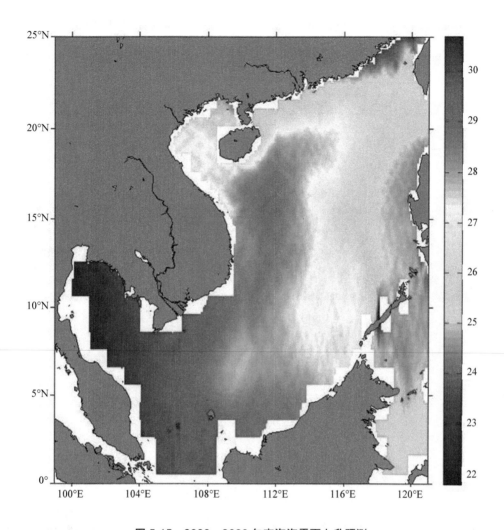

图 5-15　2000—2080 年南海海平面上升预测

　　图 5-16 和图 5-17 为模拟得到的各海平面高度下的盐度气候态月均值，从图 5-17 可以看出，河口外海域的盐度受海平面上升影响很小，基本保持不变；而珠江口各口门及伶仃洋附近的盐度受海平面上升的影响较大，而且盐度增大明显，海平面上升幅度越大，盐度增大越显著。

　　图 5-16（a）、图 5-16（b）中可以看出，高海平面下（10 月）咸潮上溯的距离（7‰盐度等值线）要明显大于低海平面下（4 月）咸潮上溯的距离，增大约 5.5 km。从图 5-16（c）、图 5-16（d）可以看出，当海平面上升 50 cm 后，高海平面比低海平面下的上溯距离要增大更多，增加约 9.3 km。

　　图 5-16（a）、图 5-16（c）中可以看出，当海平面上升 50 cm 后，4 月咸潮的上溯

距离要增加 7.4 km。从图 5-16（b）、图 5-16（d）中可以看出，当海平面上升 50 cm 后，10 月咸潮上溯的距离将增大 11.2 km。

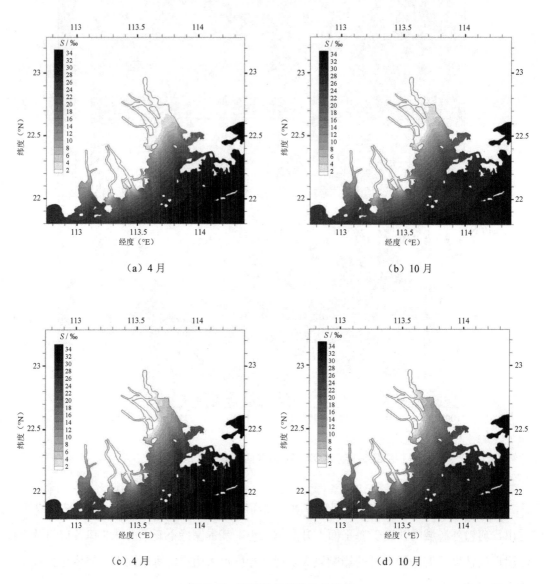

（a）4 月   （b）10 月

（c）4 月   （d）10 月

图 5-16　表层盐度气候态月均值

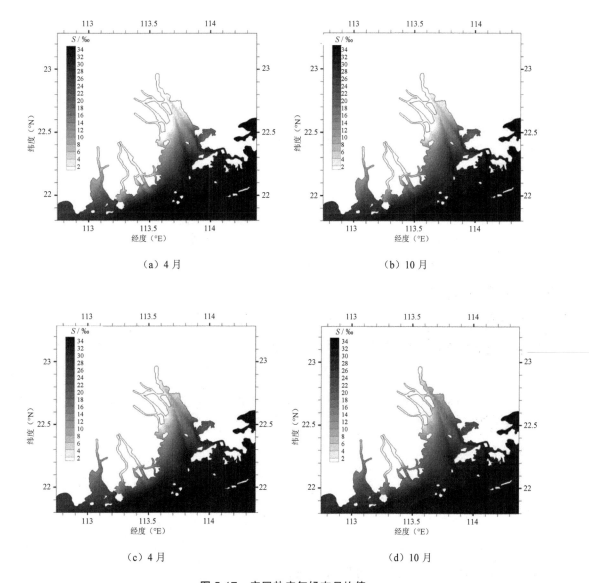

（a）4月   （b）10月

（c）4月   （d）10月

图 5-17 底层盐度气候态月均值

模拟结果显示，海平面上升后珠江口海平面季节变化将加剧咸潮上溯，海平面上升50 cm 后，咸潮上溯的距离将增加 7.4～11.2 km，海平面季节变化引起的咸潮上溯距离将增加 3.8 km。这不仅对河口地区的供水产生严重危害，而且会影响整个河口区的生态环境，如河口水动力、水化学特性、化学元素的迁移沉积作用及生物种类组成和数量变化等这种影响十分复杂，今后有待于在对河口各环境要素长期观测的基础上，进行更深入全面的研究。

6 磨刀门咸潮上溯规律

磨刀门为珠江河口八大口门之一，上游连接西江干流水道（磨刀门水道），是西江主要的出海通道，径流作用较强，多年平均径流量居八大口门之首，分配比为 26.6%，沿程分布有众多水厂和取水口，是重要的水源地，枯季常受咸潮影响。磨刀门水道呈一主一支格局出海，主干为磨刀门水道，于横洲口入南海，支流洪湾水道向东延伸至马骝洲，经澳门水道入伶仃洋。其中，磨刀门水道较为顺直，宽约 2 200 m，出口段河道主槽位于河道东侧，水深 8～12 m；河道西侧为浅滩，水深不足 1 m；磨刀门口外分布有不规则拦门沙，其顶部最小水深不足 2 m，将磨刀门水道出海深槽分为东、西两汊。洪湾水道断面较为规整，宽约 450 m，主槽深约 5 m。本章将结合实测资料和数学模型计算结果对磨刀门水道咸潮上溯的规律及其动力机制进行分析。

6.1 磨刀门咸潮上溯动力特征分析

6.1.1 磨刀门水道咸潮上溯的周期变化

珠江河口的潮汐为不正规半日混合潮型，一天中有两涨两落，半个月中有大潮汛和小潮汛，历时各约 3 d。由图 6-1 可知，受潮汐影响，磨刀门水道和洪湾水道沿程盐度都呈现出相应的日周期变化规律，即一天内盐度过程表现出两涨两落的特征，盐度峰、谷值一般出现在涨停、落憩附近时刻，大潮期这一规律更为明显。

此外，图 4-9 和图 6-1 均显示磨刀门水道的咸潮上溯过程还有较为稳定的半月周期变化规律，这才是真正导致其上游河道盐度长时间持续超标的根本原因。根据 2009 年 12 月的实测资料，对比分析垂线平均盐度过程可知，磨刀门水道和洪湾水道咸潮上溯的半月周期变化表现出不同的规律。洪湾水道咸潮上溯的半月周期变化与潮汐强度（潮差）具有很好的对应关系，即小潮期河道盐度值较小，随着潮差的增大，盐度值整体呈上升趋势，至大潮期达到峰值，而后盐度值便随着潮差的减小而整体下降，这与大多数河口的咸潮上溯过程相似，也符合常理。磨刀门水道咸潮上溯的半月周期变化规律则有着明显不同，不同时段的实测资料均表现出同一个特殊现象：咸潮于小潮前 1~2 d 就开始上溯，口门内河道沿程盐度整体呈上升趋势，咸潮上溯最强的时段出现于小潮后的中潮期，而并非潮汐动力最强的大潮期；在大潮向小潮转换期间，河道盐度值整体均呈下降趋势。这与陈荣力等根据 2005 年、2006 年和 2007 年连续 3 年的枯季实测资料统计得到的规律一致。

从盐度的垂向（图 6-1）和平面（图 6-2）分布来看，磨刀门水道主槽盐度值相对较高，高盐水主要通过主槽底部上溯，沿程表、底层盐度值在小潮期差别较大，且时间序列的振幅较小，说明分层明显而稳定；大潮期也存在分层现象，但时间序列的振幅相对较大，说明分层不稳定，存在着分层-混合的交替过程。洪湾水道则略有不同，整个统计时段内表、底层的盐度值都较为接近，垂向分层相对没那么明显，盐度时间序列与潮差具有较好的对应关系，即盐度的振幅随潮差增大而增大。

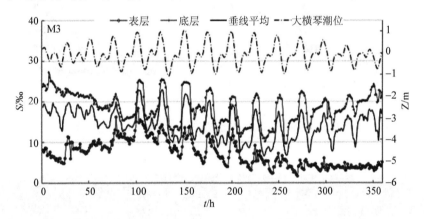

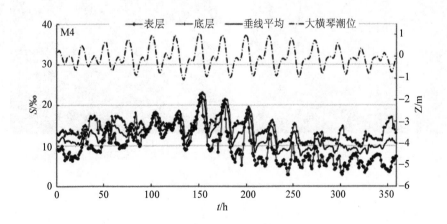

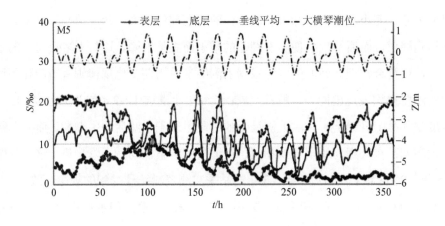

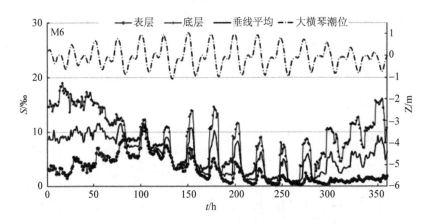

图 6-1　2009 年 12 月磨刀门水道实测分层盐度过程

（a）涨停时刻盐度平面分布

盐度/‰

表层 底层

（b）落憩时刻盐度平面分布

图 6-2 盐度平面分布

6.1.2 磨刀门水道咸潮上溯的动力机制分析

为解析磨刀门水道咸潮上溯动力机制，本节将根据 2009 年 12 月磨刀门水道实测资料和数学模型计算结果，从垂向流速结构、盐淡水混合特征和盐分物质输移的角度出发，开展相关分析。

根据 2009 年 12 月磨刀门水道实测资料，绘制了测站垂线流场、流速过程和余流过程，分别如图 6-3、图 6-4 和图 6-5 所示；统计了小潮、中潮和大潮 3 个完整潮周期（不同潮周期统计时段如图 6-6 所示），1#～6#测站的盐度分层系数和广义单宽累积盐通量，结果如表 6-1 所示。其中，分层系数为统计时段内表、底层平均盐度差与垂线平均盐度的比值，代表了统计时段内的平均盐度分层状态；广义单宽盐通量定义为：流速值×盐度值，累积盐通量为统计时段内逐时广义单宽盐通量的累积和，体现了垂线所在位置单位水体的盐分物质输移量，正值表示自河道上游向下游输移，负值表示自河道下游向上游输移。根据数值模型计算结果，绘制了特征时刻磨刀门水道主槽纵断面的瞬时垂向盐度场，各个时刻与潮汐的对应关系如图 6-6 中的 A～E 点所示，分别为初涨、涨急、涨停、落急、落憩时刻，结果分别如图 6-7 所示。

（1）流场变化特点

盐淡水不同的混合状态下其流速分布也有很大的不同。图 6-3（a）为小潮落潮时的流场，由于盐水楔的存在，使底部呈涨潮流，表层呈落潮流，为典型的异重流现象。图 6-3（b）为大潮落潮时的流场，垂线上的流速流向基本一致，其分布形态与等盐度线分布相似。图 6-4

为竹银断面（8#测点）表、中、底 3 层的流速过程线，从图 6-3 中可见在小潮期，表、中、底层的流速差异较大，且表层以落潮为主，底层以涨潮为主；随着潮差增大，这种差异逐渐减小；大潮时，各层的流速流向基本一致；潮周期回到小潮时，这种差异再次出现。图 6-5 为该垂线上表、中、底 3 层余流（即流速净值）的变化过程，各层余流的均值即为下泄径流的垂线平均流速。从图中可见表层余流流速越大，其底层反向余流基本上也越大；小潮时底层余流指向上游，表层余流指向下游，且量值较大；大潮时各层余流均指向下游，且量值相当。由于 15 号刮起北风，阵风风速达到 11 m/s，平均风速约 7 m/s，所以 15 号的表层余流明显增大，底部相应出现反向余流，也就是加大了所谓的纵向环流，此处即可看出北风对咸潮上溯的贡献，但是在不同的盐淡水混合条件下，北风对咸潮上溯的影响也有所不同。

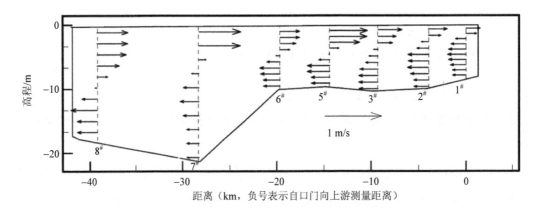

（a）磨刀门水道小潮时刻的流速垂向分布（2009 年 12 月 11 日 01 时）

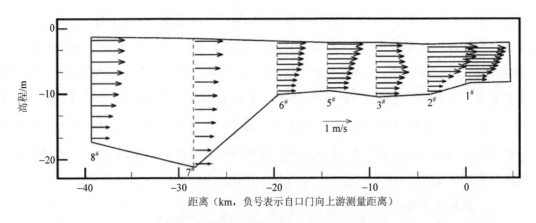

（b）磨刀门水道大潮时刻的流速垂向分布（2009 年 12 月 16 日 04 时）

图 6-3　磨刀门水道流速垂向分布

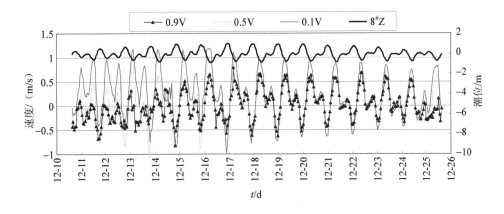

图 6-4 竹银测站（8#垂线）表、中、底 3 层的流速过程线

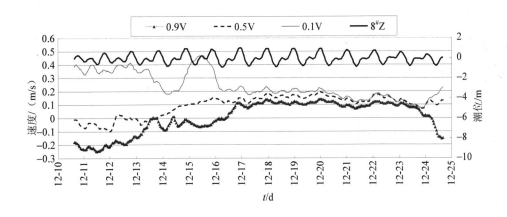

图 6-5 竹银断面（8#垂线）表、中、底 3 层余流过程线

（2）盐淡水混合特征

小潮期统计时段内，磨刀门水道大横琴站的涨潮潮差为 1.08 m，落潮潮差为 0.92 m，潮汐动力相对较弱，盐、淡水的混合动力也相对较弱，不同时刻，纵断面盐度场的等值线趋势较为平缓，磨刀门水道沿程均出现了明显的盐度分层现象，各测站的分层系数均较中潮和大潮期大。初涨时刻，拦门沙外侧底层盐度开始增大，最大盐度可达 30‰，而表层盐度则较低；在拦门沙内坡的底层位置，存在一个高盐水团，盐度值超过 20‰；磨刀门水道内沿程，盐度呈高度垂向分层状态，密度梯度近似垂直，盐度等值线间距相当，垂向分层较为均匀且稳定。涨急时刻，随着涨潮动力的增强，口外盐水楔越过拦门沙后沿着河道底层向上游推进，上述时刻的高盐水团也随之向上游推进，到达 2# 测站附近，上层水体受其挤压作用，盐度等值线间距变小，形成明显的高、低盐水层的分界面。涨停时刻，磨刀门

水道内盐度达到峰值，纵断面范围内的底层盐度均高于 20‰，部分河段盐度值甚至超过 25‰，在惯性力的作用下，底层水体仍然保持着指向上游的流速，而表层水体已经开始显现出落潮流的趋势。落急时刻，盐水楔已退出口外拦门沙，拦门沙顶部水体已混合较为均匀随落潮流退出口门，但在磨刀门水道底层仍有相对盐度较高的水团存在，一直保持至落憩时刻。

中潮期统计时段内，磨刀门水道大横琴站的涨潮潮差为 1.14 m，落潮潮差为 1.72 m。与小潮期相比，中潮期纵断面的垂向盐度分布等值线走势已经有所倾斜，各站的分层系数在 3 个统计潮周期中均为最小值，图 6-1 显示，在此期间磨刀门水道内底层水体的盐度快速下降，表层水体的盐度则快速增大，说明盐、淡水的垂向混合作用明显。初涨时刻，外海盐水楔抵达口外拦门沙，磨刀门水道内沿程分层现象明显，但盐度等值线走势为斜向。涨急时刻，随着涨潮流的加强，口外盐水楔越过拦门沙，与小潮期高盐水沿着河道底层向上游推进的形式有所不同，盐水楔与表层低盐水充分混合形成高盐水团后整体向上游推进，高盐水团的前锋混合较为均匀，盐度等值线呈 L 形，密度梯度水平的指向上游。涨停时刻，咸潮上溯达到峰值，磨刀门水道底层水体盐度极高，纵断面范围内的底层盐度均高于 20‰，在混合动力减弱和底部惯性流的作用下，盐度等值线重新被拉伸为倾斜走势。落急时刻，盐度垂向分布与小潮期类似，盐水楔已退出口外拦门沙，至落憩时刻，磨刀门水道内基本被低盐水所占据，盐度等值线保持倾斜走势。

大潮期，磨刀门水道大横琴站的涨潮潮差为 1.27 m，落潮潮差为 1.99 m。磨刀门水道的咸潮上溯形式大致与中潮期相似，口外盐水楔越过口门后，以高盐水团的形式整体向上游推进，类似于"活塞"似的进退。所不同的是，大潮期潮流动力更强，盐淡水混合更为均匀，一次进退距离和涨落幅度相对更大。

另外，从图 6-7 中还可以发现，磨刀门口外拦门沙对纵断面的盐度分布有明显影响。首先，拦门沙对口外盐水楔和口内高盐水团存在一定的阻挡作用，小潮期潮汐动力较弱，涨潮阶段口外盐水楔难以越过拦门沙顶，落潮阶段磨刀门水道底层高盐水团得以保留在拦门沙内坡一侧。其次，由于拦门沙水域水深较浅，在潮流速相同的情况下，混合效应更为明显，除小潮期涨停附近时段外，拦门沙上水体均处于充分混合状态，盐度等值线多为接近于垂直的走势。

表 6-1 一个潮周期内垂线平均分层系数和单宽累积盐通量统计

测站	潮型	垂线平均盐度/‰	分层系数	表层单宽累积盐通量 Q_{ss} /kg	底层单宽累积盐通量 Q_{sb} /kg	净通量 $(Q_{ss}+Q_{sb})$ /kg	通量比值 ABS (Q_{sb}/Q_{ss})
M1	小潮期	18.67	0.48	16.72	−38.92	−22.20	2.33
	中潮期	21.59	0.22	107.06	−22.55	84.50	0.21
	大潮期	20.18	0.33	139.85	−53.09	86.76	0.38
M2	小潮期	17.79	0.62	62.40	−66.56	−4.16	1.07
	中潮期	19.57	0.35	47.83	−16.51	31.33	0.35
	大潮期	18.57	0.61	135.32	−68.23	67.08	0.50
M3	小潮期	17.58	0.79	19.43	−20.03	−0.59	1.03
	中潮期	16.51	0.36	25.03	−12.46	12.58	0.50
	大潮期	15.14	0.49	62.39	−21.37	41.01	0.34
M4	小潮期	12.25	0.43	11.08	−12.13	−1.05	1.09
	中潮期	15.13	0.10	12.29	−9.51	2.78	0.77
	大潮期	16.71	0.24	48.97	−29.25	19.71	0.60
M5	小潮期	12.80	1.18	54.25	−58.19	−3.93	1.07
	中潮期	11.01	0.35	47.06	−9.74	37.32	0.21
	大潮期	9.45	0.80	71.62	−48.36	23.26	0.68
M6	小潮期	9.54	1.32	23.26	−42.80	−19.54	1.84
	中潮期	8.30	0.21	37.57	−13.81	23.76	0.37
	大潮期	4.62	0.67	22.12	−6.58	15.53	0.30

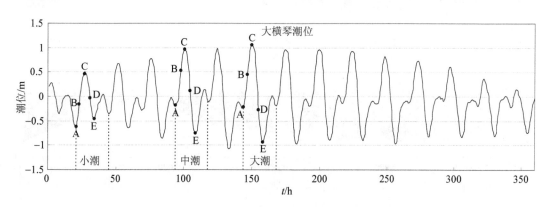

图 6-6 对应时刻大横琴站潮位过程

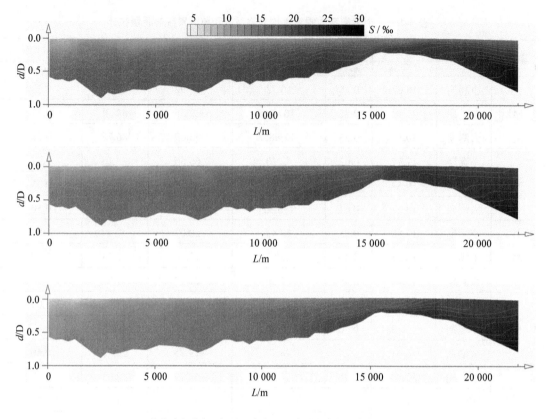

（a）盐度垂向分布（初涨，自上而下分别为小潮、中潮和大潮）

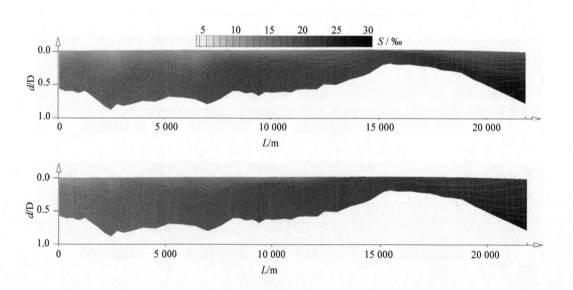

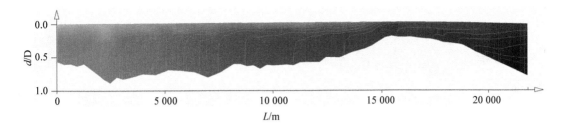

（b）盐度垂向分布（涨急，自上而下分别为小潮、中潮和大潮）

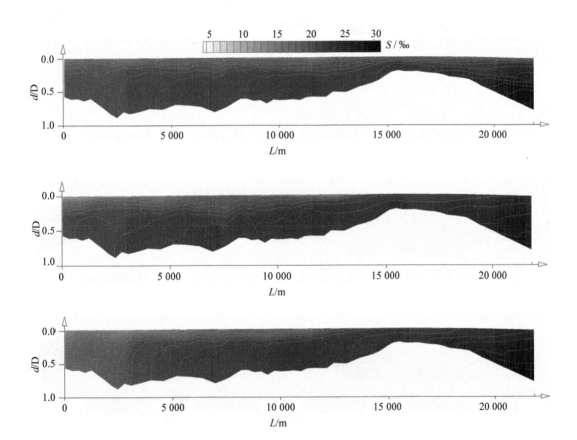

（c）盐度垂向分布（涨停，自上而下分别为小潮、中潮和大潮）

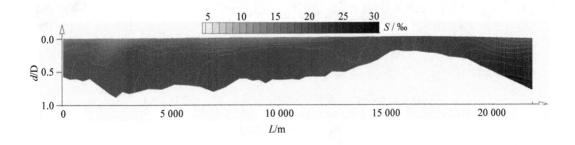

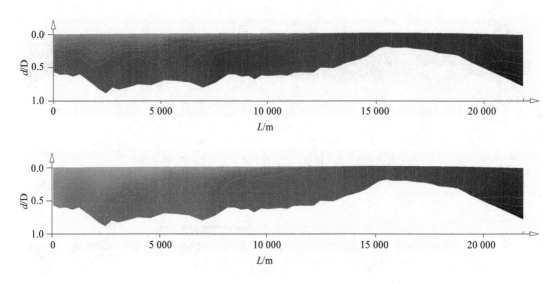

（d）盐度垂向分布（落急，自上而下分别为小潮、中潮和大潮）

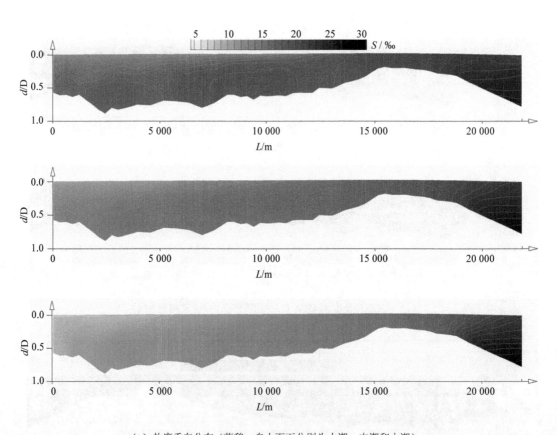

（e）盐度垂向分布（落憩，自上而下分别为小潮、中潮和大潮）

图 6-7　盐度垂向分布

（3）盐分物质输移

根据单宽累积盐通量的统计结果，在小潮的一个完整潮周期内，表、底层累积盐通量的输移方向相反，且底层的累积盐通量大于表层，尤其是在位于出口位置的1#测站，其底层累积盐通量与表层累积盐通量的比值达到了2.33，说明在此期间垂向重力环流的输移作用明显，磨刀门水道内的盐分物质主要依靠底层水体向上游输移。中潮和大潮期，表、底层累积盐通量的输移方向同样也是相反的，所不同的是，表层累积盐通量大于底层，说明在此期间潮流的输移作用相对更为明显。

（4）综合分析

在不同的潮汐动力条件下，磨刀门水道的盐、淡水混合状态差别较大，是一个交替转换的动态过程，从而导致了磨刀门水道咸潮上溯的复杂性和多变性。磨刀门水道咸潮上溯的日周期变化与潮差具有很好的对应关系，规律性较好，而其半月周期变化是一个长期的累积过程，分析其规律时需综合考虑不同潮差潮型和水下地形的贡献和作用。根据上述分析，小潮期磨刀门水道盐度高度分层且分层稳定，期间，底层水的累积盐通量大于表层，输移方向指向上游，因此底层水体盐度可以长时间维持在较高值，涨潮阶段在涨潮流的推动作用下向上游推进；落潮阶段，未经充分混合的低盐水由表层下泄出口门，盐分物质流失较少，而底层高盐水在重力环流和拦门沙地形的综合作用下，退出口门相对较为缓慢，导致小潮期间盐分物质得以在磨刀门水道内不断囤积，咸潮则表现为持续上溯。在由小潮向大潮转换期间的中潮期，随着潮差和潮流速的增大，表、底层水体的混合作用增强，磨刀门水道内中层和上层水体的盐度增大，在涨潮流的作用下向上游推进，在某一时刻达到盐度上溯的峰值。在之后的大潮期，潮差和潮流速进一步增大，盐、淡水混合作用也进一步增强，在充分混合的情况下，虽然高盐水能在较强涨潮流作用下向上游推进较远距离，但落潮流在此期间占优，导致河道断面盐分物质的整体净输移量为正（即指向口门外），咸潮上溯逐渐减弱。综上所述，小潮、中潮至大潮的这种连续累积作用，正是磨刀门水道咸潮上溯最强的时段出现于小潮后的中潮期的动力机制所在，而其支流洪湾水道，由于其水深较小，且河道不顺直，盐、淡水混合相对较为充分，其咸潮上溯过程与潮汐动力过程具有较好的对应关系。

（5）讨论

通过对现有研究成果的总结发现，在解释磨刀门水道咸潮上溯最强的时段出现于小潮后的中潮期这一问题时，很多研究成果都将"重力环流"视为解释这一现象的主要动力机制。陈荣力等通过实测资料分析认为对磨刀门水道而言，潮流是咸潮上溯的因子之一，但其引起的咸潮上溯距离有限，不是咸潮上溯的关键动力，由密度流（即重力环流）产生的盐水楔是造成磨刀门咸潮上溯的关键动力，而潮动力是促使盐、淡水掺混的动力，它破坏了盐水楔的形成，从而抑制咸潮的上溯，以此来理解磨刀门水道咸潮上溯的半月周期变化规律。卢陈等通过水槽物理模型试验结果分析，得到了如下结论：存在潮差临界值使得咸潮上溯距离最短，当潮差小于该临界值，咸潮上溯距离随潮差增大呈快速减小趋势，而大于该临界值则呈缓慢增大趋势。据此推导了潮汐强度与延伸入侵距离的理论公式，在对这一理论进行解释时同样强调了重力环流对咸潮上溯贡献的重要性，指出在无潮的极限条件下，咸潮上溯距离将达到极值。当潮差小于该临界值时，咸潮上溯距离随潮差增大快速减小的原因归于盐度分层遭到破，重力环流输移作用减弱，笔者将该理论应用于磨刀门水道时，得到了与实测资料大致相符的结果。上述研究成果与本书的结论大致相似，但笔者认为陈荣力等的表述过于绝对，没有区分不同潮差条件下重力环流和潮流对盐分物质输移效果的主次关系；卢陈等的成果只考虑了定常潮差的结果，没有考虑不同潮差作用的连续效应，但其理论的基本动力机制是支持本书结论的，即潮汐作用下的混合状态是影响咸潮上溯的重要因素。

另外，还有一些学者采用数值模拟的方法，同样对这一问题进行了讨论，指出洪湾水道高盐水倒灌对磨刀门水道的咸潮上溯影响显著，在风的共同作用下，导致磨刀门水道咸潮上溯最强的时段出现于小潮向大潮过渡期间的中潮期，这一结论与长江口咸潮上溯的北支倒灌现象极为相似。但是，苏波等根据实测资料分析指出磨刀门水道的盐分主要来源于磨刀门主干交杯沙水道，小潮期尤为如此。从图 6-1 的实测资料可以看出，位于磨刀门水道汉口下游的 3# 测站和汉口上游的 5# 测站盐度过程线，在日周期变化和半月周期变化上，两者较为相似，两测站间具有很好的关联性，而与位于洪湾水道的 4# 测站有所差别，说明两河道之间的关联性较小；从盐度的量值来看，3# 测站的盐度大于 5# 测站，同时，考虑到洪湾水道流量明显小于磨刀门水道，笔者认为洪湾水道的盐度输移不会对磨刀门水道造成明显影响，更不会对磨刀门水道咸潮上溯的半月周期规律产生显著影响。

6.2　磨刀门咸界对径流的响应

影响河口区咸潮运动的因素众多，而这些因素本身又随时随地发生变化，这给研究珠江河口区咸潮上溯问题带来很大困难。通过物理和数学模型模拟方法，进行各单一因子对咸潮上溯的影响分析，能有效地探索各影响因子与咸潮上溯的响应关系，从而为抑咸调度方案的制定提供必要的技术支撑。

6.2.1 试验控制断面及水文边界条件选择

开展磨刀门咸潮物理模型试验，对不同流量级条件下，咸潮上溯的半月周期变化规律进行分析和探讨。磨刀门咸潮物理模型的径流控制断面位置设为竹银，珠江三角洲西北江控制关键断面为马口和三水，拟定竹银径流量与马口+三水径流量的相关关系，以便估算试验可行性流量。

根据枯水期马口断面和三水断面在 1981—1985 年分别占 91.4%和 8.6%，2001—2005 年则分别占 82.1%和 17.9%，初步估计枯季断面径流量马口：三水为 4：1。竹银径流量与马口站径流量有一定的相关性，根据"2005.01"马口与竹银的径流量数据作相关分析得出马口比竹银径流量约为 3：1。因此为模拟枯水期马口+三水 2 000～4 000 m³/s，拟定竹银径流量为 500～1 000 m³/s。最后确定上游竹银的恒定径流量分别控制为 550 m³/s、750 m³/s 和 950 m³/s。

试验下游边界潮位采用大横琴 2009 年 12 月实测半月潮潮位曲线进行控制，如图 6-8 所示，共 360 h，起始阶段为小潮，中段为大潮，最后回到小潮，其最高潮位为 1.08 m，最低潮位为-1.22 m，最大潮差 2.30 m，平均潮位-0.07 m。试验下边界为外海 15 m 等深线处，生潮系统供水含盐度控制在 30‰。试验的观测内容主要包括潮位、分层的流速和盐度，以及涨、落憩时刻咸界（表层盐度 0.5‰的位置距石栏洲的距离），测点位置与 2009 年 12 月实测测点布置相同。

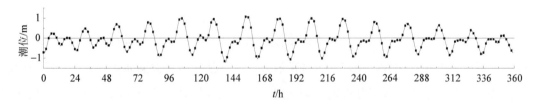

图 6-8　河口潮位控制曲线

6.2.2 不同径流量下盐度变化特点

各级流量下不同测点的盐度变化如图 6-9 所示，总体而言不同流量在各测点的盐度随半月潮的变化规律基本不变：底层盐度在小潮前期开始上升，在小潮时达到最高；表层盐度随着底部的盐度下降而升高，在大潮前 2～3 d 达到最大。

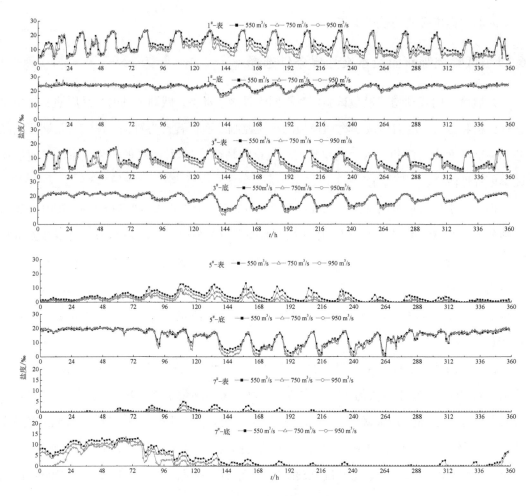

图6-9　不同测点盐度随流量变化

分析近口门的 $1^\#$ 和 $3^\#$ 测点，在小潮阶段流量增大对整个垂线的盐度基本没有影响，说明在分层明显的小潮阶段，淡水难以携带盐分一起下泄；而在大潮期间每单个日潮随着盐度向峰值变化，径流增大对盐度的影响逐渐减少，到峰值时几乎无影响，随着盐度从峰值向谷值变化，径流的增加对盐度影响逐渐加大，到谷值时影响最大。

再对靠上游的 $5^\#$ 和 $7^\#$ 测点进行分析，流量增大对小潮阶段影响较小，而在之后的中潮和大潮，盐度都随流量的增大而明显减少，说明流量的增加对上游段的咸潮能取到很好的压制作用。

综上所述，流量改变对表层盐度的影响大，对底层的盐度影响小；对盐度低谷段的盐度影响大，而对盐度峰值段影响小；大潮期大于小潮期。但对于上游段，其表层盐度的峰、谷对流量的反应都十分敏感。这些现象说明径流的增加对上游和表层的盐度抑制有明显作用；而对下游和底部的盐度作用不大。

6.2.3　咸界随径流量变化规律

图 6-10 为各级流量作用下咸界上移距离变化图，各级流量作用下，从小潮过渡到中潮阶段，咸界逐步攀升，到小潮后 3～4 d 的中潮涨憩时刻距河口最远，此后咸界逐渐下移，一直到小潮前 2～3 d 距河口最近。而流量逐级增大，对应的咸界过程线向河口方向移动，咸界的平均下移幅度基本相当。在小潮阶段咸界下移幅度小，在中潮和大潮阶段咸界下移幅度大，特别是在小潮后的中潮阶段，咸界距河口最远，径流的增加使咸界下移幅度最大，对应竹银流量每增加 100 m³/s，咸界的峰值下移 6.5 km。

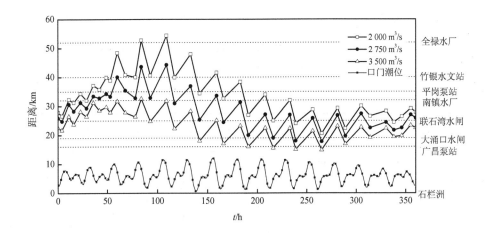

图 6-10　不同流量影响下咸界变化

6.3　磨刀门咸潮风效应研究

风对咸潮活动的影响较大，是影响咸潮运动的主要因素之一。根据苏波等的研究成果，不同的风力和风向直接影响咸潮的推进速度，一方面风通过剪切应力引起水体的平面输送；另一方面则通过垂向气压的变化促使表底层水体交换而影响盐度的分布。根据最近观测结果发现，风对磨刀门的影响是非常大的。根据常年气象资料显示，枯季时，该区域主要受到北风或东北风（风向指向外海）的控制，特定风向作用下会使得该区域表层落潮流和中底层涨潮流增强，加剧垂向环流的发展，导致咸潮上溯加剧，水体盐度值升高。为了进一步了解风对磨刀门咸潮上溯的影响，选取了两组数值试验来分析研究风对咸潮运动规律的影响。一组为考虑不同风向下的咸潮运动，另一组为考虑不同风速下的咸潮运动。

6.3.1 不同风况对磨刀门内各站点盐度影响

（1）不同风向计算结果

不同风向磨刀门内各站点的盐度差异见表 6-2。通过对计算结果分析可知，除了拦门沙站外，东北风情况下各站表层的盐度值都要大于东风和北风的情况；竹排沙和灯笼山站底层盐度，东北风情况下要比东风和北风情况下大很多。从表中可以看出，东北风情况下的盐度平均值、最大值、最小值都大于东风和北风的情况，说明东北风对咸潮上溯的影响比较大。靠近拦门沙附近的拦门沙站、挂定角站、交杯沙站的各风向作用下表底层的盐度平均值比较接近，说明靠近拦门沙站的水域受拦门沙的影响在强风作用下掺混剧烈，表底层盐度分布比较均匀。而靠近上游的站点表底层盐度值差距较大，盐水楔明显。

表 6-2 不同风向下磨刀门各站点的盐度差异　　　　　单位：‰

站点		东风		北风		东北风	
		表层	底层	表层	底层	表层	底层
竹排沙	平均值	1.603	3.419	1.527	4.520	2.797	9.135
	最大值	10.432	17.272	9.448	19.228	12.742	21.596
	最小值	0.012	0.009	0.010	0.009	0.036	0.046
灯笼山	平均值	5.345	11.675	5.340	10.856	8.078	15.909
	最大值	16.247	25.241	17.467	24.015	21.440	26.367
	最小值	0.199	0.866	0.125	0.117	0.199	0.444
挂定角	平均值	7.885	19.327	8.201	17.334	11.759	20.773
	最大值	20.211	28.242	18.814	27.113	22.999	28.183
	最小值	0.691	5.222	0.691	5.392	0.691	7.527
交杯沙	平均值	6.738	14.105	10.132	15.293	11.883	18.221
	最大值	16.939	29.865	20.402	29.876	20.174	30.692
	最小值	1.684	4.570	1.941	6.010	1.941	10.425
拦门沙	平均值	24.648	25.163	23.470	23.722	24.655	24.844
	最大值	32.639	32.982	33.106	32.979	32.874	32.881
	最小值	10.894	17.634	10.894	17.344	10.894	18.770

（2）不同风速计算结果

不同风速磨刀门内各站点的盐度差异见表 6-3。由表 6-3 中可见，15 m/s 的东北风作用下各站点表层盐度值都是最大的；底层盐度值，除了竹排沙和灯笼山站，其他站点在

15 m/s 东北风作用下的盐度值比 10 m/s 东北风或 5 m/s 东北风作用下的盐度值都小。靠近拦门沙的交杯沙、挂定角和拦门沙站都可以清楚地看到，底层盐度值对比中，5 m/s 东北风作用下的盐度值最大，10 m/s 东北风次之，15 m/s 东北风作用下的盐度值最小，这与这些站点的表层盐度分布规律正好相反。这是由于 15 m/s 的东北风在风应力作用下，加大了水体的垂向掺混，使得表底层的盐度值相差不大，而 5 m/s 的东北风的掺混作用最弱，使得表底层盐度相差较大，底层的盐度值要远大于表层的盐度值，分层现象明显；而交杯进口和拦门沙站的情况相反，这可能与其靠近拦门沙受拦门沙阻隔作用，掺混作用更强烈使得表底层盐度分布得更加均匀。

表 6-3　不同风速条件下磨刀门内站点盐度差异　　　　单位：‰

站点		15 m/s 东北风		10 m/s 东北风		5 m/s 东北风	
		表层	底层	表层	底层	表层	底层
竹排沙	平均值	2.797	9.135	1.830	5.705	1.712	5.852
	最大值	12.742	21.596	11.368	20.414	9.447	16.558
	最小值	0.036	0.046	0.007	0.010	0.005	0.015
灯笼山	平均值	8.078	15.909	4.706	11.335	3.646	10.903
	最大值	21.440	26.367	15.019	24.946	11.350	24.969
	最小值	0.199	0.444	0.186	0.622	0.102	0.406
挂定角	平均值	8.331	13.257	6.174	14.671	5.930	17.031
	最大值	17.053	26.006	13.883	24.761	13.145	28.764
	最小值	1.719	4.273	1.602	4.828	1.636	6.198
交杯进口	平均值	11.883	18.221	8.542	19.336	7.396	21.133
	最大值	20.174	30.692	18.215	31.384	16.141	30.353
	最小值	1.941	10.425	1.941	9.526	1.658	10.028
拦门沙	平均值	22.435	24.000	17.711	24.680	14.943	28.449
	最大值	33.999	34.021	30.704	32.944	31.768	34.337
	最小值	5.628	14.803	5.628	13.956	5.594	14.538

6.3.2　不同风向下磨刀门水道咸潮上溯距离

表 6-4 中给出了在不同风向计算条件下 0.45‰（250 mg/L）和 0.9‰（500 mg/L）的咸潮上溯距离，从表 6-4 中可以看出，东北向风作用下表底层的盐水上溯距离最远，说明东北向风对咸潮上溯最不利。

表 6-4　不同风向下咸潮上溯距离　　　　　　　　　　　　　　　　单位：m

站点	东向 15 m/s		北向 15 m/s		东北向 15 m/s	
	表层	底层	表层	底层	表层	底层
0.45‰	35 520	35 620	30 200	30 800	35 837	36 298
0.9‰	28 085	28 150	28 000	28 800	28 600	28 390

表 6-5 中给出了在不同风向计算条件下 0.45‰（250 mg/L）和 0.9‰（500 mg/L）的咸潮上溯距离，从表 6-5 中可以看出，东北向 15 m/s 风作用下的表底层上溯距离最远，说明风速越大，对咸潮上溯最不利。

表 6-5　不同风速下咸潮上溯距离　　　　　　　　　　　　　　　　单位：m

站点	东北向 15 m/s		东北向 10 m/s		东北向 5 m/s	
	表层	底层	表层	底层	表层	底层
0.45‰	35 837	36 298	29 600	29 800	27 800	30 200
0.9‰	28 600	28 390	28 400	28 800	24 500	26 800

7 珠江流域枯季径流特征及来水预报

7.1 流域骨干水库基本情况

2005 年以来，为了保障澳门及珠江三角洲地区供水安全，珠江流域连续 9 次实施了珠江流域骨干水库统一调度和珠江枯季水量统一调度，历次水量调度所启用的流域骨干水库主要包括天生桥一级、龙滩、岩滩、长洲、百色和飞来峡等大型水库，各骨干水库基本情况如下。

（1）天生桥一级水库

天生桥一级水库是红水河梯级电站的第一级，位于南盘江干流上。坝址左岸是贵州安龙县，右岸是广西隆林县。下游 7 km 处是天生桥二级水电站首部枢纽，上游约 62 km 处是南盘江支流黄泥河上的鲁布革水电站。该电站距贵阳直线距离为 240 km，距昆明 250 km，距南宁 440 km，距广州 850 km。天生桥一级水库以发电为主，水库正常蓄水位 780 m，死水位 731 m，总库容 102.57 亿 m³，兴利库容 57.96 m³，装机容量 120 万 km，年发电量 52.26 亿 kW·h。

（2）龙滩水库

龙滩水库位于红水河上游的天峨县境内，距天峨县城 15 km，坝址以上流域面积 98 500 km²，占红水河流域总面积的 71.2%，占西江梧州站以上流域面积的 30%。电站具有较好的调节性能，发电、防洪、航运等综合利用效益显著，经济技术指标优越。龙滩水库按 500 年一遇洪水设计，万年一遇洪水校核。龙滩水电站分两期开发，一期按正常蓄水位 375 m，校核洪水位 379.34 m，设计洪水位 376.47 m，水库总库容 179.6 亿 m³，调节库容 111.5 亿 m³，防洪库容 50 亿 m³，总装机 420 万 kW，年发电量 156.7 亿 kW·h，为年调节水库。二期按正常蓄水位 400 m，校核洪水位 403.11 m，设计洪水位 400.86 m，水库总库容 299.2 亿 m³，兴利库容 205.3 亿 m³，防洪库容 70 亿 m³，总装机 540 万 kW，年发电量 187.1 亿 kW·h，为多年调节水库。

（3）岩滩水库

岩滩水库是红水河梯级水电站中的第五级，位于红水河中游广西大化瑶族自治县境内，东南距巴马县 30 km，距南宁市 170 km。岩滩电站以发电为主，兼有航运效益。一期工程装机容量 121 万 kW，保证出力 24.5 万 kW，多年平均年发电量 56.6 亿 kW·h，用 500 kV 电压供电给广西和广东。水库按千年一遇洪水设计，5 000 年一遇洪水校核，设计洪水位 227.2 m，校核洪水位 229.2 m，正常蓄水位 223.0 m，死水位 212.0 m；总库容 33.8 亿 m³，调节库容 10.5 亿 m³，属不完全年调节水库。

（4）百色水库

百色水库是珠江流域规划中郁江上的防洪控制性工程，是一座以防洪为主，兼顾发电、灌溉、航运、供水等综合利用效益的大型水利枢纽。该工程位于广西郁江上游右江河段，坝址在百色市上游 22 km 处，其开发任务以防洪为主，兼顾发电、灌溉、航运、供水等。坝址以上集雨面积为 1.96 万 km²，多年平均流量 263 m³/s，年径流量为 82.9 亿 m³。水库正常蓄水位 228 m，总库容 56.6 亿 m³，其中防洪库容 16.4 亿 m³，兴利库容 26.2 亿 m³，属不完全多年调节水库。水库电站装机容量 54 万 kW，多年平均发电量 16.9 亿 kW·h。

（5）长洲水利枢纽

长洲水利枢纽工程位于西江干流浔江末端的长洲岛河段上，距梧州市区 12 km，是一座发电和航运为主，兼有提水灌溉、水产养殖、旅游等综合效益的大型水利水电工程。长洲水利枢纽控制流域面积 30.86 万 km²，总库容 56.0 亿 m³，最大水头 15.2 m，电站坝长 3 350 m。装机容量 621.3MW，装机 15 台，单机容量 41.42 MW，年发电量 30.91 亿 kW·h，装机利用小时数 4 973 h。第一台机组于 2007 年年底发电。

（6）飞来峡水库

飞来峡水库位于广东省清远市清新县飞来峡镇，坝址控制集水面积 34 097 km²，占北江大堤防洪控制站石角集水面积的 88.8%，是北江防洪工程体系控制性工程。水库设有 13.36 亿 m³ 防洪库容、500 t 级船闸、14 万 kW 电站装机容量，具有防洪为主，兼有航运、发电、改善生态环境等多项功能。水库正常蓄水位 24 m，总装机容量 14 万 kW，年发电量 5.55 亿 kW·h，电站可进行日调节，承担系统部分调峰任务。

表 7-1 参与珠江枯季水量统一调度的骨干水库基本情况

水库	河流水系	正常高水位（m）/库容（亿 m³）	死水位（m）/库容（亿 m³）	保证出力/MW	调节性能
天一	南盘江	780/83.95	731/25.99	405.2	不完全多年调节
龙滩	红水河	375/162.12	330/50.62	1234	年调节
岩滩	红水河	223/26.12	219/21.8	370	日调节
长洲	西江	20.6/56	18.6/15.2	—	日调节
百色	郁江右江	228/48	203/21.8	123	不完全多年调节
飞来峡	北江	24/4.23	18/1.09	22.6	日调节

7.2 流域分布式水文模型 EasyDHM

7.2.1 分布式水文模型 EasyDHM 理论方法

目前，全世界开发了众多分布式水文模型，如 MIKE SHE、SWAT、HSPF、GBHM、WEP 等。尽管已经有很多分布式水文模型的成功案例，但是在实际的水资源管理业务中还存在很多问题，其实际应用范围还很有限。特别是在国内水利行业，分布式水文模型成功应用于实践的案例还很少。EasyDHM（Easy Distributed Hydrological Model）是我国自主开发的分布式水文模型，EasyDHM 模型集成了许多先进技术，如基于 DEM 的快速建模技术、支持不同时空尺度的快速模拟技术，参数自动识别技术等。EasyDHM 模型水循环过程模拟核心模型采用模块化和组件式的开发思想，包括产流、汇流、蒸发、地下水等在内的各个计算模块均可以支持多种算法，如 EasyDHM 产流模型、Wetspa、新安江模型、Hymod、Topmodel 等多种产流计算方式，以及扩散波、运动波、马斯京根法、变储量法等多种汇流计算方式，增强了水循环过程模拟的灵活性和扩展性，并可以支持多种空间结构（网格、子流域内计算单元）。

EasyDHM 模型是一个功能强大且操作简便的易用型分布式水文模型，能够服务于实际水管理业务，主要应用业务包括：①支持多种时间步长（从小时到日）的径流预报；②支持水资源评价方面相关的水文模拟与计算功能；③和水资源调配模型的耦合，可以支持流域水资源调配，实现流域二元水循环模拟与调控。

EasyDHM 模型集成了水文科学、数值计算、软件科学等多学科的先进技术，具备 4 大特点：①易用性，EasyDHM 模型及系统互为一体，共同为一般用户提供一个友好、方便使用的模型计算代码及建模和率定环境；②通用性，模型可以适用于各种特点的流域，适用于小流域、大流域甚至超大流域，闭合流域、不闭合流域，超渗产流区、蓄满产流区等；③可扩展性，模型采用模块化编程思想，集成多种产汇流计算方式，并可在实践中不断扩展各种新的算法；④高效性，模型所特有的空间结构、参数分区/计算分区的划分及参数自动率定方法的引入大大提高了模型的计算效率及率定效率。

7.2.1.1 产汇流计算方法

（1）产流计算方法

EasyDHM 产流模型是在 Wetspa、SWAT、新安江等产流模型的基础上，进行集成创新而提出的一种产流模型，该模型在不同地区、不同水文地质条件下均能通用，其计算流程如图 7-1 所示。除了支持植被冠层过程模拟、地表过程模拟、土壤水过程模拟、地下水过程模拟外，EasyDHM 产流模型还可以实现寒区水文模拟，包括积雪/融雪、冻土/冻融等，以及冻土、大孔隙区的土壤水多层详细模拟和地下水蓄变详细模拟等。同时，为配合不同的气象观测资料，模型还提供了多种潜在蒸发计算方法。

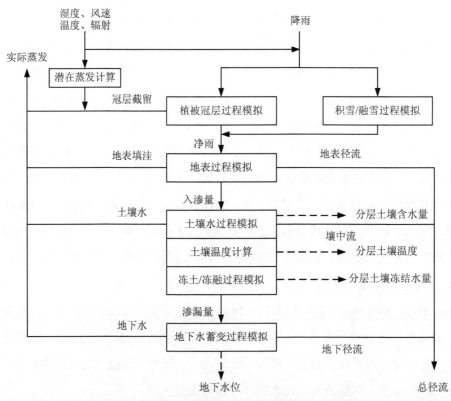

图 7-1 EasyDHM 模型产流概化方法（垂向结构）

（2）汇流计算方法

搜集河道纵横断面及河道控制工程数据，根据具体情况按动力波（Dynamic Wave）模型、运动波（Kinematic Wave）模型或者扩散波（Diffusive Wave）进行一维数值计算。为了提高计算速度，EasyDHM 模型采用马斯京根法和变储量法来求解圣维南方程组。

①马斯京根法求解

马斯京根法模拟了沿渠道长度柱蓄（Prism Storage）和楔蓄（Wedge Storage）组成的蓄水容量（图 7-2）。

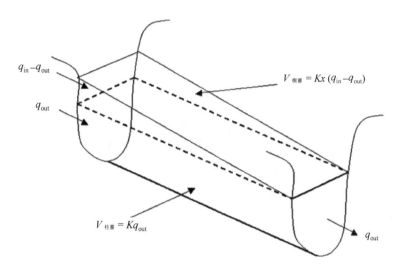

图 7-2　河段槽柱蓄与楔蓄的示意

当洪水波行进到某个河段槽，入流量大于出流量便形成了楔形蓄水体。当洪水波退去，在河段槽便出现了出流量大于入流量的负楔蓄。另外对于楔蓄水体，河段槽内始终包含一个体积为流域长度上横截面不变的柱蓄水体。

总的蓄水容量为：

$$V_{\text{stored}} = K \cdot q_{\text{out}} + K \cdot X \cdot (q_{\text{in}} - q_{\text{out}}) \qquad (7\text{-}1)$$

式中，V_{stored} 是蓄水容量，m^3；q_{in} 是入流量，m^3/s；q_{out} 是出流量，m^3/s；K 是稳定流情况下的河段传播时间，s；X 是流量比重因素。该公式可以重新整理为如下形式：

$$V_{\text{stored}} = K \cdot \left[X \cdot q_{\text{in}} + (1 - X) \cdot q_{\text{out}} \right] \qquad (7\text{-}2)$$

流量比重因素 X 的下限为 0.0，上限为 0.5。这个因子是楔蓄量的函数。对于水库式蓄水，没有楔蓄，$X=0.0$；而对于一个完全的楔蓄，$X=0.5$；对于河流，X 落在 $0.0 \sim 0.3$，其平均值接近 0.2。

对于蓄水容量的定义可以加入连续公式并简化为

$$q_{\text{out},2} = C_1 \cdot q_{\text{in},2} + C_2 \cdot q_{\text{in},1} + C_3 \cdot q_{\text{out},1} \tag{7-3}$$

式中，$q_{\text{in},1}$ 是该时间段开始时的入流量；$q_{\text{in},2}$ 是该时间段结束时的入流量；$q_{\text{out},1}$ 是该时间段开始时的出流量；$q_{\text{out},2}$ 是该时间段结束时的出流量。

$$C_1 = \frac{\Delta t - 2 \cdot K \cdot X}{2 \cdot K \cdot (1-X) + \Delta t} \tag{7-4}$$

$$C_2 = \frac{\Delta t + 2 \cdot K \cdot X}{2 \cdot K \cdot (1-X) + \Delta t} \tag{7-5}$$

$$C_3 = \frac{2 \cdot K \cdot (1-X) - \Delta t}{2 \cdot K \cdot (1-X) + \Delta t} \tag{7-6}$$

其中 $C_1 + C_2 + C_3 = 1$。为用体积单位表示所有值，式两边都要乘以该时间段：

$$V_{\text{out},2} = C_1 \cdot V_{\text{in},2} + C_2 \cdot V_{\text{in},1} + C_3 \cdot V_{\text{out},1} \tag{7-7}$$

为了保持数值稳定和避免负出流量的计算，必须满足以下条件：

$$2 \cdot K \cdot X < \Delta t < 2 \cdot K \cdot (1-X) \tag{7-8}$$

流量比重因素 X 的值由使用者输入，蓄水时间常数的值估计如下：

$$K = \text{coef}_1 \cdot K_{\text{bnkfull}} + \text{coef}_2 \cdot K_{0.1\text{bnkfull}} \tag{7-9}$$

式中，K 为稳定流情况下的河段传播时间，s；coef_1 和 coef_2 是由使用者输入的权重系数；K_{bnkfull} 是稳定流情况下渠道蓄满水的河段传播时间，s；$K_{0.1\text{bnkfull}}$ 是渠道蓄满 1/10 水量时河段传播时间，s。要计算 K_{bnkfull} 和 $K_{0.1\text{bnkfull}}$，Cunge（1969）提出了式（7-10）。

$$K = \frac{1\,000 \cdot L_{\text{ch}}}{c_k} \tag{7-10}$$

式中，K 是稳定流情况下的河段传播时间，s；L_{ch} 是渠道长度，km；c_k 是指定深度处的波速，m/s。波速是指：

$$c_k = \frac{d}{dA_{ch}}(q_{ch}) \tag{7-11}$$

式中，流速 q_{ch} 由曼宁公式定义。

②变储量演算法求解

对于一个给定流域，储量演算基于连续方程 $V_{in} - V_{out} = \Delta V_{stored}$，可写为

$$\Delta t \cdot \left(\frac{q_{in,1} + q_{in,2}}{2}\right) - \Delta t \cdot \left(\frac{q_{out,1} + q_{out,2}}{2}\right) = V_{stored,2} - V_{stored,1} \tag{7-12}$$

式中，Δt 为时间段的长度，s；$q_{in,1}$ 是该时间段开始时的入流量，m^3/s；$q_{in,2}$ 是该时间段结束时的入流量，m^3/s；$q_{out,1}$ 是该时间段开始时的出流量，m^3/s；$q_{out,2}$ 是该时间段结束时的出流量，m^3/s；$V_{stored,1}$ 是该时间段开始时的蓄水容量，m^3；$V_{stored,2}$ 是该时间段结束时的蓄水容量，m^3/s。

演进时间 TT 是由渠道中的水容量除以水流流量：

$$TT = \frac{V_{stored}}{q_{out}} = \frac{V_{stored,1}}{q_{out,1}} = \frac{V_{stored,2}}{q_{out,2}} \tag{7-13}$$

式中，V_{stored} 是蓄水容量，m^3；q_{out} 是出流量，m^3/s。

联合式，并简化为

$$q_{out,2} = SC \cdot q_{in,ave} + (1 - SC) \cdot q_{out,1} \tag{7-14}$$

式中，SC 为蓄水系数。上式中的蓄水系数定义为

$$SC = \frac{2 \cdot \Delta t}{2 \cdot TT + \Delta t} \tag{7-15}$$

得到：

$$q_{out,2} = SC \cdot \left(q_{in,ave} + \frac{V_{stored,1}}{\Delta t}\right) \tag{7-16}$$

为了用体积单位来表达所有变量，公式两边都要乘以时间段，则有：

$$V_{out,2} = SC \cdot \left(V_{in} + V_{stored,1}\right) \tag{7-17}$$

7.2.1.2　空间单元划分方法

（1）子流域划分

EasyDHM 模型子流域划分方法采用"通用复杂流域、区域子流域划分"方法 PGSDM，

该方法的基础是 Pfafstetter 编码。其通用性主要体现在以下几方面：

①该子流域划分方法可以适用于各种基于子流域离散的分布式水文模型；

②该子流域划分方法可以支持多出口点、多入口点的流域，包括一般的简单流域、复杂流域、区域等；

③该子流域划分方法可以实现平原区狭长子流域的加密，从而可以详细地描述平原区水循环过程；

④该子流域划分方法可以精确定位水文站、水库的位置，从而可以更加准确地描述这些节点的水文过程；

⑤该子流域划分方法可以实现对海岸线的简化处理，从而实现对出口点众多的流域进行快速、准确的划分。

（2）等高带和 HRU 划分

EasyDHM 模型将山区的子流域进一步依据高程划分为若干个等高带（1～10 个不等），平原区的子流域不再进一步划分，视作一个等高带。等高带的划分方法为：首先逐网格判断子流域是否涉及山区或平原区，平原区默认属性值为 0，山区属性值为 1，依次记录涉及山区子流域内所有栅格的高程及相应行列坐标，并计算每个子流域网格数和面积；然后把山区子流域内栅格按高程由高到低进行排序，设定各子流域等高带数目，划分等高带；最后按高程值从高到低给每个等高带 1～10 进行编码。

水文响应单元（Hydrological Response Unit，HRU）即按水文响应机制在子流域内部划分二级单元。在水文相应单元内，各网格的水文响应是一样的。

EasyDHM 模型可以按照土地利用类型、土壤类型、地形坡度等因素把子流域划分为不同的 HRU。HRU 的划分算法简单描述如下：

①按照给定的坡度分类方法，把坡度分成几类；

②按照给定的面积阈值，把小于该阈值的土地利用、土壤类型、坡度去掉，同时把他们的面积均匀并入到其他类型中去；

③按照简化过的土地利用、土壤、坡度分类进行 HRU 划分，把这几种因素相同的网格划分为一个 HRU。

（3）参数分区和计算分区划分

EasyDHM 模型虽然通过引入"子流域内的计算单元"的概念，解决了采用小网格单元带来的计算负担过重的问题，但是由于对水循环过程描述详细，计算过程非常耗时。如果对连续几年径流过程进行参数率定，无论是采用人工试错法，还是自动优化方法其计算工作量都很大。

为了把自动优化算法成功地引入到 EasyDHM 模型中去，首要问题就是在不影响模型计算精度的前提下尽可能地缩短模型的计算时间。根据 EasyDHM 模型的水平结构，提出一个参数分区与计算分区的概念，从而实现了快速的参数自动优化。

①参数分区

由于分布式水文模型通常要把整个流域划分为众多的计算单元，每个计算单元有自己的一套默认参数，但并不是每个计算单元出口处都有水文站可以对该计算单元的参数进行率定。为了方便模型参数调整，通常的做法是划分适当的参数分区。在对某个参数分区进行调参时，整体改变该参数分区内的所有计算单元的参数，而不改变模型中各类下垫面间参数的相对关系。例如，坡面汇流曼宁系数，是根据每个计算单元内的各类土地流域比例的加权平均计算得到的，在进行模型参数调整时，只是把模型原来默认的参数乘以一个修正系数，这个修正系数在整个参数分区内为同一值。

根据不同的参数调整目的，可以有两种参数分区划分方法：①按照水文站、出口点的单独控制范围，把子流域划分到不同的参数分区。这种参数分区划分方法使得根据水文站的径流过程进行参数率定更具有针对性。②将行政分区、水资源分区等既定的分区作为参数分区。这种参数分区能够很好地反映人类活动的影响，例如，按照行政分区来给各个子流域附上渠系利用系数等。

②计算分区

参数分区的作用是为了方便地进行模型参数调整，因此存在两种划分方式。而计算分区完全和第一种参数分区划分方法一样，即按照水文站、出口点的单独控制范围进行划分。这种计算分区划分的目的是，可直接按照水文站、出口点的实测流量对计算分区内的水文模拟结果进行检验，并依次对分区内的参数进行率定。同时，各计算分区能保持相对独立，计算分区模拟结果和模拟效果不会对其他计算分区产生影响。各计算分区可独立进行计算，因此，可极大地缩短模型计算时间。

由于各个计算分区之间存在上下游空间拓扑关系，在计算下游计算分区时，必须把上游计算分区的出口流量过程作为当前计算分区的入流过程，才能准确地模拟当前计算分区的出口流量过程。为此，EasyDHM 模型在流域进行编码时，自动计算了每个计算分区的上游计算分区并输出到参数分区文件中，同时在产汇流模拟时对模拟流程也进行相应地改造，即在对某一个单独计算分区进行模拟时，如果该计算分区紧上游有其他计算分区，则自动读入上游计算分区出口流量过程并作为当前计算分区的入流过程。因此，在逐分区进行模拟及参数优化时，一定要按照从上游到下游的计算顺序进行。

③参数分区与计算分区的自动生成

根据 EasyDHM 模型的流域编码特点，按第一种方式设计了自动生成参数分区（即计算分区）的算法。该算法主要包括以下步骤：

a. 计算各个水文站、出口点所在的子流域；

b. 根据模拟编码的规则，自动计算每个水文站/出口点所控制的全部子流域；

c. 自动记录每个水文站/出口点的上游最邻近的水文站；

d. 自动计算每个水文站/出口点所单独控制的子流域，这些子流域形成一个计算分区，即参数分区；

e. 自动计算每个参数分区的控制面积等信息并输出参数分区属性文件。

7.2.1.3　气象要素空间展布方法

分布式水文模型将研究区域进行空间离散化后，需要将模型的基本输入——气象信息也进行空间离散。气象信息主要包括降水、温度、风速、湿度、太阳辐射。

目前气象信息都是来自固定气象站点的独立观测资料，当研究扩展到区域尺度时，仅基于站点的观测资料远远不能满足要求，气象信息的连续性空间分布数据更为重要。因此，需要对气象信息进行离散，得到每一个基本计算单元的降水信息和气象信息。

对于气象信息的空间展布，主要采用空间插值的方法。EasyDHM 主要采用的差值方法有泰森多边形法（Thiessen）、距离平方反比法（Inverse Distance Weighting，IDW）等。

（1）泰森多边形法（Thiessen）

泰森多边形又称最近距离法，是气象信息空间展布和计算流域面状信息时最常用的方法。它的基本思想十分简单，无观测地点的气象信息等于离其最近观测站点的气象信息。泰森多边形法的插值步骤包括：

①定义一组控制站点；

②相邻 3 个站点间连接成三角形；

③找出所有控制站点的外边界凸体多边形；

④对每个三角形的每条边画垂直平分线；

⑤这些垂直平分线构成的多边形便是泰森多边形。

泰森多边形内所有位置的气象信息等于该多边形内气象站点的气象信息。

（2）距离反比加权平均法

距离反比加权平均法的基本思想是，无观测地点的气象信息（即待估点气象信息）由它周围气象站（即参证站）的气象信息情况确定，待估点气象信息与参证站气象信息成正比，与该点到各参证站距离的若干次方成反比。待估点气象信息的计算公式为

$$P^*(s_0) = \sum_{i=1}^{N} \lambda_i P(s_i)$$ （7-18）

$$\lambda_i = \frac{d_i^{-b}}{\sum_{i=1}^{N} d_i^{-b}}$$ （7-19）

式中，$P^*(s_0)$ 为待估点 s_0 处的估计值；N 为位于待估点周围用来确定待估点雨量的参证站个数，个；$P(s_i)$ 为位于 s_i 处的第 i 个参证站的雨量，mm；λ_i 为第 i 个参证站的权重；d_i 为待估点到第 i 个参证站的距离，m；b 为权重指数。当 $b=0$ 时，上式演化为算数平均法；$b=1$ 时，上式为简单的距离反比法；$b=2$ 时，为广泛应用的距离平方反比法。

（3）修正距离反比法（MIDW）

它认为与未采样点距离最近的若干个参证站对待估点值的贡献最大，其贡献与距离成反比。修正距离反比法在距离反比法的基础上考虑了高程修正，其权重建立在两站距离与高程差比值的基础上。可用式（7-20）表示：

$$P^*(s_0) = \sum_{i=1}^{N} \lambda_i P(s_i)$$ （7-20）

$$\lambda_i = \frac{(\frac{\Delta E_i}{d_i})b}{\sum_{i=1}^{N}(\frac{\Delta E_i}{d_i})b}$$ （7-21）

式中，$P^*(s_0)$ 为待估点 s_0 处的估计值；N 为参证站个数，个；$P(s_i)$ 为位于 s_i 处的第 i 个参证站的雨量，mm；λ_i 为第 i 个参证站的权重；ΔE_i 为参证站 i 与待估点的高程差，m；d_i 为待估点到第 i 个参证站的距离，m；b 为权重指数，它是显著影响内插的结果，它的选择标准是最小平均绝对误差，一般幂越高插值结果越具有平滑的效果。

（4）综合离散方法

泰森多边形法的参证站为最近的一个站点，而距离平方反比法和修正距离平方反比法都需要选择一定的站点作为参证站。目前选取站点的方法一般有两类：一是固定参证站点个数 m，即选择离待估站点最近的 m 个站点进行插值；二是固定距离 D，即选择离待估点距离小于 D 的站点作为参证站。

不管采用什么插值方法，我们都希望参证站的气象信息和待估站点的气象信息相关性

比较好。二者的相关系数可以用来判断空间各点之间气象信息相关性的好坏。但对于站点稀疏或者影响气象信息的因素特别复杂的地方，可能有个站点和其他所有站点的相关系数都小于该阈值，这样就没有相关站点了。因此，综合离散方法考虑相关系数的结合泰森多边形法。

7.2.1.4　参数优化方法

为实现 EasyDHM 模型参数自动优化功能，引入了 SCE-UA 全局参数优化算法。SCE-UA 算法是目前对于非线性复杂的分布式水文模型采用随机搜索方法寻优最为成功的方法之一，得到了广泛应用。SCE-UA 算法第一步（第 0 个循环）先运用随机抽样在所有可行参数空间中选择一个初始种群。随后，该种群被分割成多个复合体（Complex），每个复合体运用单纯形法进行独立进化，复合体之间定期进行交叉形成新的复合体，从而可以获得更多的信息。图 7-3 给出了 SCE-UA 算法计算过程示意图，图 7-3（a）给出了第一个循环开始时的初始种群分布，可以看出在 X，Y 参数空间，两个复合体的种群随机分布；图 7-3（b）给出了第一个循环结束后的独立进化的复合体种群分布，可以看出两个复合体的种群分别逐渐向不同的局部最小点聚集；图 7-3（c）给出了第二个循环开始时的复合体交叉过的种群分布，从中可以看出两个复合体直接的种群发生了交叉；图 7-3（d）给出了第二循环结束时独立进化的复合体种群分布，可以看出两个复合体都聚集在全局最小点附近。该图既清楚地给出了 SCE-UA 算法的基本计算过程，也说明了该算法的有效性。

SCE-UA 算法的特点如下：①在多个吸引域内获得全局收敛点；②能够避免陷入局部最小点；③能有效地表达不同参数的敏感性与参数间的相关性；④能够处理具有不连续响应表面的目标函数，即不要求目标函数与导数的清晰表达；⑤能够处理高维参数问题。

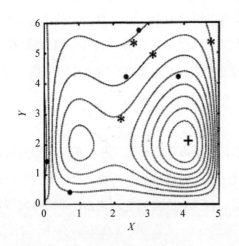
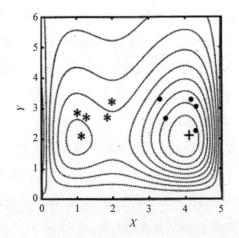

（a）初始种群第一个循环开始　　　　　（b）独立进化的复合体第一个循环结束

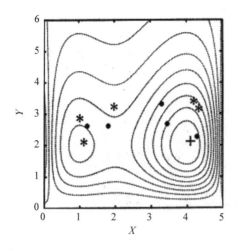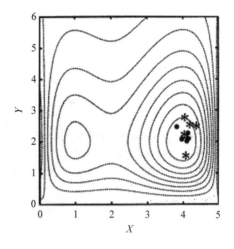

（c）复合体交叉过的种群第二个循环开始　　　　　（d）独立进化的复合体第二个循环结束

图 7-3　SCE-UA 算法计算过程示意

7.2.2　流域分布式水文模型构建

7.2.2.1　基础数据

（1）DEM 数据处理

本研究中的 DEM 数字高程数据来自美国联邦地质调查局（USGS）的 HYDRO1 k（网址：http：//edcdaac.usgs.gov/gtopo30/hydro/），如图 7-4 所示。DEM 处理包括"burn-in"主干河网和填平洼地，处理后的 DEM 如图 7-5 所示。

图 7-4　珠江流域（思贤滘以上）原始 DEM 高程栅格数据

图 7-5　珠江流域（思贤滘以上）处理后的 DEM 高程栅格数据

（2）数字流域水系生成

本次研究设定最小河流集水面积阈值为 150 km²，生成河网水系栅格图层，其转化成矢量图层，如图 7-6 所示。

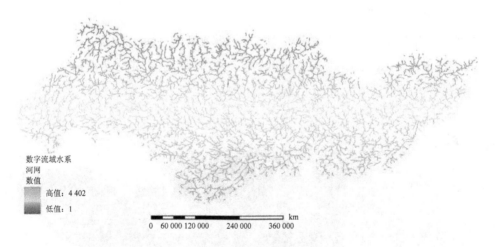

图 7-6　集雨面积阈值为 150 km² 时珠江流域（思贤滘以上）提取的河网水系

（3）土地利用数据

土地利用源信息采用来自"中国资源环境遥感宏观调查与动态研究"课题的研究成果数据——全国分县土壤覆盖矢量数据。首先把该土地利用类型数据转化为网格尺寸为 1 km×1 km 栅格数据格式，然后将土地类型转化为 EasyDHM 产流模型中相应的土地利用分类，最后根据 EasyDHM 产流模型的土地利用参数推求方法求各项产流参数。珠江流域土地利用分类如图 7-7 所示。

图 7-7 珠江流域（思贤滘以上）土地利用分类

（4）土壤数据

土壤栅格数据的测量一般按照土壤层的不同深度划分的。一般土壤分类数据形式：联合国粮农组织（FAO）土壤分类和全国土壤普查数据两种。本研究区土壤类主要采用的是 FAO 土壤数据，土壤类型如图 7-8 所示。

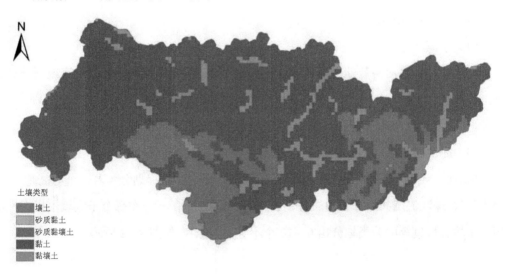

图 7-8 珠江流域（思贤滘以上）土壤类型

（5）水文气象数据

水文资料包括珠江流域 14 个水文站实测径流资料，气象资料包括降水、气温、湿度、风速及日照时数等。本研究共采用珠江流域范围及周边的 63 个气象站、14 个水文站，气象资料范围从 1954—2008 年。站点的分布如图 7-9 所示。

图 7-9　水文站和气象站点分布

7.2.2.2　空间单元划分

（1）子流域划分

在生成的数字河网基础之上，采用自主开发的通用复杂流域、区域子流域划分算法对珠江流域进行子流域划分，如图 7-10 所示，采用最小河流集水面积阈值为 150 km^2 时，珠江流域共划分为 1 459 个子流域。

（2）等高带和 HRU 划分

EasyDHM 模型将珠江流域山区的子流域进一步依据高程划分为若干个等高带（1～10 个不等），珠江流域共划分 10 384 个等高带，如图 7-11 所示。在每个子流域中根据土地利用、土壤、坡度等的分类划分出 0～10 个不等的 HRU，如图 7-12 所示。

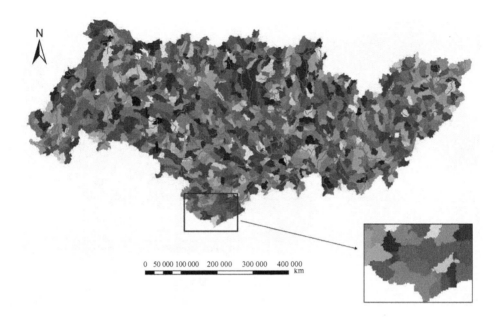

图 7-10 珠江流域（思贤滘以上）子流域划分

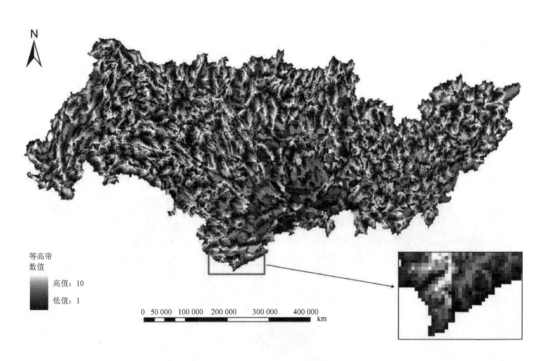

图 7-11 珠江流域等高带划分

图 7-12　珠江流域 HRU 划分

（3）参数分区和水库分区划分

在 EasyDHM 中为了体现模型参数在空间上的变异性，采用了参数分区拓扑式率定方法。在前面基于 DEM 提取的数字流域基础上确定出每个水文站和水库的控制范围，进而划分出各个参数分区和水库分区。根据 14 个水文站、6 个水库和 1 个总出口点，将珠江流域划分为 15 个参数分区和 6 个水库分区（图 7-13 和图 7-14）。根据各水文控制站和水库的水力联系得到各个分区之间的拓扑关系，如图 7-15 所示。

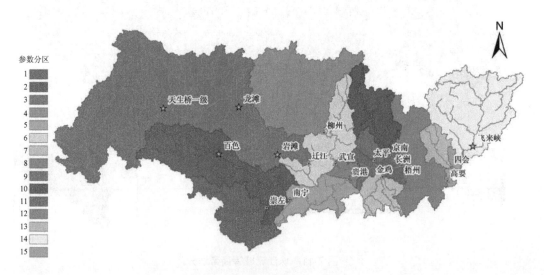

图 7-13　珠江流域参数分区

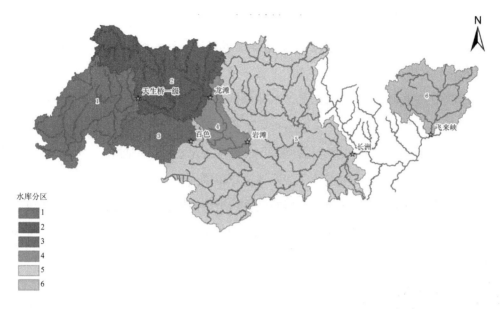

图 7-14 珠江流域水库分区

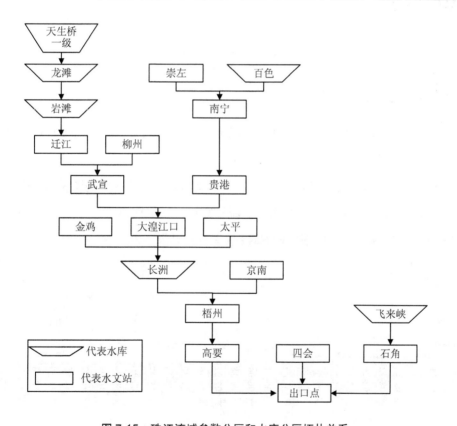

图 7-15 珠江流域参数分区和水库分区拓扑关系

7.2.2.3 气象要素空间展布

在本研究中采用距离反比加权平均法与泰森多边形法相结合的方法进行各气象要素的空间插值。

本研究中把前面划分的子流域作为降水空间展布单元。设定 1 000 km 为测站与待估点之间的最远相关距离阈值，0.8 为最小相关系数，在此范围内如果能找到符合条件的相关站点，采用距离反比加权平均法，否则采用泰森多边形法。假设同一个小流域内的降水量是均一的，并以小流域形心处的雨量表示该流域范围内的雨量，计算每个小流域形心处的降水量。为检验面雨量展布精度，将展布结果和全国水资源规划三级区雨量成果进行了比较。比较结果表明，本次日面雨量的空间展布成果精度较高，可以作为流域水循环模拟的基本输入。

7.2.2.4 参数率定

为了衡量模型模拟精度的好坏，引入 Nash-Sutcliffe 效率系数（即 Nash 效率系数），其方程表示如下：

$$R = 1 - \frac{\sum_{i=1}^{n}(Q_{S_i} - Q_{O_i})^2}{\sum_{i=1}^{n}(Q_{O_i} - \overline{Q_O})^2} \tag{7-22}$$

式中，Q_{S_i} 表示模拟径流序列；Q_{O_i} 表示实测径流序列；$\overline{Q_O}$ 表示实测径流序列的均值；n 为模拟时段数；R 为 Nash 效率系数，其变化范围是从负无穷到 1。Nash 效率系数越大，模型模拟效果越好；如果 $R<0$，说明模型模拟值比实测值可信度低。

本次模型率定的水文站点共有 14 个，本书列出其中主要 6 个列图说明：南宁、迁江、武宣、大湟江口、梧州和石角，采用逐日流量数据，率定期为 2007 年。各站率定结果如图 7-16 至图 7-21 所示，各站率定期 Nash 效率系数见表 7-2。

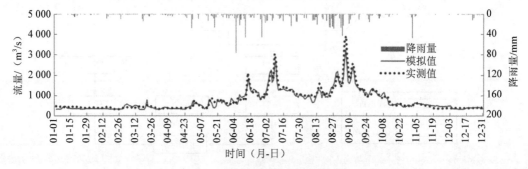

图 7-16 南宁站 2007 率定结果

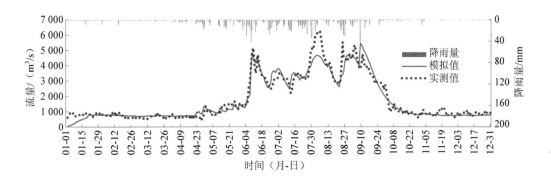

图 7-17 迁江站 2007 年率定结果

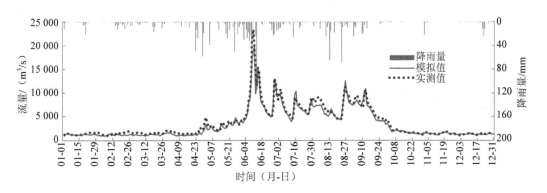

图 7-18 武宣站 2007 年率定结果

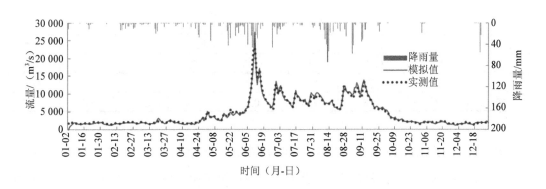

图 7-19 大湟江口站 2007 年率定结果

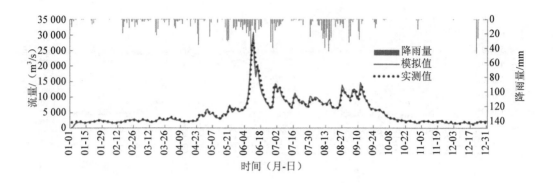

图 7-20 梧州站 2007 年率定结果

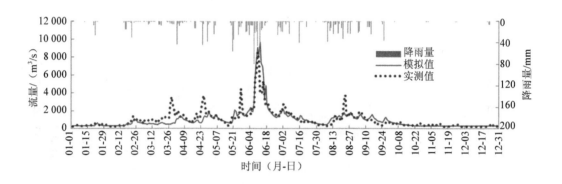

图 7-21 石角站 2007 年率定结果

表 7-2 各站率定期 Nash 效率系数

站点	崇左	南宁	迁江	柳州	贵港	武宣	金鸡
Nash 效率系数	0.69	0.93	0.93	0.73	0.83	0.96	0.43
站点	大湟江口	太平	京南	梧州	高要	四会	石角
Nash 效率系数	0.98	0.42	0.8	0.98	0.97	0.41	0.64

从以上率定结果可以看出，构建的珠江流域 EasyDHM 模型取得了较好的模拟效果。除崇左、金鸡、太平、四会和石角外，其他 9 个站点的 Nash 效率系数都在 0.7 以上，武宣、大湟江口、梧州和高要的 Nash 效率系数达到 0.96 以上，模拟精度较高，说明 EasyDHM 模型在珠江流域具有很好的适用性。

7.2.2.5 模型验证

为了验证上述模型参数率定结果的可靠性，根据各水文站已有数据资料对各参数分区的率定结果进行验证，验证期为 1962 年、1989 年及 1998 年。图 7-22 至图 7-26 给出了模型验证期 1998 年的模拟结果，表 7-3 列出了模型验证期评价指标结果。

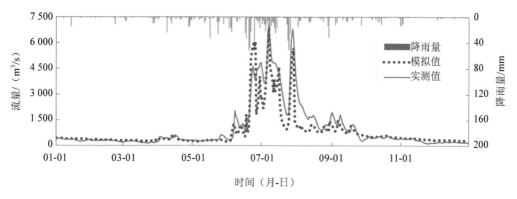

图 7-22　南宁站验证期 1998 年模拟结果

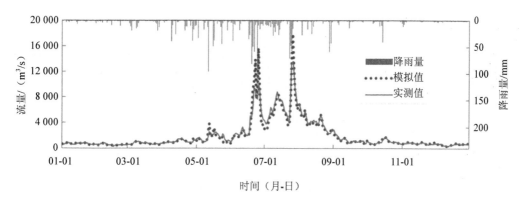

图 7-23　迁江站验证期 1998 年模拟结果

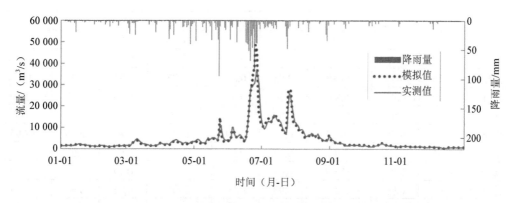

图 7-24　武宣站验证期 1998 年模拟结果

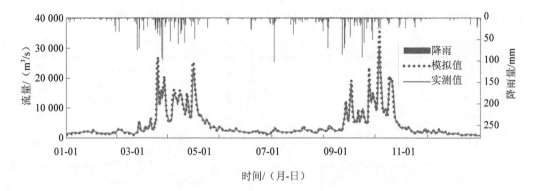

图 7-25　大湟江口站验证期 1998 年模拟结果

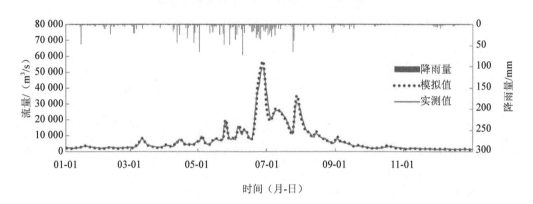

图 7-26　梧州站验证期 1998 年模拟结果

表 7-3　各站验证期评价指标

站点	1962 年			1989 年			1998 年		
	R	r	RE/%	R	r	RE/%	R	r	RE/%
崇左	—	—	—	0.74	0.88	22.87	0.61	0.89	21.04
南宁	0.75	0.89	23.39	0.65	0.88	33.77	0.81	0.91	15.24
迁江	0.97	0.99	6.84	0.96	0.98	2.49	0.93	0.97	1.89
柳州	0.85	0.92	0.17	0.76	0.87	2.75	0.75	0.91	7.93
贵港	0.94	0.98	16.19	0.75	0.89	8.37	0.86	0.96	2.95
武宣	0.96	0.98	7.94	0.94	0.98	11.32	0.94	0.97	1.93
金鸡	0.64	0.83	21.69	0.61	0.79	3.62	0.74	0.86	0.18
大湟江口	0.98	0.99	2.39	0.98	0.99	3.68	0.98	0.99	0.37
太平	0.68	0.84	17.68	0.52	0.75	12.55	0.73	0.87	3.75
京南	0.66	0.89	43.58	0.67	0.87	35.71	0.77	0.88	13.1
梧州	0.96	0.98	1.1	0.96	0.98	1.13	0.98	0.99	0.61
高要	—	—	—	0.95	0.98	5.43	0.93	0.98	26.42

注：“—”表示数据缺测；R 为 Nash 效率系数；r 为相关系数；RE 为相对误差。

从各参数分区验证结果分析可知，验证期内各参数分区的 Nash 效率系数基本都在 0.6 以上，相关系数基本上也在 0.8 以上，相对误差大部分都在 20%之内，模拟效果较好。有的参数分区模拟结果误差较大这可能是西江流域面积较大、地形复杂，展布到各计算单元的降雨量与该单元的实际降雨量可能存在偏差，这种降雨的偏差导致了径流过程的偏差；也可能是实测降雨、径流资料在测量、统计及编印等方面的误差所导致的。总体上，各参数分区模拟效果较为理想，说明分布式水文模型 EasyDHM 在珠江流域具有很好的适用性，构建的珠江流域分布式水文模型可以用于实际问题的应用研究，这为下一步进行各参数分区长系列水文模拟奠定了基础。

7.3　流域枯季水循环要素演变规律分析

7.3.1　水循环要素演变规律的主要研究方法

本研究采用线性回归、5 年滑动平均、Mann-Kendall 检验、Mann-Kendall 秩次检验及小波分析法，以揭示珠江流域降水、气温及径流的演变规律。

（1）线性回归和 5 年滑动平均

采用线性回归和 5 年滑动平均对水文气象序列进行线性趋势分析，通过该方法，可以直观地反映降水序列是否具有递增或递减的趋势。

（2）Mann-Kendall 检验法

Mann-Kendall 非参检验法（简称 MK 检验）常用来分析降水、气温、径流等气象水文要素时间序列的趋势变化，该法不要求序列服从某种分布，适合水文气象等非正态分布序列趋势分析。假定时间序列 $Y = (Y_1, Y_2, \cdots, Y_n)$，构造标准正态分布统计量 Z：

$$Z = \begin{cases} \dfrac{S-1}{\sqrt{\mathrm{Var}(S)}} & \text{if } S > 0 \\ 0 & \text{if } S = 0 \\ \dfrac{S+1}{\sqrt{\mathrm{Var}(S)}} & \text{if } S < 0 \end{cases} \tag{7-23}$$

$$S = \sum_{k=1}^{n-1} \sum_{j=k+1}^{n} \mathrm{sgn}\left(Y_j - Y_k\right) \tag{7-24}$$

$$\text{sgn}\left(Y_j - Y_k\right) = \begin{cases} 1 & \text{if } \left(Y_j - Y_k\right) > 0 \\ 0 & \text{if } \left(Y_j - Y_k\right) = 0 \\ -1 & \text{if } \left(Y_j - Y_k\right) < 0 \end{cases} \tag{7-25}$$

式中，S 服从正态分布 $\text{Var}(S)$ 是方差，$\text{Var}(s) = [n(n-1)(2n+5) - \sum_t t(t-1)(2t+5)]/18$。

对于给的置信水平 α：若 $|Z| \geq Z_{\alpha/2}$，则否定原假设，说明时间序列数据存在明显上升、下降趋势。当 $Z > 0$ 时，有明显上升趋势，当 $Z < 0$ 时，有明显下降趋势；若 $|Z| \leq Z_{\alpha/2}$，则原假设成立，说明时间序列不存在明显趋势变化。并且，当 $Z > 0$ 时，无明显上升趋势，当 $Z < 0$ 时，无明显下降趋势。本研究取显著水平 $\alpha = 0.05$，MK 统计量临界值 $Z = \pm 1.96$。

（3）Mann-Kendall 秩次检验

Mann-Kendall 秩次检验法可用于时间序列突变点检验，检测突变时间和突变区域。构造一秩序统计量：

$$\text{UF}_k = \frac{\left[S_k - E\left(S_k\right)\right]}{\sqrt{\text{Var}\left(S_k\right)}} (k = 1, 2, \cdots, n) \tag{7-26}$$

$$S_k = \sum_{i=1}^{k} r_i \left(k = 2, 3, \cdots, n\right) \tag{7-27}$$

$$r_i = \begin{cases} 1 & Y_i > Y_j \\ 0 & Y_i \leq Y_j \end{cases} \left(j = 2, 3, \cdots, i\right) \tag{7-28}$$

式中，$E\left(S_k\right)$ 与 $\text{Var}\left(S_k\right)$ 是 S_k 的期望和方差。

逆序排列时间序列 Y 并构造统计变量 UF_k'，并令 $\text{UB}_k = -\text{UF}_k'$。当 $\text{UF}_k > 0$，则表明时间序列有上升趋势，否则就有下降趋势。UB_k 的趋势正好与之相反。因此，当序列 UF_k 和 UB_k 相交时，交点对应的时刻就是突变点时刻。

（4）周期分析

小波分析法具有多分辨率分析的特点，对分析非平稳信号提供了有利工具。小波分析具有时、频同时局部化的特点，被誉为数学"显微镜"。目前，小波分析运用于分析气象水文时间序列比较广泛，可以给出气候因子序列不同层次的变化尺度及变化时间。而水文时间序列变化时域存在多尺度性和局部性，既有确定性因素，又有随机干扰因素。因此，小波分析非常适合用于水文气象变化分析。

假设连续函数 $\psi(x)$，其函数值在远离原点处迅速衰减到零，且在实数范围内有：

$$\int_R \psi(x)\mathrm{d}x = 0 \qquad (7\text{-}29)$$

并将 $\psi(x)$ 称为基小波或小波母函数。对母小波通过伸缩平移因子 a，b 可以得到一簇小波：

$$\psi_{(a,b)}(x) = \frac{1}{\sqrt{|a|}}\psi\left(\frac{x-b}{a}\right) \qquad (7\text{-}30)$$

对于任意函数 $f(x)$，其小波变换定义如下：

$$W_f(a,b) = \int_R f(x)\overline{\psi_{(a,b)}}(x)\mathrm{d}x = \frac{1}{\sqrt{|a|}}\int_R f(x)\overline{\psi}\left(\frac{x-b}{a}\right)\mathrm{d}x \qquad (7\text{-}31)$$

式中，$\psi(x)$ 与 $\overline{\psi(x)}$ 互为复共轭函数；$W_f(a,b)$ 是小波系数，写成离散变换式如下：

$$W_f(a,b) = \frac{1}{\sqrt{|a|}}\Delta t\sum_{k=1}^{n}f(k\Delta t)\overline{\psi}\left(\frac{k\Delta t-b}{a}\right) \qquad (7\text{-}32)$$

将时间域上的关于 a 的所有小波变化系数的平方进行积分，便得到小波方差：

$$\mathrm{Var}(a) = \int_{-\infty}^{+\infty}\left|W_f(a,b)\right|^2\mathrm{d}b \qquad (7\text{-}33)$$

小波方差随尺度 a 变化过程即为小波方差图，反映了波动的能量随尺度的分布。通过小波方差图可以得知一个水文时间序列存在的主周期。

常用的小波函数包括实型小波和复数小波。复数小波变换系数的模（或模平方）作为判别时间序列中包含的各尺度周期信号的强弱及这些周期在时域中分布的依据，能够消除使用实型小波变换系数时产生的虚假振荡，从而更真实地反映时间序列中各尺度的周期特征。因此，本研究选取 Morlet 小波对珠江流域 50 多年枯季降水和气温系列进行周期分析。

本研究中的逐日降水和逐日气温数据来源于珠江流域范围内的 39 个气象站观测资料（图 7-27），数据年份为 1954—2008 年，数据质量可靠；逐日径流数据来自珠江流域分布式水文模型模拟，其年份为 1954—2008 年。

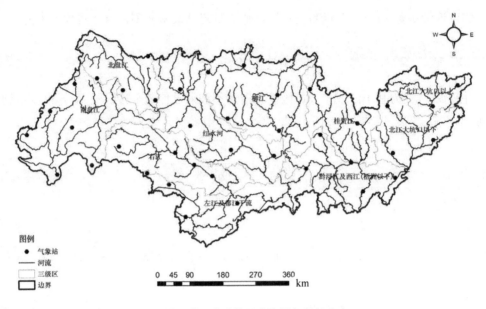

图 7-27　珠江流域范围内主要气象站分布

7.3.2　枯季降水演变规律分析

（1）线性趋势分析

珠江流域枯季降水线性变化趋势如图 7-28 所示。由图可见，珠江流域近 55 年来枯季平均降水量呈增加趋势，增加率为 6.2 mm/10a。从最近几年枯季降水变化可知，从 2002 年枯季开始，降水有下降趋势，2003 年枯季降水比 2002 年枯季减少 50%，2007 年枯季降水比 2006 年枯季减少 14%。

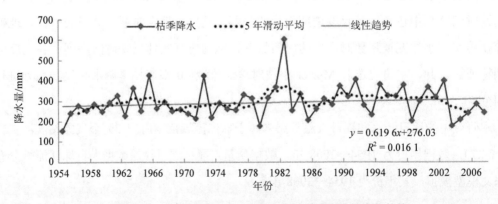

图 7-28　珠江流域 1954—2008 年枯季降水线性变化趋势

（2）MK检验

在显著性水平α=0.5（95%的置信度）下，对珠江流域范围内39个气象站及流域枯季降水量作MK检验，其结果如图7-29和表7-4所示。由图表分析可知，珠江流域枯季降水主要分布在柳江、郁江、西江下游和北江，降水呈现由东向西递减的趋势。流域39个气象站中，降水量呈增加趋势的有33个，呈减少趋势的有6个，但变化趋势都不显著。流域枯季降水量总体呈增加趋势，但没通过95%的置信度检验。

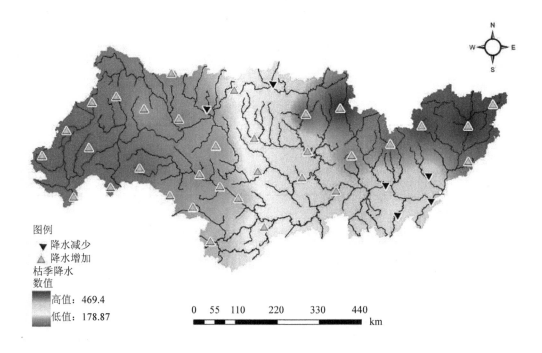

图 7-29　珠江流域 1954—2008 年枯季降水变化空间分布

表 7-4　各气象站及流域 1954—2008 年枯季降水 MK 检验结果

站点名称	经度	纬度	统计量 Z	临界值	趋势	是否显著
沾益	103.83	25.58	0.85	1.96	上升	否
盘县	104.47	25.72	1.92	1.96	上升	否
玉溪	102.55	24.33	0.82	1.96	上升	否
宜良	103.17	24.92	0.63	1.96	上升	否
泸西	103.77	24.53	0.87	1.96	上升	否
蒙自	103.38	23.38	1.03	1.96	上升	否
砚山	104.33	23.62	0.46	1.96	上升	否
安顺	105.90	26.25	0.57	1.96	上升	否

站点名称	经度	纬度	统计量 Z	临界值	趋势	是否显著
兴义	105.18	25.43	1.40	1.96	上升	否
望谟	106.08	25.18	0.40	1.96	上升	否
罗甸	106.77	25.43	−0.38	1.96	下降	否
独山	107.55	25.83	0.49	1.96	上升	否
榕江	108.53	25.97	−0.36	1.96	下降	否
融安	109.40	25.22	0.49	1.96	上升	否
桂林	110.30	25.32	0.81	1.96	上升	否
南雄	114.32	25.13	0.36	1.96	上升	否
广南	105.07	24.07	0.60	1.96	上升	否
凤山	107.03	24.55	1.33	1.96	上升	否
河池	108.03	24.70	0.25	1.96	上升	否
都安	108.10	23.93	1.38	1.96	上升	否
柳州	109.40	24.35	0.10	1.96	上升	否
蒙山	110.52	24.20	1.15	1.96	上升	否
贺县	111.53	24.42	1.65	1.96	上升	否
连县	112.38	24.78	0.82	1.96	上升	否
韶关	113.60	24.68	0.63	1.96	上升	否
佛岗	113.53	23.87	0.25	1.96	上升	否
那坡	105.83	23.42	1.55	1.96	上升	否
百色	106.60	23.90	1.94	1.96	上升	否
靖西	106.42	23.13	1.81	1.96	上升	否
田东	107.12	23.60	1.15	1.96	上升	否
平果	107.58	23.32	1.75	1.96	上升	否
来宾	109.23	23.75	0.06	1.96	下降	否
桂平	110.08	23.40	1.19	1.96	上升	否
梧州	111.30	23.48	−0.28	1.96	下降	否
广宁	112.43	23.63	−0.03	1.96	下降	否
高要	112.45	23.03	−0.09	1.96	下降	否
龙州	106.85	22.33	0.04	1.96	上升	否
南宁	108.22	22.63	0.16	1.96	上升	否
罗定	111.57	22.77	−0.31	1.96	下降	否
流域	—	—	1.19	1.96	上升	否

（3）突变检验

图 7-30 给出了流域枯季降水 MK 统计量曲线（图中红色水平虚线代表 α =0.05 显著水平上的临界值±1.96）。由图可知，流域枯季降水在 20 世纪 50 年代发生了由少到多的突变，突变开始的时间是 1955 年，1960 年以后降水显著增加，超过了 0.05 显著水平线，突变较显著。

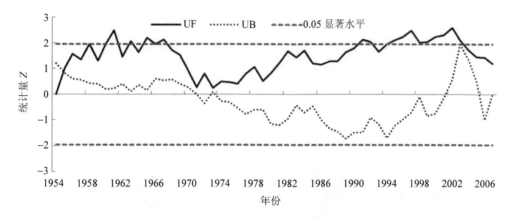

图 7-30　枯季降水 M-K 统计量曲线

（4）周期性分析

以时域 b 为横坐标，频域 a 为纵坐标绘制枯季降水距平小波变换系数等值线图，如图 7-31 所示。由图中分析可知，珠江流域枯季降水量以 2～3 年、4～7 年、8～18 年和 30 年以上的时间尺度相位变化较明显，其中心时间尺度分别为 2 年、5 年、13 年和 45 年左右。以 45 年左右为中心尺度相位变化的降水量存在 2 个偏少期和 1 个偏多期，在 1954—1973 年和 2001—2007 年处于负相位，降水为偏少期；在 1974—2000 年处于正相位，降水为偏多期；从图中还可看出，2007 年以后负相位等值线未完全闭合，因此可以推测此后一段时间降水仍将处于偏少期。以 13 年左右中心尺度相位变化的降水量存在 3 个偏多期和 4 个偏少期，2007 年以后降水仍将处于降水少多期。以 2～3 年和 4～7 年时间尺度相位变化均发生在整个时域内，丰枯变化频繁。图 7-32 为枯季降水量距平小波方差图，由图可见，枯季降水存在 2 年、5 年、13 年和 42 年左右的主周期，其中 13 年和 42 年左右的周期性最为强烈。

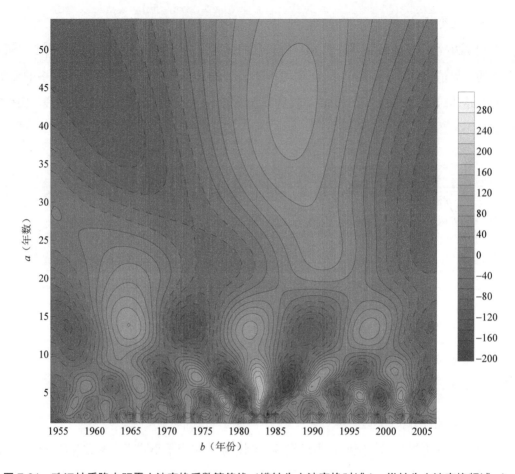

图 7-31　珠江枯季降水距平小波变换系数等值线（横轴为小波变换时域 b，纵轴为小波变换频域 a）

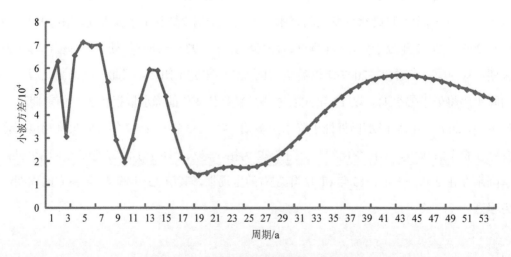

图 7-32　珠江枯季降水量距平小波方差

7.3.3 蒸发演变规律分析

（1）趋势分析及 MK 检验

珠江流域蒸发量变化趋势和检验结果如图 7-33、图 7-34 和表 7-5 所示。从趋势分析可知，近 55 年来，珠江流域年蒸发量呈减少趋势，且减少率为 9.73 mm/10a，且减少趋势通过了 95%的置信度检验，减少趋势显著。与年蒸发量变化趋势类似，枯水期蒸发量虽也呈现减少趋势，减少率为 5.79 mm/10a 但并未通过显著性检验，变化趋势不明显。

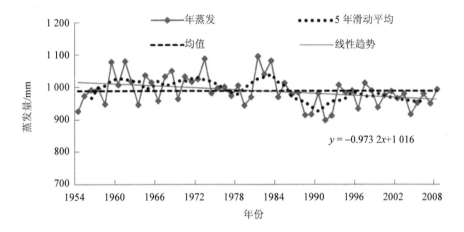

图 7-33 珠江流域年蒸发量变化趋势

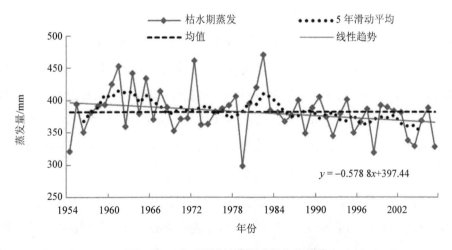

图 7-34 珠江流域枯季蒸发量变化趋势

表 7-5 珠江流域蒸发量变化趋势检验结果

蒸发序列	线性回归			MK 检验		
	b（mm/10a）	r_0	p	Z	趋势	p-value
年	−9.73	−0.335[*]	0.013	−2.25[*]	—	0.024
枯水期	−5.79	−0.265	0.053	−1.73	—	0.084

注："+"代表上升，"−"代表下降；*表示通过了95%置信度检验。

（2）突变分析

表 7-6 给出了珠江流域蒸发量突变检验结果。从蒸发量突变检验结果可知，珠江流域年蒸发量在 20 世纪 80 年代均发生了由多到少的突变，其可能的突变显著性水平小于 0.05，突变显著，突变年份分别为 1986 年、1987 年和 1988 年，突变前、后期蒸发量减少率分别为 4.5%、4.5%和 8.5%。枯水期蒸发量在 1991 年发生了由多到少的突变，但突变不显著。

表 7-6 珠江流域蒸发量 Pettitt 突变检验结果

蒸发序列	KT	t	突变后趋势变化	p	突变后−突变前/mm	突变前后变化率/%
年	398	1986	减少	0.003 7	−45.4	−4.5
枯水期	239	1991	减少	0.12	−23.1	−6

注：突变前后变化率=（突变后期−突变前期）/突变前期。

（3）周期分析

流域珠江流域年蒸发量距平小波变换系数等值线图和不同频域小波变换系数图如图 7-35 所示。由图 7-35（a）可见，西江流域年蒸发量以 6~13 年和 23 年以上的时间尺度变化较明显，其中心时间尺度分别为 10 年和 44 年左右。以 44 年左右为中心尺度的相位变化存在 1 个偏多期和 1 个偏少期；1957—1984 年处于偏多期；在 1985—2008 年处于偏少期；2008 年以后一段时间将可能处于蒸发偏少期。以 10 年左右为中心尺度的相位变化存在 4 个偏多期和 5 个偏少期，2008 年以后将可能处于偏多期。

在枯水期，蒸发量在 6~10 年、12~25 年和 32 年以上时间尺度变化较显著，其中心时间尺度分别为 8 年、18 年和 50 年左右，50 年左右中心尺度变化存在 1 个偏多期和 1 个偏少期，2008 年以后仍将可能处于偏少期；18 年左右中心尺度变化存在 2 个偏多期和 3 个偏少期，2008 年以后将可能处于偏少期；8 年左右中心尺度变化存在 5 个偏多期和 6 个偏少期，2008 年以后将可能处于偏少期［图 7-35（b）］。

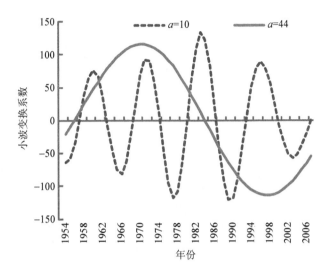

（a）年蒸发量

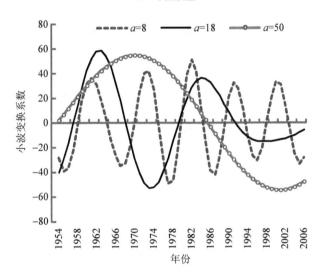

（b）枯水期蒸发量

图 7-35　珠江流域蒸发量距平小波变换系数等值线图和不同频域小波变换系数

　　图 7-36 为珠江流域蒸发量距平小波方差图，由图可见，珠江流域年蒸发量存在 10 年
和 44 年的主周期，且周期变化显著；汛期蒸发量存在 11 年、20 年和 42 年的主周期，其
中以 11 年周期变化最为显著；枯水期蒸发量存在 4 年、8 年、15～19 年和 50 年的主周期，
其中以 15～19 和 50 年周期变化最为显著。

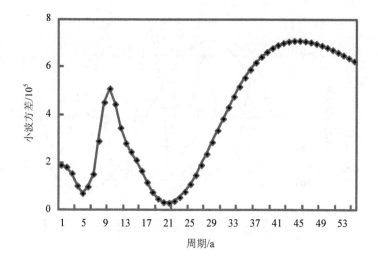

（a）年蒸发

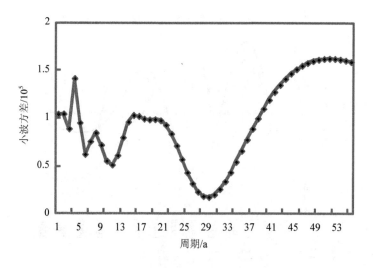

（b）枯水期蒸发

图 7-36　珠江流域蒸发量距平小波方差

7.3.4　枯季气温演变规律分析

（1）线性趋势分析

珠江流域枯季气温线性变化趋势如图 7-37 所示。由图可见，珠江流域枯水期气温呈上升趋势，上升率为 0.14℃/10a，近 55 年来气温上升 0.77℃。

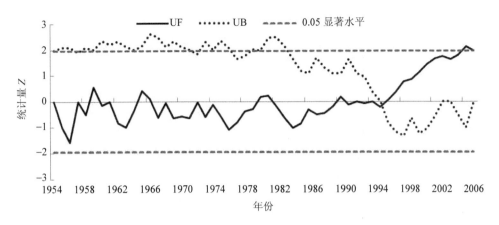

图 7-37　珠江流域 1954—2008 年枯季气温线性变化趋势

（2）MK 检验

在 α =0.5（95%的置信度）下，对珠江流域范围内 39 个气象站及流域枯季气温作 MK 检验分析，其结果如图 7-38 和表 7-7 所示。由图表可知，珠江流域枯季气温呈现由西北向东南递增的趋势。39 个气象站中，除 1 个下降不显著外，其余站点枯季气温均呈上升趋势，其中，有 47%的站点上升趋势显著。气温上升趋势显著的区域主要集中在南盘江上游、红水河下游、西江下游和北江流域。总体上，流域枯季气温呈显著上升趋势（Z=1.97）。

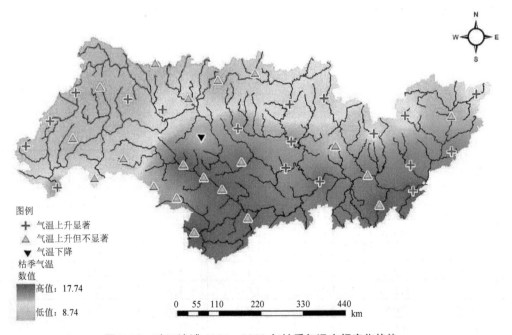

图 7-38　珠江流域 1954—2008 年枯季气温空间变化趋势

表 7-7　各气象站及流域 1954—2008 年枯季气温 MK 检验结果

站点名称	经度	纬度	统计量 Z	临界值	趋势	是否显著
沾益	103.83	25.58	2.00	1.96	上升	是
盘县	104.47	25.72	0.63	1.96	上升	否
玉溪	102.55	24.33	2.87	1.96	上升	是
宜良	103.17	24.92	3.63	1.96	上升	是
泸西	103.77	24.53	1.48	1.96	上升	否
蒙自	103.38	23.38	2.81	1.96	上升	是
砚山	104.33	23.62	0.28	1.96	上升	否
安顺	105.90	26.25	1.42	1.96	上升	否
兴义	105.18	25.43	1.98	1.96	上升	是
望谟	106.08	25.18	2.28	1.96	上升	是
罗甸	106.77	25.43	1.47	1.96	上升	否
独山	107.55	25.83	1.75	1.96	上升	否
榕江	108.53	25.97	1.89	1.96	上升	否
融安	109.40	25.22	2.42	1.96	上升	是
桂林	110.30	25.32	2.43	1.96	上升	是
南雄	114.32	25.13	2.58	1.96	上升	是
广南	105.07	24.07	1.54	1.96	上升	否
凤山	107.03	24.55	-0.35	1.96	下降	否
河池	108.03	24.70	2.56	1.96	上升	是
都安	108.10	23.93	1.23	1.96	上升	否
柳州	109.40	24.35	2.44	1.96	上升	是
蒙山	110.52	24.20	1.75	1.96	上升	否
贺县	111.53	24.42	2.50	1.96	上升	是
连县	112.38	24.78	2.84	1.96	上升	是
韶关	113.60	24.68	1.89	1.96	上升	否
佛岗	113.53	23.87	1.99	1.96	上升	是
那坡	105.83	23.42	0.75	1.96	上升	否
百色	106.60	23.90	0.90	1.96	上升	是
靖西	106.42	23.13	0.73	1.96	上升	否
田东	107.12	23.60	0.47	1.96	上升	否
平果	107.58	23.32	0.58	1.96	上升	否
来宾	109.23	23.75	2.11	1.96	上升	是
桂平	110.08	23.40	2.35	1.96	上升	是
梧州	111.30	23.48	1.78	1.96	上升	否
广宁	112.43	23.63	2.45	1.96	上升	是
高要	112.45	23.03	3.66	1.96	上升	是
龙州	106.85	22.33	1.92	1.96	上升	否
南宁	108.22	22.63	0.95	1.96	上升	是
罗定	111.57	22.77	1.70	1.96	上升	否
流域	—	—	1.97	1.96	上升	是

（3）突变检验

图 7-39 给出了流域枯季气温 MK 统计量曲线。由图可知，流域枯季气温在 20 世纪 90 年代发生了突变，突变开始的时间是 1995 年，2007 年以后气温上升显著，超过了 0.05 显著水平线，突变显著。

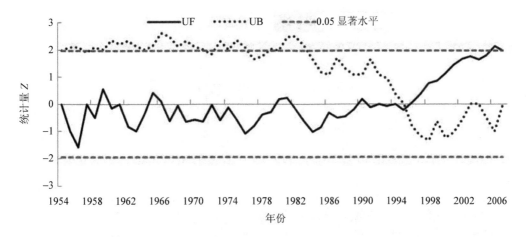

图 7-39　枯季气温 MK 统计量曲线

（4）周期性分析

以时域 b 为横坐标，频域 a 为纵坐标绘制枯季气温距平小波变换系数等值线图，如图 7-40 所示。由图分析可知，珠江流域枯季气温以 3～10 年和 15 年以上的时间尺度相位变化较明显，其中心时间尺度分别为 6 年和 45 年左右。以 45 年左右为中心尺度相位变化的气温存在 1 个偏冷期和 1 个偏暖期，在 1960—1988 年处于负相位，气温为偏冷期；在 1989—2007 年处于正相位，气温为偏暖期；从图中还可看出，2007 年以后正相位等值线未完全闭合，因此可以推测此后一段时间气温仍将处于偏暖期。以 6 年左右中心尺度相位变化的气温存在 7 个偏冷期和 7 个偏暖期，2007 年以后气温仍将处于偏暖期。图 7-41 为枯季气温距平小波方差图，由图可见，枯季气温存在 3 年、6 年、和 45 年左右的主周期，其中 6 年和 45 年左右的周期性最为强烈。

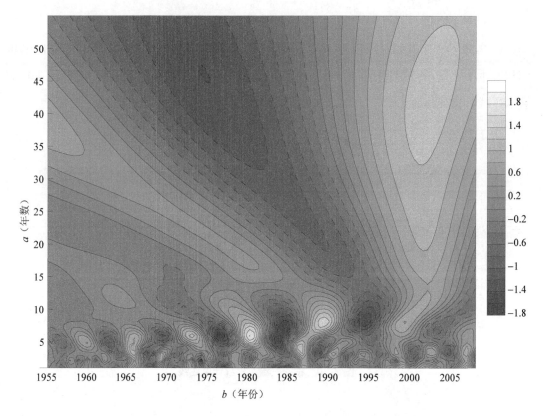

图 7-40　珠江枯季气温距平小波变换系数等值线图

注：横轴为小波变换时域 b，纵轴为小波变换频域 a。

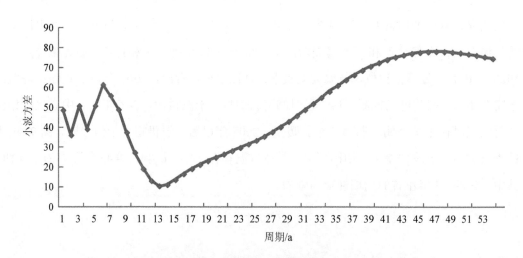

图 7-41　珠江枯季气温距平小波方差

7.3.5 枯季径流演变规律

（1）线性趋势分析

珠江流域主要 6 个水文站的枯季平均流量（1954—2008 年）线性变化趋势如图 7-42 至图 7-47 所示。

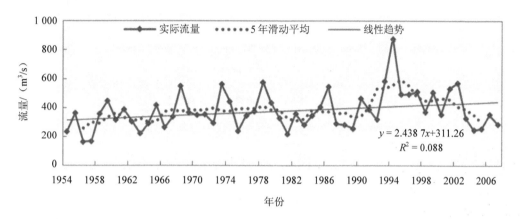

图 7-42 南宁站 1954—2008 年枯季流量线性变化趋势

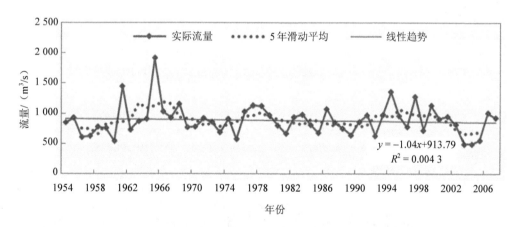

图 7-43 迁江站 1954—2008 年枯季流量线性变化趋势

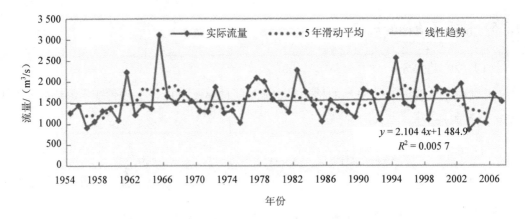

图 7-44　武宣站 1954—2008 年枯季流量线性变化趋势

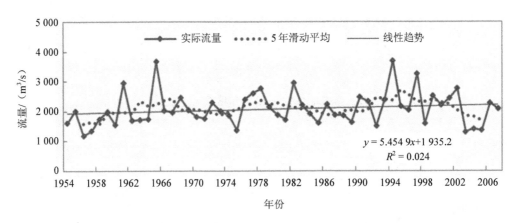

图 7-45　大湟江口站 1954—2008 年枯季流量线性变化趋势

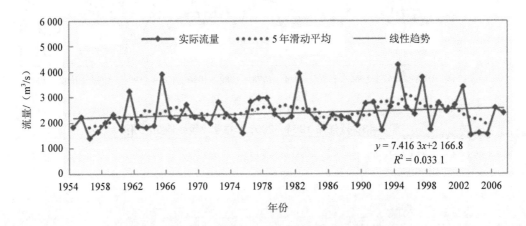

图 7-46　梧州站 1954—2008 年枯季流量线性变化趋势

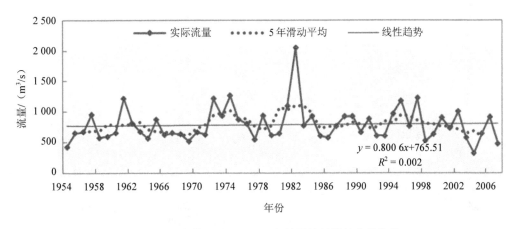

图 7-47　石角站 1954—2008 年枯季流量线性变化趋势

对珠江流域范围内 14 个水文站的年平均径流（1954—2008 年）进行统计并进行趋势分析，结果表明，柳州、武宣、南宁、太平、梧州、高要、石角、大湟江口、贵港和京南站所观测的年平均径流呈增加趋势，迁江、金鸡、四会和崇左呈减少趋势。由此可知，西江武宣以下干流年径流呈增加趋势，北江干流年径流也呈增加趋势，支流郁江、柳江、桂贺江来水也呈现增加趋势；红水河、北流江、左江和绥江年径流呈减少趋势。

从珠江干流各站枯季流量变化趋势来看，除西江迁江站枯季流量减少外，西江武宣、大湟江口、梧州和高要站及北江石角站均呈增加趋势，增加率分别为 21 m³/s/10a、54.5 m³/（s·10a）、74.2 m³/（s·10a）、77.7 m³/（s·10a）和 8 m³/（s·10a）。可见，对于西江干流而言，枯季流量增加率从上游到下游呈递增趋势。值得注意的是，迁江站流量呈减少趋势[−10 m³/（s·10a）]说明红水河枯季来水是减少的。

从各支流站点枯季流量变化趋势来看，左江崇左站、郁江南宁和贵港站枯季流量均呈增加趋势，增加率分别为 1.5 m³/（s·10a）、24.4 m³/（s·10a）和 27 m³/（s·10a），说明郁江枯季来水是增加的；柳江柳州站流量以 16.6 m³/（s·10a）的趋势增加，表明柳江来水也呈现出增加趋势；桂江京南站流量以 9.3 m³/（s·10a）的趋势增加；北流江金鸡站和蒙江太平站也呈微弱增加趋势；绥江四会站流量呈减少趋势。

（2）MK 检验

在 $\alpha = 0.5$（95%的置信区间）下，对珠江流域范围内 14 个水文站年平均径流（1954—2008 年）作 MK 检验分析，由图 7-48 可知，14 个水文站中，柳州、武宣、南宁、太平、梧州、高要、石角、大湟江口、贵港及京南的年平均径流呈不显著的增加趋势，迁江、金鸡、四会和崇左呈现不显著的下降，流域年平均径流量总体呈增加趋势。这与前面的线性变化趋势相一致。

图例

▲ 年平均径流无显著增加
▽ 年平均径流无显著减少
——河流

图 7-48　珠江流域 1954—2008 年年平均径流变化趋势（背景为高程）

在 $\alpha=0.5$（95% 的置信度）下，对珠江流域 14 个水文站枯季平均流量（1954—2008 年）作 MK 检验分析，其结果如图 7-49 和表 7-8 所示。MK 检验结果与线性趋势结果一致。14 个水文站中，除迁江和四会站外，其余各站枯季流量呈增加趋势，但均没有通过 95% 的置信度检验，说明枯季各站来水流量变化趋势均不明显。

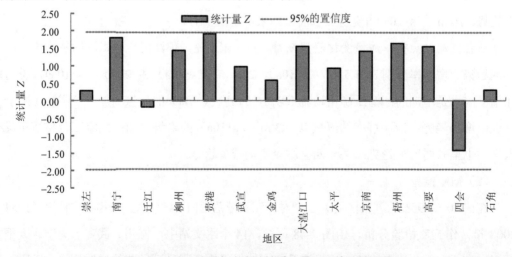

图 7-49　珠江流域各水文站枯季流量 MK 检验统计量

表 7-8 珠江流域各水文站枯季流量 MK 检验结果

站名	河流	经度	纬度	统计量 Z	临界值	趋势	是否显著
崇左	左江	107.33	22.42	0.28	1.96	+	否
南宁	郁江	108.23	22.83	1.81	1.96	+	否
迁江	红水河	108.97	23.63	−0.18	1.96	−	否
柳州	柳江	109.40	24.33	1.44	1.96	+	否
贵港	郁江	109.62	23.08	1.92	1.96	+	否
武宣	黔江	109.65	23.58	0.97	1.96	+	否
金鸡	北流河	110.85	23.20	0.59	1.96	+	否
大湟江口	浔江	110.20	23.57	1.55	1.96	+	否
太平	蒙江	110.68	23.65	0.93	1.96	+	否
京南	桂江	111.03	23.73	1.40	1.96	+	否
梧州	西江	111.33	23.47	1.64	1.96	+	否
高要	西江	112.47	23.05	1.55	1.96	+	否
四会	北江	112.68	23.35	−1.42	1.96	−	否
石角	北江	112.95	23.57	0.31	1.96	+	否

（3）突变分析

珠江流域各水文站枯季流量 MK 统计量曲线如图 7-50 所示。从统计量曲线分析可知，西江干流迁江站枯季流量在 1960 年发生了由少到多的突变，且突变显著，1960 年后的枯季平均流量比 1961 年之前增加 84 m³/s；武宣站在 1958 年发生了显著突变，1958 年后的平均流量比 1958 年之前增加 420 m³/s；大湟江口、梧州及高要站枯季流量均在 20 世纪 60 年代发生了显著突变，突变开始时间为 1960 年。北江石角站枯季流量无显著突变发生。根据各支流站点枯季流量突变检验结果分析，除京南和四会站，大部分站点均在 1960 年左右发生了显著突变，突变后流量都呈现增加趋势。

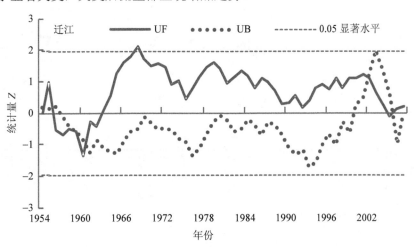

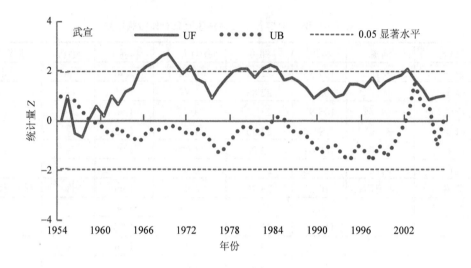

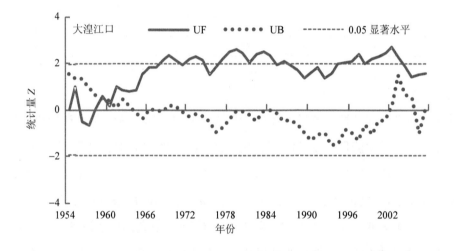

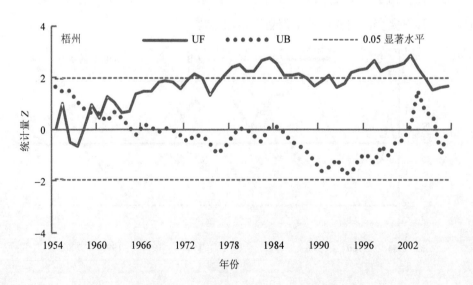

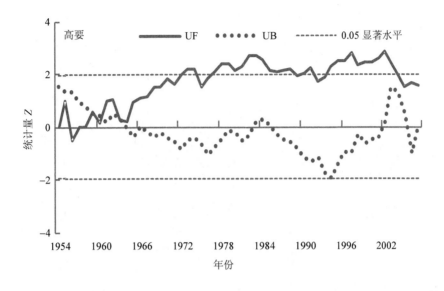

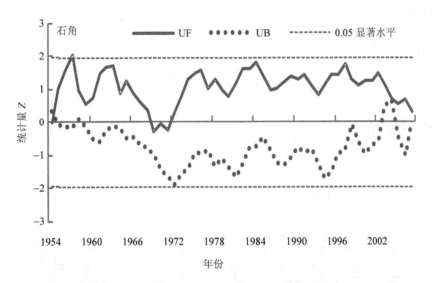

图 7-50 珠江流域各站枯季径流 MK 统计量曲线

（4）周期性分析

为揭示珠江流域枯季径流周期性变化，本研究对珠江流域枯季压咸控制流量控制站梧州、高要及石角枯季流量进行了周期分析。梧州、高要和石角枯季流量距平小波变换系数等值线图如图 7-51 至图 7-53 所示。

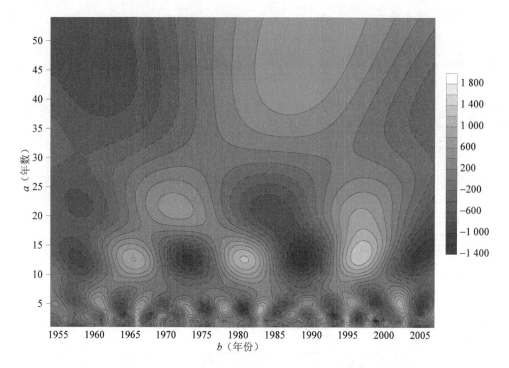

图 7-51　梧州站枯季流量距平小波变换系数等值线

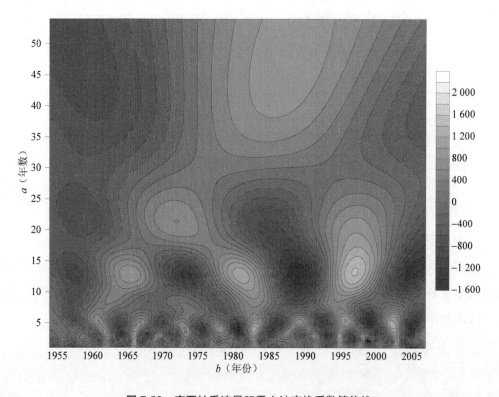

图 7-52　高要枯季流量距平小波变换系数等值线

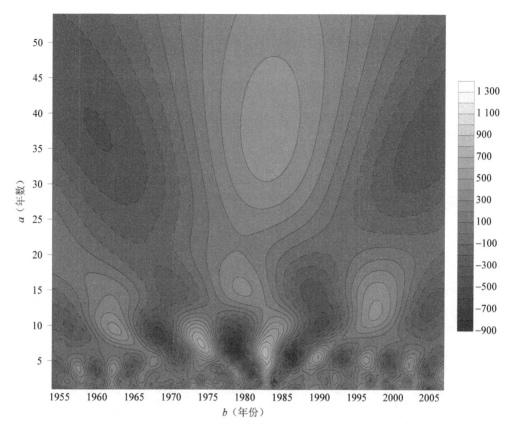

图 7-53　石角站枯季流量距平小波变换系数等值线

梧州、高要和石角枯季流量距平小波方差图如图 7-54 所示。

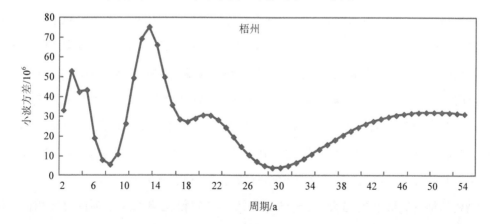

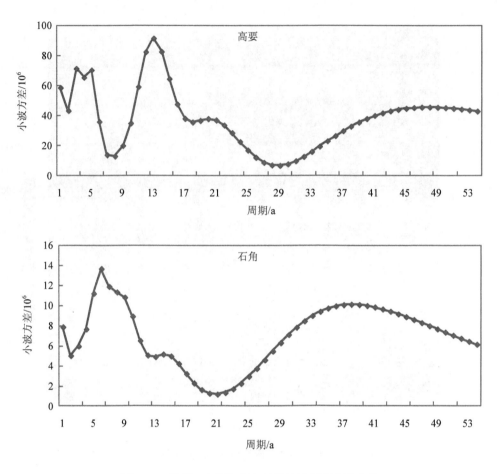

图 7-54　梧州、高要和石角枯季流量距平小波方差

从梧州、高要和石角枯季流量距平小波变换系数等值线图和枯季流量距平小波方差图可以看出，梧州站枯季流量以 2～5 年、10～15 年、17～27 年和 35 年以上的时间尺度相位变化较明显，其中心时间尺度分别为 3 年、13 年、21 年和 46 年左右。以 46 年左右为中心尺度相位变化存在 1 个偏枯期和 1 个偏丰期；以 21 年左右中心尺度相位变化存在 2 个偏枯期和 2 个偏丰期，1954—1965 年和 1979—1989 年处于偏枯期，1966—1978 年和 1989—2002 年处于偏丰期；以 13 年左右中心尺度相位变化存在 4 个偏枯期和 3 个偏丰期。以 3 年左右中心尺度相位变化发生在整个时域内，丰枯变化频繁。

高要站枯季流量以 2～5 年、7～15 年、18～27 年和 32 年以上的时间尺度相位变化较明显，其中心时间尺度分别为 3 年、13 年、20 年和 45 年左右。以 45 年左右为中心尺度相位变化存在 1 个偏枯期和 1 个偏丰期；以 20 年左右中心尺度相位变化存在 2 个偏枯期和 2 个偏丰期，1954—1964 年和 1980—1990 年处于偏枯期，1965—1979 年和 1991—2003

年处于偏丰期；以 13 年左右中心尺度相位变化存在 4 个偏枯期和 3 个偏丰期。以 3 年左右中心尺度相位变化发生在整个时域内，丰枯交替频繁。

石角站枯季流量以 5～10 年、10～15 年和 20 年以上的时间尺度相位变化较明显，其中心时间尺度分别为 6 年、14 年和 38 年左右。以 38 年左右为中心尺度相位变化存在 2 个偏枯期和 1 个偏丰期；以 14 年左右中心尺度相位变化存在 3 个偏枯期和 3 个偏丰期。以 6 年左右中心尺度相位变化主要发生在 1970—2005 年，且丰枯变化频繁。

3 个主要控制水文站梧州、高要及石角枯水期的小波等值线图均显示 2007 年以后仍处于偏枯期，这对于枯水期调水抑咸是很不利的，同时也说明开展流域水库群抑咸调度工作的必要性。

7.4 流域枯季径流特征

7.4.1 流域水文站枯季来水特征

根据水文模型中水文站率定得到的最优参数，计算各水文站控制区的产流量，计算时间为 1954—2008 年，各水文控制站枯季来水特征如表 7-9 所示。由该表分析可知，珠江流域各水文站枯季来水流量最大值大部分出现时间为 1982 年或 1994 年，最小流量出现时间为 1956 年、1985 年和 2003 年左右。近 10 年，除京南外，其他各水文站枯季来水均比多年平均偏少。与多年平均相比，北江四会站来水流量偏少 24%，迁江、金鸡和石角偏少百分率均在 10% 以上，武宣、大湟江口和梧州偏少 4%～5%，且珠江干流越往上游来水偏少百分率越大。

表 7-9 珠江各水文站枯季来水特征

站名	枯季多年平均流量/（m^3/s）	枯季最大流量/（m^3/s）		枯季最小流量/（m^3/s）	
		流量	出现年份	流量	出现年份
崇左	213	334	1982	128.5	1957
南宁	378	885	1994	163	1956
迁江	885	1 909	1965	498	2003
柳州	356	747	1982	128	1956
贵港	425	973	1994	184	1957
武宣	1 543	3 095	1965	862	2003
金鸡	89	237	1982	29	1963
大湟江口	2 085	3 704	1994	1 184	1956
太平	49	95	1982	25	1986

站名	枯季多年平均流量/（m³/s）	枯季最大流量/（m³/s）		枯季最小流量/（m³/s）	
		流量	出现年份	流量	出现年份
京南	198	417	1982	67	1985
梧州	2 371	4 265	1994	1 393	1956
高要	2 711	4 885	1994	1 510	1956
四会	141	317	1982	56.7	2004
石角	788	2 047	1982	320	2004

7.4.2　迁江至梧州区间枯季来水特征

根据以上水文控制站点枯季来水分析可知，迁江站多年枯季平均流量为 885 m³/s，梧州站平均流量为 2 371 m³/s，迁江来水流量只占梧州来水流量的 37%，迁江至梧州区间来水流量占梧州流量的 63%，说明迁江以上区域来水小于迁江至梧州区间来水，迁江至梧州区间是梧州来水的主要贡献区域。

迁江至梧州区间的 3 大支流郁江、柳江和桂江的代表站点分别为贵港、柳州和京南。贵港多年平均枯季流量为 425 m³/s，柳州为 356 m³/s，京南为 198 m³/s，分析可知郁江来水流量站迁江至梧州区间的 29%，柳江来水占 24%，桂江来水占 13%，说明 3 大支流中郁江来水对区间来水贡献最大。

图 7-55 给出了迁江至梧州区间 1954—2008 年枯季来水流量过程及趋势。由来水流量过程分析可知，迁江至梧州区间枯季平均流量为 1 486 m³/s，极大值为 2 988 m³/s 且出现年份为 1982 年，极小值为 785 m³/s 且出现年份为 1956 年。从变化趋势来看，迁江至梧州多年枯季平均流量呈增加趋势，增加率为 84.6 m³/s/10a。经 MK 检验可知枯季流量统计量为 1.97，通过了 95%的置信度检验，说明迁江至梧州区间来水流量增加趋势显著。

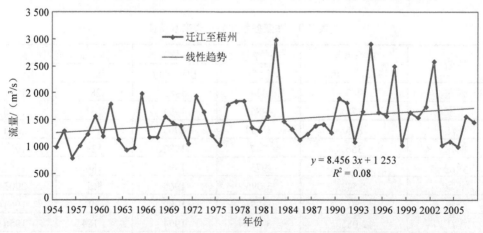

图 7-55　迁江至梧州区间 1954—2008 年枯季来水过程及趋势

7.4.3 各骨干水库入库特征

珠江流域骨干水库包括天生桥一级、百色、龙滩、岩滩、长洲和飞来峡水库，这些水库在珠江枯水期水量调度及河口地区"压咸补淡"发挥着重要作用。根据不同气象条件下水库上游子流域区间产流量计算推求得到各水库 1956—2008 年的入库流量过程，且以旬作统计，分析各骨干水库来水特征。

（1）天生桥一级水库入库流量

天生桥一级水库 1956—2008 年入库旬流量过程如图 7-56 所示。从图 7-56 分析可知，天生桥一级水库多年平均入库径流总量为 153.9 亿 m³，多年平均入库旬平均流量为 485.7 m³/s，最大旬流量为 2 650.6 m³/s，最小旬流量为 27.6 m³/s。其多年平均入库逐旬流量过程如图 7-57 所示。由图 7-57 可见，多年平均入库逐旬流量最大值为 1 127 m³/s，且出现时间为 7 月中旬；最小值为 126 m³/s，出现时间为 4 月下旬。枯水期 11 月—翌年 4 月多年入库旬平均流量为 225 m³/s，多年平均入库径流总量为 35 亿 m³。值得注意的是自 2000—2008 年以来，天生桥一级水库枯水期平均入库旬平均流量为 197 m³/s，平均入库径流总量为 31 亿 m³，比多年平均入库旬平均流量和多年平均入库径流总量减少了 12.4%。天生桥一级水库位于流域上游，近年来水库枯水期来水有所下降，可用抑咸水量也有所下降，通过对枯水期降雨的分析可以发现，这与 2000 年以来流域降雨有所减少有直接的关系。

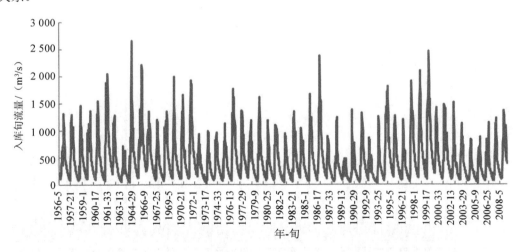

图 7-56 天生桥一级水库 1956—2008 年天然入库旬流量过程

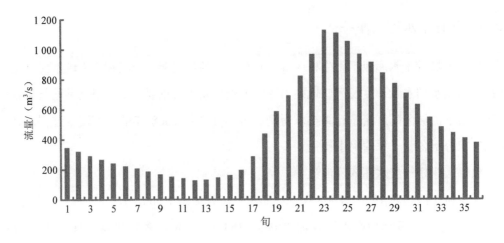

图 7-57　天生桥一级水库 1956—2008 年多年平均入库逐旬流量过程

（2）百色水库入库流量

百色水库 1956—2008 年入库旬流量过程如图 7-58 所示。从图 7-58 分析可知，百色水库多年平均入库径流总量为 118.4 亿 m^3，多年平均入库旬平均流量为 374 m^3/s，最大旬流量为 3 452 m^3/s，最小旬流量为 43 m^3/s。其多年平均入库逐旬流量过程如图 7-59 所示。由图 7-59 可见，多年平均入库逐旬流量最大值为 789 m^3/s，且出现时间为 7 月中旬；最小值为 104 m^3/s，出现时间为 4 月下旬。由统计发现，枯水期 11—翌年 4 月多年平均入库径流总量为 33 亿 m^3，多年入库旬平均流量为 208 m^3/s，其中 2000—2008 年枯水期（11 月—翌年 4 月）平均入库径流总量为 30 亿 m^3，平均入库旬平均流量为 187 m^3/s，比多年平均入库径流总量和入库旬平均流量减少了 9.84%。

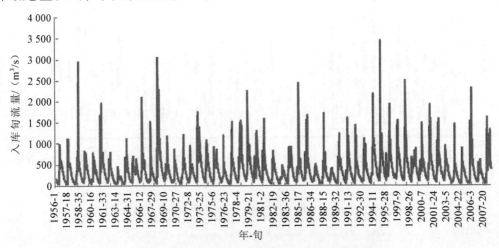

图 7-58　百色水库 1956—2008 年入库旬流量过程

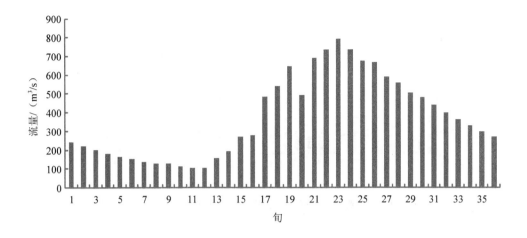

图 7-59   百色水库 1956—2008 年多年平均入库逐旬流量过程

（3）龙滩水库入库流量

龙滩水库 1956—2008 年入库旬流量过程如图 7-60 所示。从图 7-60 分析可知，龙滩水库多年平均入库径流总量为 414.3.7 亿 m^3，多年入库旬平均流量为 1 313 m^3/s，最大旬流量为 7 569 m^3/s，最小旬流量为 80 m^3/s。其多年平均入库逐旬流量过程如图 7-61 所示。由图 7-61 可见，多年平均入库逐旬流量最大值为 2 755 m^3/s，且出现时间为 7 月中旬；最小值为 361 m^3/s，出现时间为 4 月下旬。枯水期 11 月—翌年 4 月多年平均入库径流总量为 100 亿 m^3，多年平均入库旬平均流量为 637.5 m^3/s。作为天生桥一级的下游水库，龙滩水库在 2000—2008 年枯水期平均入库径流总量同样有所下降，为 90 亿 m^3，入库旬平均流量为 575.5 m^3/s，比多年平均入库径流总量和多年入库旬平均流量减少了 9.73%。

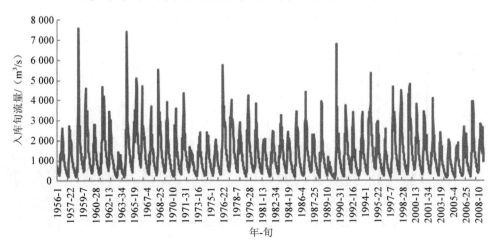

图 7-60   龙滩水库 1956—2008 年入库旬流量过程

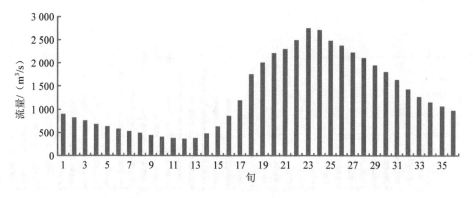

图 7-61　龙滩水库 1956—2008 年多年平均入库逐旬流量过程

（4）岩滩水库入库流量

岩滩水库 1956—2008 年入库旬流量过程如图 7-62 所示。从图 7-62 分析可知，岩滩水库多年平均入库径流总量为 509.3 亿 m^3，多年入库旬平均流量为 1 608 m^3/s，最大旬流量为 9 142 m^3/s，最小旬流量为 132 m^3/s。其多年平均入库逐旬流量过程如图 7-63 所示。由图 7-63 可见，多年平均入库逐旬流量最大值为 3 332 m^3/s，且出现时间为 7 月中旬；最小值为 462 m^3/s，出现时间为 4 月下旬。岩滩水库作为龙滩水库的下游水库，枯水期 11 月—翌年 4 月多年平均入库径流总量为 115 亿 m^3，略多于龙滩水库，多年平均入库旬平均流量为 726.5 m^3/s。不同于天生桥一级、龙滩及百色水库的是，2000—2008 年枯水期的平均入库径流总量为 121 亿 m^3，入库旬平均流量达到了 771.5 m^3/s，高于多年平均入库径流总量以及多年入库旬平均流量，增加了 6.19%。岩滩水库近年来入库径流总量的增加与上游天生桥一级、龙滩水库趋势略有不同，这一方面可能是由于龙滩至岩滩区间降雨量有所增加导致区间产流量增加；另一方面也可能由于龙滩水库出流发生变化所引起。

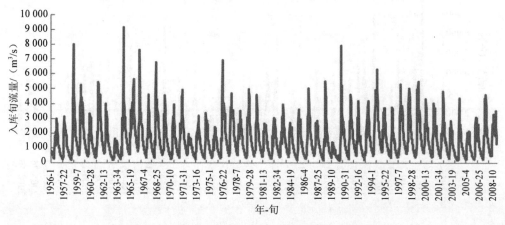

图 7-62　岩滩水库 1956—2008 年入库旬流量过程

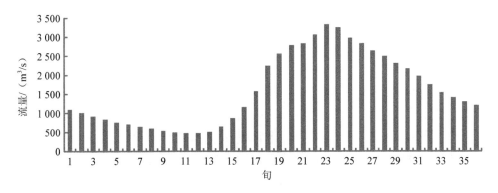

图 7-63 岩滩水库 1956—2008 年多年平均入库逐旬流量过程

（5）长洲水库入库流量

长洲水库 1956—2008 年入库旬流量过程如图 7-64 所示。从图分析可知，长洲水库多年平均天然入库径流总量为 1 583.1 亿 m^3，多年平均入库旬平均流量为 4 998 m^3/s，最大旬流量为 42 306 m^3/s，最小旬流量为 570 m^3/s。其多年平均入库逐旬流量过程如图 7-65 所示。由图可见，多年平均入库逐旬流量最大值为 11 455 m^3/s，且出现时间为 7 月上旬；最小值为 1 427 m^3/s，出现时间为 3 月中旬。枯水期（11 月—翌年 4 月）多年平均入库径流总量为 350 亿 m^3，多年入库旬平均流量为 2 217 m^3/s，同样地，通过对比 2000—2008 年枯水期长洲水库平均入库径流总量和入库旬平均流量发现，平均入库径流总量减少为 335 亿 m^3，平均入库旬平均流量减少为 2 113 m^3/s，减少了 4.92%。可见，近年来西江及以上流域骨干水库中，除岩滩水库入库流量在枯水期比多年平均入库流量略有增加外，其余骨干水库入库均有不同程度的减少，对流域开展抑咸水库群调度提出了挑战。

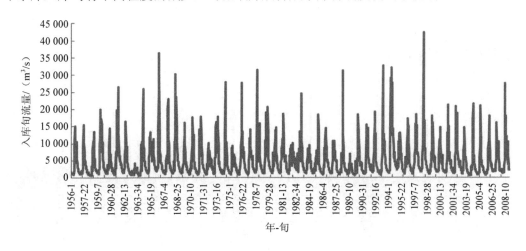

图 7-64 长洲水库 1956—2008 年入库旬流量过程

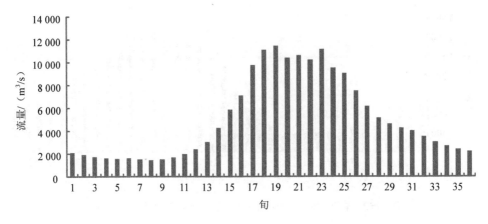

图 7-65　长洲水库 1956—2008 年多年平均入库逐旬流量过程

（6）飞来峡水库入库流量

飞来峡水库 1956—2008 年入库旬流量过程如图 7-66 所示。从图 7-66 分析可知，飞来峡水库多年平均入库径流总量为 398.3 亿 m^3，多年入库旬平均流量为 1 260 m^3/s，最大旬流量为 12 016 m^3/s，最小旬流量为 189 m^3/s。其多年平均入库逐旬流量过程如图 7-67 所示。由图 7-67 可见，多年平均入库逐旬流量最大值为 2 536 m^3/s，且出现时间为 6 月中旬；最小值 550 m^3/s，出现时间为 12 月中旬。飞来峡水库作为北江流域重要的水库在抑咸调度中与西江流域骨干水库联合发力，枯水期多年平均入库径流总量为 85 亿 m^3，多年入库旬平均流量为 535 m^3/s，2000—2008 年以来水库枯水期平均入库径流总量增加了 8.41%，为 91 亿 m^3，平均入库旬平均流量增加为 580 m^3/s，这一现象与该水库控制流域内降水要素的增加趋势相一致。

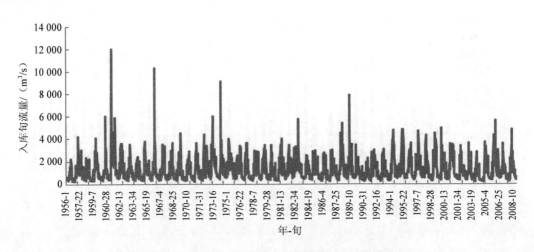

图 7-66　飞来峡水库 1956—2008 年入库旬流量过程

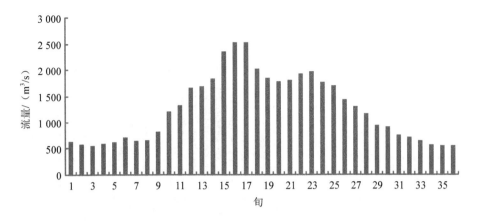

图 7-67 飞来峡水库 1956—2008 年多年平均入库逐旬流量过程

7.4.4 无控区间来水特征

以天生桥一级、龙滩、岩滩和长洲等骨干水库为节点，将无控区间分为天生桥一级（简称"天一"）至龙滩、龙滩至岩滩和百色—岩滩至长洲 3 个区间，然后计算各区间 1956—2008 年的来水过程，且以旬作统计，分析无控区间来水特征。

（1）天一至龙滩区间

1956—2008 年天一至龙滩区间来水旬过程如图 7-68 所示。从图 7-68 分析可知，天一至龙滩区间多年平均旬平均流量为 827 m³/s，最大旬流量为 6 152 m³/s，最小旬流量为 38 m³/s。其多年平均逐旬过程如图 7-69 所示。由图 7-69 可见，多年平均逐旬流量最大值为 1 628 m³/s，且出现时间为 8 月中旬；最小值为 231 m³/s，出现时间为 4 月中旬。

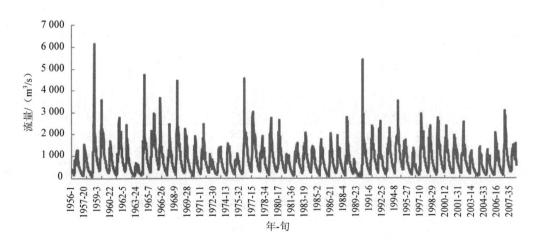

图 7-68 天一至龙滩区间 1956—2008 年来水旬过程

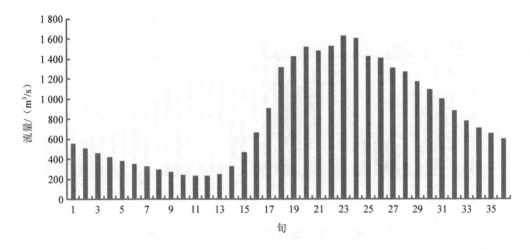

图 7-69　天一至龙滩区间 1956—2008 年多年平均逐旬流量过程

（2）龙滩至岩滩区间

1956—2008 年龙滩至岩滩区间来水旬过程如图 7-70 所示，从图 7-70 分析可知，龙滩至岩滩区间多年平均旬平均流量为 296 m³/s，最大旬流量为 3 414 m³/s，最小旬流量为 26 m³/s。其多年平均逐旬流量过程如图 7-71 所示，由图 7-71 可见，多年平均逐旬流量最大值为 577 m³/s，且出现时间为 8 月中旬；最小值为 92 m³/s，出现时间为 4 月上旬。

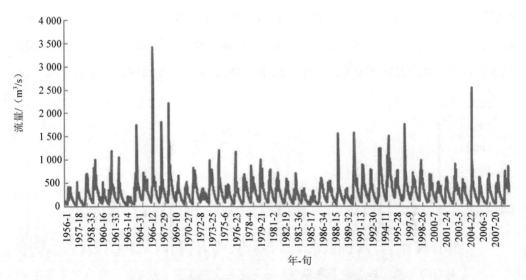

图 7-70　龙滩至岩滩 1956—2008 年区间来水旬过程

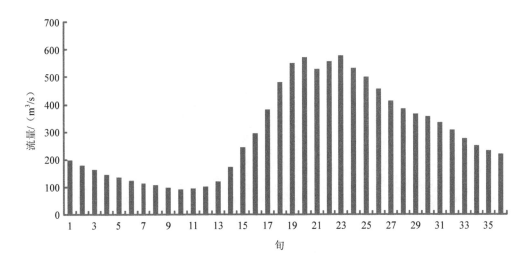

图 7-71 天一至龙滩区间 1956—2008 年平均平均逐旬流量过程

（3）百色—岩滩至长洲区间

1956—2008 年百色—岩滩至长洲区间来水旬过程如图 7-72 所示。从图 7-72 分析可知，百色—岩滩至长洲区间多年旬平均流量为 3 016 m³/s，最大旬流量为 36 775 m³/s，最小旬流量为 248 m³/s。其多年平均逐旬流量过程如图 7-73 所示。由图 7-73 可见，多年平均逐旬流量最大值为 8 287 m³/s，且出现时间为 6 月下旬；最小值为 601 m³/s，出现时间为 2 月上旬。

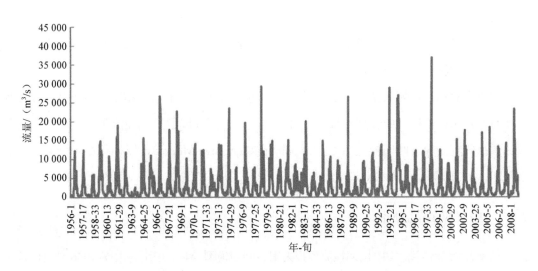

图 7-72 百色—岩滩至长洲 1956—2008 年区间来水旬过程

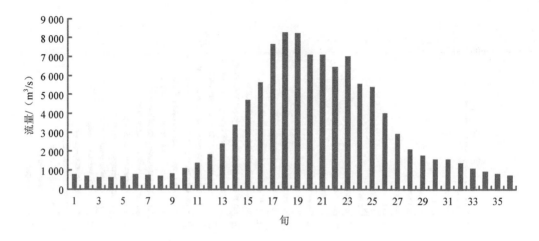

图 7-73　百色—岩滩至长洲区间 1956—2008 年多年平均逐旬流量过程

7.5　流域枯季径流预报

7.5.1　径流预报方法

径流预报方法根据预报时间尺度可分为物理驱动和数据驱动两种模型方法，物理驱动模型考虑降雨过程和产汇流过程，适用于短期径流预报；数据驱动模型是以建立输入输出数据之间的最优数学关系为目标的建模方法，中长期径流预报因为时间尺度较长，采用的是数据驱动模型。数据驱动模型方法有很多，包括时间序列预报方法、人工神经网络预报方法、灰色预测技术以及模糊分析预测技术等。

本研究对珠江流域天生桥一级、龙滩、百色、岩滩等骨干水库枯季（每年 11 月—翌年 4 月）入库径流进行中长期预报，并对梧州、思贤滘开展了短期径流预报研究。中长期径流预报研究采用自回归模型 AR（Automatic Regressive Model），短期预报研究采用基于 EasyDHM 的珠江分布式水文模型。

7.5.2　中长期径流预报

枯季各骨干水库枯季中长期径流预报采用自回归模型 AR，采用各水库 1956 年 10 月—2008 年 12 月入库月径流序列，其中以 1956 年 10 月—2006 年 3 月作为训练样本，2006 年 10 月—2008 年 12 月作为预报检验年，最后对 2009 年 1 月—2012 年 12 月作正式预报。由于模型阶数采用 9 阶，模拟年份从 1965 年 10 月开始。在这里由水文模型模拟的长系列入库径流记为"实测值"。

（1）天生桥一级水库

天生桥一级水库 1965 年 10 月—2006 年 3 月入库流量拟合值结果如图 7-74 所示。由图分析可知，入库流量拟合值与实测值基本一致，但对径流发生突变的月份的模拟效果并不理想，尤其是在 10 月。图 7-75 对预报值与实测值进行了比较，用于检验模型预报的效果。由图可知预测值与实测值变化趋势是一致的，除 2007 年 10 月的预报值偏大，2008 年 10 月峰值滞后外，其他月份预报结果较好。图 7-76 给出了 2009 年 1 月—2012 年 12 月入库流量预报过程。

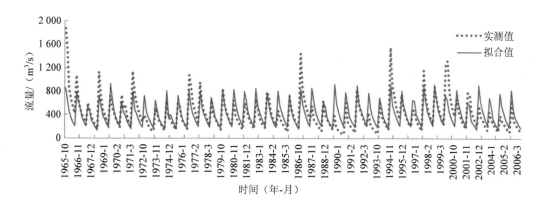

图 7-74　天生桥一级水库 1965 年 10 月—2006 年 3 月入库流量实测值与拟合值对比

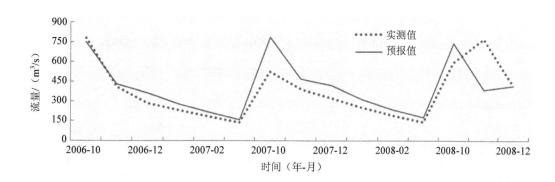

图 7-75　天生桥一级水库 2006 年 10 月—2008 年 12 月入库流量预测检验

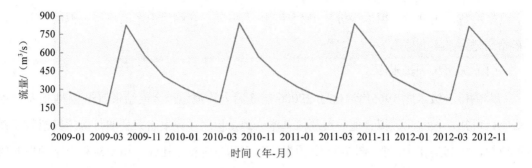

图 7-76　天生桥一级水库 2009 年 1 月—2012 年 12 月入库流量预报值

（2）龙滩水库

图 7-77 为龙滩水库枯季 1965 年 10 月—2006 年 3 月入库流量拟合结果。由图 7-77 分析可知，除个别月份径流发生突变处模拟效果不理想外，总体拟合效果较好。图 7-78 对预报值进行了检验，预报结果与实测结果拟合基本一致，除 2008 年 10 月峰值滞后外，其他月份预报结果较好。2009 年 1 月—2012 年 12 月入库流量预报过程如图 7-79 所示。

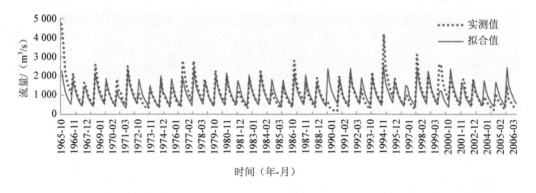

图 7-77　龙滩水库 1965 年 10 月—2006 年 3 月入库流量拟合值结果

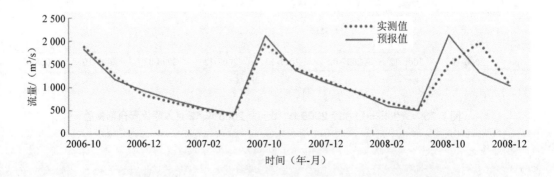

图 7-78　龙滩水库 2006 年 10 月—2008 年 12 月入库流量预测检验

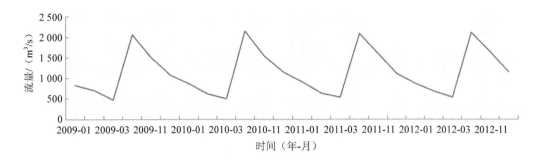

图 7-79　龙滩水库 2009 年 1 月—2012 年 12 月入库流量预报值

（3）百色水库

图 7-80 为百色水库枯季 1965 年 10 月—2006 年 3 月入库流量拟合值与实测值对比。由图 7-80 分析可知，除个别月份径流发生突变处模拟效果偏差较大外，总体拟合效果较好。图 7-81 对预报值进行了检验，预报结果与实测结果拟合基本一致，预报结果较好。2009 年 1 月—2012 年 12 月入库流量预报过程如图 7-82 所示。

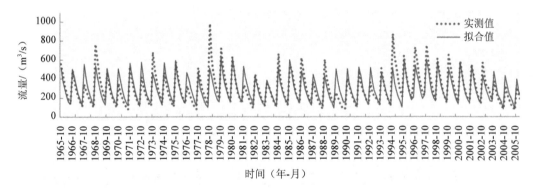

图 7-80　百色水库 1965 年 10 月—2006 年 3 月入库流量实测值与拟合值对比

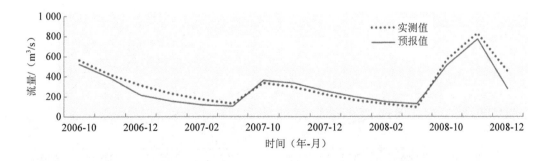

图 7-81　百色水库 2006 年 10 月—2008 年 12 月入库流量预测检验

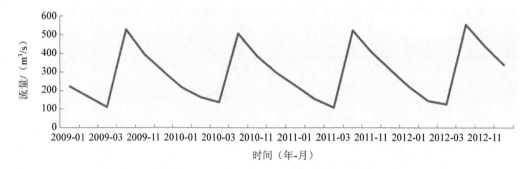

图 7-82　百色水库 2009 年 1 月—2012 年 12 月入库流量预报值

（4）岩滩水库

岩滩水库 1965 年 10 月—2006 年 3 月入库流量拟合值与实测值对比如图 7-83 所示。由图 7-83 分析可知，入库流量拟合值与实测值基本一致，但对径流发生突变月份的模拟效果并不理想，尤其是在 1965 年 10 月和 1994 年 10 月误差较大。图 7-84 对预报效果进行了检验。由图 7-84 可知，除 2008 年 10 月预报峰值滞后外，其他月份预报结果较好。图 7-85 给出了 2009 年 1 月—2012 年 12 月入库流量预报过程。

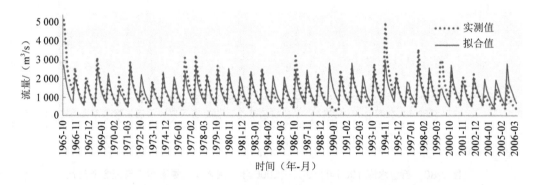

图 7-83　岩滩水库 1965 年 10 月—2006 年 3 月入库流量实测值与拟合值对比

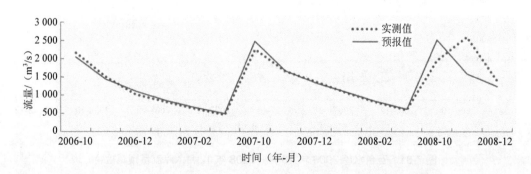

图 7-84　岩滩水库 2006 年 10 月—2008 年 12 月入库流量预测检验

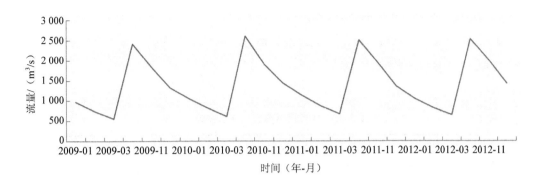

图 7-85　岩滩水库 2009 年 1 月—2012 年 12 月入库流量预报值

7.5.3　短期径流预报

7.5.3.1　梧州短期径流预报

（1）3 月梧州历史径流过程

1954—2008 年梧州 3 月逐日平均径流过程如图 7-86 所示。由图 7-86 所知，梧州 3 月平均流量为 1 774 m^3/s，最大流量为 2 115 m^3/s，最小流量为 1 622 m^3/s。3 月 23 日之前径流变化较平缓，3 月 23 日之后径流呈现增加趋势。3 月上旬平均流量为 1 761 m^3/s，中旬为 1 697 m^3/s，下旬为 1 856 m^3/s，即下旬平均流量最大，中旬最小。

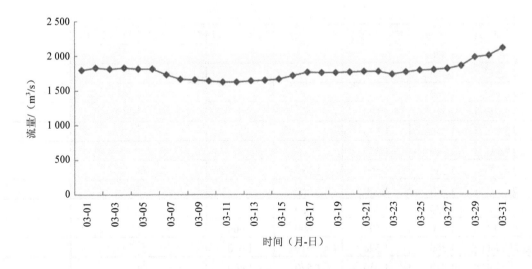

图 7-86　1954—2008 年梧州 3 月逐日平均径流过程

（2）3月梧州典型年径流统计信息

表7-10给出了3月梧州典型年流量统计信息，包括平均流量、最大流量、最小流量、上旬流量、中旬流量和下旬流量。

表7-10 3月梧州典型年流量统计　　　　　　　　　　　　　　单位：m³/s

典型年	平均流量	最大流量	最小流量	上旬流量	中旬流量	下旬流量
1955	1 241	1 497	1 173	1 264	1 229	1 232
1957	1 294	2 337	858	1 029	1 331	1 502
1963	1 603	3 462	1 010	1 101	1 254	2 375
1990	3 279	7 727	1 602	1 831	3 095	4 764
1993	1 659	3 018	1 106	1 938	1 825	1 254
1999	1 315	1 640	1 213	1 345	1 289	1 310
2004	1 297	1 999	948	1 181	979	1 691
2005	1 266	3 484	954	1 072	978	1 703

（3）2012年3月梧州径流预报过程

根据历史多年过程和典型年过程，采用基于EasyDHM的珠江分布式水文模型推求出2012年3月梧州预报流量，每隔3天作一次预报，共预报7次，采用实时数据进行模型校正，梧州2012年3月径流预报详见表7-11。

表7-11 2012年3月梧州预报流量　　　　　　　　　　　　　　单位：m³/s

时间	第1次预报	第2次预报	第3次预报	第4次预报	第5次预报	第6次预报	第7次预报
3月1日	1 370						
3月2日	1 360						
3月3日	1 360						
3月4日	1 350	1 580					
3月5日	1 340	1 570					
3月6日	1 340	1 570					
3月7日	1 330	1 560	1 580				
3月8日	1 320	1 550	1 550				
3月9日	1 330	1 560	1 580				
3月10日	1 360	1 590	1 600	1 600			
3月11日	1 360	1 590	1 610	1 610			
3月12日	1 320	1 550	1 570	1 600			
3月13日	1 300	1 530	1 550	1 540	1 510		
3月14日	1 290	1 520	1 500	1 500	1 500		
3月15日	1 290	1 520	1 540	1 540	1 540		

时间	第1次预报	第2次预报	第3次预报	第4次预报	第5次预报	第6次预报	第7次预报
3月16日	1 280	1 510	1 530	1 530	1 530	1 510	
3月17日	1 280	1 510	1 530	1 560	1 550	1 530	
3月18日	1 290	1 520	1 540	1 560	1 560	1 530	
3月19日	1 260	1 490	1 450	1 480	1 500	1 510	1 710
3月20日	1 250	1 480	1 430	1 430	1 440	1 450	1 650
3月21日	1 250	1 480	1 500	1 500	1 460	1 460	1 660
3月22日	1 270	1 500	1 620	1 620	1 600	1 600	1 800
3月23日	1 230	1 460	1 480	1 500	1 460	1 450	1 650
3月24日	1 230	1 460	1 470	1 450	1 450	1 450	1 650
3月25日	1 230	1 460	1 480	1 500	1 490	1 470	1 670
3月26日	1 220	1 450	1 470	1 450	1 480	1 460	1 660
3月27日	1 220	1 450	1 450	1 450	1 480	1 460	1 660
3月28日	1 270	1 500	1 520	1 500	1 490	1 500	1 700
3月29日	1 300	1 530	1 550	1 560	1 580	1 580	1 780
3月30日	1 500	1 730	1 750	1 700	1 630	1 600	1 800
3月31日	1 600	1 830	1 850	1 720	1 650	1 660	1 860

7.5.3.2　思贤滘短期径流预报

（1）3月思贤滘历史径流过程

1954—2008年思贤滘3月逐日平均径流过程如图7-87所示。由图7-87所知，思贤滘3月逐日平均径流变化过程与梧州相似，平均流量为2 734 m³/s，最大流量为3 256 m³/s，最小流量为 2 407 m³/s。3月上旬平均流量为 2 666 m³/s，中旬为 2 577 m³/s，下旬为2 939 m³/s，即下旬平均流量最大，中旬最小。

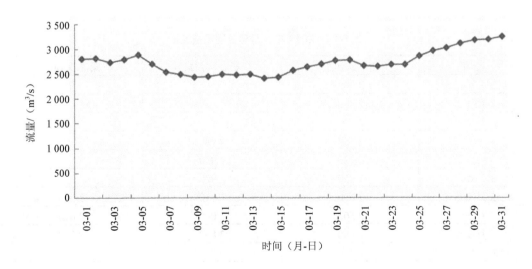

图7-87　1954—2008年思贤滘3月逐日平均径流过程

（2）3 月思贤滘典型年径流统计信息

3 月思贤滘典型年平均流量、最大流量、最小流量、上旬流量、中旬流量和下旬流量统计结果见表 7-12。

表 7-12　3 月思贤滘典型年流量统计　　　　　　　　单位：m³/s

典型年	平均流量	最大流量	最小流量	上旬流量	中旬流量	下旬流量
1955	1 512	2 486	1 401	1 508	1 645	2 011
1957	2 830	6 604	1 338	1 669	2 995	3 736
1963	2 619	5 354	1 388	1 494	2 471	3 776
1990	5 004	1 0595	3 074	3 898	3 987	6 935
1993	2 459	4 952	1 571	2 525	3 003	1 903
1999	1 785	3 938	1 522	1 675	1 623	2 033
2004	1 658	2 680	1 232	1 559	1 279	2 093
2005	1 746	4 155	1 135	1 369	1 629	2 196

（3）2012 年 3 月思贤滘径流预报过程

2012 年 3 月思贤滘径流预报结果数据如表 7-13 所示。第 1 次预报 2 月 27—29 日预测值平均流量为 2 487 m³/s，实测值平均流量为 2 547 m³/s，3 天的相对误差分别为 9.5%、4.2%、1.7%，平均相对误差为 5.1%；第 2 次预报 3 月 1—3 日预测值平均流量为 3 233 m³/s，实测值平均流量为 3 200 m³/s，3 天的相对误差分别为 8.3%、21.4%、6.3%，平均相对误差为 12%；第 3 次预报 3 月 4—6 日。

表 7-13　2012 年 3 月思贤滘预报流量　　　　　　　　单位：m³/s

日期	第 1 次预报	第 2 次预报	第 3 次预报
3 月 1 日	2 300		
3 月 2 日	2 300		
3 月 3 日	2 330		
3 月 4 日	2 360	2 980	
3 月 5 日	2 420	2 920	
3 月 6 日	2 650	2 920	
3 月 7 日	2 590	3 110	2 660
3 月 8 日	2 500	3 000	2 690
3 月 9 日	2 360	2 890	2 760
3 月 10 日	2 400	2 880	2 880
3 月 11 日	2 400	2 850	2 800
3 月 12 日	2 390	2 920	2 940

日期	第 1 次预报	第 2 次预报	第 3 次预报
3 月 13 日	2 360	2 770	2 870
3 月 14 日	2 350	2 550	2 640
3 月 15 日	2 400	2 500	2 500
3 月 16 日	2 400	2 500	1 560
3 月 17 日	2 420	2 520	2 630
3 月 18 日	2 450	2 450	2 790
3 月 19 日	2 380	2 480	2 690
3 月 20 日	2 370	2 370	2 430
3 月 21 日	2 500	2 400	2 400
3 月 22 日	2 580	2 480	2 480
3 月 23 日	2 450	2 350	2 420
3 月 24 日	2 430	2 430	2 630
3 月 25 日	2 490	2 400	2 650
3 月 26 日	2 430	2 460	2 460
3 月 27 日	2 430	2 430	2 480
3 月 28 日	2 480	2 480	2 480
3 月 29 日	2 510	2 610	2 600
3 月 30 日	2 590	2 590	2 600
3 月 31 日	2 600	2 650	2 710

8 珠江流域骨干水库群抑咸调度

8.1 抑咸调度基本思路及系统概化

8.1.1 抑咸调度基本思路

珠江流域支流众多，水系复杂，骨干水库群是复杂的混联系统，抑咸调水跨度长约1 300 km，西、北江水资源调度的调控能力也存在着很大差异。流域各骨干水库，其水文径流情况和调节性能不同，在库群优化调度时有可能进行各库间的水文补偿和库容补偿调节。水库群联合抑咸调度是目前解决枯水期咸潮影响城市饮用水问题的有效途径。然而，流域骨干水库群开发目标不尽相同，多以发电为主，难以满足抑咸要求。因此，开展流域层面的骨干水库群抑咸调度，对于满足水库群的多目标要求至关重要。

流域骨干水库群抑咸调度既要考虑上游及区间来水、水库前期蓄水、下游咸潮强度变化等因素，又要充分考虑枯季兴利用水和抑咸调度用水之间的竞争关系。因此，珠江流域骨干水库群抑咸调度是一个大系统、大跨度、多维、多目标的复杂决策问题。流域骨干水库群抑咸调度是根据下游控制断面的抑咸需求建立骨干水库群抑咸调度模型，提出枯季调水压咸期间骨干水库的抑咸调度关键技术和方法体系，为缓解珠江河口咸潮问题，保障河口地区供水安全提供技术支撑。

流域骨干水库群抑咸调度的基本思路如下。

（1）流域骨干水库群抑咸调度

根据控制断面目标流量，抑咸调度期间补水量是一定的，但由于天生桥一级水库（以下简称天一水库）、龙滩水库库容较大，为多年调节水库，在进行实时抑咸调度时必须确定多年调节水库计算期末的消落水位。因此，水库群抑咸优化调度的实质是在满足抑咸流量的前提下，确定梯级水库在各时段的补水量，使流域各水库综合效益最大。

通过构建珠江流域骨干水库群抑咸优化调度模型，根据各水库长系列逐月入库流量和区间流量进行调算，确定骨干水库群枯水期不同典型年的起调水位；在此基础上，根据典型年的设计来水过程进行逐日调节计算，得出典型年的抑咸优化调度方案；根据枯水期预报来水过程，结合典型年优化调度方案拟定实时调度的初始方案，通过基于 EasyDHM 的珠江流域分布式水文模型对实时水雨情信息的动态预报，滚动修正实时调度方案。

（2）调度方案滚动修正过程

骨干水库群抑咸优化调度方案的滚动修正是以流域水库群抑咸优化调度模型制定的中长期调度规则为基础，通过实时的水情信息更新下一时段的流量、水位等输入因子，通过对调度方案的实时修正，对调度期内的水雨情变化及预报的误差进行调整，减少后续时段的调度误差，不断提高方案的可操作性，滚动修正实时调度方案。

珠江流域骨干水库群抑咸调度流程如图 8-1 所示。

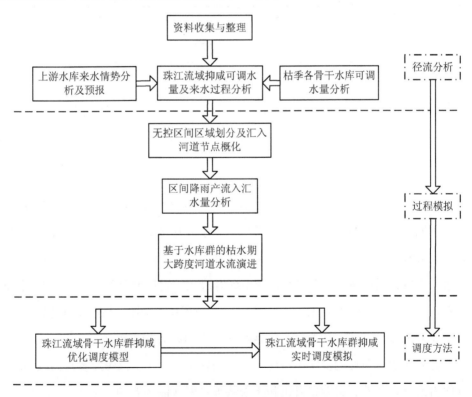

图 8-1　水库群抑咸调度流程

8.1.2 抑咸调度库群选择

西江流域水库群包括北盘江的光照，干流的天生桥一级、天生桥二级、平班、龙滩、岩滩、大化、百龙滩、乐滩、桥巩及长洲，右江的百色和郁江的西津；北江流域只有飞来峡水利枢纽有一定的补水能力；东江流域的 3 座大型水库分别为新丰江、枫树坝和白盆珠；珠江三角洲没有大型水库。

本次流域水库抑咸调度只涉及西、北江流域主要大型水库，抑咸骨干水库的选择通过历次调水实践和水库自身特性进行分析确定。

（1）历次调水实践

参与历次珠江流域枯季水量统一调度的骨干水库见表 8-1。

表 8-1　枯水期调度骨干水库

年份	参与的骨干水库
2004—2005	天一、岩滩、飞来峡
2005—2006	天一、岩滩、百色、江口（贺江）、飞来峡
2006—2007	天一、岩滩、百色、龙滩（下闸蓄水）、飞来峡
2007—2008	天一、龙滩、百色、岩滩、长洲（下闸蓄水）、飞来峡
2008—2009	天一、龙滩、百色、岩滩、长洲（初期蓄水）、飞来峡
2009—2010	天一、龙滩、百色、岩滩、长洲、飞来峡

（2）水库属性

从水库调节性能来看：天一与百色为不完全多年调节水库，龙滩为年调节水库，西津为不完全季调节水库。西、北江其他大型水库中除百龙滩水库无调节性能外，其他水库调节均为日调节水库。

从水库库容来看：龙滩的总库容及调节库容最大，远期调节库容达到 205.3 亿 m^3。其中调节库容超过 10 亿 m^3 的有天一、龙滩、百色。西津、岩滩、飞来峡的调节库容分别为 4.41 亿 m^3、4.32 亿 m^3、3.14 亿 m^3，其他水库的调节库容均小于 2 亿 m^3。

根据各水库的调节性能及实际调度过程中的作用，本次研究确定参与抑咸调度的流域骨干水库为天一、龙滩、岩滩、百色和飞来峡等水库（图 8-2）。

根据参与抑咸调度的各水库的调节性能和空间位置，将骨干水库分为 3 类：①水源水库，具有水资源调配潜力的水源水库主要为天生桥一级水库、龙滩水库和百色水利枢纽；②反调节水库，根据工程所处位置，岩滩水电站可对龙滩水电站的下泄流量进行反调节；

③配合压咸水库，北江飞来峡水利枢纽补水能力有限，但是距离珠江三角洲较近、又可调控西江过北江的分流比，且具有多次循环调度优势，宜充分、有效利用其补水作用，配合作好压咸补水调度。

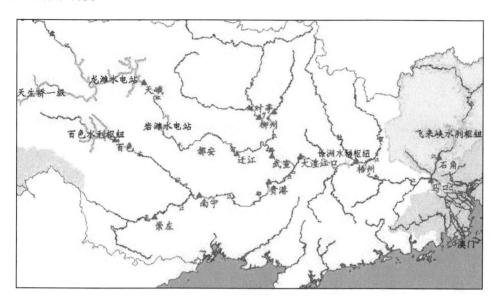

图 8-2　抑咸调度骨干水库群分布

8.1.3　抑咸调度节点概化

梯级水库群系统是一个涉及多个部门的复杂系统，各梯级电站调节性能各异，水库库容大小不一，主要的功能和承担的任务也不相同，是一个动态、多维、强约束、多线性、多阶段的"非结构化"系统，这就给梯级水电站的优化调度带来很大的困难。因此，在实际研究中，常常对研究系统进行概化，建立系统结构简图。

概化是对真实系统的一种抽象。既要最大限度地反映系统真实的运行情况，又要最大限度地保留真实系统的特点，以便保证模型与系统功能上的一致。流域骨干水库群是一个复杂的混联系统，既存在天生桥一级、龙滩和岩滩的串联系统，也存在百色和飞来峡的并联系统。

综合考虑流域水文特征，各水文站和骨干水库分布情况，水文站站点间距离及水库调度效果分析的要求，将研究区域各水文站和水库节点概化如图 8-3 所示。其中天一、龙滩和岩滩组成一个串联系统，该串联水库群系统又与百色、飞来峡具有并联的水力联系，流域骨干水库群是一个复杂的混联系统。

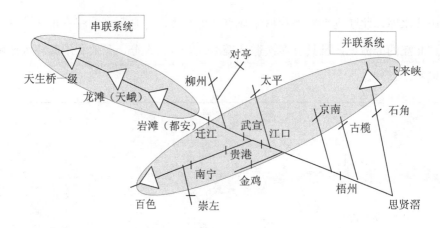

图 8-3　水库群优化调度节点示意

在节点概化图中，水库节点有天生桥一级、龙滩、岩滩、百色、飞来峡 5 座水库，控制节点有武宣、梧州、石角、思贤滘 4 个控制断面。

8.2　骨干水库群抑咸优化调度模型

8.2.1　模型目标函数及约束条件

（1）目标函数

本研究骨干水库群抑咸优化调度考虑的调度目标包括抑咸调度效果、梯级电站发电经济效益、区域经济发展和生态环境等。因此，其运行调度优化模型目标函数可以描述为

$$OBJ_{Fun} = Q_{抑咸} + E_{发电} + Q_{航运} + Q_{生态} \tag{8-1}$$

式中，OBJ_{Fun} 为最优的综合多目标效益；$Q_{抑咸}$ 为最佳抑咸流量，m³/s；$E_{发电}$ 为最大发电量，kW•h；$Q_{航运}$ 为最优航运流量，m³/s；$Q_{生态}$ 为最佳生态流量，m³/s。

西江干流枯水期抑咸调度主要分为抑咸流量目标和发电量目标。

①发电量目标

西江干流已建水库的功能定位多以发电为主，枯水期水量统一调度必将影响到西江梯级多个电站，这些电站分别属于南方电网中的贵州电网、广西电网和广东电网。考虑到电网发电计划受电网其他负荷、来水情势等因素影响，会根据实际条件不断调整。因此，在枯水期综合利用需求中，发电量以梯级电站发电量尽可能大为调度目标。

发电效益 E 发电可用函数表示，即

$$E_{发电} = \sum_{m=1}^{M} N(m,t)\Delta t = \sum_{m=1}^{M} \sum_{t=1}^{T} A(m)QD(m,t)H(m,t)\Delta t \qquad (8\text{-}2)$$

式中，$E_{发电}$ 为最大发电量，kW•h；$A(m)$ 为出力系数；$QD(m,t)$ 为第 m 个水库 t 时段的发电流量，m^3/s；$H(m,t)$ 为 m 个水库 t 时段的平均发电水头，m；Δt 为计算步长，s；M 为电站个数，个；T 为总时段个数，个。

②流量目标

抑咸：从 2005 年以来珠江防总已实施的流域压咸补淡应急调水的压咸效果来看，大潮转小潮期思贤滘流量达到 2 500 m^3/s 左右时，可满足澳门、珠海、中山、广州的供水要求，水环境容量也相应得到极大改善。据此，取思贤滘压贤流量为 2 500 m^3/s，相应梧州、石角等主要控制站点的下泄流量分别为 2 100 m^3/s、250 m^3/s。此结论与《保障澳门珠海供水安全专项规划》（2008 年经国务院同意，水利部与国家发展改革委联合印发）是一致的。

航运：随着西、北江主干道梯级的逐步建成，形成了良好的库区深水航道，船舶逐渐朝大吨位发展。按照国务院批准的全国内河航运与港口布局规划，西江下游将建成 3 000 t 级江海轮直达南宁的一级航道标准，而枯水期的水量不足将是一级航道建设的关键性制约因素。交通部珠江航务管理局和广西航运部门要求近期将梧州断面航运基流提高到 1 600 m^3/s、北江飞来峡水利枢纽的航运基流提高到 200 m^3/s，加上区间汇流，则思贤滘近期的航运流量应不小于 2 000 m^3/s，远期希望结合流域水资源调配进一步提高西江下游枯水流量，以确保航道畅通。

生态：河道生态流量按照《全国水资源综合规划技术细则》推荐的计算方法进行西北江干流及主要控制断面的河道内生态环境用水量计算分析，再经流域与有关省区协调。根据 45 年（1956—2000 年）径流量资料，按汛期和非汛期分别设定河道生态环境需水的目标，参照 Tennant 法，计算控制断面的汛期和非汛期的河流生态环境需水量，西江梧州、北江石角及西北江三角洲思贤滘 3 个控制断面的非汛期生态环境流量分别为 1 800 m^3/s、250 m^3/s、2 200 m^3/s。

根据《珠江水资源综合规划报告》，河道内需水量取航运需水、生态需水和压咸需水用值 3 项需水的外包线：武宣站 1 500 m^3/s、贵港 413 m^3/s、梧州 2 100 m^3/s、石角 250 m^3/s、思贤滘（马口+三水）2 500 m^3/s。

由于关键断面的抑咸控制流量是本次优化调度模型的主要目标，在建模时以控制断面流量的形式将其作为强制性约束引入数学模型，则原多目标优化问题转化为在满足抑咸约束和航运、生态条件下的发电目标优化问题。

（2）约束条件

①水库水量平衡约束

$$V(m,t+1) = V(m,t) + RW(m,t) - W(m,t) - LW(m,t) \quad （8-3）$$

$$W(m,t) = q(m,t)\cdot\Delta t \quad （8-4）$$

式中，$V(m,t)$、$RW(m,t)$、$W(m,t)$、$LW(m,t)$分别为第m个水库t时段库容、入库水量、出库水量和损失水量，m^3；$q(m,t)$为第m个水库t时段的出库流量，m^3/s。

②出库流量约束

$$QD\min(m,t) \leqslant QD(m,t) \leqslant QD\max(m,t) \quad （8-5）$$

$$q\min(m,t) \leqslant q(m,t) \leqslant q\max(m,t) \quad （8-6）$$

式中，$QD\min(m,t)$、$QD\max(m,t)$分别为第m个水库t时段最小、最大允许过机流量，m^3/s；$q\min(m,t)$、$q\max(m,t)$分别为第m个水库t时段最小、最大允许出库流量，m^3/s。

③出力约束

$$N\min(m,t) \leqslant N(m,t) \leqslant N\max(m,t) \quad （8-7）$$

$$\sum_{i=1}^{M} N(m,t) \geqslant NSUM\min(t) \quad （8-8）$$

式中，$N(m,t)$、$N\min(m,t)$、$N\max(m,t)$分别为第m个水库t时段出力、允许最小和最大出力，kW；$NSUM\min(t)$为梯级t时段允许最低总出力，kW。

④水库库容（水位约束）

$$V\min(m,t) \leqslant V(m,t) \leqslant V\max(m,t) \quad （8-9）$$

式中，$V\min(m,t)$、$V\max(m,t)$分别为第m个水库t时段允许库容上下限，m^3。

⑤河道水量演进约束

$$Q(i+1,t+1) = C_0 Q(i,t+1) + C_1 Q(i,t) + C_2 Q(i+1,t) \quad （8-10）$$

$$\sum C = 1$$

式中，$Q(i,t)$ 为第 i 个节点 t 时段的流量，m^3/s。

⑥变量非负约束

即所有变量均为正值。

8.2.2 枯水期河道水流演进

目前，河道水流演进计算方法主要有水力学模型、水文学模型、时间序列分析、神经网络、现代控制论等方法。结合珠江的资料基础和实际情况，枯水期河道水流演进采用的是水文学常用的马斯京根法。

马斯京根法是 1938 年由 G.T·麦卡锡（G. T. Mccarthy）提出一种流量演算方法，此法最早在美国马斯京根河流域上使用，因而称为马斯京根法。该法主要是建立马斯京根槽蓄曲线方程，并与水量平衡方程联立求解，进行河道水流演算。

枯水期河道水流演进以演算出流与实测出流的离差平方和最小为判据，直接推求流量演算系数 c_0、c_1、c_2 的最优估计值，而后反算 x、K 值，以适应不同时段的流量演算。将演算出流量与实测出流量的离差平方和最小作为最优流量演算系数估计的判据，即目标函数为

$$\min S = \sum_{i=2}^{N} [Q_i - (c_0 I_i + c_1 I_{i-1} + c_2 Q_{i-1})]^2 \tag{8-11}$$

式中，S 为离差平方和；n 为实测流量点数。

由式（8-11）可知，$c_0 + c_1 + c_2 = 110$，所估计的最优流量演算系数必须满足这一条件。因此可以构成一个非线性规划问题：

$$\left. \begin{array}{l} 目标函数:\min S = \sum_{i=2}^{N} [Q_i - (c_0 I_i + c_1 I_{i-1} + c_2 Q_{i-1})]^2 \\[2mm] 约束方程:\sum_{j=0}^{2} c_j = 1 \end{array} \right\} \tag{8-12}$$

式（8-12）为等式约束，由拉格朗日乘数法，可构造拉格朗日函数，将等式约束的极值问题变为无约束极值问题，其极值函数为

$$L(\lambda, c_0, c_1, c_2) = \sum_{i=2}^{N} [Q_i - (c_0 I_i + c_1 I_{i-1} + c_2 Q_{i-1})]^2 + \lambda(\sum_{j=0}^{2} c_j - 1) \tag{8-13}$$

式中，λ 为拉格朗日乘数。

式（8-13）达到最小的 c_0、c_1、c_2 值即为式（8-12）的解，根据极值存在的必要条件，则有

$$\left.\begin{array}{l} \dfrac{\partial L}{\partial c_j} = 0, \qquad j = 0,1,2 \\[3mm] \dfrac{\partial L}{\partial \lambda} = 0 \end{array}\right\} \qquad (8\text{-}14)$$

即

$$\left.\begin{array}{l} -2\displaystyle\sum_{i=2}^{N}[Q_i - (c_0 I_i + c_1 I_{i-1} + c_2 Q_{i-1})] \cdot I_i + \lambda = 0 \\[4mm] -2\displaystyle\sum_{i=2}^{N}[Q_i - (c_0 I_i + c_1 I_{i-1} + c_2 Q_{i-1})] \cdot I_{i-1} + \lambda = 0 \\[4mm] -2\displaystyle\sum_{i=2}^{N}[Q_i - (c_0 I_i + c_1 I_{i-1} + c_2 Q_{i-1})] \cdot Q_{i-1} + \lambda = 0 \\[4mm] \displaystyle\sum_{j=0}^{2} c_j - 1 = 0 \end{array}\right\} \qquad (8\text{-}15)$$

联解方程组（8-15）即可求出流量演算系数 c_0、c_1、c_2 的最优估计值。

求出 c_0、c_1、c_2 的最优值后，即可反求 x、K 值。

$$K = [\ (c_1 + c_2)\ /\ (c_0 + c_1)\ ]\,\Delta t \qquad (8\text{-}16)$$

$$x = (c_0 + c_1)\ /2\ (c_1 + c_2) + c_0\ /\ (c_0 - 1) \qquad (8\text{-}17)$$

枯水期水流演进计算在对流域水文特征、水文站点分布和河道梯级水电站运行及无控区间来水量影响分析的基础上，应用分段演进的方法进行马斯京根水流演进模型参数率定。根据 2006—2009 年研究区域内的各水文站实测资料，各水库的出库流量和无控区间估算所得到数据，采用河道分段参数率定方法，得到各河段的演进参数值如表 8-2 所示。

表 8-2　西北江主要河段马斯京根演进系数

河段	n	t	k	x	c_0	c_1	c_2
崇左—南宁	2	12	12	0.35	0.130	0.739	0.130
百色—南宁	4	12	12	0.35	0.130	0.739	0.130
南宁—贵港	3	12	11	0.3	0.197	0.679	0.124
龙滩—岩滩	1	12	12	0.36	0.123	0.754	0.123
岩滩—迁江	3	12	13	0.3	0.139	0.656	0.205
迁江—武宣	2	12	18	0.35	−0.017	0.695	0.322
柳州—武宣	2	12	15	0.35	0.048	0.714	0.238
对亭—武宣	1	12	18	0.15	0.155	0.408	0.437
武宣—大湟江口	1	12	12	0.4	0.091	0.818	0.091

河段	n	t	k	x	c_0	c_1	c_2
贵港—大湟江口	1	12	18	0.2	0.118	0.471	0.412
江口—梧州	2	12	16	0.1	0.216	0.373	0.412
太平—梧州	1	12	18	0.2	0.118	0.471	0.412
金鸡—梧州	1	12	15	0.2	0.167	0.500	0.333
京南—梧州	2	12	16	0.1	0.216	0.373	0.412
飞来峡—石角	1	12	10	0.2	0.286	0.571	0.143

采用 2009 年 11 月 1 日—2010 年 3 月 31 日各主要水文站的实测数据,对枯水期河道水流演进参数进行验证。枯水期河道水流演进模型计算的流量过程和各水文站实测的流量过程对比情况如图 8-4 至图 8-10 所示。

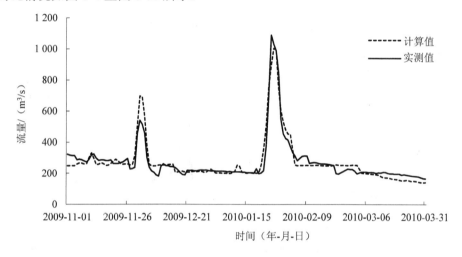

图 8-4　南宁水文站流量过程对比

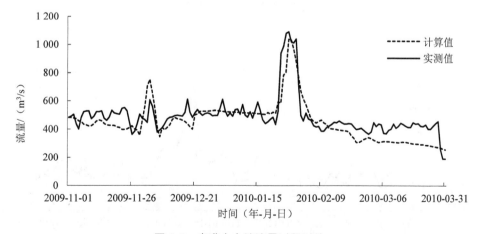

图 8-5　贵港水文站流量过程对比

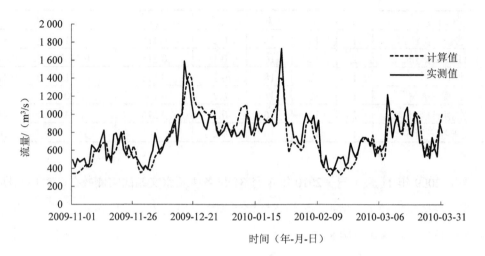

图 8-6　迁江水文站流量过程对比

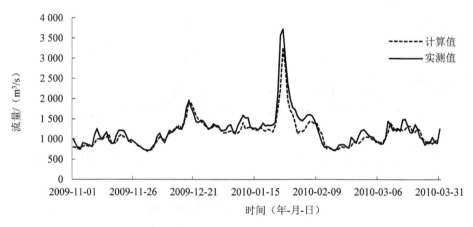

图 8-7　武宣水文站流量过程对比

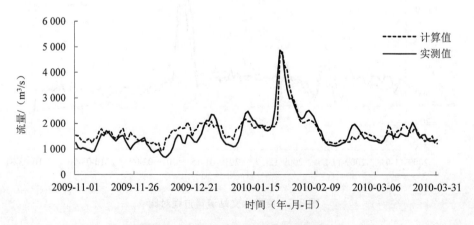

图 8-8　大湟江口水文站流量过程对比

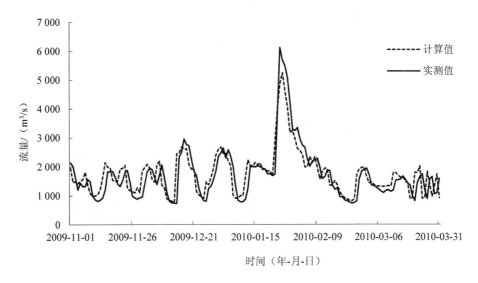

图 8-9 梧州水文站流量过程对比

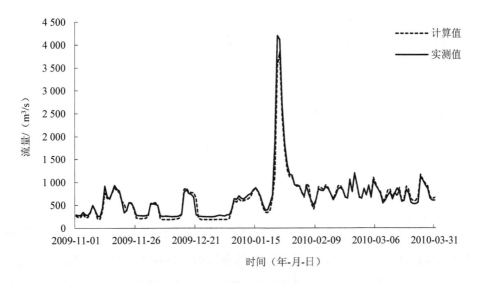

图 8-10 石角水文站流量过程对比

从上述流量对比图可知，各水文站计算和实测的流量过程线拟合较好，能满足水库调度过程中对河道水流演进的要求。

8.2.3 模型求解方法

珠江流域骨干水库群是一个复杂的混联系统，求解该复杂混联系统模型要考虑多方面因素，它既要符合多目标的调度要求，又不能违背水力、电力自身规律；既要满足各个时段电力电量平衡，又要考虑水库水量平衡、梯级水库间水流联系及水量传播时间等问题；既要满足求解算法的全局收敛性，又要求算法具有一定的时效性，计算速度不能过长。现行条件下，模拟技术常被认为是研究大型复杂系统的可行方法。然而模拟技术的缺点是不能对问题直接寻优，只能借助于其他优化技术对输出响应寻优，对于多状态、多维数的被控系统，响应面的获得及最优搜寻过程十分复杂，需很多的计算时间，因而使模拟技术的应用受到限制。因此，欲解决模拟技术的上述不足，必须使模拟技术具有自优化的功能。需要一个具有自动辨识、判断、修正功能的类似"在线辨识"的自适应环节，以根据输出结果，产生引导系统模拟地一步优化的控制修正量，综合系统运行规则及其他约束形成能导致模拟结果进一步优化的模拟控制线，以模拟控制线逐渐收敛于最优控制线的同时，模拟结果趋向最优结果，实现一种自优化的目标控制过程。

（1）自优化基本原理及其技术特点

一般模拟技术，可通过模拟获得对某一输入的输出响应，其过程可用图 8-11 所示的控制系统表示。

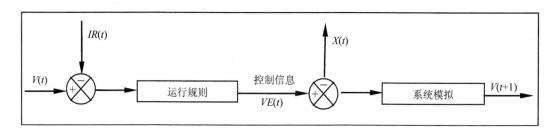

图 8-11　一般模拟系统

对水库系统来说，它是在来、用水序列已知，给定初始状态，按一定规则形成的控制线约束下的水库运行过程。很显然，这种系统由于其输入序列是不能改变和控制的，其输出响应仅是一种自然响应，不具备使输出响应趋于最优目标的功能，属开环控制方式。

要实现控制模拟，必须改开环控制为闭环控制方式（或反馈控制方式），才能使输出结果反馈到输入端，并生成对系统进行控制的反馈控制量，自动形成控制模拟线，引导模拟结果趋于最优目标值。这种模拟系统类似于自适应控制系统，如图 8-12 所示。

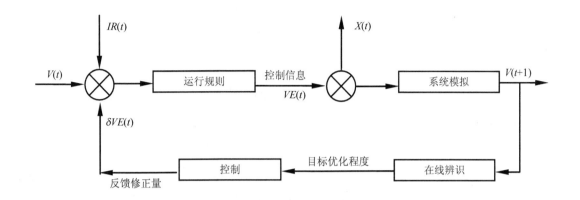

图 8-12　自优化控制模拟系统

对水库调度的一般模拟模型，它是在来水序列已知，给定初始状态，按照一定规则形成的控制线约束下的水库运行过程，本身不具备优化功能。要实现水库的自优化，需要一个具有自动辨识、判断、修正功能的类似"在线辨识"的自适应环节，根据输出结果，能在线识别模拟控制线的寻优性能，并通过控制环节，产生引导系统模拟进一步优化的控制修正量，综合系统运行规则及其他约束形成能导致模拟结果进一步优化的模拟控制线，在模拟控制线逐渐收敛于最优控制线的同时，模拟结果趋于最优结果。这是一种自适应目标控制过程。

可见，自优化模拟是根据自适应控制原理，在给定初始控制线的一般模拟模型中，嵌入一个在线辨识环节，自动形成寻优模拟控制线，引导模拟逐渐优化的模拟运行迭代过程。

具体到水库调度，其中：$IR(t)$ 为入库流量，m^3/s；$V(t)$、$V(t+1)$ 为时段 t 始末库容，m^3；$X(t)$ 为决策出库流量，m^3/s；t 为时段号。

模拟运行方程为：$V(t+1) = V(t) + IR(t) - X(t)$

模拟控制线为 $VE(t)$，且 $V(t+1) \in VE(t)$

自优化模拟技术是雷声隆等在进行南水北调东线工程规划中提出的，这一方法是在常规模拟技术基础上增加在线辨识与反馈环节，在模拟的同时进行优化。在求解复杂大系统优化问题、自优化模拟模型及技术具有以下鲜明的特点：

①仿真性好。相当真实地反映了实体工程的运转特点，比较详尽地包括了系统各方面的约束条件；还考虑了一些不能定量化的政策性限制；严格地遵守了流体运动及水量平衡的基本方程，比较真实地反映了来、用水的时空分布。

②通用性强。软件是针对同一类工程编制的，不受水库数目多少、可能的入流、出流条件等影响，适用于同类工程的最优规划或优化调度。

③自优化模拟技术程序设计的工作量较大，但迭代反馈信息量对目标值反映灵敏，计算时间少，仅随水库数目呈线性增长，有效地解决了大系统维数灾问题。

（2）求解过程

西、北江骨干水库调节的能力有很大差异，西江骨干水库总调节库容大约 231 亿 m³（龙滩按 375 m 计），北江仅有飞来峡的 3.14 亿 m³ 调节库容。在珠江流域水资源配置中，西江和北江所起的作用不一样，针对珠江三角洲的抑咸需求，以西江骨干水库水资源调度为主，北江飞来峡配合调度，飞来峡水利枢纽距离珠江三角洲较近，又可调控思贤滘分流比，可充分发挥其补水作用。一般情况下，在西江控制断面梧州站满足 2 100 m³/s，石角流量达到 250 m³/s 的情况下，基本可实现思贤滘控制断面 2 500 m³/s 的抑咸需求。

根据河道水量演进，以思贤滘流量为控制，当控制断面演进流量小于控制流量，以差值反馈至武宣、贵港和石角，即以这 3 个断面的流量为协调变量，在此基础上，分别进行子系统的自优化模型求解。

①串联系统

其中天生桥一级为多年调节水库，在模型求解前首先需要确定天生桥一级的消落水位，然后再利用自优化迭代技术进行求解。其基本思路是：首先根据区间来水及控制断面目标流量要求，考虑水量传播和水量损失等因素，自下而上（逆流向）推求各库供水约束下限，并结合发电、生态等约束拟定初始调度线；然后再根据给定的天生桥一级计算期末消落水位，采取自上而下（顺流向）、逆时序（由计算期末到期初）的方法，推求各库时段最低、最高水位控制线；最后按初始调度线自上而下开始顺时序模拟梯级运行过程，计算时段末各库状态和梯级出力，若模拟结果经水位和出力辨识满足要求，则进入下一时段，否则，按一定规则加入反馈修正量，重新模拟时段运行过程，直到满足水位和出力辨识要求。如此逐时段迭代模拟—反馈修正，直到计算期末，完成一轮迭代。最后进行目标辨识，若模拟期末天生桥一级水位与给定龙库期末水位之差满足要求，则结束；否则，形成修正量并反馈到输入端，从计算期初重新一轮迭代，直至期末水位满足要求。其工作流程如图 8-13 所示。

模型采用了 3 层辨识反馈结构。第一层是各时段末的水库水位辨识，将水库时段末水位控制在最高与最低水位控制线之间，以保证供水。若不满足辨识要求，该结构将返回一个修正量重新模拟系统运行。第二层是时段出力辨识，若模拟出力达不到系统最小出力则返回一个修正量，如达到预定出力则继续下一时段模拟。第三层是目标辨识优化，根据天生桥一级水库预期期末水位和实际模拟水位，对调度期平均出力进行寻优。这 3 层辨识反馈只需给定允许误差，模型将自动迭代寻优，直到满足目标要求。

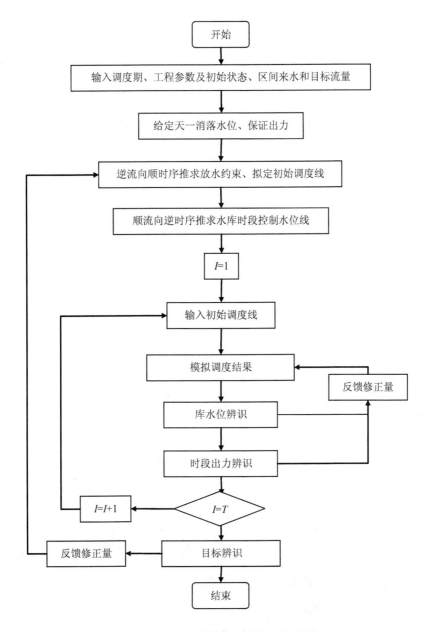

图 8-13 串联系统自由化模型求解流程

a. 步骤一：供水约束下限及初始调度线。

确定水库供水约束下限需要根据各河段缺水量计算各水库的最小补水量，在此基础上考虑发电等最低要求来合理确定水库的供水约束下限。

放水约束下限为

$$q_{\min(m,t)} = \max\left\{Q_{G(m,t)}, Q_{D\min(m,t)}\right\} \tag{8-18}$$

式中，$q_{\min(m,t)}$ 为第 m 个水库 t 时段最小出库流量，m^3/s；$Q_{G(m,t)}$ 为第 m 个水库 t 时段最小补水流量，m^3/s，$Q_{D(m,t)}$ 为第 m 个水库 t 时段的最小发电流量，m^3/s。

初始调度线按放水约束下限确定，即

$$q^0_{(m,t)} = \min\left\{q_{\min(m,t)}, q_{\max(m,t)}\right\} \tag{8-19}$$

式中，$q^0_{(m,t)}$ 为第 m 个水库 t 时段初始调度线确定的出库流量，m^3/s；$q_{\min(m,t)}$ 和 $q_{\max(m,t)}$ 分别为第 m 个水库 t 时段最小和最大放水流量，m^3/s。

b. 步骤二：最高、最低水位控制方程。

其推求方法采取由上游水库到下游水库，由调度期末到调度期初，即顺流向、逆时序的方法。

令

$$
\begin{aligned}
V_{L^0(m,t)} &= V_{L(m,t+1)} - Q_{R(m,t)}\Delta t + q_{\min(m,t)}\Delta t \\
V_{L(m,t)} &= \max\left\{V_{L^0(m,t)}, V_{\min(m,t)}\right\} \\
V_{H^0(m,t)} &= V_{L(m,t+1)} - Q_{R(m,t)}\Delta t + q_{\max(m,t)}\Delta t \\
V_{H(m,t)} &= \min\left\{V_{H^0(m,t)}, V_{\max(m,t)}\right\}
\end{aligned}
\tag{8-20}
$$

式中，$V_{L(m,t)}$、$V_{H(m,t)}$ 分别为第 m 个水库 t 时段最低、最高水位控制线所对应的库容，m^3；$Q_{R(m,t)}$ 为第 m 个水库 t 时段的区间来水量，m^3/s；$q_{\min(m,t)}$ 和 $q_{\max(m,t)}$ 分别为第 m 个水库 t 时段最小和最大出库流量，m^3/s。

c. 步骤三：水库运行模拟模型。

库容模拟采取由上到下顺时序、逐时段进行。

$$V_{(m,t+1)} = V_{(m,t)} + \left\{q_{(m-1,t)} + Q_{R(m,t)} - q_{(m,t)}\right\}\Delta t \tag{8-21}$$

式中，$V_{(m,t)}$ 为第 m 个水库 t 时段的库容，m^3；$Q_{R(m,t)}$ 为第 m 个水库 t 时段的区间来水量，m^3/s；$q_{(m,t)}$ 第 m 个水库 t 时段的出库流量，m^3/s。

出力模拟采取由上到下的顺序进行：

$$N_{(m,t)} = A(m)Q_{D(m,t)}H_{(m,t)} \tag{8-22}$$

$$Nsum(t) = \sum N_{(m,t)} \qquad (8\text{-}23)$$

式中，$N_{(m,t)}$ 为第 m 个水库 t 时段的出力，kW；$A(m)$ 为出力系数；$Q_{D(m,t)}$ 为第 m 个水库 t 时段的发电流量，m^3/s；$H_{(m,t)}$ 为 m 个水库 t 时段的平均发电水头，m；$Nsum(t)$ 为梯级所有水库 t 时段的总出力，kW。

②并联系统

武宣以下的并联自优化模拟决策系统，水库之间没有明显的水力联系，不存在顺、逆流向之分，只须进行逆时序模拟决策和顺时序模拟决策。

③串联系统与并联系统的耦合关系

自优化模拟决策时，串联系统与并联系统的耦合关系是通过西江的水量演进实现的。并联系统自优化模拟决策依赖于武宣流量，反过来又为串联自优化模拟决策提供依据，决定串联系统的补水水量决策，两者紧密联系，经反复迭代、协调，实现系统的全局最优。

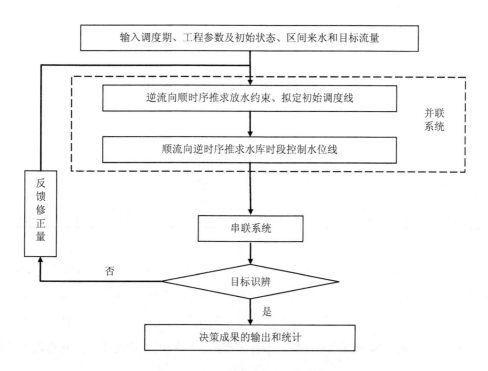

图 8-14 骨干水库群自优化模拟流程

8.3　骨干水库群抑咸优化调度方案

8.3.1　水库群调节计算

由西江、北江骨干水库主要技术指标可以看出西江、北江各水库的水量调度能力有很大差异，西江骨干水库总调节库容为 206.22 亿 m³，占梧州站多年平均径流量的 9.5%，而北江仅有飞来峡的 3.23 亿 m³，不到石角站多年平均径流量的 1%，调节能力十分有限。因此在珠江流域骨干水库调度中，西江和北江所起的作用不一样，针对珠江三角洲咸潮上溯问题，在制定骨干水库抑咸调度方案时，以西江骨干水库调度为主，北江飞来峡水库配合调度，在适当的时机补水使得石角流量能够达到 250 m³/s。

在西江各骨干水库中，龙滩的调节库容为 111.5 亿 m³，调度能力最强，其次是天一，再次是百色，一方面是因为龙滩的兴利库容最大；另一方面是因为龙滩的控制面积大，龙滩的集水面积为 9.85 万 km²，占梧州集水面积的 30.1%，而天一和百色分别只占到 15.3% 和 6.0%。西江骨干水库在单独运用时，对枯期径流的改善效果见表 8-3。

表 8-3　西江骨干水库单独运用枯期平均流量表　　　　　单位：m³/s

	月份	11 月	12 月	1 月	2 月	3 月	4 月	枯期平均流量
天一	入库流量	452	293	224	189	160	149	1 234
	出库流量	451	376	368	434	382	410	245
龙滩	入库流量	985	645	484	391	411	495	569
	出库流量	1 167	1 040	1 067	1 102	1 137	1 150	1 110
百色	入库流量	166	102	82	66	67	72	92
	出库流量	144	223	207	210	193	270	208

从表 8-3 中可以看出，天一可增加西江枯期平均流量 160 m³/s，龙滩可增加 540 m³/s，百色可增加 116 m³/s。由于飞来峡水库所处的位置和本身的调节特性，其调度效果与西江水库不同。飞来峡离石角非常近，具有快速补水的优势。飞来峡水库是日调节水库，正常运行中枯水期不能消落太深，不能像其他骨干水库，按照正常调度本身就具有以丰补枯的能力。

流域骨干水库抑咸调度规则研究首先要分析各骨干水库按照自身设计调度规则进行常规调度时梧州断面流量能否达到要求，如果不能达到要求，则要分析改变各骨干水库的正常调度方案，对下游进行补水，以提高梧州断面的流量。针对流域不同设计条件下的来水情况，可通过水库群抑咸实时调度模型进行模拟计算，分析不同频率的枯水年对应各骨干水库的抑咸实时调度方案。

因此，本研究以各水库1954年5月—2000年4月逐月长系列入库流量和区间流量进行调算，确定骨干水库群枯水期不同典型年的起调水位；根据典型年的设计来水过程进行逐日调节计算，得出典型年的抑咸优化调度方案。

8.3.1.1 长系列调节计算

按照各骨干水库现行调度图，利用基于自优化技术的水库群抑咸优化调度进行长系列的逐月调算，根据1954年5月—2000年4月逐月径流资料，下游控制断面思贤滘需补水量（以 2 500 m³/s 为标准）。

经珠江流域骨干水库群抑咸调度，下游控制断面最小月平均流量达到 2 500 m³/s 控制目标的年数达到 32 年，年保证率为 69.6%（共 46 年）。其中 14 年出现缺水破坏情况，破坏年份需水量见表 8-4。

表 8-4 下游控制断面（思贤滘）破坏年份需补水量

水文日期	破坏月数/月	缺水量/亿 m³
1992.5—1993.4	4	50.32
1989.5—1990.4	3	43.61
1975.5—1976.4	4	31.49
1998.5—1999.4	1	16.62
1958.5—1959.4	1	13.22
1954.5—1955.4	2	12.49
1962.5—1963.4	1	11.41
1955.5—1956.4	1	10.24
1957.5—1958.4	1	9.82
1960.5—1961.4	1	9.16
1963.5—1964.4	1	7.02
1956.5—1957.4	2	5.81
1980.5—1981.4	1	0.47
1981.5—1982.4	1	0.39

长系列逐月计算骨干水库的水位变化过程如图 8-15 至图 8-18 所示。

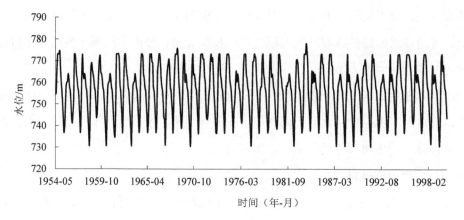

图 8-15　天一水库长系列调算水位变化过程线

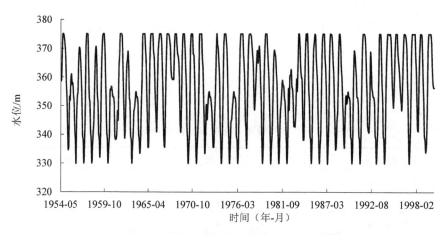

图 8-16　龙滩水库长系列调算水位变化过程线

图 8-17　岩滩水库长系列调算水位变化过程线

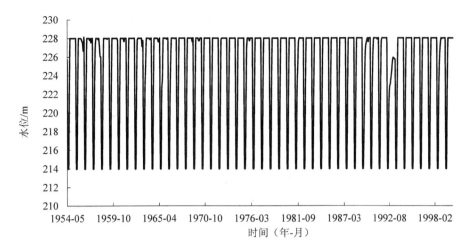

图 8-18　百色水利枢纽长系列调算水位变化过程线

岩滩在龙滩运行后，死水位由 214 m 提供到 219 m，枯季仍具有一定的调控能力，汛期为日调节，考虑发电汛限水位可以降低至 218.5 m。

8.3.1.2　典型年调节计算

考虑到枯季月水量存在日不均匀性，需要在参考长系列逐月调算的基础上进行典型年的逐日调节计算。各典型年型骨干水库的起调水位可根据长系列计算结果，根据对应的水库名和月份查出。由于飞来峡水利枢纽调节库容仅 3.14 亿 m^3，且为日调节水库，调节能力有限，在长系列逐月计算中未考虑飞来峡水利枢纽，在典型年中飞来峡水利枢纽的起调水位可取为死水位 18 m。

研究挑选了 P =99%、P =95% 和 P =75% 的 3 个典型枯水年，利用自优化模型进行逐日调度。P =99% 枯水年选择破坏最大的 1992—1993 年，P =95% 枯水年选择了具有一定代表性的 1989—1990 年，P =75% 枯水年选择近年来比较典型的 2007—2008 年。

（1）1992—1993 年（P =99%）

典型年计算时段取为 11 月—翌年 2 月。1992 年 11 月—1993 年 2 月梧州站平均流量为 1 280 m^3/s，根据长系列计算结果，骨干水库群的起调水位见表 8-5。

表 8-5　1992—1993 典型年水库起调水位（P =99%）

水库	天生桥一级	龙滩	岩滩	百色	飞来峡
起始水位/m	763.87	353.10	223.00	223.80	18.60

根据长系列计算结果，由于 1992 年汛期来水量较小，汛末蓄水不足，天生桥一级、龙滩和百色的起调水位接近水库下调度线。下游控制断面梧州站抑咸调度前后流量对比如图 8-19 所示。

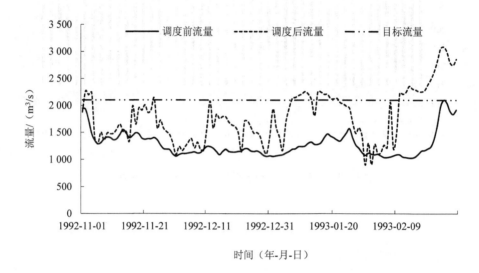

图 8-19　梧州断面抑咸调度流量对比（1992—1993 年）

经优化调度，梧州断面抑咸流量合格天数由调度前的 1 d（合格率 0.8%）提高到调度后的 34 d（合格率 28.3%）。梧州站缺水量由 84.9 亿 m³ 减少到 40.9 亿 m³。

下游控制断面思贤滘抑咸调度前后流量对比如图 8-20 所示。

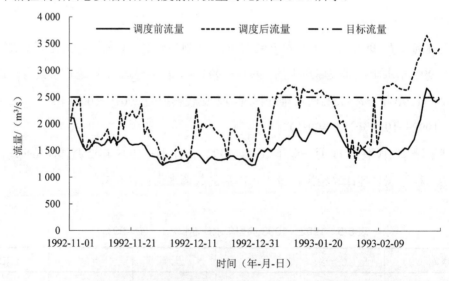

图 8-20　思贤滘断面抑咸调度流量对比（1992—1993 年）

经优化调度，思贤滘断面抑咸流量合格天数由调度前的 2 d（1.7%）提高到调度后的 36 d（30%）。梧州站缺水量由 93.2 亿 m³ 减少到 50.4 亿 m³。

（2）1989—1990 年（P=95%）

1989 年 11 月—1990 年 2 月梧州站平均流量为 1 650 m³/s，根据长系列计算结果，骨干水库群的起调水位见表 8-6。

表 8-6　1989—1990 典型年水库起调水位（P=95%）

水库	天生桥一级	龙滩	岩滩	百色	飞来峡
起始水位/m	763.87	353.10	219.00	227.50	18.60

根据长系列计算结果，由于 1989 年汛期来水量较小，汛末蓄水不足，天生桥一级、龙滩和百色的起调水位接近水库下调度线。下游控制断面梧州站抑咸调度前后流量对比如图 8-21 所示。

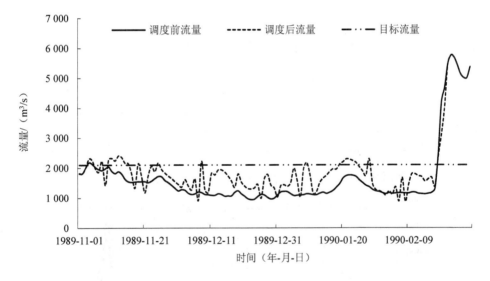

图 8-21　梧州断面抑咸调度流量对比（1989—1990 年）

经优化调度，梧州断面抑咸流量合格天数由调度前的 13 d（10.8%）提高至调度后的 32 d（26.7%），梧州站缺水量由 70.8 亿 m³ 减少到 41.5 亿 m³。

下游控制断面思贤滘抑咸调度前后流量对比如图 8-22 所示。

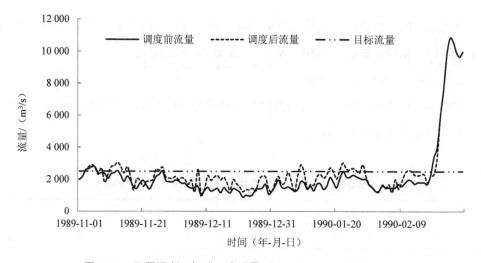

图 8-22　思贤滘断面抑咸调度流量对比（1989—1990 年）

经优化调度，思贤滘断面抑咸流量合格天数由调度前的 17 d（14.2%）提高至调度后的 34 d（28.3%），梧州站缺水量由 73.6 亿 m^3 减少到 43.3 亿 m^3。

（3）2007—2008 年（P =75%）

2007 年 11 月—2008 年 2 月梧州站平均流量为 2 000 m^3/s，骨干水库的起调水位见表 8-7。

表 8-7　2007—2008 典型年水库起调水位（P =75%）

水库	天生桥一级	龙滩	岩滩	百色	飞来峡
起始水位/m	773.20	369.59	221.20	216.25	19.70

下游控制断面梧州站抑咸调度前后流量对比如图 8-23 所示。

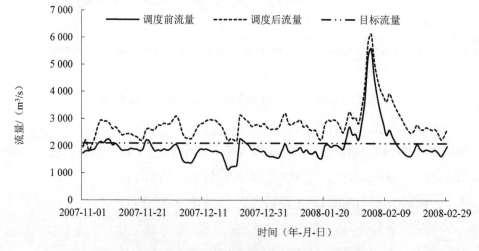

图 8-23　梧州断面抑咸调度流量对比（2007—2008 年）

经优化调度，梧州断面抑咸流量合格天数由调度前的 26 d（21.5%）提高至调度后的 118 d（97.5%），梧州站缺水量由 25.9 亿 m³ 减少到 0.43 亿 m³。

8.3.1.3　计算结果分析

（1）补水量分析

根据抑咸调度结果，P=75%的 2007—2008 年型梧州站缺水 0.43 亿 m³，经抑咸调度后基本能够保证梧州流量 2 100 m³/s，低于 2 100 m³/s 仅 3 d；P=95%的 1989—1990 年型和 P=99%的 1992—1993 年型梧州站缺水量分别为 41.5 亿 m³ 和 40.9 亿 m³，控制断面总缺水量与长系列计算结果基本一致。

（2）流量过程分析

综合分析，比较 P=95%的 1989—1990 典型年和 P=99%的 1992—1993 典型年可以得出，水库起调水位基本相同，两个典型年调度后控制断面抑咸合格率约 30%。但 1989—1990 年型（P=95%）抑咸流量合格天数提高天数少于 1992—1993 年型（P=99%），抑咸效果较差，这与控制断面的流量过程相关。

1992—1993 年型梧州断面流量过程比较平均，而 1989—1990 年型梧州断面流量"前小后大"形状，2 月 18 日起流量显著增加至 6 000 m³/s 左右。1992—1993 年型 11 月—翌年 1 月的平均流量为 1 557 m³/s，而 1989—1990 年型同期平均流量仅为 1 382 m³/s，后期流量较大但不能调控利用，因此 1989—1990 年抑咸效果劣于 1992—1993 年型。

梧州站控制断面来水过程对比如图 8-24 所示。

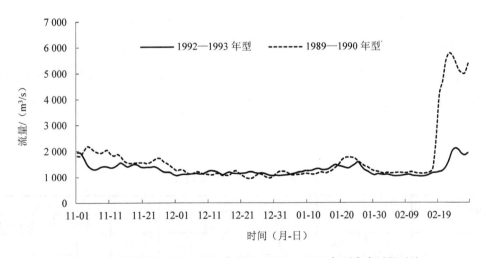

图 8-24　梧州站 1992—1993 年型和 1989—1990 年型来水过程对比

因此，在进行实时调度初始方案生成时，除选择相应的来水频率外，还应结合控制断面来水过程进行综合考虑。

8.3.2 调度方案生成与修正

以 2010—2011 年的枯季水雨情为例，进行骨干水库水量统一调度模拟，通过二元分布式水文模型进行来水滚动预测，对抑咸优化调度模型生成的调度方案进行实时修正，并对抑咸调度效果进行评价。

8.3.2.1 流域水雨情信息分析

（1）流域雨情分析

2010 年汛期（4—9 月）珠江流域面平均降雨量 1 194.1 mm，与多年同期基本持平，但时空分布十分不均。空间自东向西呈递减的特点，8 月降雨量最少，仅占汛期降雨总量的 10%，较多年同期偏少 30%。2010 年 7 月在太平洋形成了拉尼娜事件，冷空气活动频繁且强度较强，但水汽条件明显较弱，因此珠江流域降雨仍偏枯，面平均降雨量为 170.1 mm，比多年同期偏少近 30%，其中西江降雨量偏少近 30%，北江降雨量偏少约 40%。通过汛期流域降雨情况分析，结合流域枯水期径流预报成果，2010—2011 年枯水期珠江流域降雨属于平偏枯年份。

（2）流域来水分析

与多年同期相比，2010 年珠江流域汛期西江来水偏少约 20%，北江来水偏多近 10%。汛期西、北江来水月分配极不均匀，呈中间多两头少的特点，即以 6 月来水最多。与多年同期相比，西江 6 月平均流量偏多近 30%，7—9 月则持续偏少近 40%；北江 6 月平均流量偏多约 50%，8 月来水量最少，偏少约 40%。汛末江河来水特别是西江来水偏少严重给枯水期水量调度带来不利条件。汛期西北江来水统计见表 8-8。经汛期水量及中长期预报成果，2010—2011 年枯水期，西、北江天然来水呈偏枯形势，西江天然来水约为 $P=75\%$ 的平偏枯年份，北江来水约为 $P=85\%$ 的枯水年。

表 8-8 汛期西北江来水统计　　　　　　　　　单位：m³/s

站名	河流	4 月	5 月	6 月	7 月	8 月	9 月	汛期	
								平均	多年平均
梧州	西江	3 070	6 500	16 700	8 740	6 780	5 200	7 830	10 200
石角	北江	1 690	3 730	4 220	1 500	860	1 110	2 190	2 020

（3）汛末骨干水库蓄水情况

2010年后汛期，各骨干水库及早开展了蓄水工作。2010年汛末（10月1日），天生桥一级和龙滩两大水库有效蓄水量达135亿 m³，较2009年同期增蓄49.77亿 m³有效蓄水量，为2010—2011年度枯季抑咸调度创造了有利条件。2010年11月1日调度开始时，天生桥一级、龙滩、岩滩、百色、飞来峡水利枢纽水位分别为773.20 m、369.59 m、221.20 m、216.25 m、24.29 m，其中天生桥一级、龙滩、百色总有效库容为152.05亿 m³。

8.3.2.2 调度方案生成原理

流域水库群抑咸优化调度是在一个总控条件约束下的事前决策与事后修正的过程，针对实时调度中流域来水系列和调水系列的随机性问题，水库群抑咸实时调度的总体思路为："宏观总控、长短嵌套、实时决策、滚动修正"。

"宏观总控"是指实时调度是以流域抑咸优化调度方案为控制基础，实时调度就是对优化调度方案根据来水过程进行修正和分解；"长短嵌套"是根据长期气象和来水预报信息制定长时段调度预案，在此基础上制定实时调度方案；"实时决策"就是逐时段预报当前降雨径流、气象等实时信息，并结合当前各骨干水库的水情状况作出当前时段的调度决策；"滚动修正"就是根据新的径流信息、气象信息、水库信息修正历史预报信息所带来的偏差，逐时段滚动修正，直到调度期结束。

8.3.2.3 调度方案生成过程

珠江流域骨干水库群抑咸实时调度方案是通过流域水雨情信息及水库工况等基础数据准备，根据流域来水预报过程确定合理的初始调度方案；通过逐时段水雨情信息的实时修正，利用二元分布式水文模型进行短期径流的预报，对当前调度方案进行检验，并修正下一时段的调度过程；以此逐时段滚动修正到调度期末，并对调度方案进行分析评估。流程如图8-25所示。

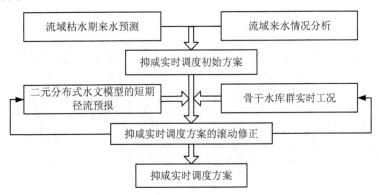

图8-25 抑咸实时调度方案生成流程

8.3.2.4 初始方案的生成

流域骨干水库群抑咸实时调度的初始调度方案的生成是实时调度方案的基础，生成初始调度方案主要考虑以下因素：

（1）流域来水情况分析。根据来水预测成果，2010—2011 年枯水期西、北江天然来水呈偏枯形势，梧州断面平均流量约为 2 270 m^3/s，属于 $P=75\%$ 的平偏枯年份。

（2）骨干水库初始水位确定。根据枯季来水预测，2010—2011 年实时调度的调度期为 2010 年 11 月 1 日—2011 年 2 月 28 日。各骨干水库调度期起调水位采用实测水位值，即天生桥一级水库为 773.20 m、龙滩为 369.59 m、岩滩为 221.20 m、百色为 216.25 m、飞来峡水利枢纽为 24.29 m。

（3）根据流域来水情况及骨干水库初始水位，确定实时调度的初始调度方案。各骨干水库在调度期内的初始出库流量过程如图 8-26 至图 8-29 所示。

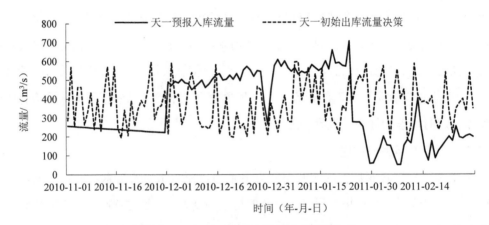

图 8-26　天生桥一级水库初始调度方案生成

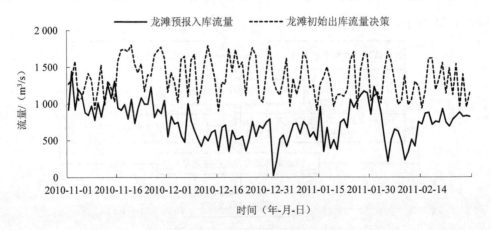

图 8-27　龙滩水库初始调度方案生成

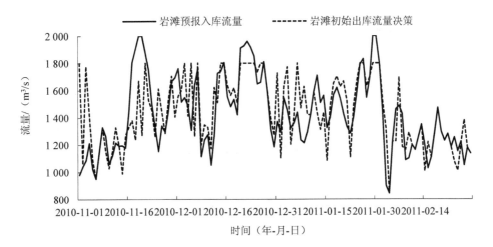

图 8-28　岩滩水库初始调度方案生成

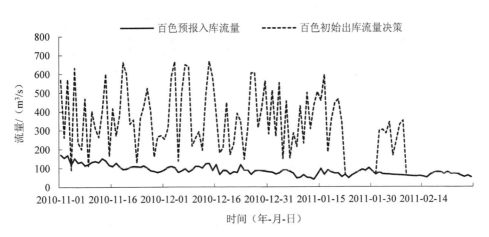

图 8-29　百色水利枢纽初始调度方案生成

8.3.2.5　调度方案滚动修正

实时调度方案滚动修正是根据各水库蓄水及 EasyDHM 模型对来水滚动预报做出的实时修正。实时调度的滚动修正分调度时段进行，根据新的来水信息通过实时调度信息采集系统检验各种预报信息的准确性，通过对预报信息的偏差以及上一时段的决策进行实时修正，如此逐时段滚动修正，直到调度期结束。

各水库 2010 年 11 月 1 日—2011 年 2 月 28 日初始调度方案生成的基础上，结合各主要节点实时水情信息的滚动修正，对初始调度方案进行逐时段修正，至调度期末得出抑咸实时调度方案。

8.3.3 调度方案分析与评估

8.3.3.1 调度方案分析

（1）实时调度方案

2010—2011 年抑咸实时调度骨干水库包括天生桥一级、龙滩、岩滩、百色、飞来峡等水库，通过实时水雨情信息进行实时调度方案的逐时段滚动修正，最后得出各水库实时调度方案见图 8-30 和图 8-31。

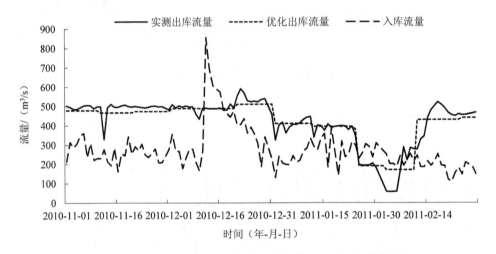

图 8-30　天生桥一级水库实时调度方案与实际调度过程流量对比

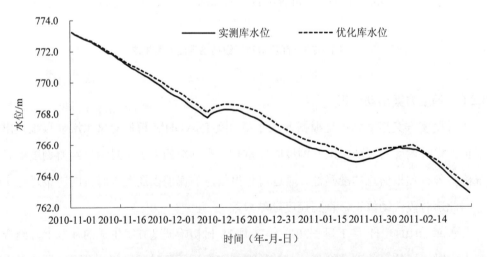

图 8-31　天生桥一级水库实时调度方案与实际调度过程库水位对比

天生桥一级水库是骨干水库群上游的龙头水库，是整个调度过程的主要单元。按照实时调度方案，天一水库 2010 年枯水期出库流量基本按照 500 m³/s 左右调度，到了 2011 年调度出库流量减小，2011 年 1 月基本按照 400 m³/s 左右出库流量控制，1 月中下旬—2 月上旬之间出库流量较小，按照 180 m³/s 控制出库流量，到了调度期末出库流量增加到 440 m³/s。

从图 8-32 和图 8-33 可以看出，龙滩由于其调节性能较好，是本次调度的主力水库。整个调度期内龙滩水库基本都是在放水状态，优化方案的出库流量和实测出库流量均大于水库的入库流量，调度期末水库水位下降了约 17 m，净调度水量为 48.97 亿 m³。调度初期，龙滩水库按照 1 800 m³/s 的流量控制下泄，但实际出库流量达到了 2 000 m³/s，实时调度方案的最小出库流量发生在 12 月中下旬，优化出库流量约为 940 m³/s，到调度期末，优化出库流量与实际出库流量较接近，约为 1 300 m³/s。

图 8-32　龙滩水库实时调度方案与实际调度过程流量对比

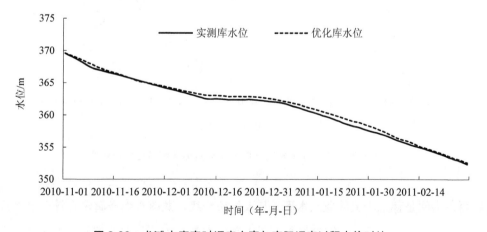

图 8-33　龙滩水库实时调度方案与实际调度过程水位对比

　　图 8-34 和图 8-35 反映了岩滩水库调度期内实时调度方案与实际调度过程的对比情况。由于岩滩是日调节水库，水库调节能力有限，因此在骨干水库调度中是配合天生桥一级、龙滩的调度方案，水库不能对水量进行长期的分配，其出库流量过程基本按照入库流量进行控制。因此，由于上游来水过程的变化，实时调度方案与实际调度过程差距较大，尤其是逐日水位波动较大。调度始末水库的水位及蓄水量均变化不大。

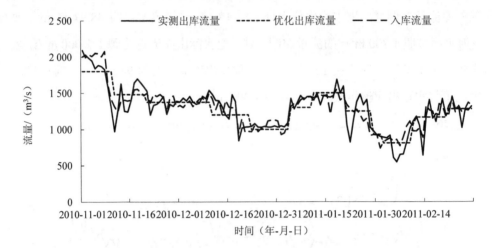

图 8-34　岩滩水库实时调度方案与实际调度过程流量对比

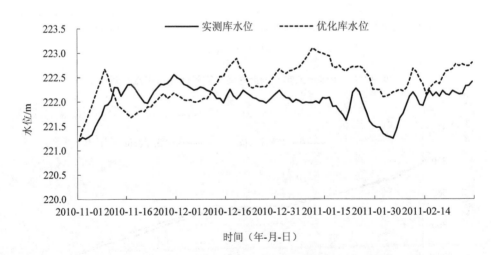

图 8-35　岩滩水库实时调度方案与实际调度过程水位对比

　　百色水库是郁江干流的龙头水库，与天生桥一级、龙滩水库一起作为骨干水库群抑咸的主力调水水库。但是由于调度期内百色水利枢纽的入库流量普遍偏低，水库可调水量较小。如图 8-36 和图 8-37 所示，实时调度过程中百色水利枢纽出库流量大多分布在 100 m³/s

左右，在 2010 年 12 月中下旬水库出库流量增加到 700 m³/s 以上，根据实时水情信息的输入，优化调度方案相应的增加了出库流量，优化方案按照 500 m³/s 流量控制下泄，但相比实际出库流量依然较小，在调度期末水库出库流量大约按 60 m³/s 控制，这与实际出库流量相差不大，调度期末水库水位下降了约 10 m，优化调度方案比实际调度方案的调度期末水位高 1.4 m。

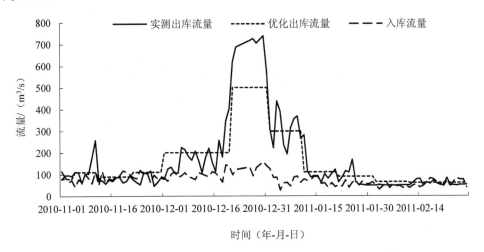

图 8-36 百色水利枢纽实时调度方案与实际调度过程流量对比

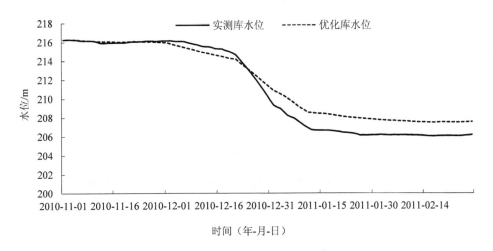

图 8-37 百色水利枢纽实时调度方案与实际调度过程水位对比

飞来峡水利枢纽是骨干水库群中唯一的北江干流上的调度骨干水库，由于飞来峡水利枢纽距离珠江三角洲较近，又可调控思贤滘分流比，因此在水量调度过程中主要是充分发挥其短时期的补水作用。由于飞来峡水利枢纽是日调节水库，水库调节能力有限，调度过程中水库主要是配合西江骨干水库调度，根据西江骨干水库调度来水的变化安排飞来峡水利枢纽的下泄流量。从图 8-38 和图 8-39 中可以看出，实际调度始末水库的水位变化不大，优化调度方案的出库流量与实际调度的出库流量吻合较好。

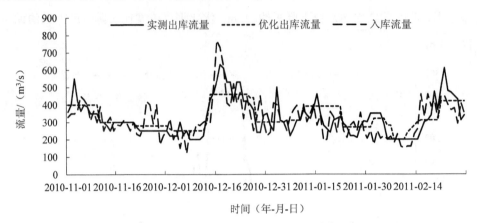

图 8-38　飞来峡水利枢纽实时调度方案与实际调度过程流量对比

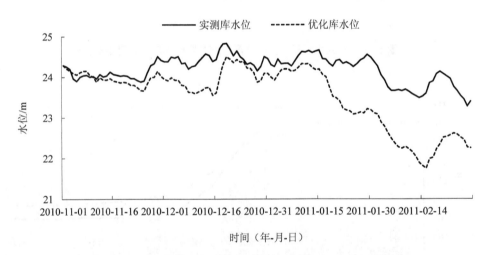

图 8-39　飞来峡水利枢纽实时调度方案与实际调度过程水位对比

（2）调度方案分析

从以上各骨干水库 2010 年 11 月 1 日—2011 年 2 月 28 日实时调度方案与实际调度过程对比可以看出，实时调度方案的水库调度决策过程较为平稳，而水库的实际调度过程中出库流量波动较大，主要原因是实时调度是利用优化调度模型形成的较为理想和平稳的调度方案，而实际调度过程中水库的发电、航运等方面的用水需求变化因素较多，导致实际调度过程中的各水库决策过程是一个时刻变化的过程。

天生桥一级水库水位实时调度方案与实际调度趋势总体吻合，调度过程中水位整体呈均匀下降趋势。整个调度期内，除了 12 月中旬来水量较大，天一水库入库比较平稳。天一水库的实时调度方案与实际调度方案吻合较好，主要是天一水库是龙头水库，受上游水库来水影响较小，且调度期内水库来水过程比较平稳。从图 8-31 可以看出，优化库水位和实测库水位也较为吻合，实时调度效果较好。天生桥一级水库实时调度方案总调度水量为 43.20 亿 m³，调度期末库水位为 763.33 m，相应库容为 58.51 亿 m³；实际调度总调度水量为 43.79 亿 m³，调度期末库水位为 762.90 m，相应库容为 57.93 亿 m³，总调度水量相差 0.60 亿 m³，期末库水位相差 0.43 m。

由于龙滩水库受上游天生桥一级水库调度下泄水量的影响，龙滩水库的实时调度方案变化较大，根据龙滩水库的实测入库水量过程，调度期内龙滩水库库区降雨较多年同期偏多 50%以上，水库来水量充足，是本次调度的主力补水水库。龙滩水库实时调度方案总调度水量为 131.49 亿 m³，调度期末库水位为 352.57 m，相应库容为 95.19 亿 m³；实际调度总调度水量为 132.19 亿 m³，调度期末库水位为 352.35 m，相应库容为 94.61 亿 m³，总调度水量相差 0.63 亿 m³，期末库水位相差 0.22 m。

岩滩水库由于是日调节水库，调节性能较差，水库水位的日变化较大。而且岩滩水电站为广西电网主力调峰电站，受发电调度影响比较大，因此，实际调度与实时调度方案变化较大。从调度水量来看，岩滩水库实时调度方案总调度水量为 132.91 亿 m³，调度期末库水位为 222.80 m，相应库容为 25.99 亿 m³；实际调度总调度水量为 133.39 亿 m³，调度期末库水位为 221.41 m，相应库容为 25.55 亿 m³，总调度水量相差 0.48 亿 m³，库水位相差 0.39 m。

百色水利枢纽是不完全多年调节水库，是郁江上的防洪控制性工程，是本次调度中的一个重要补水水库。从调度水量来看，百色水利枢纽实时调度方案总调度水量为 16.67 亿 m³，调度期末库水位为 207.56 m，相应库容为 25.43 亿 m³；实际调度总调度水量为 17.84 亿 m³，调度期末库水位为 206.15 m，相应库容为 24.26 亿 m³，总调度水量相差 1.16 亿 m³，库水位相差 1.4 m。

飞来峡水利枢纽主要作用是调节思贤滘的西江和北江来水的分流比。由于西江干流骨干水库的实时调度方案较实际发生了变化，因此飞来峡水利枢纽的实时调度方案产生了较大偏差。从调度水量来看，飞来峡水利枢纽实时调度方案总调度水量为 34.41 亿 m³，调度期末库水位为 22.25 m，相应库容为 3.07 亿 m³；实际调度总调度水量为 33.61 亿 m³，调度期末库水位为 23.40 m，相应库容为 3.80 亿 m³，总调度水量相差 0.80 亿 m³，库水位相差 1.15 m。

通过以上分析，抑咸实时调度方案与水库实际调度结果存在一定的差异。这主要是由于：首先，抑咸实时调度模型侧重于水量调度，更偏重于理想情况，对其他制约因素难以全面反映；其次，水库调度群中无控区间大，流域中下游区间缺乏很好的水资源调控手段，这在客观上增加了模型预测的精度。

调度期内各骨干水库实时调度方案与实际调度方案对比成果见表8-9。

表 8-9　骨干水库实时调度与实际调度对比

水库名称	实时调度方案			实际调度方案		
	期末水位/m	期末库容/亿 m³	调度水量/亿 m³	期末水位/m	期末库容/亿 m³	调度水量/亿 m³
天一	763.33	58.51	43.20	762.90	57.93	43.79
龙滩	352.57	95.19	131.49	352.35	94.61	132.12
岩滩	222.80	25.99	132.91	222.41	25.55	133.39
百色	207.56	25.43	16.67	206.15	24.26	17.84
飞来峡	22.25	3.07	34.41	23.40	3.80	33.61

8.3.3.2　调度方案评估

根据珠江流域骨干水库群抑咸调度方案评价指标设置的原则，结合历次枯水期珠江水量调度方案、关键技术和调度效果的分析，通过关键断面抑咸流量保证率和取水口水质达标率等两项指标对抑咸调度方案开展效果评估。

（1）关键断面抑咸流量保证率

通过 2010—2011 年枯水期抑咸调度过程，可以得出实时调度方案与实际调度方案的梧州和思贤滘断面流量对比过程如图 8-40 和图 8-41 所示。

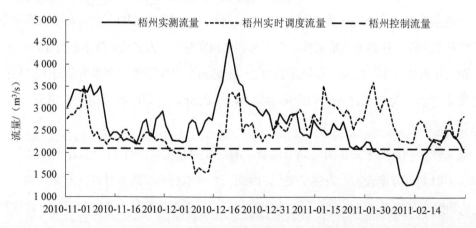

图 8-40　梧州断面实时调度方案与实测流量过程对比

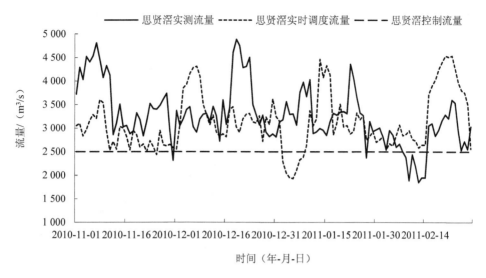

图 8-41　思贤滘断面实时调度方案与实测流量过程对比

从图 8-40 和图 8-41 中可以看出，按照梧州断面 2 100 m³/s、思贤滘断面 2 500 m³/s 的抑咸流量要求，经实时调度方案指导下的 2010—2011 年枯水期骨干水库群联合调度下游梧州断面实测过程抑咸达标率达到了 85%，而实时优化调度方案抑咸达标率为 87.5%；思贤滘断面实测过程达标率为 93.3%，而实时优化调度方案抑咸达标率为 94.2%。实时优化调度方案的成果与实测过程比较接近，实时调度方案的成果与实测过程总体相差不大，但在部分时段决策过程存在差异，优化方案减少了水量的损失，提高了水资源的利用率，同时也满足了下游控制断面抑咸流量的要求。

（2）取水口水质达标率

骨干水库群抑咸优化调度的主要目的是为了保障珠江三角洲主要城市的供水安全，取水口水质达标率是反应正常取水的主要指标。抑咸实时调度方案的评估以珠江三角洲主要取水口平岗泵站、联石湾水闸为例，分析实时调度后下游取水口的水质达标率。

根据梧州+石角流量，分析得出咸情（平岗泵站和联石湾水闸）与径流（梧州+石角流量）响应关系曲线上对应的平岗泵站和联石湾水闸含氯度日均超标时数，计算得出调度期内取水口的超标总时数。咸情（平岗泵站和联石湾水闸）与径流（梧州+石角流量）响应关系曲线关系式的推求过程如下。

①梧州+石角流量与平岗泵站日均超标时数关系

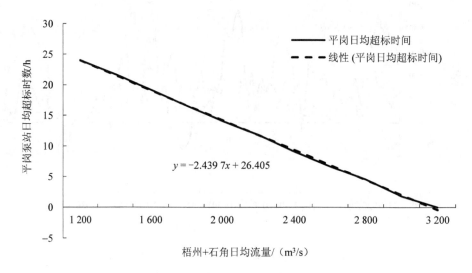

图 8-42　梧州+石角流量与平岗泵站日均超标时数关系

根据 2005—2010 年枯水期珠江水量调度的实测数据，可得到梧州+石角日均流量与平岗泵站日均超标时数的关系：

$$y = -2.439\ 7[(x-1\ 200)/200]+26.405$$

式中，x 为梧州+石角日均流量，m^3/s；y 为平岗泵站日均超标时数，h。

②梧州+石角流量与联石湾水闸日均超标时数关系

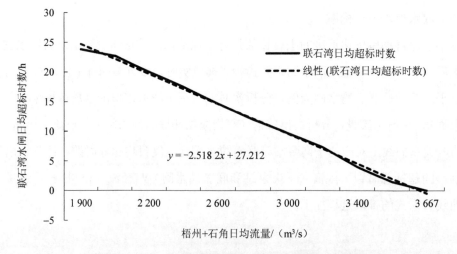

图 8-43　梧州+石角流量与联石湾水闸日均超标时数关系

根据2005—2010年枯水期珠江水量调度的实测数据,可得到梧州+石角日均流量与联石湾水闸日均超标时数的关系:

$$y = -2.518\ 2[(x-1\ 600)/200]+27.212$$

式中,x为梧州+石角日均流量,m^3/s;y为平岗泵站日均超标时数,h。

根据上述推求的梧州+石角流量与平岗泵站日均超标时数的关系式和梧州+石角流量与联石湾水闸日均超标时数的关系式,依据梧州+石角流量,即可推算出平岗泵站日均超标时数和联石湾水闸日均超标时数,计算如表8-10所示,取水口超标总时数分别为650.46 h和1147.01 h。

表8-10 平岗泵站和联石湾水闸日均超标时数　　　　　　　　　　单位:h

时间序列	平岗泵站日均超标时数	联石湾水闸日均超标时数	时间序列	平岗泵站日均超标时数	联石湾水闸日均超标时数	时间序列	平岗泵站日均超标时数	联石湾水闸日均超标时数
2010-11-01	0.00	2.26	2010-12-11	8.35	13.61	2011-01-20	5.33	10.49
2010-11-02	0.00	0.00	2010-12-12	6.75	11.96	2011-01-21	7.64	12.88
2010-11-03	0.00	0.00	2010-12-13	3.98	9.11	2011-01-22	8.13	13.39
2010-11-04	0.00	0.00	2010-12-14	1.89	6.94	2011-01-23	5.91	11.10
2010-11-05	0.00	0.00	2010-12-15	1.47	6.51	2011-01-24	9.17	14.46
2010-11-06	0.00	0.00	2010-12-16	0.00	1.22	2011-01-25	12.62	18.02
2010-11-07	0.00	0.00	2010-12-17	0.00	0.00	2011-01-26	12.89	18.30
2010-11-08	0.00	0.00	2010-12-18	0.00	0.00	2011-01-27	12.01	17.39
2010-11-09	0.00	0.22	2010-12-19	0.00	0.00	2011-01-28	12.61	18.01
2010-11-10	0.00	0.00	2010-12-20	0.00	0.00	2011-01-29	7.95	13.20
2010-11-11	0.00	0.00	2010-12-21	0.00	0.00	2011-01-30	4.05	9.17
2010-11-12	0.00	4.15	2010-12-22	0.00	0.00	2011-01-31	2.39	7.46
2010-11-13	5.06	10.21	2010-12-23	0.00	0.00	2011-02-01	1.15	6.19
2010-11-14	7.79	13.03	2010-12-24	0.00	0.00	2011-02-02	0.00	0.00
2010-11-15	7.01	12.23	2010-12-25	0.00	1.22	2011-02-03	0.00	0.00
2010-11-16	6.53	11.74	2010-12-26	0.00	2.18	2011-02-04	0.00	0.00
2010-11-17	7.52	12.76	2010-12-27	0.00	2.65	2011-02-05	0.00	3.67
2010-11-18	8.86	14.14	2010-12-28	0.00	3.74	2011-02-06	4.81	9.96
2010-11-19	8.35	13.61	2010-12-29	1.54	6.59	2011-02-07	6.12	11.31
2010-11-20	8.73	14.00	2010-12-30	2.58	7.66	2011-02-08	7.12	12.34
2010-11-21	9.21	14.50	2010-12-31	0.00	4.88	2011-02-09	11.89	17.27
2010-11-22	9.64	14.95	2011-01-01	3.68	8.79	2011-02-10	16.11	21.62
2010-11-23	7.46	12.69	2011-01-02	7.67	12.91	2011-02-11	19.63	25.26
2010-11-24	4.45	9.58	2011-01-03	5.98	11.17	2011-02-12	18.54	24.13

时间序列	平岗泵站日均超标时数	联石湾水闸日均超标时数	时间序列	平岗泵站日均超标时数	联石湾水闸日均超标时数	时间序列	平岗泵站日均超标时数	联石湾水闸日均超标时数
2010-11-25	3.58	8.69	2011-01-04	1.31	6.35	2011-02-13	18.71	24.30
2010-11-26	7.90	13.15	2011-01-05	3.65	8.77	2011-02-14	16.76	22.29
2010-11-27	8.40	13.66	2011-01-06	5.81	10.99	2011-02-15	13.72	19.15
2010-11-28	3.52	8.63	2011-01-07	3.48	8.59	2011-02-16	10.18	15.50
2010-11-29	2.57	7.65	2011-01-08	2.36	7.43	2011-02-17	5.51	10.68
2010-11-30	1.42	6.46	2011-01-09	1.80	6.85	2011-02-18	3.95	9.07
2010-12-01	5.34	10.50	2011-01-10	5.96	11.15	2011-02-19	5.19	10.35
2010-12-02	7.11	12.33	2011-01-11	7.81	13.06	2011-02-20	5.13	10.29
2010-12-03	9.49	14.78	2011-01-12	8.39	13.65	2011-02-21	6.03	11.22
2010-12-04	9.67	14.97	2011-01-13	9.94	15.25	2011-02-22	6.81	12.03
2010-12-05	9.28	14.57	2011-01-14	5.26	10.43	2011-02-23	4.96	10.11
2010-12-06	9.42	14.72	2011-01-15	6.77	11.98	2011-02-24	4.46	9.60
2010-12-07	9.73	15.04	2011-01-16	8.01	13.26	2011-02-25	5.89	11.07
2010-12-08	4.80	9.95	2011-01-17	8.31	13.58	2011-02-26	5.67	10.84
2010-12-09	4.14	9.27	2011-01-18	9.60	14.90	2011-02-27	7.38	12.61
2010-12-10	4.91	10.06	2011-01-19	8.99	14.27	2011-02-28	10.79	16.13

因此，2010—2011年枯水期平岗泵站的水质达标率＝（120×24−650.46）/（120×24）＝77.41%；联石湾水闸的水质达标率＝（120×24−1147.01）/（120×24）＝60.17%。

以上分析评价表明，通过流域骨干水库群的抑咸实时调度方案的实施，为抑咸实际调度提供了很好的借鉴，缓解了下游咸潮上溯，较大程度地提高了中山、珠海等地主要取水口的水质达标率，有效地保障了澳门、珠海、中山等珠江三角洲地区的供水安全，保证了2010—2011年枯水期珠江水量统一调度的供水任务顺利完成。

9 珠江河口联围闸泵群抑咸调度

9.1 调度的目标、原则及约束条件

9.1.1 调度目标

闸泵群联合调度的总体目标是以外江典型水文过程条件，根据上游来水和河口咸潮运动情况，合理控制多汊河口联围内外闸泵群的启闭，适时将外江淡水资源引入联围，置换内河涌污水，尽可能蓄积最多的淡水，并于压咸期间释放淡水抑制咸潮上溯，保障取水口取水安全。

9.1.2 调度原则

（1）根据三角洲地区水源地（取水口）布局要求，取水河道不宜排放联围内河涌污水，据此确定换水阶段排水口，总体规划联围内河涌水流方向。在中顺大围工程示范区，西侧外江磨刀门水道为主要水厂的取水口取水河道，在枯季不应排放污水，总体换水路线需遵循"西进东出、北进南出"的水流方向的调度大原则。

（2）分片分区调度和统一调度控制相结合。多汊河口联围闸泵数量多、分布广、规模各异，隶属管理单位不尽相同，调度中需因地制宜，根据闸泵控制区域和调度中承担作用的重要程度实行分片分区调度和统一调度相结合的原则，既保证调度方案的顺利施行，又降低调度实施难度。

（3）最大限度地提高淡水利用率。调度各阶段应该充分利用有限的淡水资源，置换污水在满足置换目标的前提下，尽可能地减少淡水外排；蓄积淡水尽可能提高联围内河涌淡水蓄积量；释淡抑咸选择最恰当时机开闸放水，合理控制出闸流量，提高淡水取用率。

（4）尽可能降低调度实施难度，减少工作量。在满足调度目标的前提下，尽可能降低闸泵参与数量，减少闸泵启闭次数，缩短调度操作期等，降低调度实施难度，提高调度效果，减少人力、物力和财力的投入。

（5）闸泵联合，以闸控为主，必要时以泵站抽排为补充。

9.1.3　调度约束条件

受多汊河口联围内外水文条件、河涌堤岸现状、闸泵工程运行条件，以及调度实施管理水平限制，多汊河口闸泵群联合调度的引水、换水、蓄淡、抑咸各调度阶段中存在以下基本的约束条件。

（1）内河涌最高限制水位。多汊河口联围各片区地理高程普遍较低，外江进闸水量过多、出闸排水不足将致使部分河涌水位超过最高限制水位，水流漫溢，形成内涝。因此，闸泵群调度中必须首先满足内河涌水位不能超过最高限制水位。即

$$Z_{i,t} \leqslant \overline{Z}_{i,t} \tag{9-1}$$

式中，$Z_{i,t}$ 为第 i 条内河涌（河段）t 时刻水位；$\overline{Z}_{i,t}$ 为第 i 条内河涌（河段）t 时刻上限水位。

一般地，在枯水期调度期间，内河涌最高限制水位为固定值 $\overline{Z}_i$，不随时间变化，则内河涌最高水位需满足式（9-2）。

$$Z_{i,t} \leqslant \overline{Z}_i \tag{9-2}$$

联围内河涌最高控制水位可大致按照各镇区河涌的防洪（涝）控制水位分别确定。

（2）内河涌最低限制水位。多汊河口联围内河涌蓄水或为工农业所用，水位水量需满足正常生产之用，或为保证水质、景观、航运、岸堤稳定之需，闸泵群调度，河涌内水位不宜长时间低于最低限制水位。即

$$Z_{i,t} \geqslant \underline{Z}_{i,t} \tag{9-3}$$

式中，$Z_{i,t}$ 含义同上；$\underline{Z}_{i,t}$ 为第 i 条内河涌（河段）t 时刻下线水位。

一般地，在枯水期调度期间，内河涌最高限制水位为固定值 $\underline{Z}_i$，不随时间变化，则内河涌最高水位需满足。

$$Z_{i,t} \geqslant \underline{Z}_i \tag{9-4}$$

（3）闸泵过流能力限制。受闸门尺寸、底高及泵站出力限制或运行安全等工程实际限制，调度过程中过闸（泵）流量不可能任意加大。即

$$Q_{i,t} \leqslant Q_{i,\max} \tag{9-5}$$

式中，$Q_{i,t}$ 为通过第 i 座闸门或泵站 t 时刻的流量；$Q_{i,\max}$ 为第 i 座闸门或泵站设计运行条件下所能达到的过流量。

工程示范区中顺大围闸泵群调度中所涉及闸泵的过流能力以现状条件下闸泵正常运行所能达到的设计值为限。

（4）闸泵启闭时间间隔限制。实际调度过程中，受人工操作难度、工作量以及闸泵工程特性，闸泵不可能完全根据内外水位随时启闭，维持特定的启闭运行状态必须满足一定的时长。即

$$T_i \geqslant T_{\min} \tag{9-6}$$

式中，T_i 为第 i 座闸门或泵站维持固定运行状态持续工作的时间；$T_{\min}$ 为第 i 座闸门或泵站人为规定的特定运行状态的最短时间。

（5）闸泵启动速度限制。在调度方案中，闸门从某一工作状态调整为另一工作状态是存在一个过程，如闸门从完全关闭至全开（最大开度）或泵站从不工作至满负荷抽排水需要一定时间操作完成状态转换，转换期间的流量不会是调度方案中预设的从零直接变化为特定值（如最大值），而是连续变化的，这个启动速度限制可表示为

$$\Delta L_i \leqslant \Delta L_{i,\max} \quad （闸） \tag{9-7}$$

$$\Delta Q_i \leqslant \Delta Q_{i,\max} \quad （泵） \tag{9-8}$$

式中，ΔL_i 为第 i 座闸门单位时间启闭高度；$\Delta L_{i,\max}$ 为闸门单位时间所能启闭的最大高度；ΔQ_i 为第 i 座泵站单位时间抽排流量的变化量；$\Delta Q_{i,\max}$ 为泵站单位时间所能抽排流量的最大变化量。

9.2　闸泵群联合调度模型的建立

9.2.1　闸泵群联合调度过程及阶段目标

为实现闸泵群联合调度抑咸的总体目标，整个抑咸调度由 3 个相互联系的重要阶段调度组成，分别为内河涌水质改善调度、蓄淡调度和释淡补水压咸调度。各阶段调度对应的

时段分别称为换水期、蓄水期和抑咸期，各阶段调度之间可以存在过渡段，则整个闸泵群联合调度过程就由 5 个时段构成，各时段时间节点划分如图 9-1 所示。

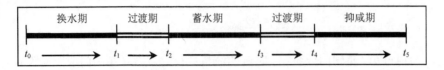

图 9-1 闸泵群联合调度过程阶段划分

3 个重要阶段调度各自承担不同的调度任务，实现各自对应的阶段调度目标，以保障总体调度目标的实现。

（1）换水期（t_0，t_1）：主要任务为运用联围闸泵群调度，以外江满足水质要求的淡水来置换联围内河涌污水，并实现在尽可能短的时间内使得换水期末内河涌水质最佳的阶段目标。

（2）蓄水期（t_2，t_3）：主要任务为运用联围闸泵群调度，抽蓄外江淡水至联围内河涌，并实现在尽可能短的时间内使得蓄水期末内河涌蓄水总量最大的阶段目标。

（3）抑咸期（t_4，t_5）：主要任务为运用联围闸泵群调度，抽排联围内河涌淡水至外江抑咸河段补水，并实现在满足目标断面最小抑咸流量需求下尽可能增加补水时间的阶段目标。

两个过渡期（t_1，t_2）和（t_3，t_4）的存在根据调度实际情况确定；当无过渡期时，时刻 t_1 与 t_2，t_3 与 t_4 重合。

闸泵群联合调度抑咸过程中，有 $t_0 \sim t_5$ 6 个时间节点，其中 t_0、t_1、t_3、t_4 4 个节点最为重要，与各阶段调度效果好坏、总体抑咸目标能否实现密切相关，需要在方案制定中作为调度技术关键点来重点确定：t_0 为换水过程开始时刻；t_1 为换水过程结束时刻，达到换水目标；t_3 为蓄水过程结束时刻，达到蓄水目标；t_4 为抑咸过程起始时刻，存在抑咸需求。

9.2.2 闸泵群联合调度模型

（1）内河涌水质改善调度模型

在换水期，通过上游骨干水库群联合调度，淡水资源进入珠江三角洲网河区，咸界下移，主要取水河道取水口争取到更多的可取水历时，抽取更多淡水的同时，联围与外江相连通河涌入口盐度也降低至 250 mg/L 的可取用标准，联围具备了最基本的引水条件，选择恰当时间，打开具备调度条件的水闸引水，加强内河涌水动力，促使河涌内咸污水外排，实现联围内河涌"换水",为储备清洁淡水资源抑咸作准备。

换水期内河涌水质改善调度的关键是确定开闸引水闸泵和污水外排闸泵及其开启时刻,以及换水效果评价指标。污水外排与联围引水是一个有机整体,两者共同构成完整的内河涌引水-换水方案。好的内河涌引水-换水方案将实现内河涌水流有序流动,在最短的时间内,以最少的淡水资源量置换内河涌污水,且置换后的水体水质较优。内河涌水质改善方案中排水闸泵的选择必须考虑水功能区规划,评价污水排放对下游河道的取用水影响。

在制定多汊河口联围闸泵群联合调度的内河涌水质改善方案时,根据选定的典型枯水各水闸外实测盐度确定该水闸开启与否,而在方案用于未来枯季闸泵群联合调度抑咸时,则以预测的各水闸外盐度来确定。初拟方案时,可参照历年枯季水量调度确定的流量-咸界关系确定参与开闸引水的水闸。

调度过程中,换水完成时刻需要一个定量的评价指标,该指标的选择将会影响后续蓄水阶段内河涌淡水蓄积量和河涌水质。综合考虑换水、后续蓄水各方面的影响因素,该指标主要包括:①换水历时 T;②换水完成时刻河涌污染物平均浓度 C_i;③换水完成时刻河涌总蓄水量 W_i。

最优的换水方案结果是换水历时最短,同时换水后的河涌污染物平均浓度最低,而内河涌蓄水量最大。显然,三者之间存在一定的矛盾和制约,无法在同一时刻实现,只能以其中一个作为主要衡量指标,其他转为约束条件。

因此,可选择换水后的内河涌污染物平均浓度 C_i 作为目标函数值,同时考虑河涌蓄水量较大,以换水历时 T 作为主要约束构建内河涌水质改善调度模型。

1)调度目标

运用闸泵抽排换水,在尽可能短的时间内使得换水期末内河涌水质最佳。

2)目标函数

$$\min C_p = \left(W_0 \cdot C_0 + \sum_{i=1}^{N} \int_{t_0}^{t_1} (Q_{i,t} \cdot C_{i,t}) \mathrm{d}t \right) \Big/ \left(W_0 + \sum_{i=1}^{N} \int_{t_0}^{t_1} Q_{i,t} \mathrm{d}t \right) \tag{9-9}$$

式中, C_p 为联围内河涌污染物平均浓度,即换水结束时刻 t_1 时的联围内河涌污染物平均浓度,mg/L; W_0 为换水起始时刻 t_0 时的联围内河涌蓄水量,m^3; C_0 为换水起始时刻 t_0 时的联围内河涌污染物平均浓度,mg/L; $Q_{i,t}$ 为 t 时刻第 i 座进(排)水闸(或泵)的进(排)水流量,以正负号表示流向,正值表示水从外江流入至联围内河涌,负值表示水从联围内河涌流出至外江,$i = 1, 2, \cdots, N$,N 为闸(或泵)总数,m^3/s; $C_{i,t}$ 为 t 时刻第 i 座进(排)水闸(或泵)的进(排)水污染物浓度,mg/L。

整个闸泵群联合调度期间均不考虑联围内河涌天然降水量、人类用水取排量，以及污染物排放量。

3）约束条件

①换水历时约束

$$T_r \leqslant T_{r\max} \tag{9-10}$$

式中，T_r 为换水历时，$T_r = t_1 - t_0$；$T_{r\max}$ 为允许的最长换水历时，越短越好。

②联围内河涌最高最低水位约束

$$\underline{Z}_{k,t} \leqslant Z_{k,t} \leqslant \overline{Z}_{k,t} \tag{9-11}$$

式中，$Z_{k,t}$、$\underline{Z}_{k,t}$、$\overline{Z}_{k,t}$ 分别为 t 时刻第 k 条内河涌（河段）水位、最高限制水位、最低限制水位，$\overline{Z}_{k,t}$ 与堤岸高程有关，避免河水漫溢，$\underline{Z}_{k,t}$ 取决于景观、航运、生态等最低水位需求。

③进水闸进水条件约束

$$S_{i,t} \leqslant \overline{S} \tag{9-12}$$

式中，$S_{i,t}$、$\overline{S}$ 分别为 t 时刻第 i 个进水闸（或泵）进水口的含氯度、取水允许的最高含氯度，一般地，水厂取水要求 $\overline{S}$ 不高于 250 mg/L。

$$Z_{i,外,t} > Z_{i,内,t} \tag{9-13}$$

式中，$Z_{i,内,t}$、$Z_{i,外,t}$ 分别为 t 时刻第 i 个进水闸内、外水（潮）位。

④排水闸排水条件约束

$$Z_{j,外,t} < Z_{j,内,t} \tag{9-14}$$

式中，$Z_{j,内,t}$、$Z_{j,外,t}$ 分别为 t 时刻第 j 个排水闸内、外水（潮）位。

⑤闸（或泵）运行状态持续时间约束

$$T_s \geqslant \underline{T}_s \tag{9-15}$$

式中，T_s、$\underline{T}_s$ 分别为闸（或泵）维持某一特定工作状态（如闸门全开或全关、泵站开启或关闭等）的时长和允许最短时长，$\underline{T}_s$ 不宜过小，否则闸泵启闭频繁，调度操作难度大。

⑥闸门启闭速度约束

$$\underline{T}_d \leqslant T_d \leqslant \overline{T}_d \tag{9-16}$$

式中，T_d、$\underline{T}_d$、$\overline{T}_d$ 分别为闸门启闭单位高度的用时、允许的最小和最大用时，T_d 与闸门设计有关，对调度模型水动力计算稳定性和闸门对水流方向的控制都有一定影响。

⑦闸（或泵）安全运行条件约束

$$\left|\Delta Z_{i,t}\right|\leqslant\Delta\overline{Z}_i \tag{9-17}$$

式中，$\Delta Z_{i,t}$、$\Delta\overline{Z}_i$ 分别为 t 时刻第 i 个闸内外水位差、闸门安全运行允许的最大水位差。

$$\left|Q_{i,t}\right|\leqslant\overline{Q}_i \tag{9-18}$$

式中，$Q_{i,t}$、$\overline{Q}_i$ 分别为 t 时刻第 i 个闸（或泵）过水流量、设计最大过水流量。

4）初始条件与边界条件

换水起始时刻 t_0 时的外江水（潮）位、含氯度、污染物浓度，联围内河涌水位、蓄水量、污染物浓度；换水期间外江水（潮）位、含氯度、污染物浓度过程。

（2）蓄淡调度模型

当换水达到调度目标后，闸泵群联合调度的换水过程结束，经过过渡期后，闸泵群联合调度转入蓄水期，内河涌通过闸泵调度，尽可能多的从外江蓄积淡水，因此蓄水的主要目标为在闸泵群调度约束条件下，蓄水量最大。蓄淡过程中的引水条件与内河涌水质改善调度中引水条件相同，当外江盐度满足引水标准时，即可通过闸泵引水至内河涌存蓄，而此阶段换水方案中的外排闸门需全部关闭。为加快蓄水进程，缩短蓄水时间，蓄积更多淡水资源，必要时可启用取水泵站从外江抽取淡水注入内河涌，以弥补蓄水后期内外水位差减小、闸门自流蓄水动力不足。

因此，蓄淡调度模型建立如下。

1）调度目标

运用闸泵抽蓄外江淡水，在尽可能短的时间内使得蓄水期末内河涌蓄水总量最大。

2）目标函数

$$\max W_{t_3}=W_{t_2}+\sum_{i=1}^{N}\int_{t_2}^{t_3}Q_{i,t}\mathrm{d}t \tag{9-19}$$

式中，W_{t_3} 为蓄水结束时刻 t_3 时的联围内河涌蓄水总量，m^3；W_{t_2} 为蓄水初始时刻 t_2 时的联围内河涌蓄水总量，也与换水结束时刻 t_1 时的联围内河涌蓄水总量 W_{t_1} 相等，m^3；$Q_{i,t}$ 为含义与换水阶段相同，但此刻排水闸（或泵）关闭，其 $Q_{i,t}=0$。

3）约束条件

除无排水闸排水条件约束外（排水闸关闭），其他约束条件与换水阶段基本相同，不再赘述。

4）初始条件与边界条件

与换水阶段基本相同。

（3）联围释淡补水压咸调度模型

联围释淡补水压咸方案主要内容是确定放水水闸、释淡补水压咸时机和放水压咸流量。放水水闸的确定需根据补水对象而定，具体方案实施中针对哪一取水口（取水河段）释淡补水压下，可分析调度期咸界位置、各取水口缺水紧迫程度及压咸效果，综合确定。同样，释淡补水压咸时机需要根据补水对象不同时段淡水需求、咸潮上溯强度综合确定。放水压咸流量必须能够满足补水目标断面的最小抑咸流量需求，该流量的确定是闸泵群联合调度抑咸方案制定的关键点之一。在满足该最小流量需求的基础上，补水时间越长则抑咸效果越好，而补水流量大小则可以通过闸门开度和外排泵站抽排流量来控制。

释淡补水压咸调度模型建立如下。

1）调度目标

运用闸泵抽排联围内河涌所蓄淡水向外江补水，在满足目标断面最小抑咸流量需求下尽可能增加补水时间。

2）目标函数

$$\max T_G = \left(W_{t_4} + W_{add} - W_{t_5}\right)/Q_{G,\mathrm{avg}} \qquad (9\text{-}20)$$

式中，W_{t_4} 为抑咸初始时刻 t_4 时的联围内河涌蓄水总量，也与蓄水结束时刻 t_1 时的联围内河涌蓄水总量 W_{t_3} 相等，m^3；W_{t_5} 为抑咸结束时刻 t_5 时的联围内河涌蓄水总量，m^3；$Q_{G,\mathrm{avg}}$ 为抑咸阶段实际抑咸流量的平均值，m^3/s；W_{add} 为抑咸阶段进水闸（或泵）抽蓄至联围内河涌的水量，m^3。在抑咸期间，若只向外江补水而不继续蓄水，则 $W_{add}=0$，否则 W_{add} 按蓄水过程调度计算，但显然抑咸阶段的闸泵群联合调度方案设置和计算将变得十分复杂。

3）约束条件

大部分排水闸关闭，某一个（或一些）排水闸转换为释淡补水抑咸角色，若在抑咸阶段联围内河涌继续蓄水，则约束条件除无换水历时约束和增加抑咸流量约束以外，其他约束条件与换水阶段基本相同。

抑咸流量约束

$$Q_{G,\mathrm{avg}} \geqslant Q_{obj} \qquad (9\text{-}21)$$

式中，Q_{obj} 为抑咸目标断面需要的最小抑咸流量（指额外补水流量），此流量与目标断面处的外江原本流量之和将满足抑咸最低要求，保证含氯度不超标，水厂足量取水。显然，Q_{obj} 的确定与外江水文条件、水厂取水量需求及取水口位置均有关，其值大小也将极大地影响到抑咸调度目标能否实现、抑咸效果好坏等。

4）初始条件与边界条件

与换水阶段基本相同。

9.3　闸泵群联合调度方案

9.3.1　闸泵群联合抑咸调度关键要素分析

以上分别建立了换水期、蓄水期、抑咸期3个不同阶段内河涌水质改善、蓄淡、释淡补水压咸调度模型，各阶段调度通过过渡期紧密相连，构成一个完整的最基本的多汊河口联围闸泵群联合调度模型，可以利用该模型计算、分析、评价不同阶段的各种调度方案，从而提出优化后的抑咸调度方案。以示范工程区中顺大围为研究对象，根据调度条件拟定若干调度方案，通过对比分析研究各阶段调度中若干关键问题的解决方法，为闸泵群联合调度抑咸目标的实现、联合调度技术的推广应用奠定基础。

9.3.1.1　内河涌水质改善调度

（1）引水闸的确定

根据流量-咸界关系，在不同的上游来水（马口+三水流量之和）条件下，咸潮上溯距离不同，可开闸引水的闸门也不同。

在三水、马口流量之和分别为 1 500 m³/s、2 000 m³/s、2 500 m³/s 时，可开闸引水的闸门分析确定如下。

①当三水+马口流量达 1 500 m³/s 时，250 mg/L 咸界大致处于磨刀门水道白濠头水闸附近，以及小榄水道横海闸附近，则中顺大围上游的的凫洲河闸，西侧的白濠头闸，东侧的横海闸外盐度均低于 250 mg/L，盐度满足引水条件，而其他水闸（新滘闸、白濠尾、拱北闸、全禄闸、西河闸、裕裕安闸、鸡笼闸、滨涌闸、铺锦闸、东河闸）盐度超标，不具备基本的引水的条件。

②当三水+马口流量达 2 000 m³/s 时，250 mg/L 咸界大致处于磨刀门水道拱北水闸附近，以及小榄水道滨涌闸附近，则中顺大围上游的凫洲河闸，西侧的白濠头闸、新滘闸、

白濠尾闸，东侧的横海闸、裕安闸、鸡笼闸外盐度均低于 250 mg/L，盐度满足引水条件，而其他水闸（拱北闸、全禄闸、西河闸、滨涌闸、铺锦闸、东河闸）盐度超标，不具备基本的引水的条件。

③当三水+马口流量达 2 500 m³/s 时，250 mg/L 咸界大致处于磨刀门水道全禄水闸以下，以及小榄水道铺锦闸以下，则中顺大围上游的凫洲河闸，西侧的白濠头闸、新滘闸、白濠尾闸、拱北闸、全禄闸，东侧的横海闸、裕安闸、鸡笼闸、滨涌闸、铺锦闸外盐度均低于 250 mg/L，盐度满足引水条件，而其他水闸（西河闸、东河闸）盐度超标，不具备基本的引水的条件。

（2）排水闸的确定

磨刀门水道为主要的水源地，中顺大围以下分布有较多重要取水口，枯水期尽量避免从联围内置换污水至该河道。因此，中顺大围闸泵群联合调度中内河涌水质改善方案的排水闸泵不宜安排在西侧的磨刀门水道，而应从东侧小榄水道排水，与引水方案共同实现"西进东出，北进南出"的引水-换水流路。由此分析，在方案中磨刀门水道不承担开闸引水任务的水闸在换水过程中需关闭闸门，防止置换的污水排入磨刀门水道，影响下游取水口水质；而小榄水道不承担开闸引水任务的水闸在换水过程中可根据需要关闭或者开闸排水。

①当三水+马口流量达 1 500 m³/s 时，小榄水道的裕安闸、鸡笼闸、滨涌闸、铺锦闸、东河闸外盐度均高于 250 mg/L，不可作为引水闸进水，但可作为排水闸。

②当三水+马口流量达 2 000 m³/s 时，小榄水道的滨涌闸、铺锦闸、东河闸外盐度均高于 250 mg/L，不可作为引水闸进水，但可作为排水闸。

③当三水+马口流量达 2 500 m³/s 时，小榄水道的东河闸外盐度高于 250 mg/L，只能作为排水闸。

（3）换水时段的确定

换水时段的确定包括换水历时、换水开始时刻的比选。

换水历时根据实际情况，可认为大致给定一个限值，在该可接受的最长换水历时里，换水调度能够达到预期的换水目标，在中顺大围示范区闸泵群联合调度抑咸过程中，内河涌水质改善调度的最长换水历时一般可定为 3~4 d。

换水时段根据换水开始时刻和换水历时确定，一般可分为小潮至中潮、中潮至大潮、大潮至中潮、中潮至小潮 4 个典型时段。换水时段的确定采用内河涌水质改善调度模型，分别计算不同换水时段末水质改善效果，对比确定最优时段。

（4）内河涌水质改善方案拟定流程

内河涌水质改善方案根据上游马口、三水来流量条件，按照不同流量级别 $Q_{马+三}\geq1\,500\ \text{m}^3/\text{s}$、$Q_{马+三}\geq2\,000\ \text{m}^3/\text{s}$、$Q_{马+三}\geq2\,500\ \text{m}^3/\text{s}$ 分别拟定。

以 $Q_{马+三}\geq2\,000\ \text{m}^3/\text{s}$ 来水条件为例，说明方案拟定过程：

进水闸确定为凫洲河闸、白濠头闸、新滘闸、白濠尾闸、横海闸、裕安闸、鸡笼闸，控制要求为水流"只进不出"，即闸外水位高于闸内水位时，闸门全开进水，反之闸门全关。

排水闸确定为滨涌闸、铺锦闸、东河闸，三闸可任意组合，但只拟定"滨涌闸、铺锦闸、东河闸三闸排水""铺锦闸、东河闸两闸排水""东河闸单闸排水"3 种情况，控制要求为水流"只出不进"，即闸内水位高于闸外水位时，闸门全开排水，反之闸门全关。

换水时段确定为小潮至中潮（S2M）、中潮至大潮（M2L）、大潮至中潮（L2M）、中潮至小潮（M2L）四个典型时段，换水开始时刻对应为 2005-01-18 16:00、2005-01-22 18:00、2005-01-25 21:00、2005-01-29 0:00。

进水闸、排水闸和换水时段不同方案组合，构成不同条件的内河涌水质改善方案，组合方案数量较多，一一计算比选工作量较大。为此，先固定出水闸方案，以"滨涌闸、铺锦闸、东河闸三闸排水"为基础，分别计算对比分析不同换水时段方案的优劣，选定一个最优的换水时段，再以此分别计算对比分析 3 种排水闸组合方案，最终确定一个最优的内河涌水质改善方案。

方案及比选流程如表 9-1 所示。

表 9-1 内河涌水质改善方案及比选流程

来水条件	排水闸	换水时段	方案编号	最优方案
$Q_{马+三}\geq2\,000\ \text{m}^3/\text{s}$	滨涌、铺锦、东河闸三闸	小潮至中潮	S-S2M	S-X2Y
		中潮至大潮	S-M2L	
		大潮至中潮	S-L2M	
		中潮至小潮	S-M2S	

↓

来水条件	换水时段	排水闸	方案编号	最优方案
$Q_{马+三}\geq2\,000\ \text{m}^3/\text{s}$	S-X2Y 方案换水时段	东河闸单闸	S-X2Y-1out	S-X2Y-Zout
		铺锦、东河闸两闸	S-X2Y-2out	
		滨涌、铺锦、东河闸 3 闸	S-X2Y-3out	

对于 $Q_{马+三} \geq 1\,500\ m^3/s$、$Q_{马+三} \geq 2\,500\ m^3/s$ 等其他不同上游来水条件，内河涌水质改善方案的确定及比选过程与之相类似。

9.3.1.2　联围蓄淡调度

为缩减释淡补水压咸调度前换水、蓄水周期，换水期和蓄水期之间可不设过渡段，当换水过程结束后，闸泵群调度即刻从水质改善调度转入蓄淡调度。基本调度方案中不考虑现有泵站从外江抽取淡水注入内河涌，仅依靠河涌引水闸内外水位差自流蓄水。

蓄水方案与内河涌水质改善方案相对应，不改变换水调度中进水闸的控制条件，保持进水闸水流"只进不出"的运动方向，只是将排水闸完全关闭即可，直至达到蓄淡调度目标。

蓄水过程的完成时间点以联围内河涌水位达到最高限制水位、河涌蓄满而不能再引水时刻来确定，或者联围内河涌水位虽未达到最高限制水位，但内河涌水位升高导致外江淡水自流很慢、蓄水量增加不明显时刻来确定，同时该时间点也受允许的最长蓄水历时所限制。

以上述 $Q_{马+三} \geq 2\,000\ m^3/s$ 来水条件中的 S-X2Y-3out 方案为例，蓄淡方案中闸门调度为：①凫洲河闸、白濠头闸、新滘闸、白濠尾闸、横海闸、裕安闸、鸡笼闸开闸引水，水流只进不出，即闸外水位高于闸内水位时，闸门全开进水，反之闸门全关；②拱北闸、全禄闸、西河闸、滨涌闸、铺锦闸、东河闸全关。

9.3.1.3　联围释淡补水压咸调度

释淡补水对象、补水时机、补水流量的确定是闸泵群联合调度中制定联围释淡补水压咸方案的最为关键的 3 个技术问题。

（1）补水对象的确定

联围释淡补水压咸方案中放水水闸的确定需根据补水对象而定，若为了增加磨刀门水道西河水闸以下淡水流量，抑制咸潮上溯，增加下游取水口（如平岗泵站）取水时数，则可在补水时段打开西河水闸向外江下游补水；若为了增加磨刀门水道西河水闸以上取水口（如全禄水厂）取水时数，则应在补水时段关闭西河水闸，而打开拱北、全禄水闸释淡补水压咸。

（2）补水时机的确定

方案中合理的补水时机，不仅能够很好地满足目标断面的抑咸目标，还能高效利用淡水资源，延长补水时间，提高补水效果。补水时机主要与补水对象所在外江河道的咸潮运动规律密切相关。

①大、中、小潮的优选

以 2005 年枯季半月实测水文数据为例，依次选择小潮-中潮-大潮-中潮-小潮（每个潮周期中均选择落急时刻）进行西河水闸向外江取水河道补水，通过一维咸潮数学模型计算相同计算条件（上游径流、外海潮汐及其他计算边界、地形条件完全相同）下，西河水闸不同潮时排放中顺大围所蓄淡水时（各试验组次补水时间及对应潮型如表 9-2 所示），对磨刀门水道尤其是水道下游咸潮的抑制情况进行分析，将放水后 10 h 各水闸、水厂、泵站逐时盐度与放水前对应时刻盐度相对比，得到各试验组次各站点盐度变化情况（盐度降低值及降低百分数）。

表 9-2　各试验组次补水时间及对应潮型

试验组次	1	2	3	4	5
对应放水时刻	2005-01-20 02:00	2005-01-23 05:00	2005-01-26 07:00	2005-01-29 08:00	2005-02-01 09:00
对应潮型	小潮	中潮	大潮	中潮	小潮

结果表明，由于各站点距离淡水排放口位置的不同，各组试验中，各站点盐度随大、中、小潮潮时而变化的趋势并非完全相同。随着中顺大围内淡水资源的排放，磨刀门水道内含盐度总体呈下降趋势，由于试验中淡水排放量较小（以 150 m^3/s 流量排放 1 h），部分位于排水口上游的站点反而出现了盐度增加的现象。总体上，位于西河水闸（中顺大围淡水排放口）以下各站点的盐度降低幅度较大于排水口上游各站点，在所有采样站点中以大潮前的中潮（试验组次 2）放水对抑制磨刀门水道内的咸潮最为有效，与淡水排放前相比，盐度变化值及盐度变化百分比值均大于其他试验组次；以大潮之后的中潮排水（试验组次 4）抑咸效果较好。

②不同潮时优选

为了进一步精确补水压咸最有效时机，在一个中潮潮周期内（约 25 h）选取初落、落急、落憩、涨急、落急、初涨、涨急、涨憩 8 个时刻分别进行西河水闸排水（各试验组次放水时间及对应潮时如表 9-3 所示），将计算所得盐度场与放水前同时刻盐度场进行对比，从而分析出一个典型潮周期内最利于放水抑咸的潮时，为淡水资源的最佳利用提供技术支撑。

表 9-3　各试验组次放水时间及对应潮型

试验组次	1	2	3	4	5	6	7	8
对应放水时刻	2005-01-26 00:00	2005-01-26 04:00	2005-01-26 08:00	2005-01-26 10:00	2005-01-26 16:00	2005-01-26 19:00	2005-01-26 21:00	2005-01-27 01:00
对应潮时	初落	落急	落憩	涨急	落急	初涨	涨急	涨憩

从不同潮时放水，下游各水闸、泵站、水厂站点盐度减小情况对比结果来看，8 组试验中，西河水闸在不同潮时排放中顺大围内所蓄淡水对各采样站点影响不一，淡水排放后各站盐度下降幅度有大有小，但总体上均以初落时刻放水（试验组次 1）时，等量淡水对磨刀门下游河段咸度抑制作用最佳，其次则以落憩时刻为较佳。除此之外的其他几个试验组次中，涨落潮各典型时刻各站点盐度变化幅度微小，响应度极小。

③不同放水模式优选

为了对西河水闸排放淡水的放水模式进行优选，进一步提高淡水资源的有效利用，结合前述放水时机研究成果，以中潮（大潮前期）初落起算，在淡水排放总量相同的前提条件下，设计 5 种放水模式进行放水模式对比优选试验，将不同模式放水后 10 h 各水闸、水厂、泵站逐时盐度与放水前对应时刻盐度相对比，得到各试验组次各站点盐度变化情况（盐度降低值及降低百分数）。

试验组次 1：假设 600 m^3/s 淡水均在 1 h 内集中排放；

试验组次 2：假设 600 m^3/s 淡水在连续 2 h 内均匀排放；

试验组次 3：假设 600 m^3/s 淡水在连续 2 h 内非均匀排放；

试验组次 4：假设 600 m^3/s 淡水在连续 3 h 内均匀排放；

试验组次 5：假设 600 m^3/s 淡水在连续两个初落时刻均匀排放。

结果表明，各组次试验中各水闸、水厂、泵站盐度变化趋势并非完全一致，总体上看，大致以西河水闸（即淡水排放口）为界，排水口之上游河段以试验组次 5（淡水资源均在连续的初落时刻排放）抑咸效果最佳，排水口之下游河段以试验组次 1（淡水资源在初落时刻一次集中排放）抑咸效果最佳，因此，在实际调水压咸运行中，放水模式的选择宜根据抑咸重点河段进行选择。

（3）补水流量的确定

补水流量大小必须满足目标断面抑咸目标流量，是控制闸门开度、实现释淡补水压咸调度的主要依据，也是评价抑咸效果、补水效率的重要参数。

补水流量的合理确定是一个十分复杂的问题，它既与目标断面的咸潮活动强度密切相关，也受制于联围可补充淡水总量以及补水闸门的工程调度能力。现有的工程调度资料积累尚不足以用来分析补水流量与外江咸潮活动响应的关系，只能依靠物理模型试验或者数值模拟的方法来确定。

9.3.2 闸泵群联合抑咸调度初始方案生成

9.3.2.1 调度计算水文条件

调度方案计算分析中的中顺大围各闸所在外江潮位为 2005 年枯水期实测值或以"2005.1"典型枯水实测资料经过模型率定验证后的计算值；上游来水条件为马口+三水流量取 1 500 m³/s、2 000 m³/s、2 500 m³/s 3 个流量级；三角洲咸界取马口+三水各流量级相应的咸界上溯距离。

9.3.2.2 调度模型基本参数

以"2005.1"典型枯水过程进行基本调度方案的计算分析。

调度模型中基本参数和条件设置如下。

①河道糙率 n。中顺大围主干凫洲河、横琴海、中部排灌渠、狮滘河、石岐河的河道糙率借鉴前人验证成果和河道地形资料分析，分段给定，n 为 0.020～0.045；其他支涌断面概化为矩形规则断面，糙率 n 参考水力学手册统一给定为 0.030。

②水质边界和初始条件。采用 COD 作为污染物指标，水质边界按照引水河道的现状水质确定，磨刀门水道、小榄水道按地表 II 类水标准（COD 为 15 mg/L）给值；中顺大围内河涌水质初始浓度按地表 V 类水标准（COD 为 40 mg/L）给值。

③纵向离散系数。纵向离散系数 E_x 随水流条件而变化，在中顺大围河网水流复杂，E_x 变化范围较大。不同河段取值按下式计算：

$$E_x = 0.011 \frac{v^2 B^2}{h u_*} \tag{9-22}$$

式中，v 为断面平均流速，m/s；B 为断面过水宽度，m；h 为断面平均水深，m；$u_* = \sqrt{ghJ}$ 为摩阻流速，m/s；J 为水力坡度。

④衰减系数。参照《广东省中山市流域综合规划修编》成果，COD 降解系数取为 0.13（1/d）。

9.3.2.3 初始调度方案的拟定

（1）内河涌水质改善方案计算分析

①上游马口、三水来水 $Q_{马+三} \geq 2\,000$ m³/s 时

利用已经建立的中顺大围闸泵群联合调度模型，计算滨涌闸、铺锦闸、东河闸三闸排水条件下不同换水时段的内河涌水质改善方案，从而确定最优的换水时段。方案设置如表9-4所示。

a. 方案 S-S2M——换水时段为小潮至中潮，开始时刻 2005-01-18 16:00；

b. 方案 S-M2 L——换水时段为中潮至大潮，开始时刻 2005-01-22 18：00；

c. 方案 S-L2M——换水时段为大潮至中潮，开始时刻 2005-01-25 21：00；

d. 方案 S-M2S——换水时段为中潮至小潮，开始时刻 2005-01-29 0：00。

表9-4　内河涌水质改善方案设置（确定换水时段）

来水条件	排水闸	换水时段	方案编号	调度规则
$Q_{马+三} \geq 2\,000\ \mathrm{m^3/s}$	滨涌闸、铺锦闸、东河闸	小潮至中潮	S-S2M	①当 $Z_外 > Z_内$ 且 $Z_内 \leq \overline{Z}$ 时，凫洲河闸、白濠头闸、新滘闸、白濠尾闸、横海闸、裕安闸、鸡笼闸全开，否则全关；②拱北闸、全禄闸、西河闸全关；③当 $Z_外 \leq Z_内$ 且 $Z_内 > \underline{Z}$ 时，滨涌闸、铺锦闸、东河闸全开，否则全关
		中潮至大潮	S-M2L	
		大潮至中潮	S-L2M	
		中潮至小潮	S-M2S	

各方案计算的中顺大围内河涌总蓄水量、COD 平均浓度过程分别如图9-2（a）～（d）所示。

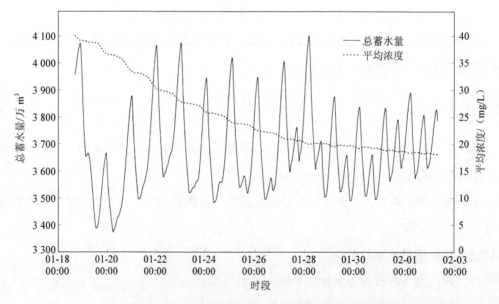

（a）中顺大围内河涌总蓄水量、COD 平均浓度过程（方案 S-S2M）

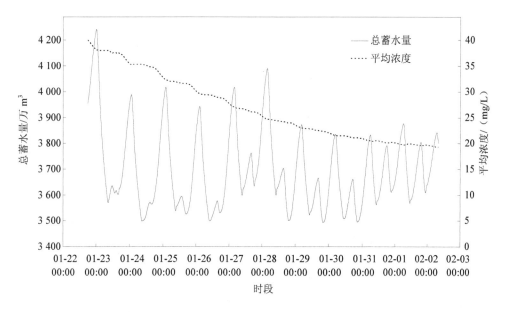

（b）中顺大围内河涌总蓄水量、COD 平均浓度过程（方案 S-M2L）

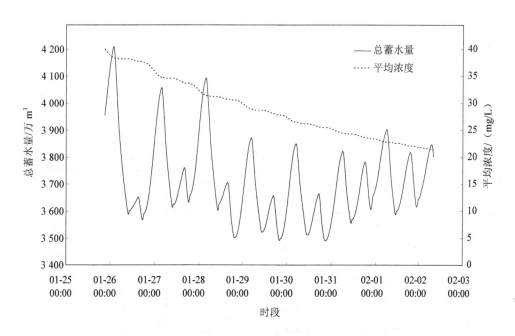

（c）中顺大围内河涌总蓄水量、COD 平均浓度过程（方案 S-L2M）

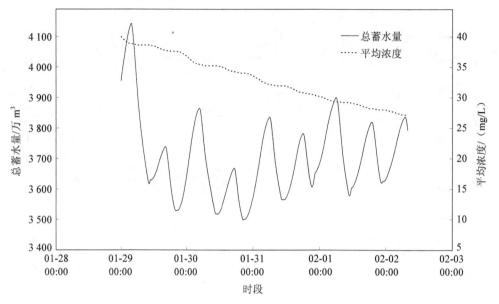

（d）中顺大围内河涌总蓄水量、COD 平均浓度过程（方案 S-M2S）

图 9-2　中顺大围内河涌总蓄水量、COD 平均浓度过程

从上述个方案计算结果可看出，随着换水过程的不断推进，中顺大围内河涌 COD 平均浓度呈平缓均匀下降变化趋势，起伏不明显；而内河涌蓄水量受外江潮位变化十分显著，呈峰谷交替变化过程。现对比各方案 3～5 d 河涌蓄水量较大时刻总蓄水量及 COD 平均浓度值，确定哪一方案对应的换水时段水质改善综合效果最优，统计如表 9-5 所示。

表 9-5　各方案河涌总蓄水量、COD 平均浓度统计

方案	时刻	总蓄水量/万 m³	COD 平均浓度/（mg/L）	换水历时	蓄水量增量/万 m³
S-S2M	*2005-01-18 16:00	3 955.2	40	—	—
	2005-01-21 0:00	3 876.5	33.4	2 d8 h	−78.7
	2005-01-22 1:00	4 064.7	30.2	3 d9 h	109.5
	2005-01-23 1:00	4 073.6	27.8	4 d9 h	118.4
	2005-01-24 1:00	3 943.4	25.9	5 d9 h	−11.8
S-M2L	*2005-01-22 18:00	3 955.2	40	—	—
	2005-01-25 2:00	4 017.1	32.3	2 d8 h	61.9
	2005-01-26 3:00	3 942.1	29.6	3 d9 h	−13.1
	2005-01-27 4:00	4 017.3	27	4 d10 h	62.1
	2005-01-28 4:00	4 089.5	24.7	5 d10 h	134.3

方案	时刻	总蓄水量/万 m³	COD 平均浓度/（mg/L）	换水历时	蓄水量增量/万 m³
S-L2M	*2005-01-25 21:00	3 955.2	40	—	—
	2005-01-28 4:00	4 092.6	31.5	2 d7 h	137.4
	2005-01-29 5:00	3 871.9	28.9	3 d8 h	−83.3
	2005-01-30 5:00	3 850.1	26.5	4 d8 h	−105.1
	2005-01-31 6:00	3 822	24.4	5 d9 h	−133.2
S-M2S	*2005-01-29 0:00	3 955.2	40	—	—
	2005-01-30 5:00	3 866.1	35.2	1 d5 h	−90.7
	2005-01-31 6:00	3 835.9	32.2	2 d6 h	−119.3
	2005-02-01 6:00	3 900.1	29.3	3 d6 h	−55.1
	2005-02-02 7:00	3 817	27.1	4 d7 h	−138.2

注：*为该方案水质改善调度开始时刻。

从表 9-5 中可以看出，在较短的换水历时要求下，换水后 COD 削减较为显著，平均浓度下降较大，且内河涌总蓄水量较大的换水时段为小潮至中潮，即方案 S-S2M 最优，取该方案水质改善结束时刻为 2005-01-22 1:00，换水历时 3 d9 h，换水期末河涌蓄水总量为 4 064.7 万 m³，COD 平均浓度为 30.2 mg/L，分别较换水前增加 109.5 m³ 万、降低 9.8 mg/L。

综上所述，以滨涌闸、铺锦闸、东河闸 3 闸为水质改善调度的排水闸，计算分析确定换水时段为小潮至中潮则水质改善目标最优。

以方案 S-S2M 确定的小潮至中潮为最优换水时段，拟定滨涌闸、铺锦闸、东河闸不同闸门组合排水条件下的水质改善方案，确定最优的排水闸方案。方案设置如表 9-6 所示。

a. S-S2M-3out——排水闸为滨涌、铺锦、东河闸 3 闸，即方案 S-S2M；

b. S-S2M-2out——排水闸为铺锦、东河闸 2 闸；

c. S-S2M-1out——排水闸为东河闸单闸。

表 9-6　内河涌水质改善方案设置（确定换水时段）

来水条件	换水时段	排水闸	方案编号	调度规则
$Q_{马+三} \geqslant 2\,000$ m³/s	小潮至中潮	东河闸	S-S2M-1out	①当 $Z_外 > Z_内$ 且 $Z_内 \leqslant \overline{Z}$ 时，鬼洲河闸、白濠头闸、新涝闸、白濠尾闸、横海闸、裕安闸、鸡笼闸全开，否则全关；②拱北闸、全禄闸、西河闸全关；③当 $Z_外 \leqslant Z_内$ 且 $Z_内 > \overline{Z}$ 时，滨涌闸、铺锦闸、东河闸全开，否则全关
		铺锦闸 东河闸	S-S2M-2out	
		滨涌闸 铺锦闸 东河闸	S-S2M-3out	

各方案计算的中顺大围内河涌总蓄水量、COD 平均浓度过程分别如图 9-3（a）～（b）所示 [方案 S-S2M-3out 计算成果如图 9-3（a）所示]。

3 种不同排水闸设置方案计算的中顺大围内河涌 COD 平均浓度、总蓄水量过程综合对比如图 9-4 所示，各方案内河涌总蓄水量、COD 平均浓度统计如表 9-7 所示。

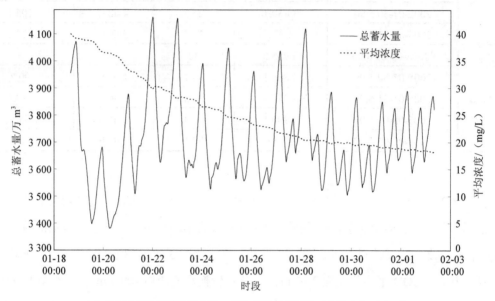

（a）中顺大围内河涌总蓄水量、COD 平均浓度过程（方案 S-S2M-2out）

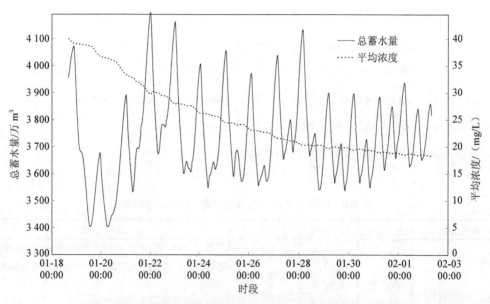

（b）中顺大围内河涌总蓄水量、COD 平均浓度过程（方案 S-S2M-1out）

图 9-3　中顺大围内河涌总蓄水量、COD 平均浓度过程

表 9-7　各方案内河涌总蓄水量、COD 平均浓度统计

方案	换水期末		
	换水结束时刻	总蓄水量/万 m³	COD 平均浓度/（mg/L）
S-S2M-2out	2005-1-22 0:00	4 162.1	29.8
S-S2M-1out	2005-1-22 0:00	4 198.1	29.7
S-S2M-3out	2005-1-22 1:00	4 064.7	30.2

不同闸门排水方案的换水历时基本一致，至换水期末西河水闸单闸排水总蓄水量较两闸、3 闸排水时要略大，而 COD 平均浓度略小，表明西河水闸单闸排水方案比滨涌闸、铺锦闸两闸排水和滨涌闸、铺锦闸、西河闸 3 闸排水方案要优，即方案 S-S2M-1out 最好。

综合上述分析，在 $Q_{马+三} \geqslant 2\,000\,\text{m}^3/\text{s}$ 的来水条件下，示范区中顺大围闸泵群联合调度的内河涌水质改善调度方案拟定为（表 9-8）：

Ⅰ. 换水时段：小潮至中潮，历时逾 3 d。

Ⅱ. 闸门调度：

i. 凫洲河闸、白濠头闸、新滘闸、白濠尾闸、横海闸、裕安闸、鸡笼闸作为换水阶段的进水闸，水流只进不出，即闸外水位高于闸内水位时，闸门全开进水，反之闸门全关；

ii. 拱北闸、全禄闸、西河闸、滨涌闸、铺锦闸全关；

iii. 东河闸作为换水阶段的排水闸，水流只出不进，即闸内水位高于闸外水位时，闸门全开排水，反之闸门全关。

表 9-8　内河涌水质改善调度方案

来水条件	换水时段	调度规则
$Q_{马+三} \geqslant 2\,000\ \text{m}^3/\text{s}$	小潮至中潮	①当 $Z_{外} > Z_{内}$ 且 $Z_{内} \leqslant \bar{Z}$ 时，凫洲河闸、白濠头闸、新滘闸、白濠尾闸、横海闸、裕安闸、鸡笼闸全开，否则全关；②拱北闸、全禄闸、西河闸、滨涌闸、铺锦闸全关；③当 $Z_{外} \leqslant Z_{内}$ 且 $Z_{内} > \underline{Z}$ 时，东河闸全开，否则全关

该方案以"2005.1"典型枯水计算时，内河涌蓄水总量由换水初始时刻的 3 955.2 万 m³ 增至换水结束时刻的 4 198.1 万 m³，蓄水量增量为 242.9 万 m³；内河涌 COD 平均浓度由换水初始时刻的 40 mg/L 降至换水结束时刻的 29.7 mg/L，水质由 Ⅴ 类提高至 Ⅳ 类（仅以 COD 为指标）；换水历时 3 d8 h。

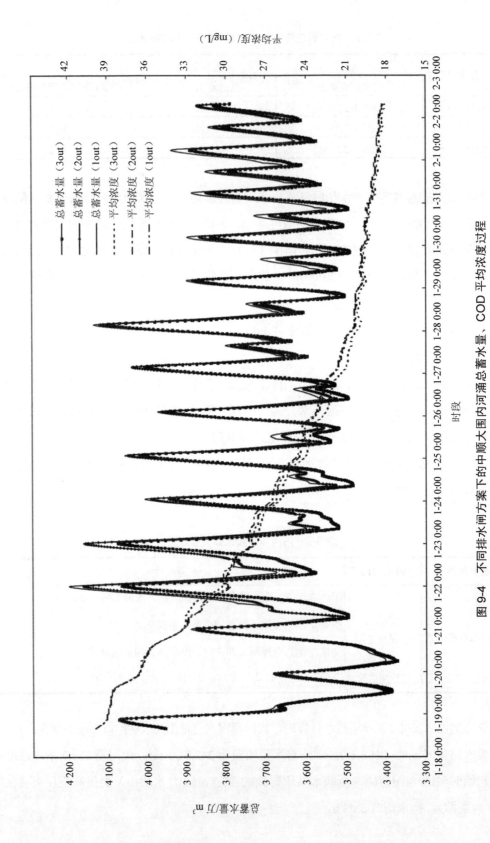

图 9-4　不同排水闸方案下的中顺大围内河涌总蓄水量、COD 平均浓度过程

②上游马口、三水来水 $Q_{马+三}\geq 2\,500$ m³/s 时

当三水+马口流量达 2 500 m³/s 时，中顺大围上游的凫洲河闸，西侧的白濠头闸、新滘闸、白濠尾闸、拱北闸、全禄闸，东侧的横海闸、裕安闸、鸡笼闸、滨涌闸、铺锦闸作为水质改善方案中的进水闸引水，而东河闸盐度超标，不具备基本的引水的条件，东河闸作为排水闸。

利用已经建立的中顺大围闸泵群联合调度模型，计算东河闸排水条件下换水时段为小潮至中潮期的内河涌水质改善方案。方案拟定为（表 9-9）：

方案 S6-S2M——换水时段为小潮至中潮，开始时刻 2005-01-18 16：00；

换水时段：小潮至中潮。

闸门调度：

a. 凫洲河闸、白濠头闸、新滘闸、白濠尾闸、拱北闸、全禄闸、横海闸、裕安闸、鸡笼闸、滨涌闸、铺锦闸作为换水阶段的进水闸，水流只进不出，即闸外水位高于闸内水位时，闸门全开进水，反之闸门全关；

b. 西河闸全关；

c. 东河闸作为换水阶段的排水闸，水流只出不进，即闸内水位高于闸外水位时，闸门全开排水，反之闸门全关。

表 9-9　内河涌水质改善调度方案

来水条件	换水时段	调度规则
$Q_{马+三}\geq 2\,500$ m³/s	小潮至中潮	①当 $Z_{外}>Z_{内}$ 且 $Z_{内}\leq \bar{Z}$ 时，凫洲河闸、白濠头闸、新滘闸、白濠尾闸、拱北闸、全禄闸、横海闸、裕安闸、鸡笼闸、滨涌闸、铺锦闸全开，否则全关；②西河闸全关；③当 $Z_{外}\leq Z_{内}$ 且 $Z_{内}>\bar{Z}$ 时，东河闸全开，否则全关

该方案计算的中顺大围内河涌总蓄水量、COD 平均浓度过程如图 9-5 所示。

统计该方案 3～5 天河涌蓄水量较大时刻总蓄水量及 COD 平均浓度值如表 9-10 所示，取 2005-01-21 23:00 为换水结束时刻。

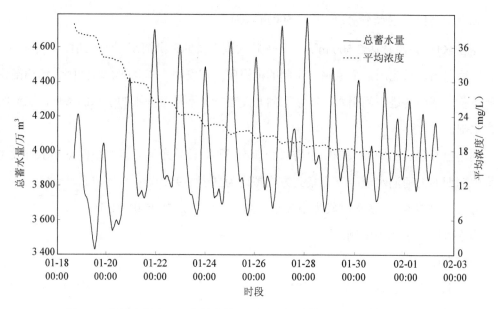

图 9-5　中顺大围内河涌总蓄水量、COD 平均浓度过程（方案 S6-S2M）

表 9-10　不同时刻河涌总蓄水量、COD 平均浓度统计

方案	时刻	总蓄水量/万 m³	COD 平均浓度/（mg/L）	换水历时	蓄水量增量/万 m³
	*2005-01-18 16:00	3 955.2	40	—	—
	2005-01-20 22:00	4 417.8	29.9	2 d6 h	462.6
S6-S2M	2005-01-21 23:00	4 700.7	26.4	3 d7 h	745.5
	2005-01-22 23:00	4 611.4	24.2	4 d7 h	656.2
	2005-01-24 0:00	4 486.5	22.3	5 d8 h	531.3

注：*为该方案水质改善调度开始时刻。

　　该方案以"2005.1"典型枯水计算时，内河涌蓄水总量由换水初始时刻的 3 955.2 万 m³ 增至换水结束时刻的 4 700.7 万 m³，蓄水量增量为 745.5 万 m³；内河涌 COD 平均浓度由换水初始时刻的 40 mg/L 降至换水结束时刻的 26.4 mg/L，水质由Ⅴ类提高至Ⅳ类（仅以 COD 为指标）；换水历时 3 d7 h。

　　（2）基于闸泵群联合调度的蓄淡方案计算分析

　　蓄水期与换水期之间一般不设置过渡期，蓄水时刻从换水结束时刻开始，按蓄水方案确定的闸门调度规则启闭闸门尽量多蓄水，蓄水过程的完成时间点以联围内河涌水位达到最高限制水位、河涌蓄满而不能再引水时刻来确定，或者联围内河涌水位虽未达到最高限制水位，但内河涌水位升高导致外江淡水自流很慢、蓄水量增加不明显时刻来确定。

　　①上游马口、三水来水 $Q_{马+三} \geqslant 2\,000\,\mathrm{m^3/s}$ 时

　　紧接 $Q_{马+三} \geqslant 2\,000\,\mathrm{m^3/s}$ 时的内河涌水质改善方案，基于闸泵群联合调度的蓄淡方案计

算的中顺大围内河涌总蓄水量、COD 平均浓度过程如图 9-6 所示。

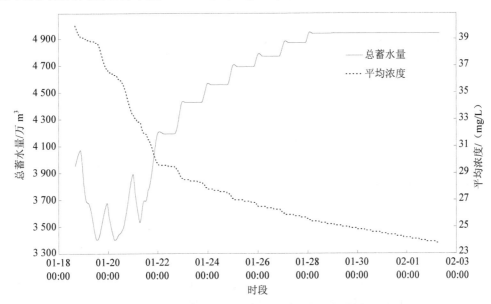

图 9-6　中顺大围内河涌总蓄水量、COD 平均浓度过程（换水、蓄水）

计算结果表明，受外界潮位周期变化，各进水闸阶段性开闸蓄水，联围内河涌水位持续升高，当内水位接近外江高潮位时，进水流量减小，蓄水量增加不明显；内河涌 COD 平均浓度也随着蓄水过程的推进缓缓减小，减小速度变化不明显，且当蓄水后期内河涌水量达到进出平衡阶段时，COD 平均浓度继续按照原速率不断减小。蓄水过程中阶段性进水时刻的内河涌蓄水总量和 COD 平均浓度统计如表 9-11 所示。

表 9-11　不同时刻内河涌蓄水总量和 COD 平均浓度统计

时刻	总蓄水量/万 m³	COD 平均浓度/ (mg/L)	蓄水期蓄水量增量/万 m³	蓄水历时
*2005-01-22 0:00	4 198.1	29.7	—	—
2005-01-23 1:00	4 433.9	28.5	235.8	1 d1 h
2005-01-24 1:00	4 568.8	27.8	370.7	2 d1 h
2005-01-25 1:00	4 707.4	27.0	509.3	3 d1 h
2005-01-26 1:00	4 788.3	26.5	590.2	4 d1 h
2005-01-27 3:00	4 880.6	25.9	682.5	5 d3 h
2005-01-28 2:00	4 948.1	25.5	750.0	6 d2 h

注：*为蓄淡调度开始时刻。

在 $Q_{马+三} \geqslant 2\,000\,m^3/s$ 的来水条件下，示范区中顺大围闸泵群联合调度的蓄淡调度方案拟定为（表 9-12）：

蓄水时段：中大潮期，历时约 6 d。

闸门调度：

a. 凫洲河闸、白濠头闸、新滘闸、白濠尾闸、横海闸、裕安闸、鸡笼闸作为蓄水阶段的进水闸，水流只进不出，即闸外水位高于闸内水位时，闸门全开进水，反之闸门全关；

b. 拱北闸、全禄闸、西河闸、滨涌闸、铺锦闸、东河闸全关。

表 9-12　内河涌蓄淡调度方案

来水条件	蓄水时段	调度规则
$Q_{马+三} \geq 2\,000\ \mathrm{m^3/s}$	中潮至大潮	①当 $Z_外 > Z_内$ 且 $Z_内 \leq \bar{Z}$ 时，凫洲河闸、白濠头闸、新滘闸、白濠尾闸、横海闸、裕安闸、鸡笼闸全开，否则全关； ②拱北闸、全禄闸、西河闸、滨涌闸、铺锦闸、东河闸全关

该方案以"2005.1"典型枯水计算时，内河涌蓄水总量由蓄水初始时刻的 4 198.1 万 m³ 增至蓄水结束时刻的 4 948.1 万 m³，蓄水阶段蓄水量增量为 750 万 m³，整个换水蓄水阶段内河涌蓄水量增量为 992.9 万 m³；内河涌 COD 平均浓度由蓄水初始时刻的 29.7 mg/L 降至蓄水结束时刻的 25.5 mg/L；蓄水历时 6 d2 h，整个换水、蓄水历时 9 d10 h。

②上游马口、三水来水 $Q_{马+三} \geq 2\,500\ \mathrm{m^3/s}$ 时

紧接 $Q_{马+三} \geq 2\,500\ \mathrm{m^3/s}$ 时的内河涌水质改善方案，基于闸泵群联合调度的蓄淡方案计算的中顺大围内河涌总蓄水量、COD 平均浓度过程如图 9-7 所示。

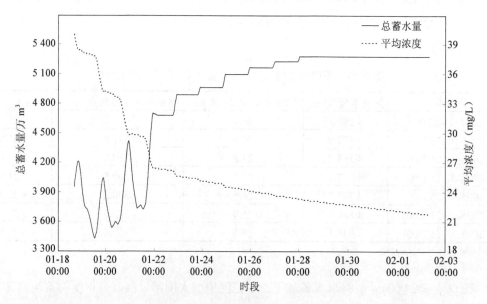

图 9-7　中顺大围内河涌总蓄水量、COD 平均浓度过程（换水、蓄水）

蓄水过程中阶段性进水时刻的内河涌蓄水总量和 COD 平均浓度统计如表 9-13 所示。

表 9-13　不同时刻内河涌蓄水总量和 COD 平均浓度统计

时刻	总蓄水量/ 万 m³	COD 平均浓度/ （mg/L）	蓄水期蓄水量增量/ 万 m³	蓄水历时
*2005-01-21 23:00	4 700.7	26.4	—	—
2005-01-22 22:00	4 891.3	25.6	190.6	23 h
2005-01-23 23:00	4 962.7	25.1	262.0	2 d
2005-01-24 23:00	5 098.9	26.1	398.2	3 d
2005-01-26 0:00	5 167.5	24.1	466.8	4 d1 h
2005-01-27 1:00	5 228.8	23.7	528.1	5 d2 h
2005-01-28 1:00	5 279.7	23.3	579.0	6 d2 h

注：*为蓄淡调度开始时刻。

在 $Q_{马+三} \geq 2\,500 \text{ m}^3/\text{s}$ 的来水条件下，示范区中顺大围闸泵群联合调度的蓄淡调度方案拟定为（表 9-14）：

Ⅰ．蓄水时段：中大潮期，历时约 6 d。

Ⅱ．闸门调度：

ⅰ．凫洲河闸、白濠头闸、新滘闸、白濠尾闸、拱北闸、全禄闸、横海闸、裕安闸、鸡笼闸、滨涌闸、铺锦闸作为蓄水阶段的进水闸，水流只进不出，即闸外水位高于闸内水位时，闸门全开进水，反之闸门全关；

ⅱ．西河闸、东河闸全关。

表 9-14　内河涌蓄淡调度方案

来水条件	蓄水时段	调度规则
$Q_{马+三} \geq 2\,500 \text{ m}^3/\text{s}$	中潮至大潮	①当 $Z_外 > Z_内$ 且 $Z_内 \leq \bar{Z}$ 时，凫洲河闸、白濠头闸、新滘闸、白濠尾闸、拱北闸、全禄闸、横海闸、裕安闸、鸡笼闸、滨涌闸、铺锦闸全开，否则全关； ②西河闸、东河闸全关

该方案以"2005.1"典型枯水计算时，内河涌蓄水总量由蓄水初始时刻的 4 700.7 万 m³ 增至蓄水结束时刻的 5 279.7 万 m³，蓄水阶段蓄水量增量为 579 万 m³，整个换水蓄水阶段

内河涌蓄水量增量为 1 326.1 万 m³；内河涌 COD 平均浓度由蓄水初始时刻的 26.4 mg/L 降至蓄水结束时刻的 23.3 mg/L；蓄水历时 6 d2 h，整个换水、蓄水历时 9 d9 h。

（3）联围释淡补水压咸方案计算分析

上游马口、三水来水 $Q_{马+三} \geqslant 2\,000\ \text{m}^3/\text{s}$ 时

根据前述对补水时机的分析，不同潮时对比下，初落时刻开始联围闸泵群联合调度的释淡补水压咸效果最佳。因此，在蓄淡调度完成后，一般设置一定的过渡期，待外江潮位变化达到初落时刻时，针对特定的补水对象调节相应水闸开度，释放满足抑咸目标流量要求的淡水，进行间断补水。

当 $Q_{马+三} \geqslant 2\,000\ \text{m}^3/\text{s}$ 时，确定补水对象为磨刀门西河水闸以下的取水口，则合理控制西河水闸闸门开度，使得中顺大围内河涌蓄积的淡水资源较为均匀地释放补充外江淡水，抑制咸潮，保障供水。现以闸门开度 80 cm 为例，示范区中顺大围闸泵群联合调度的补水压咸调度方案拟定为（表 9-15）：

Ⅰ. 压咸时段：大中潮期，历时约 6 d。

Ⅱ. 闸门调度：

i. 西河闸开闸放水压咸，水流只出不进，即闸内水位高于闸外水位时，闸门打开放水（开度 80 cm），反之闸门全关。

ii. 其他各闸（凫洲河闸、白濠头闸、新滘闸、白濠尾闸、横海闸、鸡笼闸、裕安闸、拱北闸、全禄闸、滨涌闸、铺锦闸、东河闸）全关。

表 9-15　内河涌补水压咸调度方案

来水条件	补水时段	调度规则
$Q_{马+三} \geqslant 2\,000\ \text{m}^3/\text{s}$	大潮至中潮	①当 $Z_{外} \leqslant Z_{内}$ 且 $Z_{内} > \underline{Z}$ 时，西河闸开（开度 80 cm），否则全关； ②凫洲河闸、白濠头闸、新滘闸、白濠尾闸、横海闸、鸡笼闸、裕安闸、拱北闸、全禄闸、滨涌闸、铺锦闸、东河闸全关

该方案以"2005.1"典型枯水计算时（补水时段：2005-01-28 2:00—2005-02-02 8:00），内河涌总补水量为 1 629.9 万 m³，共 8 个补水时段，补水流量平均 172.1～53.8 m³/s，补水总历时 40 h，补水期末内河涌总蓄水量为 3 318.2 万 m³，内河涌 COD 平均浓度降为 20 mg/L，如图 9-8 及表 9-16 所示。

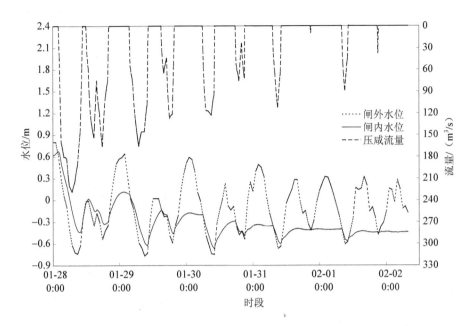

图 9-8　中顺大围西河闸内外水位、补水流量过程（"2005.1"补水方案）

表 9-16　西河水闸补水流量和时长

补水时段	平均补水流量/（m³/s）	补水时长/时：分
1	172.1	8:40
2	106.5	8:00
3	118.4	6:30
4	78.7	4:30
5	103.1	4:10
6	53.8	3:10
7	73.6	2:50
8	56.9	2:10

以"2005.1"典型枯水计算中顺大围闸泵群联合调度方案全过程结果如图 9-9 所示。

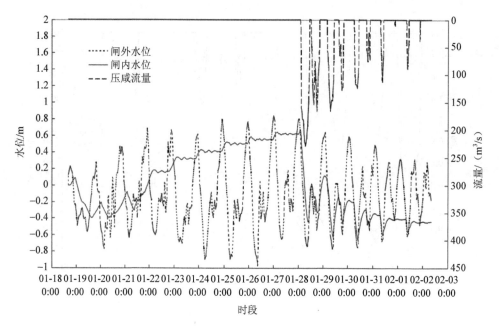

图 9-9   中顺大围西河闸内外水位、补水流量过程（"2005.1"全调度方案）

9.3.3   闸泵群联合抑咸调度方案优化

9.3.3.1   闸泵群联合调度抑咸优化方案

为提高闸泵群联合调度补水抑咸效果，尽可能多地利用河涌对外江淡水的调蓄能力，可对闸泵群联合调度的补水抑咸调度阶段进行优化，主要方法为在下游补水闸开闸补水的同时，打开上游进水闸门，在对外江补水的同时蓄积淡水。为避免开闸补水抑咸阶段补水河段上游来水减少对下游咸潮的影响，上游进水闸主要确定为小榄水道沿线。同样，以 $Q_{马+三} \geqslant 2\,000\,\mathrm{m^3/s}$ 来水条件为例，确定补水对象为磨刀门西河水闸以下的取水口，闸门开度 80 cm 为例，在补水同时上游水闸从小榄水道进水，作为示范区中顺大围闸泵群联合调度的补水压咸调度方案的优化方案。

9.3.3.2   联合调度优化方案的计算分析

该方案以"2005.1"典型枯水计算时（补水时段：2005-01-28 2:00—2005-02-02 8:00），内河涌总补水量为 2 495.6 万 m³，共 11 个补水时段，补水流量平均 171.5～48.3 m³/s，补水总历时近 63 h，补水期末内河涌总蓄水量为 3 936.9 万 m³，COD 平均浓度降为 16.8 mg/L，见图 9-10 及表 9-17。

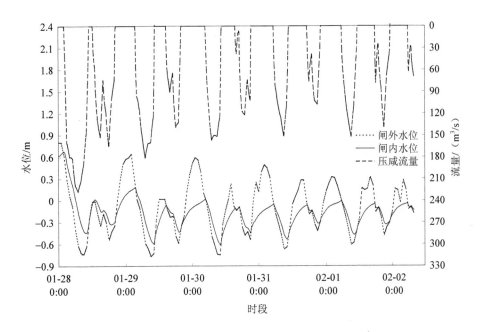

图 9-10　中顺大围西河闸内外水位、补水流量过程（"2005.1"补水方案）

表 9-17　西河水闸补水流量和时长

补水时段	平均补水流量/（m³/s）	补水时长/时：分
1	171.5	8:40
2	105.7	8:00
3	135.5	6:50
4	91.0	5:10
5	121.1	5:40
6	76.3	5:30
7	104.8	5:10
8	71.2	4:40
9	99.6	5:30
10	73.1	5:20
11	48.3	2:10

以"2005.1"典型枯水计算中顺大围闸泵群联合调度方案全过程结果如图 9-11 所示。

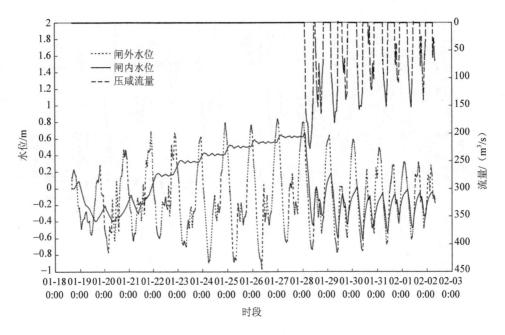

图 9-11　中顺大围西河闸内外水位、补水流量过程（"2005.1"全调度方案）

对比方案优化前后的计算成果可见，优化后的方案比优化前内河涌总补水量为增加了865.7 万 m³，补水历时增加了 23 h，补水期末内河涌总蓄水量增加了 618.7 万 m³，COD 平均浓度减小了 3.2 mg/L。

9.4　水量实时监测及闸泵群动态控制

9.4.1　闸泵群联合调度系统概述

开展以多汊河口水库—闸泵群联合调度抑咸为核心的河网区联围水量实时监测及闸泵动态控制技术研究和示范工程建设，研究抑咸的技术方法体系，科学调度，提高珠江河口河网区淡水资源利用效率，是一项十分重要和迫切的研究工作，对于保障珠江下游地区饮用水安全具有重要意义。

针对多汊河口联围闸泵群运行管理和调度决策特点，结合珠江流域河口广东省中山市中顺大围的实际情况，将先进的通信信息网络、电子、自动化监测监控技术与闸泵工程调度技术相结合，构建集动态信息采集、近远程工程监控、工程基础信息管理、联合调度控制管理等功能于一体技术体系，实现联围主要水闸泵站工程联合调度，以支持各种不同水情形势下调度目标的实现。

水量实时监测及闸泵动态控制系统整体从功能上分为：水位实时监测、流量实时监测、咸度实时监测、闸泵动态控制、视频监控以及通信网络与调度平台8个部分，其中水位实时监测、流量实时监测及咸度实时监测一起构成水量实时监测系统，如图9-12所示。

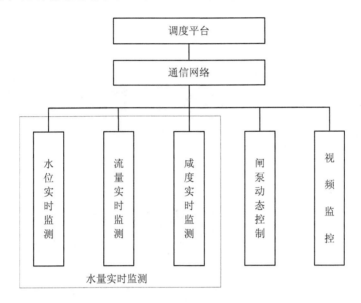

图 9-12　系统功能结构

水量实时监测：该部分分为水位实时监测、流量实时监测及咸度实时监测3个部分。水量实时监测系统主要用于水位、流量和咸度等水量信息的实时采集、上传，为上层提供实时准确的水量基础信息，是抑咸调度的根本依据。

闸泵动态控制：闸泵动态控制系统主要用于实现水闸泵站的各种近远程自动控制功能及水闸泵站现场各种运行状态参数的监测，闸泵动态控制系统是上层调度系统调度决策指令的根本实现手段与方法。

视频监控：视频监控系统用于实现各水闸泵站工程现场情况的图像信息的采集上传，视频图像信息是调度系统的最直观的依据信息，也是调度平台监控闸泵站远程控制过程的必要反馈信息。

通信网络：通信网络系统是水量实时监测与闸泵动态控制各个系统互联的纽带，负责整个系统数据传输与通信，各种前端现场实时数据通过通信网络上传到调度平台，而调度平台的各种调度策略与控制指令通过通信网络下达到各个前端系统，实现前端与调度平台的交互通信。

调度平台：调度平台系统是水量实时监测、闸泵动态控制及视频监控各系统汇集的中心，是上层调度系统生成的各种调度策略及控制指令的执行平台，负责各种实时数据的接收、存储、分析、处理、展示及闸泵站的远程调度控制，水量实时监测和闸泵动态控制系统整体结构示意如图 9-13 所示。

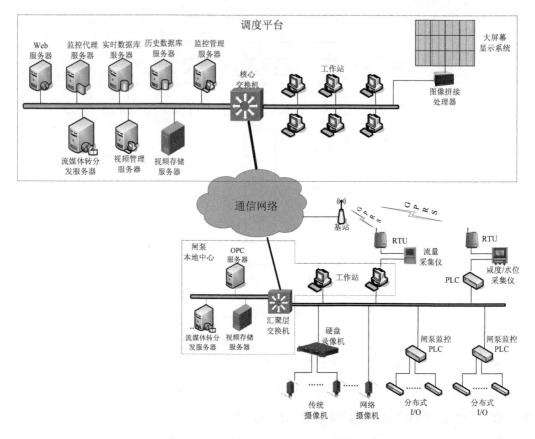

图 9-13 水量实时监测及闸泵动态控制系统总体结构示意

系统最上层是作为通信网络核心节点的调度平台，通常调度平台就是水量实时监测及闸泵动态控制系统的监控调度中心，是数据汇集、存储、处理、显示的中心，配置各种服务器、数据库、工作站及大屏幕显示系统。各水闸泵站工程是通信网络的汇聚节点，配置用于监测与闸泵动态控制的 OPC 服务器，另外根据闸泵站视频监控点数的多少，可以选择性的配置小型流媒体转分发服务器与小型视频存储服务器，缓解调度平台视频数据存储及传输的压力，另配工作站若干，根据具体闸泵站水量实时监测及闸泵动态控制现场设备的具体情况配置。

现场设备层的闸泵站动态控制系统 PLC 通过以太网接口接入到通信网络中，本地监控中心工作站及调度平台工作站均通过通信网络实现对 PLC 的控制；水量监测系统位于闸泵站本地的以有线网络为主信道，无线 GPRS 集群网络为备用信道的通信网络系统接入到调度平台，距离闸泵站较远的独立水量实时监测站则通过根据实际情况建设的有线通信或无线 GPRS 集群网络，将数据接入通信网络，进而传输到调度平台；视频监控系统中传统的视频系统通过数字硬盘录像机或网络视频服务器转换为网络视频数据接入通信网络中，而新型网络摄像机则直接接入通信网络中。

水量实时监测及闸泵动态控制系统作为一个典型的远程监控系统，其调度平台是其处于监控调度中心的软硬件系统，各水量实时监测及闸泵动态控制技术方法与手段统一实现到调度平台，而上层调度系统生成的各种调度方案与策略通过调度平台的技术手段得以执行实施，调度意图通过调度平台得到落实。

9.4.2 中顺大围实时监测与闸泵动态控制系统

9.4.2.1 水雨情监测方面

（1）水情信息的采集

中顺大围水文测报系统于 1991 年投建，于 1992 年 5 月正式投入使用。2004 年后又陆续新建和改建部分水文测报系统，已建设了一个分布全围的水情信息监测网，见表 9-18。

表 9-18 中顺大围水情遥测站

序号	站名	监测项目	通信方式	站点位置
1	古镇	外水位、雨量	超短波	江头窖水闸
2	太平	单水位、雨量	超短波	原太平闸附近
3	东河	内外水位、雨量	超短波	东河水闸
4	西河	内外水位、雨量	超短波	西河水闸
5	铺锦	内外水位、雨量	超短波	铺锦水闸
6	拱北	内外水位、雨量	超短波	拱北水闸
7	岐江河	单水位、雨量	超短波	石岐河岐江桥附近
8	凫洲河	内外水位、雨量	超短波	凫洲河水闸
9	石龙	内外水位	超短波	石龙水闸
10	沙口	单水位	超短波	小榄水道沙口水闸附近
11	怡丰	内外水位	超短波	北部排洪渠内河节制闸
12	金鱼	内外水位	超短波	金鱼沥泵站内外
13	沙滘	内外水位	超短波	沙滘节制闸
14	流板	单水位、雨量	超短波	小榄城区内河站
15	全禄	内外水位、雨量	超短波	全禄水闸

另外，围内东区、南区的长江水库、金钟水库、马岭水库均建有水位、雨量遥测站。

2009 年完成在石岐河、凫州河沿线主要河涌节点处、围内各镇区主要河涌结点处新建 20 个内河水位站，与前期已近建成的 6 个内河站，以及沿堤闸泵站水位站一并组成内河水位信息采集系统，用以掌握分析工程调度与内河流态的关联，为建立科学合理的调度方案提供基础信息支持和调度结果验证，是调度决策支持系统建设的关键信息支持，水位站点见表 9-19。

表 9-19　站点情况一览

站名	所在位置	备注
牛步头	古镇土地涌与新开大涌交接处	新建
绿博园	古镇绿博园内，新开大涌上	新建
交剪桥	古镇涌与曹步涌交接处	新建
横琴海	横琴海横琴桥下	新建
新丰	横栏进洪河与咸角涌交接处	新建
横栏	横栏镇拱北河与咸角涌、跃进河交接处	新建
横沙桥	赤洲河与横栏大涌交接处	新建
兆隆	东升镇北部排洪渠与兆隆涌交接处	新建
坦背	东升镇东部排水渠尾与分流涌交接处	新建
十六顷	十六顷排水渠与孖仔涌交接处	新建
沙朗	沙朗涌与南六冲交接处	新建
观栏	赤洲河与中部排洪渠及狮滘河交接处	新建
沥心涌	铺锦涌与沥心涌，分流涌交接处	新建
白石涌	石岐河与白石涌交接处	新建
渡头	中顺大围物料仓库石岐河段	新建
大涌	石岐河大涌镇河口处	新建
西排口	西部排洪渠与石岐河交接处	新建
板芙	石岐河板芙镇河口处	新建
南下	白石涌南下新码头附近	新建
起湾	东部排水渠起湾道香格里拉处	新建
沙滘	小榄沙滘涌与石龙涌交接	接入
流板	小榄镇流板涌内河站	接入
怡丰	北部排洪渠小榄与东升交接处	接入
金鱼沥	横琴海与金鱼沥交接处（小榄南站泵站）	接入
太平	原太平闸管理区中部排洪渠首	接入
岐江河	原石岐河城区站	接入

（2）水质、咸度监测

中顺大围尚未建立自动水质监测站，水质采集为人工取样，实验室分析。咸度自动遥测系统共 14 个遥测站，其中 4 个均为传统超短波方式经过升级改造已接入现有以 GPRS 为主的水文遥测系统中，见表 9-20。

表 9-20　中顺大围水质、咸度遥测站

序号	站名	监测项目	通信方式
1	西河水闸	咸度	超短波
2	东河水闸	咸度	超短波
3	铺锦水闸	咸度	超短波
4	拱北水闸	咸度	超短波
5	大风水厂	咸度	GPRS
6	小隐水闸	咸度	GPRS
7	涌口门	咸度	GPRS
8	本禄水厂	咸度	GPRS
9	南镇水厂	咸度	GPRS
10	神湾大桥	咸度	GPRS
11	马角水库	咸度	GPRS
12	联石湾水闸	咸度	GPRS
13	灯笼山水闸	咸度	GPRS
14	大涌口闸	咸度	GPRS

（3）风速、风向监测

中顺大围建立自动风速、风向监测站 5 处，均为传统超短波方式经过升级改造已接入现有以 GPRS 为主的水文遥测系统中，见表 9-21。

表 9-21　中顺大围风速、风向遥测站

序号	站名	监测项目	通信方式
1	东河水闸	风速、风向	超短波
2	西河水闸	风速、风向	超短波
3	铺锦水闸	风速、风向	超短波
4	拱北水闸	风速、风向	超短波
5	石岐河站	风速、风向	超短波

（4）流量监测

2011 年将完成在东河、西河、太平、石岐河城区段四个典型位置建设 4 个自动流速流量监测站，来实时监测河道流量和流速，对工程调度提供准确参数。

凫州河（横琴河）、石岐河一横一纵呈"⊥"形交汇在中山市石岐城区，是中顺大围围内的最主要进水和排水河道，东河水闸、西河水闸和凫州河水闸分别处于"⊥"形的顶端，也是最重要的水闸，太平闸处于"⊥"形的中部。因此在东河、西河、岐江河和太平 4 个点建自动水量遥测站。

流量监测系统的主要完成如下功能：

①能对断面流速、水温、流向、水位等进行 24 h 连续在线监测。

②能根据实时采集的流速、水位和水位-面积关系，计算断面流量。

③能实现水量数据采集、流量计算、存储、传输的功能。

④能将采集的水位、流速、流量和测站状态信息通过通信网络传输到接收中心。

⑤可人工设定和修改断面平均流速关系线。

（5）水文信息监测及发布系统

中顺大围水文信息监测及发布系统由数据中心管理服务器、在线水雨咸情自动发布软件、工作站、GPRS 网络和短信服务接口、GPRS DTU 终端、LED 水情显示屏组成，数据中心管理服务器定时自动读取水文监测子系统采集的实时水文数据，进行组合处理和转换后，以自定义的数据格式通过 GPRS 网络自动发送到各收信端 LED 水情牌和手机用户，也可以人工编辑有关文字内容进行发布，同时也可以建立常用人工文字内容短信数据库，所有信息均可以定周期、定内容、定目标的"三定"模式进行发布。

中顺大围水文信息监测及发布系统采用 C/S 架构的网络版应用系统，支持多用户操作。Client 端分为 3 个子系统，分别为 LED 水情牌管理平台、WEB 水情服务平台和 GSM 短信服务平台。采用 DELPHI 7.0 作为开发语言，SQL Server 2000 企业版作为数据库系统。

服务端一般安装在服务器上负责数据提取、数学模型处理和数据管理，客户端安装在中心工作站上负责数据平台的信息发布与操作，也可以将二者安装在同一台电脑中。系统主要由数据中心工作站、中国移动 GPRS 网络、信息接收和显示终端 3 部分组成。中顺大围水文信息发布系统软件由服务端和客户端软件组成。

围内镇区水利所和大中型水闸管理所共有 20 块 LED 数码屏，主要接收和显示镇区范围或工程周边一定区域内的遥测站点的水位、雨量、咸度、风速风向等信息，同时点阵条屏还可以接收显示来自管理处的工程调度指令信息、转发的天气预报信息及其他通知、公告等信息。短信接收系统根据"三定"原则能自动将特征水文信息发送给各有关的手机用户，同时也能通过发送简单的指令信息到数据中心工作站来主动获取所关心的水位、雨量及其他信息。

水情信息系统包括采集、传输、处理、发布、会商、预报等子系统，其中信息采集与传输目前已有较多应用，通过各种物理传感器获得的信号经过有线 MODEM、短波电台、卫星、GPRS 等通信传输到各地数据中心。采用面向基层水利工作人员的 LED 水情显示屏和面向各级管理人员的手机短信发布平台则是一个较好的信息发布方式选择。多种终端应用的水情信息发布系统可以面向不同用户提供相应的实时信息服务，系统框如图 9-14 所示。

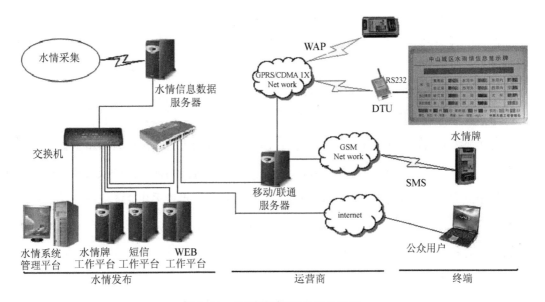

图 9-14　多终端应用系统结构示意

9.4.2.2　闸泵动态控制方面

东河水利枢纽（水闸）已于 2003 年实现监控自动化，该系统由计算机控制系统和图像监视系统两大部分组成，图像监视系统采用闭路电视监视泵站及水闸、船闸的运行情况，并有选择地把图像保存到计算机中，通过计算机控制系统对各种运行数据、水文数据进行统计和分析，远程传输到市三防办和中顺大围工程管理处，为防汛决策及机电设备的养护提供及时准确的数据。

目前闸门动态控制系统主要有铺锦、西河、拱北、麻子涌水闸 4 个水闸工程，包括工程的电机、闸门启闭机、配电设备、内外江水位，闸门开度等运行设备的监测与控制。这些工程均实现了接入中顺大围工程管理处调度中心的水闸远程动态监控与视频监视，暂无泵站动态控制系统接入调度中心。闸门开关状态采用无线 GPRS 集群网传送数据到中顺大围工程管理处的监控调度中心。水闸自动化控制系统与 WEB 实时发布系统从数据服务器提取数据的周期是 5 min。

依照 2010 年招标实施的横栏、东升镇群闸控制系统建设内容和目标，包括建设横栏镇群闸监控分中心和建设白濠头进洪闸、白濠头、新滘、白濠尾、指南、九顷船闸及九顷泵站等现地自动化监视控制系统；建设东升镇群闸监控分中心和建设裕安、蚬沙、鸡笼、滨涌 4 个水闸现地自动化监视控制系统。对古镇镇所属 5 个水闸、1 宗泵站的自控系统新建和二明窦引水枢纽泵站的自控系统接入。建成后可实现现地分中心集中控制运行和远程中顺大围监控中心监视运行。

另外，近期将实施东河水利枢纽（水闸）及全禄的自动化升级改造，东河水利枢纽将完善现有自控系统安全措施，获取现有自控系统提供的工程运行参数并接入监控中心，接入新建泵站供水系统的集中自动化控制。

9.4.2.3 视频监控方面

视频监控点目前主要分布在：东河点、西河点、拱北点、铺锦点。每个点都有若干个摄像头，在中顺大围管理处监控中心每个点会间隔一定时间切换不同的摄像机的图像，并可对每个点中的全方位球机进行远程控制，每个视频监控点均采用 2M 光纤连接。中顺大围工程管理处监控调度中心有视频服务器与工作站及存储设备，运行视频监控系统平台管理软件，对各视频点可以进行远程控制与视频监视。

9.4.2.4 通信网络方面

中顺大围水量实时监测与闸泵动态控制系统主要采用 3 种通信组网方式：

（1）内部网：中顺大围内连接各水闸管理处的光纤网络；并接入市三防通信网及水利专网；内部网目前覆盖围内大部分重点水闸。该网络仅作为围内各水闸工程的自动化系统传输网，不作为运行电子政务等其他业务的共同通信平台。

（2）移动 GPRS 集群网：部分水文系统采用 GPRS 通信，与移动签订服务合同，为其分配专门 IP 池，不受公众通信网络短信拥塞的影响；同时 WEB 发布系统同样接入集群网络，工作人员的手机可以通过手机快速访问 WEB 系统获取实时动态信息。

（3）超短波通信：中顺大围传统的水文系统均采用超短波电台通信方式，升级改造过程中为了与传统的水文系统保持兼容性，部分升级的水文系统延用超短波通信。

内部网租用运营商提供的西河、东河、铺锦、拱北、横栏、东升 6 条 20M 以及 1 条连接水务局的 100M 线路。横栏、东升已建光纤堤段外的近 70 km 堤防全线铺设光纤，在沿堤水闸处设节点。

该光线网络除满足中顺大围工程调度系统需要外，还可以为各镇区水利所提供网络服务，为将要立项建设的中山市水资源管理系统、中山市三防指挥系统二期工程提供高速网络支持。

9.4.2.5 调度平台及中心显示方面

中顺大围工程监控中心是中顺大围工程调度系统的枢纽。根据中心实际需要，中心在功能上主要划分为监控室和调度会商室两个区域，布设闸泵动态控制系统、监控中心视频监控系统和 WEB 实时信息发布工作站系统。

（1）工程监控室：该区域主要是针对日常值班工作人员，它主要是显示相关的日常事件、紧急情况，视频监视显示区安装硬件为 3×5 LCD 专业液晶监视屏，它可同时显示 15 路不同的视频信号或者 VGA 电脑信号。工程运行状态模拟屏是一个 3.6 m×2.6 m 规格，以 LED 显示模块和灯管在立体地图上来模拟工程运行动态信息的硬件设备。工程运行状态模拟屏上显示的数据主要有：闸内外的水位、雨量、流量、咸度、闸门的启闭状态、水位是否超过高限报警、根据水闸两点间水位差来判断两水闸间渠道的水流向，并以不同灯光闪烁频率与方向来区别显示不同的流速与流向。各站点根据实际配置情况，在模拟屏上选择不同的数据信息显示。

（2）调度会商室：该区域主要为调度决策会商提供信息、大屏拼接显示服务，同时提供会议系统服务，在此区域摆放一张椭圆形会议桌，并提供会议所需的会议话筒，区域周边安装音箱扩音设施，达到独立召开多媒体会议的标准。

信号的切换控制通过中控系统完成。

区域规划图如图 9-15 所示。

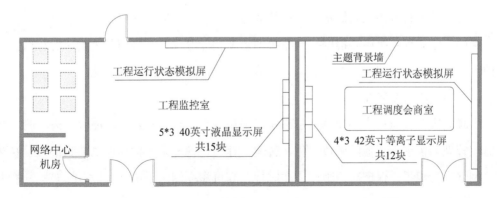

图 9-15 中顺大围监控中心布局示意图

监控中心设在中顺大围工程管理处新办公楼内，监控中心已经完成部分信息化基础设施建设，完成的工程及基础设施包括：

①机房：已经完成机房环境建设，机房面积 $40m^2$，配有独立 24 kW，2 hUPS 电源保障，恒温恒湿精密空调系统，自动气体消防系统，智能门禁系统，环境监控系统等功能。可安置 10 个标准机柜（已安置 6 个）。

②监控室：监控室面积 78 m^2，地面已铺地砖，墙批白，矿棉板天花，节能筒灯、自动天花式空调，自动喷淋消防和烟感系统。

③调度会商室：调度会商室面积 112 m^2，地面已铺地砖，墙纸，矿棉板天花，节能筒灯、自动天花式空调，自动喷淋消防和烟感系统。

（3）监控中心闸泵动态控制系统

计算机监控系统采用星型、10M/100M 以太网络结构，包括监控中心、现地控制设备、网络设备等。监控中心包括上位机设备（数据服务器、操作员工作站）、以太网交换机等；现地控制单元以 PLC 为基础组成。

计算机监控系统在监控中心的主要设备有数据库服务器、应用服务器、磁盘陈列、操作员工作站、GPS 授时装置、打印机等组成，监控中心将采集到的各闸（泵）站的数据信息加以处理、储存、显示，以此来了解各闸（泵）站的运行情况及水位等情况，并调度各闸（泵）站的运行。监控中心可对下属各闸（泵）站下达调度命令和全局数据，在中控模式时能直接操作现场设备。现地控制分站的自动控制程序能根据来自监控中心的指令和全局数据，结合现场设备的具体情况来控制本站，在通信中断、设备故障或监控中心的允许下，操作人员也可在现地控制分站的操作柜上直接控制现场设备。

目前已接入监控中心的主要是西河水闸、拱北水闸、铺锦水闸、麻子涌水闸的自动化监控系统，系统具备接入其他水利工程的能力。

中顺大围工程监控中心群闸控制系统的主要功能包括数据采集与处理、运行监视、实时控制、事故处理与控制、人机联系、通信、系统诊断及二次开发功能。

（4）监控中心视频监控系统

中顺大围工程监控中心视频监控系统目采用 IP 智能监控为主体技术架构，满足高质量监控管理的需求，其他图像数字化、传输、存储、管理系统构建在高质量的 IP 专网之上，网络支持组播，保证高清晰度、实时性及高可靠存储。采用开放的 IP 架构、基于全 IP 软交换技术实现所有业务流的交换分发，实现控制信令与视频交换承载网络相分离，符合下一代网络（NGN）架构发展趋势。从根本上满足标准、简洁、开放和可扩展架构的本质需求，实现在不影响基本业务性能前提下弹性、智能、可靠、高质量地满足监控系统规模不断扩展的需求。同时 IP 监控能提供平台级 SDK 开放接口，可与第三方进行解决方案增值业务集成。第三方应用系统共享或获取 IP 智能监控系统的各种资源，满足各类复杂的集成应用，可以完整获取 IP 智能监控平台的实时图像、历史图像、云台控制、报警信息、目录信息等资源。所使用监控设备产品有 3 个在 1 000 个网点以上大型监控网络成熟的应用，通过中国电信的入围测试。

本 IP 监控中心平台的全部组件包括控制主机、存储录像、传输交换均采用数字设备。所有设备间均通过计算机网络系统来实现通信，图像存储录像采用分散存储。IP 监控中心平台包括以标准信令（SIP）为基础并独立作为管理平台——视频管理服务器、监控客户端（VC）、编解码设备、前端的视频源及后端视频显示设备。视频管理服务器是用于集中认证、注册、配置、控制、报警转发控制的专用信令服务器，实现视频编解码设备网络管理功能，要求支持多台信令管理服务器相互协同工作组建多级多域的管理平台。同时管理 IP SAN 存储设备或分散存储、存储资源和视频数据，支持不间断的视频检索、回放等业务。监控客户端提供友好方便的人机界面功能，包括对监控对象的实时监视监听、查询、云台控制、接警处理，并能集成基本的 GIS 功能方便用户操作。

统一网络管理功能，设备厂商应提供基于 UNIX 和 Windows 操作系统的综合业务网络管理平台，支持 GUI 人机界面。网管平台或管理组件要可以管理编解码器，IP 承载网络的路由器，交换机，存储设备，摄像机云台控制等基本功能。可实现对设备状态的监控，设备参数的设置，设备操作系统的自动升级与维护，完整的日志功能。

为了满足全系统数字图像低延时（毫秒级）快速控制切换的需求，系统应能够利用标准组播网络完成实时视频流的分发，无须通过服务器完成视频流的分发，提供端到端的实时视频浏览业务；为了提高系统存储的可靠性，避免大量图像并发存储的业务瓶颈，本系统的视频编码设备应该能充分支持 IP SAN 存储，原则上不需通过专用服务器，提供端到端的网络视频存储业务，同时存储设备都必须支持热插拔功能，未来系统扩展只需要通过软件设置方便的完成系统迁移、容量扩展而不应该中断业务的开展；系统应该可以方便地通过 IP 网络（含交换机）自身的扩展能力克服网络视频传输数量的瓶颈，通过网络自身的交换能力的扩展满足视频交换切换能力不断提升的需求；监控平台无须更换硬件，通过软件授权的形式可支持今后扩展的监控终端。

中心视频监控系统功能如下：

①统一的视频监控平台，通过中顺大围工程调度专网，把中顺大围各地已经建设好的

监控系统视频信号进行收集、管理和应用，在监控中心视频监视系统能实时监看和调用，也可以在网络环境下，供客户端访问和监视。监控室和会商室能共用视频资源。

②系统视音频的传输在不影响质量的前提下对网络资源的占用做到尽可能小，图像质量要尽可能得高，不会影响其他各套信息系统数据传输效率。

③视频系统的操作界面和操作步骤必须简单、界面清晰，提供灵活的监控点查询和播放功能，支持电视墙功能，通过机关监控中心的电视墙对监控图像进行展示，并可以根据要求进行二次开发。

④监控中心通过监控系统平台，可实时监控到闸泵现场的图像，也可以对分布在各个分中心的的数字硬盘录像机进行管理和调用其存储的影像数据，进行多种方式的查询和回放。

⑤系统采用统一的用户、权限分级管理机制，所有操作该系统的用户需要统一注册、授权。

⑥会商室多媒体系统采用先进的大屏显示技术、视频、数字会议发言系统技术、音响技术等，做出集投影系统、视频、数字会议发言系统、会议记录系统与专业会议音响为一体的全套先进会议系统。

⑦发言单元采用数字系统设备，系统可根据会议规模方便增减设备数量。

⑧会议系统、中央控制系统等可连接、大屏幕等设备，可以实现会议讨论、演示等多项功能，充分体现智能化会议的特点。

⑨会商室能共享到监控室数据网络矩阵采集到的视频信息，适应与会人员共同会商的情况。

（5）WEB 实时信息发布工作站系统

WEB 实时信息发布工作站系统主要包括 WEB 发布系统服务器与工作站。WEB 实时信息发布所需 GIS 信息是从国土资源局获取，国土资源局作为 GIS 服务器，中顺大围管理处调度中心作为 GIS 客户端，同时将本地获取的实时的各项专业数据添加到 GIS 系统中。WEB 发布系统除了有基于 GIS 地理信息系统的实时水情、潮情及咸情信息的显示外，还可生成纵向时间轴的过程曲线，历史数据表，生成各种水情、潮位以及咸情的日报、月报、年报等报表，以及往年同期数据的横向数据比较表。在 GIS 地图中使用 Flash 表现水的流向及水流快慢程度。

可以通过 WEBGIS 在地地图上显示各种水文及闸泵站的状态实时数据。监控中心调度系统设计于 2011 年年底完成，目前可进行远程的水文数据的实时监测、视频监控、水闸监控与调度。

10 珠江河口水库—闸泵群联合抑咸调度工程示范

10.1 示范工程概况及建设

10.1.1 示范工程概况

10.1.1.1 骨干水库群示范工程概况

西、北江上游骨干水库群包括西江上游红水河梯级水库天生桥一级、龙滩水库、岩滩水库、长洲水利枢纽、郁江的百色水利枢纽和北江的飞来峡水库（如图 10-1 至图 10-6 所示）。

近年来，枯季由于西、北江的流量减小，导致西、北江三角洲咸潮上溯。为充分发挥流域水资源调配能力，咸潮影响期间从上游水库群调水加大西、北江的流量，抑制西、北江三角洲的咸潮上溯，从而缓解中山、广州及珠海、澳门的饮水供应压力。

图 10-1 天生桥一级水库概貌

图 10-2 龙滩水库概貌

图 10-3　岩滩水库概貌

图 10-4　百色水利枢纽概貌

图 10-5　长洲水利枢纽概貌

图 10-6　飞来峡水利枢纽概貌

结合本次研究成果，研究利用珠江流域各已建骨干水库，开展西、北江骨干水库群联合调度示范工程，通过建立关键节点抑咸流量约束条件下以抑咸、发电、灌溉等多目标决策的水库群优化调度模型，生成多库联合调度方案。示范工程的开展既满足西北江三角洲抑咸的要求，又要兼顾发电、灌溉等要求，同时也为珠江流域枯水期水量统一调度提供参考。

10.1.1.2　中顺大围示范工程概况

中顺大围是多汊河闸泵群联合调度抑咸技术示范工程区。中顺大围内河网水系密布，区域具有一定的调蓄能力，而且联围内闸、泵众多，为水力调度调控提供了便利的条件；同时由于中顺大围濒临的磨刀门水道咸潮上溯严重，中山和珠海部分地区，尤其是澳门受咸潮影响较大，缓解这些地区的咸潮威胁具有极其重要经济和社会意义。凫洲水闸、东河水闸、西河水闸等众多水闸作为联围干堤上大型或重要水闸工程，无论是从调水过流能力，还是水闸所在的干流位置来看，对调配枯水期淡水资源都十分有利。开展以中顺大围为示范工程区的闸、泵群联合调度，对抑制咸潮保障供水，提高淡水资源利用率具有是十分重要的意义。

中顺大围位于珠江三角洲河网区南部，西濒西江干流磨刀门水道、东傍东海水道、马宁水道、小榄水道。地形上小下大，略呈三角形，总集水面积约 709.36 km²，是珠江三角洲五大重要堤围之一。因地跨中山、顺德两市，故名中顺大围，包括中山境内的古镇、小榄、东升、横栏、沙溪、大涌、坦背、板芙、港口、沙朗、张家边和石岐城区和顺德的均安。

中顺大围内主干河道有横贯联围中部的岐江河和与之相交的凫洲河、横琴海、中部排灌渠至狮滘河段，以及东南部连接磨刀门水道和小榄水道的岐江河。围内有其他河涌 140余条，总长约 870 km，除少数地处五桂山区的溪流是单向流外，其余绝大多数河流均受潮汐影响，是双向流。其他众多大小河涌、排水沟渠与主干河道相互交联，构成水系发达、结构复杂的联围内河网。凫洲河、横琴海、中部排灌渠、狮滘河道上游接外江，下游和岐江河连接，全长约 34 km，河面宽度 50～250 m，水深 2～13 m，是一条河床比较浅、河道比较窄的弱感潮河流。凫洲河口有凫洲河水闸，控制上游进入中顺大围的来水。岐江河横贯中山市中部，经城区向东出东河口水闸，汇入横门水道；向西南经渡头、板芙至西河口水闸，汇入磨刀门水道，全长约 40 km，河面宽 80～200 m，平均河宽 150 m，低潮时水深 2～3 m，可通航 300～500 t 位船舶，属感潮河段，是双向流动。

在中顺大围及整个珠江三角洲各大联围内外，为满足防洪排涝、水环境调控、水资源调度等需求，建设了一大批水闸及泵站工程。据统计，中顺大围共有水闸逾 180 余宗，建成大小机电排灌站上千宗。沿中顺大围东、西干堤，大小水道的外江入口，以及联围内不同河段，都有大小水闸，控制河段的水流出入，调节河涌水位，以保障联围防洪排涝安全，保证联围内工农业生产取用水和排放部分污水。近年来，受严重咸潮上溯影响，珠江三角洲生活取水口部分时段盐度超标，无法满足三角洲地区供水要求，中顺大围等三角洲联围通过闸群工程控制，在合适时机开闸引水，充分利用联围的调蓄能力，可有效缓解用水困难。如在 2004 年枯水期，磨刀门水道咸潮上溯严重时，中山市调用长江水库的水源至南朗，解决该地区的生活、生产用水；与此同时，还利用中顺大围、中珠联围的闸群调控，在每日的低潮期间，引外江淡水进入内河涌，以备咸潮侵袭时用水困难，保障城镇居民的正常用水需求，从而逐步解决居民喝水难问题。

10.1.2 示范工程建设

10.1.2.1 骨干水库群示范工程建设

珠江流域已建有众多骨干水库群，同时有水文站 298 处，水位站 131 处，雨量蒸发站

1 934 处，向珠江流域水利主管机构珠江水利委员会报汛站点共 265 个，形成了完备的水文测报系统。并且，随着珠江流域水利的不断发展和流域防汛抗旱形势不断趋向复杂化，为了提高信息采集、监测和传输水平及仪器设备测报能力，珠江水利委员会已在流域范围内分期分批建设共建共管水文站，这为西、北江骨干水库群联合调度示范工程的开展提供了成熟的配套条件。

10.1.2.2　中顺大围示范工程建设

中顺大围闸泵群抑咸调度示范工程建设主要包括两个方面：一是中顺大围内河涌河道疏浚及综合整治，主要目的是清理内河涌，使之成为淡水的储存水库，为闸泵群抑咸调度提供条件；二是中顺大围工程调度系统建设，主要目的是将原来单独操作的各个闸泵联合起来调度，充分利用联围闸泵群的功能，提高淡水的利用率，加大抑咸效果。

（1）内河涌整治建设

为完善中顺大围工程原有的灌溉、排涝和航运功能，并满足抑咸调度期饮用水水源地水质要求，改善岐江河、凫洲河水质状况，中顺大围对中山市岐江河中山三桥至员峰桥段进行疏浚整治，对凫洲河及中部排水渠进行相应的加高、加固、清淤和疏挖。截至 2011 年年底，两项工程全部竣工投入使用。

（2）水闸泵站建设

"十一五"期间，针对中山市中顺大围内水利工程现状及运行情况，中顺大围内新建、改建、扩建了一批水闸、船闸、排涝泵站，开展对现有水闸泵站工程的维护整修，为闸泵群联合抑咸调度提供了必要的工程条件，如图 10-7 至图 10-10 所示。

图 10-7　东河水闸　　　　　　　　　　　图 10-8　西河水闸

图 10-9　滨涌水闸　　　　　　　　　　　　　　图 10-10　拱北水闸

（3）调度系统建设

中顺大围工程调度系统建设内容包括信息采集系统、信息传输和采集网络、闸群工程远程控制监视系统、工程调度决策支持系统和工程调度监控中心，工程分期实施。示范工程完成的 3 个分项工程为中顺大围内河水位站工程、中顺大围工程监控中心闸群控制系统和中顺大围调度网络建设工程。

为进一步提升中顺大围工程调度决策的科学化、智能化水平，发挥工程的综合效益，中顺大围开展了工程调度系统建设，其建设内容主要包括信息采集、网络通信、工程监控、调度中心等，它是一个集信息接受和处理、分析和演算、指挥和调度于一体的综合系统平台。

通过该平台的建设，能够综合应用各遥测站实时水位信息，并通过分析应用感潮河段历年潮水位规律，在大量历史水文数据的支持下，预测外江水位涨落趋势和规律；综合分析利用调度工程点的内外水位信息，准确把握河道汇流历时和水位、水量、水流关系并结合围内河涌自然情况，经过水动力模型演算，开发软件支持系统，得出水闸、泵站群联合调度方案；最终根据中顺大围防洪（潮）、排涝、水环境、抑咸调度等不同调度目标制定出不同调度方案，解决水闸、泵站群中各个水闸（泵）于什么时间，在水位多高的情况下引水冲污、释淡抑咸等多目标、多层次的工程调度需求。

"十一五"期间，根据中顺大围工程调度系统建设目标和建设任务，开展水质水量信息实时监测系统、闸泵动态东芝系统、通信网络系统、调度平台中心控制系统等相关系统的建设与调试，现基本实现了综合调度系统建设目标，满足日程应用需求。

10.2 多汊河口水库-闸泵群联合调度实践

10.2.1 流域骨干水库群抑咸调度实践

10.2.1.1 2010—2011 年枯季水库群抑咸调度实践

流域骨干水库群联合抑咸调度在 2010—2011 年枯水期开展了调度实践。枯水期骨干水库群抑咸调度实践于 2010 年 11 月 1 日开始实施，2011 年 2 月 28 日结束。本次调度实践是珠江流域继 2005 年春节首次实施珠江压咸补淡应急调水以来，开展的第七次流域水量调度。本次调度实践不仅要完成保障 2010—2011 年枯季澳门、珠海等珠江三角洲地区供水安全任务，而且还要完成保障 2010 年 11 月在广州召开的第 16 届亚运会水环境安全的阶段性首要任务。

（1）调度实施方案

本次枯水期水量统一调度，在充分利用本次研究成果的基础上，通过流域水文、气象的预测预报技术，根据流域水库控制节点、流域来水的变化，通过实时调度模型的滚动修正调度方案，按照"前蓄后补、节点控制；上下联动、总量调度"方式进行水量分配，在保障澳门等地供水安全的同时，兼顾电网安全、工程安全、国家重点工程建设和航运，使流域水资源发挥更大的社会、环境和经济效益。

"前蓄后补"就是抓住汛末和汛后洪水资源，储存充足的水资源，在枯季根据供水需求逐渐向下游补水的水量分配方式。2010 年 10 月 1 日天生桥一级、龙滩水库实际库水位分别为 769.72 m、369.82 m，达到前期调度方案骨干水库蓄水目标。前期蓄水调度的成功实施是后期补水调度的保障。

"节点控制"就是在调度过程中，对流域关键环节的出库流量按照制定的方案与目标进行控制。针对 2010—2011 年枯水期的珠江流域水情情况，选择天生桥一级水电站、龙滩水电站和百色水利枢纽作为补水节点，选择长洲、飞来峡两个具有距下游近、调度灵活、电网干扰小、调节库容适中优势的水利枢纽作为主控调度节点，调度中实行两级控制，对控制节点进行水量分配，再根据下游咸潮活动规律，动态控制主控调度节点实施集中补水，有效地压制咸潮。

"上下联动"是指在补水调度阶段实施全流域的水库群联合调度，利用上游水库群错时依次对沿线水库补水，利用主控调度节点实施压咸集中补水。根据河段划分，整个水库系统分为两部分，即一为红水河、郁江、北江，三者无直接水力联系，属于并联水库系统；二为天生桥一级、龙滩、长洲，三者属于串联水库系统。水库系统中以天生桥一级、龙滩、百色为补水水库，长洲水利枢纽为反调节控制水库。在补水阶段，由上游补水水库向下补水，沿线水库进行水量的再调节，上下联合调度，以达到下游补水量要求。

"总量调度"是指依据下游取水点咸情情况及发展趋势，结合下游咸情，及时修整调度方案，按照所需补水总量从上游补水水库群向长洲水利枢纽补足压咸水量，由长洲水利枢纽、飞来峡水利枢纽依据咸潮活动规律动态控制压咸流量。

实施上下联动、总量控制，在提高水资源利用率的同时，简化调度环节，在确保供水安全的前提下，减少对电网、航运等其他行业的干扰。

（2）调度效果分析

①压咸效果

2010 年枯季珠江下游三角洲地区先后遭受 8 次咸潮袭击，咸潮最严重时，磨刀门水道大涌口水闸最高含氯度 7 893 mg/L，马角水闸连续 10 多天不能开闸。但通过实施枯季水量统一调度，珠江三角洲地区平均咸界控制在南镇水厂附近，平岗泵站含氯度最高值为 3 500 mg/L。

②取淡效果

2010—2011 年枯水期从 10 月 17 日起，中山市南部镇区发生第一轮咸潮，截至 2011 年 2 月末，先后遭受了 8 轮的咸潮袭击，南部沿海镇外江最高咸度达 5 000 mg/L 以上。11 月 15 日平岗泵站开始超标，随后咸潮越来越强，到 1 月 12—20 日连续 9 d 超标，1 月 13—18 日连续 6 d 不能取水。1 月 17 日，坦洲镇大涌口水闸录得最高咸度 7 893 mg/L，马角水闸从 1 月 10—19 日连续 10 多天不能开闸。全禄、大丰两大主力水厂受咸潮影响出现间断性取水，其中全禄水厂超标时间累计达 82 h，最高含氯度达 3 011 mg/L。

在枯水期水量调度的前期，主要由平岗泵站取水，到 2010 年 12 月 20 日竹洲头泵站试运行成功，开始取淡，截至 2 月 28 日共取淡 972 万 m³，缓解了一部分取水设施单一的压力。同时，联石湾水闸重建工程于 2 月 3—7 日采用临时电源，启动水闸抢淡蓄水累计 27 h，引蓄淡水量达 609 万 m³。

磨刀门水道平岗泵站枯水期平均取淡概率为 79%，较天然条件下提高了 17%。其中，在天然条件下，平岗泵站在 2011 年 2 月的取淡概率不到 40%，经过实时调度方案滚动修正后，平岗泵站的取淡概率提高到 60% 以上，较天然状态提高了 20%，有效地保障了澳门、珠海供水安全。据统计，珠海主要泵站直接从江河取淡 1.188 亿 m³，累计供澳门原水

2 480 万 m³，含氯度均低于 50 mg/L，珠海市供水总量为 9 605 万 m³，供水含氯度也达到国家标准。调度结束后，珠海南北库群总有效蓄水量为 1 463 万 m³，为保障澳门、珠海等珠江三角洲地区 3 月以后的供水安全奠定了良好的基础。

2010—2011 年枯水期珠江水量调度实现了对澳门的供水水质含氯度低于 50 mg/L，低于国家饮用水含氯度 250 mg/L 的标准，供水水质优于预期，有效保障了澳门、珠海等珠江三角洲地区的供水安全。

③航运效果

本次调度实践过程中航运效果主要体现在西江下游长洲水利枢纽。根据已批复的长洲水利枢纽船闸下游设计最低通航水位的标准：设计保证率 $P=95\%$，相应流量 1 090 m³/s，由于长洲下游至梧州河段航道整治等因素的影响，实际最小通航流量在 1 400 m³/s 以上。2010—2011 年枯水期若不实施水量调度 2 月梧州天然流量仅 1 200 m³/s，实施水量调度实践后，除春节期间由于电力负荷下降岩滩减小出力造成下游长洲出库流量小于 1 400 m³/s 以外，长洲水利枢纽出库流量均保持在 1 400 m³/s 以上，均能满足通航要求。

④发电效果

2010—2011 年枯水期珠江骨干水库前期蓄水情况相对较好，10 月 1 日两大主力水库蓄水均超过了前期蓄水目标。调度期间考虑骨干水库在水量调度中的作用，对不同的水库采用不同调度方式，作为调度方案控制节点长洲水利枢纽、飞来峡水利枢纽调度要求到时，作为补水水库的天生桥一级、龙滩、岩滩、百色等水库、水电站调度要求到日。调度"前蓄"阶段，对各骨干水库提出蓄水总量目标，各骨干水库控泄流量均由广西电网、南方电网公司根据电网负荷进行调度；补水调度期间，调度天生桥一级、龙滩、岩滩、百色等补水水库按日平均流量控制，并给予 20%的变幅用于电网调度，充分体现了水调和电调的统筹兼顾、科学调度。

2010 年 11 月 1 日调度开始时，天生桥一级、龙滩、岩滩、百色、长洲、飞来峡水利枢纽水位分别为 773.34 m、369.59 m、221.2 m、216.25 m、19.7 m、24.29 m，其中天生桥一级、龙滩、百色总有效库容为 152.05 亿 m³。2011 年 2 月 28 日调度结束时，天生桥一级、龙滩、岩滩、百色、长洲水利枢纽、飞来峡等骨干水库均维持在一定的水位，天生桥一级、龙滩、岩滩、百色、长洲、飞来峡水利枢纽水库水位分别为 762.73 m、352.51 m、222.65 m、205.65 m、20.42 m、23.69 m，其中天生桥一级、龙滩、百色总有效库容为 77.49 亿 m³，调度期共消耗 74.56 亿 m³。

调度结束时，天生桥一级、龙滩水电站水位均高于 3 月初下调度线。长洲和飞来峡水利枢纽库水位分别为 20.42 m 和 23.69 m，均维持在高水位运行。本次实时调度方案的实践很好地保障了调度期后电网发电用水的需求。

10.2.1.2 2011—2012 年枯季水库群调度实践

2011 年珠江流域总体上雨水偏枯，10 月 15 日汛期基本结束。但是 2011 年珠江汛期当汛不汛，7—9 月降雨量持续偏少，较多年同期偏少 20%～50%。西江来水锐减，西江控制站梧州 9 月平均流量小于 1 800 m³/s，为近 70 年历史同期最小值。9 月底至 10 月上旬，珠江虽入汛末，但受热带气旋"纳沙""海棠"及"尼格"和冷空气共同影响，流域出现持续降雨过程，上游来水显著增加。10 月上旬，珠江流域面平均降雨量 75.0 mm，与去年同期相比偏多约 3 倍，其中西江流域偏多约 3.6 倍。西江、北江来水显著增大，10 月上旬西江梧州站平均流量 9 030 m³/s，北江石角站平均流量 786 m³/s。后期流域降水量明显减小。

本年度枯水期西江骨干水库蓄水严重偏少，10 月 1 日天生桥一级和龙滩两座水库有效蓄水量 12.07 亿 m³，有效蓄水率仅为 7%。11 月 30 日，天生桥一级和龙滩水库总有效蓄水量 27.37 亿 m³，较 10 月 1 日增加 15.3 亿 m³，有效蓄水率为 16%。至 12 月 13 日，天生桥一级和龙滩有效蓄水量 26.8 亿 m³，有效蓄水不到 16%，有效蓄水量比 12 月 1 日减少 0.57 亿 m³；比 2010 年同期少 83.78 亿 m³，比 2009 年同期少 41.09 亿 m³。

由于上游来水偏少，河道水位较低，12 月上旬，西江航道长洲航段的长洲船闸出现船只滞航，12 月下旬滞航船只达到 900 多艘，这种情况下实施珠江流域骨干水库的统一调度难度非常大。因此，综合考虑来水量严重偏枯、水库有效蓄水量不足、发电航运压力较大等情况下，2011—2012 年枯季未实施骨干水库的统一调度。在此情况下，为缓解下游咸潮上述，保证三角洲供水安全，开展中顺大围闸泵群的联合抑咸调度实践。

10.2.2 闸泵群联合抑咸调度实践

多汊河口闸泵群联合调度抑咸技术研究在示范工程中顺大围内开展了多次闸泵群调度实践。其中 2011 年 10 月、2012 年 3 月开展了中顺大围闸泵群水质置换调度，利用外江涨落潮水位过程，根据模型计算确定的各闸门泵站启闭时间，形成内河涌有规则的可控流路，将内河涌污水进行置换，改善了中顺大围内河涌水环境。通过中顺大围调度系统平台的监测数据分析结果，以及调水实施后中顺大围内居民反映，两次水质改善调度实践，均取得了良好效果，生态环境效益和社会效益显著。

2012 年 3 月中旬，在 3 月初中顺大围内河涌水质改善调度的基础上，再一次开展了中顺大围闸泵群联合调度试验，进行了蓄水和补充调度，并同步进行原型观测。

10.2.2.1 调度实施方案

调度方案的生成，是以上游流域水文模型和骨干水库群联合调度计算预测的三角洲控制断面流量过程，以及三角洲河道潮水位变化过程为基础，确定中顺大围各闸外水位边界条件和下游咸界边界条件，通过前述多汊河口闸泵群联合调度模型，确定调度方案，并分析预测调度实施效果。

（1）调度方案

①调度目标

通过中顺大围主要水闸从外江引水冲污，并尽量多蓄淡水，于补水时刻通过西河水闸向外江补水压咸。

②参与调度水闸

中顺大围管理处可直接调度管理的西河闸、东河闸、铺锦闸，其他水闸实行日常调度。

③调度规则

根据上游骨干水库群联合调度计算预测的调度期三水马口流量，咸界位置处于东河水闸、西河水闸以下，同时根据河口一二维联解潮流模型、潮汐表及各闸外历史同期潮位过程综合分析确定的闸外潮位预测过程，确定本次蓄淡、补水抑咸调度方案如下：

a. 西河闸、东河闸、铺锦闸于 3 月 17 日、18 日涨潮时段开闸蓄水，其他时段关闸；

b. 西河闸于 3 月 18 日落潮期开闸补水，东河闸、铺锦闸关闭或条件许可时开闸进水；

c. 中顺大围其他水闸自行调度运行。

（2）组织实施

①调度试验指导协调组

负责调水试验全过程各分工小组的组织、协调、管理与指导，负责与中山市水务局、中顺大围工程管理处、各水厂等相关单位的联络协调等事宜。

②调度组

负责会同中顺大围工程管理处进行水闸调度指令发送、联围内水文信息监控、监测点临时调整等工作。

③测量组

负责监测设备保障，磨刀门西河闸下游、石岐河沿线测点布置，水位、盐度的监测及水样采集工作。

④资料收集分析组

负责中顺大围本次和历史调度水文、工程资料，以及相关水厂、水质监测站点资料的收集与分析工作。

⑤水样分析组

负责本次调水试验水样的测试分析工作。

⑥车辆保障组

负责调度试验全程车辆的调配工作。

调度实施过程中调度方案的调整经调度试验指导协调组会商同意后发出。

10.2.2.2　调度实施过程

2012 年 3 月 16 日前，完成中顺大围闸泵群联合调度试验的径流、潮位、咸界预测，模型生成并确定最终调度方案；确定磨刀门水道和石岐河原型观测点，给定中顺大围外江 3 条测船经纬度定点坐标和中顺大围内测船巡测点。

2012 年 3 月 16 日，调度组进驻中顺大围调度中心，将调度方案注入调度系统，并以调度指令的形式发送至各水闸管理处；测船准备就绪。

2012 年 3 月 17 日，测量组携测量仪器设备到位，测船到位，进行设备调试和试测，于上午 8 时同时开展监测；各闸按调度指令开展蓄水调度。

2012 年 3 月 18 日，5 时许东河、西河、铺锦闸开闸进水；20 时许西河闸开闸补水；至 19 日 5 时许调度完毕，转入中顺大围日常调度。

调度期间，车辆保障组及时将当天所取水样送回至水样检测中心试验室保存、分析；调度试验指导协调组于调度中心、水闸管理处、原型观测点及中顺大围内各河段处巡查、指导，协调各闸门之间的调度及调度与观测同步。

10.2.2.3　调度成果分析

调度实施过程中，位于磨刀门水道西河水闸以下、南镇水厂取水口以上的 3 条测船每隔 1 小时进行一次表中底层流速和流向监测，同时于大涨大退时刻采集水样；石岐河内测船来回巡测，按既定采样点采集水样，当天送至珠科院中心试验室进行水质分析化验；中顺大围内河涌监测点、水闸内外监测点每五分钟采集一次水文数据，经通信网络系统自动发送至中心存储器，经调度中心系统处理为水位、流量、水量序列，并图形显示在控制中心。

图 10-11 至图 10-13 分别为中顺大围闸泵群联合调度期间东河闸、西河闸、铺锦闸内外水位变化过程。

由图可见，通过东河、西河、铺锦水闸，于涨潮期间（特别是 3 月 18 日 16 时至 20 时大潮涨潮时段）开闸蓄水，中顺大围内水位显著增加（控制内河水位 1.0 m 以下），其中东河闸内水位由 3 月 17 日大潮期的最高 0.29 m（3 月 17 日 21：45）增加至 3 月 18 日大潮期的最高 0.7 m（3 月 18 日 20：15），铺锦闸内水位同样由 0.34 m 增加至 0.74 m，而西河水闸内水位于开闸释淡前最高增至 0.55 m。

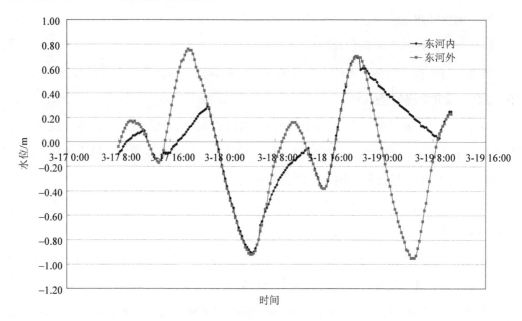

图 10-11　调度期间东河闸内外水位过程

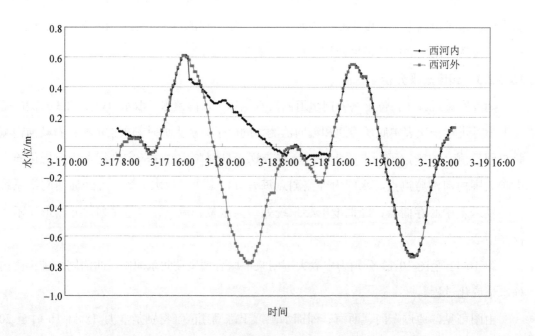

图 10-12　调度期间西河闸内外水位过程

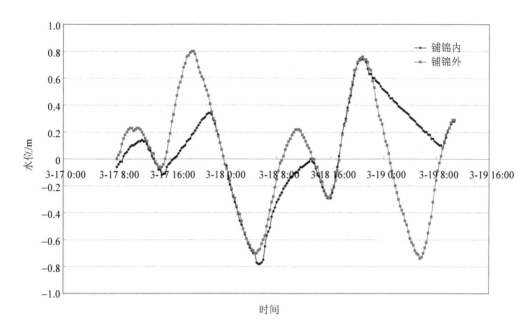

图 10-13　调度期间铺锦闸内外水位过程

图 10-14、图 10-15 分别为中顺大围闸泵群联合调度期间东河闸、西河闸处流量过程，图 10-16、图 10-17 分别为中顺大围闸泵群联合调度期间东河闸、西河闸进出水量过程。

由图 10-14 可知，在 3 月 18 日大潮期间，东河闸利用高潮位从外江持续引水，最大引水流量达 710.67 m³/s，主要引水时段引水平均流量达 342.76 m³/s。西河闸开闸释淡补水抑咸，最大补水流量达 827.32 m³/s，主要排水时段补水平均流量达 544.17 m³/s，补水时段超过 9 h。在补水时段，西河水闸对磨刀门水道取水河段累计补水总量达 1839.7 万 m³，平均每小时补水 167.25 万 m³。同时，根据调度期间水样检测分析，石岐河水道沿程总氮、总磷等污染物指标随着调度蓄水增加呈不断下降趋势，内河涌水质改善较为明显。

可见，采用多汊河口闸泵群联合调度的方法，利用联围内外河道有利的水文条件进行蓄水，并于抑咸期间开闸释淡补充外江淡水在技术上和实践中是可行的，不仅可以提高淡水资源利用率，而且改善了联围内河涌水质，产生了较好的经济效益、社会效益及环境效益。

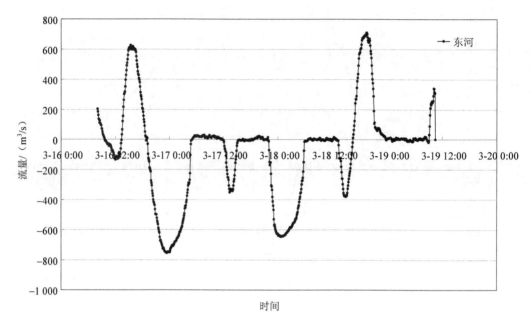

图 10-14　调度期间东河闸流量过程

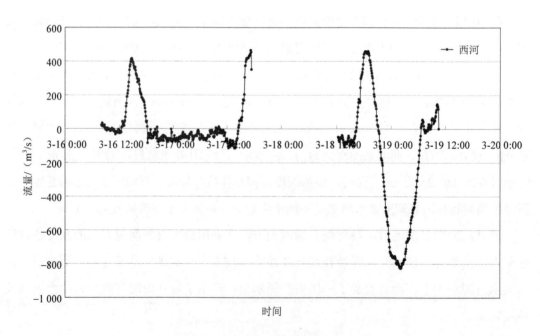

图 10-15　调度期间西河闸流量过程

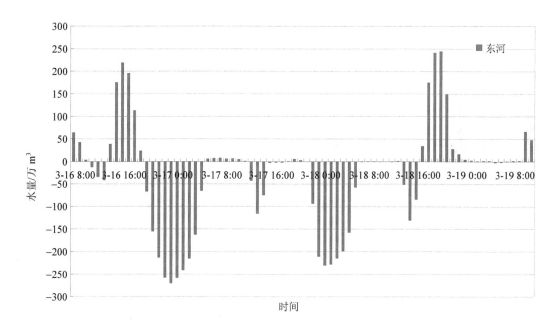

图 10-16　调度期间东河闸进出水量过程

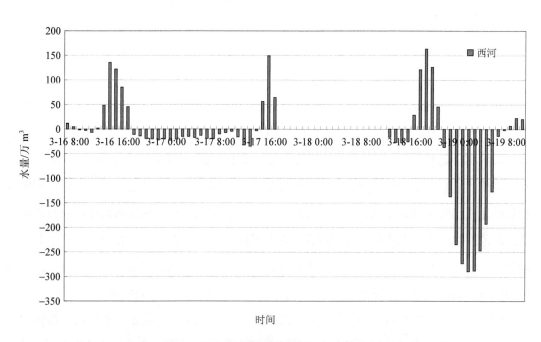

图 10-17　调度期间西河闸进出水量过程

11 认识与展望

11.1 几点认识

（1）珠江河口是一个典型的多汊河口，咸潮活动同时受径流、潮汐、风、波浪、河口形态、海平面变化等诸多因素的影响，具有明显的日、半月、季节性和年际周期变化。其中，磨刀门咸潮运动日周期的变化规律表现为咸水随潮流的涨落而进退，咸潮盐度峰值出现的时刻滞后于潮位峰值；半月周期变化规律为小潮期分层明显，底层盐水聚集；中潮期掺混逐步加强，断面盐度持续上升；大潮期混合均匀，沿程盐度大起大落，表层盐度从小潮至大潮前 2～3 d 达到峰值，而后逐日减小。

（2）珠江河口咸潮活动动力机制研究表明：珠江河口湾盐度的整体平面分布特征表现为"东高西低、槽高滩低"，盐淡水输移机制具有"盐水东进，淡水西飘，深入浅出"的特征。磨刀门咸潮活动具有明显的三维密度分层流的特征，对其动力机制进行了深入研究，结果表明其咸潮运动规律受咸淡水混合状态影响，且咸淡水混合状态与重力环流、潮流剪切和潮流紊动等驱动力密切相关。重力环流作用总是抑制混合，潮流紊动作用总是加强混合，潮流剪切作用在涨潮阶段加强混合，在落潮阶段抑制混合，这 3 种驱动力在半月潮周期变化过程中交替起主导作用，使得水道中瞬时咸淡水混合状态呈现时空多样性，这正是磨刀门水道表层盐度在大潮前 2～3 d 达到峰值这一现象的动力机制所在。

（3）水槽物理模型试验拟合的恒定流盐水楔长度公式表明，盐水楔长度与密度雷诺数和密度弗劳德数相关性较好，并随密度雷诺数增大而增加，随密度弗劳德数增大而减少。潮汐强度混合效应的物理模型试验结果表明，存在潮差临界值使得咸潮上溯距离最短，当潮差小于该临界值，咸潮上溯距离随潮差增大呈快速减小趋势，而大于该临界值则呈缓慢增大趋势。关键断面流量抑咸效应分析结果表明，流量变化引起的盐度变化上游大于下游，表层大于底层，大潮期间大于小潮期间，落潮阶段大于涨潮阶段。流量增加咸界下移，咸界距河口最远时咸界下移幅度最大，竹银流量每增加 100 m³/s，磨刀门水道咸界最大下移距离 6.5 km。

（4）流域水库群抑咸调度技术建立了基于 EasyDHM 的珠江流域分布式水文模型，分析了珠江流域的降雨径流规律及枯季抑咸可调水量；在实时水雨情信息的基础上，开展了关键断面的径流预报研究；通过分析珠江流域大系统、大跨度、多维、多目标的复杂调度决策问题，充分考虑枯季兴利用水和抑咸用水要求的关系，建立了基于自优化技术的骨干水库群抑咸优化调度模型，通过长系列及典型年的调节计算，提出了抑咸优化调度方案，下游控制断面月平均流量的月保证率由 76.1%提高至 95.7%；在抑咸优化调度方案的基础上通过实时水雨情信息的滚动修正，制定抑咸实时调度方案。针对 2010—2011 年开展了实时调度示范工程，并对调度方案进行评估分析，结果表明下游取水口水质达标率达到了 80.91%，实时调度方案较好地指导了骨干水库群的实际调度。

（5）多汊河口的闸泵群联合调度，以三角洲联围单闸或简单多闸组合常规调度为基本单元，在深刻认识联围闸泵水量水质调控机理，灵活运用闸泵群联合调度优化手段，合理概化复杂内外水文及工程边界的基础上，以多汊河口河网水量水质模拟、闸泵群联合调度模拟及抑咸关键调度时机确定等若干关键技术点为突破，联合上游骨干水库群调度技术，形成了目标明确、综合性强、应用前景较好的咸潮抑制技术。其关键技术突破集中反映在构建多汊河口闸泵群联合调度模型中的联围内河涌引水冲污、开闸蓄淡、释淡抑咸时机的确定上，进行不同潮型、不同潮时、不同放水模式，以及上游径流、工程运用多重约束条件影响下的最优闸泵群联合调控，确保取水口取水安全。

11.2　展望

（1）研究针对珠江河口咸潮上溯规律，开展了多次全断面多站点长时间序列的原型观测。通过原型数据对珠江河口咸潮变化规律进行全面的分析，尤其是对磨刀门河口分层状态和咸潮上溯机理有较为全面的认识。为研究多汊河道的咸潮上溯相互影响关系，在今后的研究中，还需要补充多汊河道及外海区域的全断面多站点长时间序列同步观测。

（2）磨刀门咸潮整体物理模型合理地模拟了原型垂向流速分布和盐淡水混合特征，准确地模拟了原型咸潮上溯规律和入侵强度，但由于模型范围的局限性，尤其是洪湾水道口外，伶仃洋的落潮流和下泄淡水引起的盐度变化难以得到模拟；上游河道的概化对淡水下泄也有一定的影响，这些都在一定程度上影响试验的准确性，此外多汊河道的咸潮上溯相互影响，甚至在上游段分汊口存在盐水倒灌现象，因此今后在开展珠江河口八大口门的咸潮整体物理模型试验研究中仍有较大的研究空间。

（3）观测资料的完整性是开展预报研究工作最基础的保障，目前珠江流域无控区间面积较大，水文站点的分布仍难以满足水量统一调度对水情预报的需求；而且近年来珠江流域梯级电站的开发建设对流域水文情势有较大影响，因此，加强珠江流域水文站网的建设，得到更多的原型观测资料是研究工作进一步深入的关键。

（4）珠江流域骨干水库群的联合调度，可以充分发挥现有工程的最大综合效益，同时也是当前珠江流域供水安全和生态安全的重要手段及根本保证。但是流域各骨干水库隶属不同的管理部门，行业间存在利益冲突和矛盾。因此，为保证骨干水库联合调度发挥最大的效益，最大限度地保证流域枯水期下游城市的用水安全，必须尽快为实施统一调度提供法律依据，明确调度实施程序和相关执行主体的法律责任，切实推进流域水资源的统一管理。

（5）闸泵群的联合调度研究需要更深入地认识上游径流等多重要素综合影响下的珠江三角洲咸潮运动规律，以建立更为准确合理的咸潮上溯距离与上游径流、地形条件等多因子相关关系，指导珠江河口潮流、盐度模型对咸潮运动做出更为精准的预测，为闸泵群联合调度模型边界的确定、进排水闸门调度规则细化提供更强有力的支撑。

（6）需要分析外江水动力对闸泵群联合调度实施方案的影响。在咸潮上溯期间，上游河段闸门进水，分流外江部分淡水资源，从而对闸泵群调度补水河段或其他取水河段造成减水，由此引起的下游咸潮进一步上溯是否会对主要取水口取水产生影响，影响程度如何，当前研究尚未给出答案，应在今后采用数学模型进行情景分析的方法或其他手段开展该项研究工作。

参考文献

[1] Abraham M，Carlos P，Gideon O. Optimal operation of a multisource and multiquality regional water system [J]. Water Resources Research，1992，28（5）：1199-1206.

[2] Admas P. Stochastic optimization of multi reservoir systems using a heuristic algorithm：case study from India [J].Water Resour.Res.，1996，32（3）：733-741.

[3] Ahmed I. On the determination of multireservoir operation policy under uncertainty[D].Tucson Arizona：The university of Arizona，2001.

[4] Arnold J G，Srinivasan R，Ramanarayanan T S，et al. Water resources of the Texas gulf basin [J]. Wat. Sci. Tech，1999，39（3）：121-133.

[5] Askew A J. Optimum reservoir operation policies and the imposition of reliability constraint[J]. Water Resources Research.，1974，10（6）：1099-1106.

[6] Bruce L，John W L，Darrell G F．Optimal operation of a system of lakes for quality and quantity [C]. Torno HC，ed . Computer Applications in Water Resources . New York：ASCE，1989：693-702.

[7] Buther W S. Stochastic dynamic programming for optimum reservoir operation[J].Water Resour.Bull.，1971，7（1）：115-123.

[8] Casulli V，Cattani E.（1994）. Stability，accuracy and efficiency of a semi-implicit method for three-dimensional shallow water flow [J]. Comput. Math. Appl.，27：99-112.

[9] Chang F C，Hui S C. and Chen Y C. Reservoir operation using grey fuzzy stochastic dynamic programming[J]. Hydrol.Process，2002，16（12）：2395-2480.

[10] Chang F J，Chen L，Chang L C. Optimizing the reservoir operating rule curvess by genetic algorithms[J]. Hydrological Process，2005，（19）：2277-2289.

[11] Chang F J，Hui S C，Chen Y C. Reservoir operation using grey fuzzy stochastic dynamic programming[J]. Hydrological Process，2002，16（12）：2395-2408.

[12] Chen L，Mcphee J，Yeh W W G. A diversified multiobjective GA for optimizing reservoir rule curves[J]. Advances in Water Resources，2007，30（5）：1082-1093.

[13] Chen X J. Modeling hydrodynamics and salt transport in the Alafia River estuary，Florida during May 1999–December 2001 [J]. Estuarine，Coastal and Shelf Science，61（3）：477-490.

[14] Chen C H，Liu R C. Beardsley. An unstructured，finite-volume，three-dimensional，primitive equation ocean model：application to coastal ocean and estuaries [J]. Journal of Atmospheric and Oceanic Technology，2003，20：159-186.

[15] Chen C P，Xue P，Ding R C，et al. Physical mechanisms for the offshore detachment of the Chanjiang diluted water in the East China Sea [J]. J. Geophys. Res.，2008，113. C02002，doi：10.1029/2006JC003994.

[16] Chen C，Xu Q，Houghton R，et al. A model-dye comparison experiment in the tidal mixing front zone on the southern flank of Georges Bank [J]. J. Geophys. Res.，2008，113. C02005，doi：10.1029/2007jc004106.

[17] Consoli S，Matarazzo B，Papplardo N. Operating rules of an irrifation purposes reservoir using multi-objective optimization[J].Water Resources Management，2008，22（5）：551-564.

[18] NageshKumar D. JangaReddy M. Multipurpose Reservoir Operation Using Particle Swarm Optimization[J]. Water Resources Planning and Management，2007，133（3）：192-201.

[19] Dronkers J J. 河流近海区和外海的潮汐计算[J]. 水利水运科技情报，1976，26（3）：31- 35.

[20] Edward D，Santoro.（2004）. Delaware estuary monitoring report covering monitoring developments and data collected or reported during 1999-2003[R]. Delaware River Basin Commission.

[21] Foufoula E，Kitanidis P K. Gradient dynamic programming for stochastic optimal control of multi-dimensional water resources systems[J]. Water Resour.Res.，1988，24（8）：1345-1359.

[22] Gassford J，Karlin S. Optimal policy for hydroelectric operations，in studies in the mathematical Theory of inventory and Production[D].Cailf.，Stamford University，1958：179-200.

[23] Grigg N J，Ivey G N. A laboratory investigation into shear-generated mixing in a salt wedge estuary[J]. Geophysical and Astrophysical Fluid Dynamics，1997，85（1-2）：65- 95.

[24] Gross E S，Koseff J R，Monismith S G.（1999）. Three-dimensional salinity simu-lations of South San Francisco Bay[J]. J. Hydraul. Eng.，25：1199-1209.

[25] Hall W A，Shephard R W. Optimum Operation for planning of a complex water resources system [D]. Technology Rep. Water Resour. Cent. Sch. of Eng. And Appl. Sci.，Univ. of Calif.，LosAngeles，October 1967.

[26] Hansen D V，Rattray M. New dimension in estuary classification[J]. Limnology and Oceanography，1966，11（3）.

[27] Hashimoto T，Stedinger J R，Loucks D P. Reliability，resiliency，and vulnerability sriteria for water-resource system performance evaluation[J]. Water Resources Management，1982，18（1）：14-20.

[28] Hiedari M，Chow V，et al. Discrete differential dynamic programming approach to water resources systems optimization[J]. Water Resour.Res.，1971，7（2）：273-282.

[29] Zou H Z. The study of Seawater Intrusion in Pearl River Estuary Area by a River Network-Estuary-Coastal Ocean Coupled Numerical Simulation System[J]. The Proceedings of the nineteenth International offshore and Polar Engineering Conference（ISOPE-2009）[C]. 2009，Vol.2：1188-1195.

[30] Zou H Z，Liu G，Wang L，et al. The Dynamic Response of Salt-water Intrusion to Tidal Phase and Range in the Pearl River Estuary[A]. Proceedings of 2013 IAHR World Congress[C]，September 8-13，Chengdu，China.

[31] Zou H Z，Li H，Jiang X K，et al. Wave Transformation Induced by Channel and Ambient Currents in Estuarine Area[A]. The Proceeding of the Second International Conference on Estuaries and Coast（ICEC-2006）[C]. 2006，2：1080-1088.

[32] Hull C H J，Titus J G.Greenhouse Effect，Sea Level Rise，and Salinity in the Delaware Estuary[R]. Report from the US Environmental Protection Agency and the Delaware River Basin Commission，1986.

[33] Ilich N，Simonovic S P，Amron M. The benefits of computerized real-time river basin management in the malahayu reservoir system[J]. Canadian Journal of Civil Enjineering，2000，27（1）：55-64.

[34] Ippen A T，Harleman D R F. One-dimensional Analysis of Salinity Intrusion in Estuaries[R]，Technical Bulletin No.5 Corps of Eng.U.S.A.，1961.

[35] Elliott C J，David A B，Richard A D，et al．Water quality operation with a blending reservoirand variable sources[J]. Journal of Water Resources Planning And Management，2002，128（4）：288-302.

[36] Jacobsen H，Mayne Q. Differential dynamic programming[M]. New York，Elsevier，1970.

[37] Ji R C，Chen P J S，Franks D W，et al. Spring phytoplankton bloom and associagted lower trophic food web dynamics on Georges Bank：1-D and 2-D model studies[J]. Deep-Sea Res.，2006，53：2656-2683.

[38] Karamouz M，Araghinejad S. Drought mitigation through long-term operation of reservoirs：Case Study[J]. Journal of Irrigation and Drainage Engineering，2008，134（4）：471-478.

[39] Karamouz M，Vasiliadis H V. Bayesian stochastic optimization of reservoir operating using uncertain forecast[J].Water Resour.Res.，1992，28（5）：1221-1232.

[40] Kendall M G. Rank Correlation Methods [M]. London：Charles Griffin，1975.

[41] Kim T，Heo J H，Bae D H，et al. Single-reservoir operating rules ofr a year using multiobjective genetic algorithm[J].Journal of Hydroinformatics，2008，10（2）：163-179.

[42] Knowles，Cayan N D，Peterson D H，et al. Simulated effects of delta out flow on the Bay：1998 compared to other years，Interagency Ecol[J]. Program Newsl，1998，11：29-31.

[43] Larson R. State increment dynamic programming[M]. New York，Elsevier，1968.

[44] Leendertse J J，Alexander R C，Liu S K. A three dimensional model for estuaries and coastal sea. Principles of computations[M]. R-1471-Owrr.，CA. Rand Corp.，Santa Monica California，1973，1.

[45] Leendertse J J, et al. A Three Dimensional Model for Estuaries and Coastal Seas[J]. 1973，1：Principles of Computation.

[46] Little J D C. The use of storage water in a hydroelectric system [J]. Operational Research. 1955（3）：187-197.

[47] Longley W L. Freshwater inflows to texas bays and estuaries：ecological relationships and methods for determination of needs. Texas Water Development Board（TWDB）and the Texas Parks and Wildlife Department（TPWD）[J]. Texas Water Code 16.058（a），2002.

[48] Loucks D P，Stedinger J R，Haith D A. Water resouce systems planning and analysis[M]. Prentice-Hall，Englewood Cliffs，N.J，1981.

[49] Mann H B. Nonparametric tests against trend [J]. Econometrica，1945，13：245-259.

[50] Mass A，Hufschmidt M M，Dorfman R，et al. Design of water resource system [M].Cambridge，Mass：Harvard University Press，1962.

[51] McKay M D，Beckman R J，Conover W J. A comparison of three methods for selecting values of input variables in the analysis of output from a computer code [J]. Technometrics，1979，21（2）：239-245.

[52] Monismith S G，Kimmerer W，Burau J R，et al. Structure and flow-induced variability of the subtidal salinity field in northern San Francisco Bay[R]. American Meteorological Society，2002：3003-3019.

[53] Morris M D. Factorial sampling plans for preliminary computational experiments [J]. Tecnometrics，1991，33（2）：161-174.

[54] Nash J E，Sutcliffe J V. River forecasting through conceptual models：Part Ⅰ A discussion of principles [J]. Journal of Hydrology，1970，10（3）：282-290.

[55] Neelakantan T R，Pundarikanthan N V. Hedging rule optimization of water supply of reservoirs system[J].Water Resources Management，1999，13（6）：109-426.

[56] Oliveira R，Locks D P. Operation rules for multireservoir system[J].Water Resources Research，1997，33

（4）：839-852.

[57] Patankar SV，Spalding DB. Caleulation proeedure for heat，mass and momentumtransfer in 3D flows[J].Int. J. Heat Mass Transfer，1972（15）：1987-1806.

[58] Pfafstetter O. Classification of hydrographic basics：coding methodology，unpublished manuscript[R]，Departament of Nacional de Obras de Saneamento，August 18，1989.

[59] Prandle D.（2004）. Saline intrusion in partially mixed estuaries[J]. Estuarine，Coastal and Shelf Science，59（3）：385-397.

[60] Pritchard D W. Observation of circulations in coastal plain estuaries，Lauff G，ED. Estuaries[M]. Washington D.C：AAAS Publ，1967，Vol.83.

[61] Raheleh A，Seyed J M，Abbas G. Reliability-based simulation optimization model for multi-reservoir hydropower systems operations：khersan experience[J]. Journal of Water Resources Planning and Management，2008，134（1）：24-33.

[62] Rossman A L，Reliability constraint dynamic programming and randomized release rules in reservoir management[J]. Water Resour.Res.，1977，13（2）：247-255.

[63] Savenije H. Rapid assessment technique for salt intrusion in alluvial estuaries[R]. Repore Series of the Int Institute for Infrastructural，Hydraulics and Environmental Engineering，Delft. 1992.

[64] Savenije H H G. Predictive model for salt intrusion in estuaries[J]. Journal of Hydrology，1993，148：203-218.

[65] Momtahen S H，Dariane A B. Direct search approaches using genetic algorithms for optimization of water reservoir operating policies[J]. Water Resources Planning and Management，2007，133（3）：202-209.

[66] Simmons H B，Brown F R. Salinity effects on estuarine hydraulics and sedimentation// Proceedings of the Thirteenth Congress[C]. International Association for Hydraulic Research. 1969.

[67] Simmons H B. Some effects of Upland discharge on estuarine hydraulics[J]. Proceedings ASCE，1955.Vol.81. Separate Paper N.792.

[68] Stedinger J R，The performance of LDR models for preliminary design and reservoir operation[J]. Water Resources Research，1984，20（2）：215-224.

[69] Szymkiewicz R. Finite-element method for the solution of the Saint Venant Equa-tions in an open channel network[J]. Journal of Hydrology，1990，122（1-4），275 - 287.

[70] Archibald T W，McKinnon K I M，Thomas L C. An aggregate stochastic dynamic programming model of multireservoir systems [J].Water Resour.Res.，1997，33（2），333-340.

[71] Turgeon A. Optimal short-term hydro scheduling from the principle of progressive optimality[J]. Water Resour.Res.，1981，17（3）：481-486.

[72] Van Griensven A，Meixner T，Grunwald S，et al. A global sensitivity analysis tool for the parameters of multi-variable catchment models [J]. Journal of Hydrology，2006，324：10–23.

[73] Wang B，Zhu J R，Wu H，et al. Dynamics of saltwater intrusion in the Modaomen Waterway of the Pearl River Estuary[J]. Science China（Earth Sciences），2012，55（11）：1901-1918.

[74] Wang Z M，Batelaan O，De Smedt F. A distributed model for water and energy transfer Between Soil，Plants and Atmosphere（WetSpa）[J]. Physics and Chemistry of the Earth，1996，21（3）：189–193.

[75] Gong W，Shen J. The response of salt intrusion to Changes in river discharge and tidal mixing during the dry season in the Modaomen Estuary，China [J]. Continental Shelf Research，2011，31（2011）：769-788.

[76] Lei X H，Tian Y，Jiang Y Z，et al. General catchment delineation method and its application into the Middle Route Project of China's South-to-North Water Diversion[J]. The Hong Kong of Engineers Transactions，2009，17（2）：27-33.

[77] Yeh W W G. Reservoir management and operations models：a state-of-the-art review[J]. Water Resour.Res.，1985，21（12）：1979-1818.

[78] Young O K，Hyung I E，Eun G L，et al. Optimizing operational policies of a Korean multireservoir system using sampling stochastic dynamic programming with ensemble stream flow prediction[J]. Water Resources Planning and Management，2007，133（1）：4-14.

[79] Zhou W，Wang D X，Luo L. Investigation of saltwater intrusion and salinity stratification in winter of 2007/2008 in the Zhujiang River Estuary in China [J]. Scientia Geographica Sinica，2012，31（3）：31-46.

[80] Zou H Z，Li H J. Numerical simulation of seawater intrusion from estuary into river using a coupled modeling system[J]. J. Ocean Univ. China，2010，9（3）：219-228.

[81] 艾学山，冉本银. FS-DDDP 方法及其在水库群优化调度中的应用[J]. 水电自动化与大坝检测，2007，1（31）：13-16.

[82] 包芸，刘杰斌，任杰，等. 磨刀门水道盐水强烈上溯规律和动力机制研究[J]. 中国科学，2009，39（10）：1527-1534.

[83] 包芸，任杰. 伶仃洋盐度高度层化现象及其盐度锋面的研究[J]. 水动力学研究与进展，2005，20（6）：689-693.

[84] 包芸，任杰. 采用改进的盐度场数值格式模拟珠江口盐度高度分层现象[J]. 热带海洋学报，2001，20（4）：28-34.

[85] 丙孝芳, 等. 多支流河道洪水演算方法的探讨[J]. 水利学报, 1990（2）：26-32.

[86] 蔡树群, 王文质. 大涡模拟及其在海洋湍流数值模拟中的应用[J]. 海洋通报, 1999, 18（5）：69-75.

[87] 陈美发. 控制长江口北支咸潮倒灌支持南水北调[J]. 水利水电科技进展, 2003, 23（3）：17-18.

[88] 陈明洪, 方红卫, 刘军梅. 多闸坝分汊河流的洪水实时模拟和调度[J]. 水利水电科技进展, 2011, 31（2）：11-27.

[89] 陈荣力, 刘诚, 高时友. 磨刀门水道枯季咸潮上溯规律分析[J]. 水动力学研究与进展, 2011, 26（3）：312-317.

[90] 陈水森, 方立刚, 李宏丽, 等. 珠江口咸潮入侵分析与经验模型[J]. 水科学进展, 2007, 18（5）：751-755.

[91] 陈文龙, 徐峰俊. 市桥河水系水闸群联合调度对改善水环境的分析探讨[J]. 人民珠江, 2007（5）：79-81.

[92] 陈文龙, 邹华志, 董延军. 磨刀门水道咸潮上溯动力特性分析[J]. 水科学进展, 2014, 25（5）：713-723.

[93] 陈洋波, 陈惠源. 水电站库群隐随机优化调度函数探讨[J]. 水电能源科学, 1980, 8（3）：216-223.

[94] 程芳, 陈守伦. 泵站优化调度的分解协调模型[J]. 河海大学学报（自然科学版）, 2003, 31（2）：136-139.

[95] 崔远来, 雷声隆, 白宪台, 等. 自优化模拟技术在多目标水库优化调度中的应用[J]. 水电能源科学, 1996, 14（12）：245-251.

[96] 崔远来, 王建鹏, 等. 基于动态规划和自优化模拟混合模型的水资源优化配置[J]. 水电能源科学, 2007, 25（6）：1-5.

[97] 董子敖, 等. 计入径流时间空间相关关系的梯级水库群优化调度的多层次法[J]. 水电能源科学, 1987, 5（1）：29-40.

[98] 顾文全, 邵东国, 等. 基于自优化模拟技术的水库供水风险分析方法及应用[J]. 水利学报, 2008, 39（7）：788-793.

[99] 顾玉亮, 吴守培, 乐勤. 北支盐水入侵对长江口水源地影响研究[J]. 人民珠江, 2003, 34（4）：1-3.

[100] 顾正华. 河网水闸智能调度辅助决策模型研究[J]. 浙江大学学报（工学报）, 2006, 40（5）：822-826.

[101] 关许为. 长江口深水航道治理工程回淤量及盐度计算报告[R]. 1999.

[102] 韩曾萃, 程杭平, 史英标, 等. 钱塘江河口咸水入侵长历时预测和对策[J]. 水利学报, 2012, 43（2）：232-240.

[103] 韩志远, 田向平, 刘峰. 珠江磨刀门水道咸潮上溯加剧的原因[J]. 海洋学研究, 2010, 28（2）：52-59.

[104] 何俊仕, 林洪孝. 水资源规划及利用[M]. 北京：中国水利水电出版社, 2006：191-193.

[105] 何治波. 2006—2007 年枯水期珠江骨干水库调度工作回顾[J]. 人民珠江, 2007（6）：1-6.

[106] 胡明罡. 基于遗传算法的梯级水库调度问题的研究[J]. 济南大学学报（自然科学版），2003，17（4）：344-346.

[107] 胡铁松.神经网络与水文水资源——水文预报与水库调度的神经网络理论与应用研究[D]. 成都：成都科技大学，1995.

[108] 胡溪，毛献忠. 珠江口磨刀门水道咸潮入侵规律研究[J]. 水利学报，2012，43（5）：529-536.

[109] 胡振红，沈永明，郑永红，等. 温度和盐度分层流的数值模拟[J]. 水科学进展. 2001，12（4）：439-444.

[110] 胡振鹏，冯尚友. 大系统多目标递阶分析分解-聚合方法[J]. 系统工程学报，1988，（1） .

[111] 黄强，沈晋. 黄河干流水库调度及智能决策支持系统[M]. 西安：陕西科学技术出版社，1996：49-63.

[112] 黄强. 水能利用[M]. 北京：中国水利水电出版社，1981.

[113] 黄守信，方淑秀，等. 两个无水力联系水库的优化调度//优化理论在水库调度中的应用[M]. 长沙：湖南科学技术出版社，1985：85-89.

[114] 黄新华，曾水泉，易绍桢，等. 西江三角洲的咸害问题[J]. 地理学报，1962，28（2）：137-147.

[115] 黄永皓，张勇传. 微分动态规划及回归分析在水库群优化调度中的应用[J]. 水电能源科学，1986，4（4）：315-322.

[116] 贾良文，吴超羽，任杰，等. 珠江口磨刀门枯季水文特征及河口动力过程[J]. 水科学进展，2006，17（1）：82-88.

[117] 江涛，朱淑兰，张强，等. 潮汐河网闸泵联合调度的水环境效应数值模拟[J].水利学报，2011，42（4）：388-395.

[118] 解建仓，索丽生，谈为雄. 水电站水库调度规则校正问题的探讨[J]. 西安理工大学学报，1996，12（3）：226-231.

[119] 雷声隆，覃强荣，郭元裕，等. 自优化模拟及其在南水北调东线工程中的应用[J]. 水利学报，1998，5：1-13.

[120] 雷晓辉，蒋云钟，王浩，等. 分布式水文模型 EasyDHM[M]. 北京：中国水利水电出版社，2010.

[121] 雷晓辉，廖卫红，蒋云钟，等. 分布式水文模型 EasyDHM（Ⅰ）：理论方法[J]. 水利学报，2010，41（7）：786-794.

[122] 李爱玲. 梯级水电站水库群兴利随机优化调度数学模型与方法研究[J]. 水利学报，1998（5）：71-74.

[123] 李春初. 中国南方河口过程与演变规律[M]. 北京：科学出版社，2004.

[124] 李会安，黄强，等. 黄河干流上游梯级水量实时调度自优化模拟模型研究[J]. 水力发电学报，2000，70（3）：55-61.

[125] 李嘉，李克锋，等. 流场和浓度场三维计算的数学模型与验证[J]. 中国水力学，2000，9：527-534.

[126] 李钰心. 水资源系统运行调度[M]. 北京：中国水利水电出版社，1996：86-157.

[127] 李毓湘，逄勇. 珠江三角洲地区河网水动力学模型研究[J]. 水动力学研究与进展，2001（6）：143-155.

[128] 李志勤. 水库水动力学特性及污染物运动研究与应用[D]. 四川大学，2005.

[129] 林宝新，苏锡祺. 平原河网闸群防洪体系的优化调度[J]. 浙江大学学报（自然科学版），1996，30（6）：652-663.

[130] 刘涵. 水库优化调度新方法研究[D]. 西安，西安理工大学，2006：45-80.

[131] 刘桦，吴卫，何友声，等. 长江口水环境数值模拟研究——水动力数值模拟[J]. 水动力学研究与进展（A 辑），2000，15（1）：18-30.

[132] 刘攀，郭生练，雒征，等. 求解水库优化调度问题的动态规划-遗传算法[J]. 武汉大学学报（工学版），2007，40（5）：1-6.

[133] 刘志敏，黄国如，高时友. 珠江河口压咸补淡枯季调水的物理模型研究[J]. 人民珠江，2009：27-28.

[134] 卢陈，袁丽蓉，高时友，等. 潮汐强度与咸潮上溯距离试验[J]. 水科学进展，2013，24（2）：251-257.

[135] 鲁子林. 水库群调度网络分析法[J]. 华东水利学院学报，1983，11（4）：35-48.

[136] 罗强，宋朝红，雷声隆. 水库调度自优化模拟技术的最优域[J]. 水能源科学，2002，9：47-50.

[137] 罗翔宇，贾仰文，王建华，等. 基于 DEM 与实测河网的流域编码方法[J]. 水科学进展，2006，17（2）：259-264.

[138] 马福喜. 一个新紊流模式的检验及其应用[J]. 水科学进展，1997，8（2）：142-147.

[139] 马光文，王黎. 遗传算法在水电站优化调度中的应用[J]. 水科学进展，1997，8（3）：257-280.

[140] 马跃先，原文林，王利卿，等. 水库优化调度的最小弃水模型研究[J]. 中国农村水利水电，2006，3：22-24.

[141] 毛汉礼，甘子钧，兰淑芳. 长江冲淡水及其混合问题的初步探讨[J]. 海洋与湖沼，1963，5（3）：183-204.

[142] 毛睿，黄刘生，徐大杰. 淮河中上游库群联合优化调度算法及并行实现[J]. 小型微型计算机系统，2000，21（6）：603-607.

[143] 茅志昌，沈焕庭，徐彭令. 长江河口咸潮入侵规律及淡水资源利用[J]. 地理学报，2000，55（2）：243-250.

[144] 闵涛，周孝德. 污染物一维非恒定扩散逆过程反问题的数值求解[J]. 西安理工大学学报，2003，19（1）：1-5.

[145] 倪浩清. 湍流模型在浮力回流中的应用与其发展[J]. 水动力学研究与进展（A 辑），1994，9（6）：651-665.

[146] 欧素英. 珠江三角洲咸潮活动的空间差异性分析[J]. 地理科学，2009，29（1）：89-92.

[147] 潘理中，苗孝芳. 水电站水库优化调度研究的若干进展［J］. 水文，1999，6：37-40.

[148] 裘杏莲，汪同庆，戴国瑞，等. 调度函数与分区控制规则相结合的优化调度模式研究[J]. 武汉水利电力大学学报，1994，27（4）：382-387.

[149] 任德记，陈洋波. 水库群隐随机优化调度最优决策规律研究[J]. 水力发电，2002，1：57-61.

[150] 任杰，刘宏坤，贾良文，等. 磨刀门水道盐度混合层化机制[J]. 水科学进展，2012，23（5）：715-720.

[151] 邵东国，郭元裕，沈佩君. 自优化模拟技术的最优性与收敛性[J]. 水利学报，1995，10：15-22.

[152] 邵东国. 跨流域调水工程规划调度决策研究[D]. 武汉：武汉水利电力大学，1994.

[153] 沈焕庭，茅志昌，朱建荣. 长江河口盐水入侵[M]. 北京：海洋出版社，2003：2-4.

[154] 沈佩君，邵东国，郭元裕. 跨流域调水工程优化规划混合模拟模型研究[J]. 系统工程学报，1992，7（2）：43-52.

[155] 施熙灿，林翔岳，等. 考虑保证率约束的马氏决策规划在水库优化调度中的应用[J]. 水力发电学报，1982（2）：11-21.

[156] 石磊. 一个关于河口及浅海的三维分步杂交模型[J]. 青岛海洋大学学报，1996，26（4）：396-404.

[157] 是勋刚. 湍流直接数值模拟的进展与前景[J]. 水动力学研究与进展 A（辑），1992，7（1）：103-109.

[158] 宋涛，黄焕坤. 飞来峡水库为珠三角压咸补淡调度有关问题的分析[J]. 广东水利水电，2007：39-41.

[159] 宋志尧，茅丽华. 长江口盐水入侵研究[J]. 水资源保护，2002（3）：27-30.

[160] 宋志尧. 海岸河口3D水流垂向级数解模型[D]. 河海大学，1998.

[161] 苏波，刘吉，冯业荣，等. 磨刀门咸潮中的风效应初探[J]. 人民珠江，2012（4）：21-25.

[162] 孙文心. 物理海洋数值计算 [M]. 郑州：河南科技出版社，1992.

[163] 谭维炎，黄守信，等. 应用随机动态规划进行水电站水库的优化调度[J]. 水利学报，1982（7）：1-7.

[164] 唐成友，官学文，张世明. 现代中长期水文预报方法及其应用[M]. 北京：中国水利水电出版社，2008.

[165] 万俊，陈惠源. 水电站群优化调度分解协调—聚合分解符合模型研究[J]. 水利发电学报，1996，2：41-50.

[166] 王敬. 综合利用水库优化调度模型研究[J]. 郑州工业大学学报，2001（3）：71-73.1.

[167] 王超俊，张鸣冬. 三峡水库调度运行对长江口咸水入侵的影响分析[J]. 三峡工程研讨，1994（4）：44-48.

[168] 王金文，王仁权，张勇传，等. 逐次逼近随机动态规划及库群优化调度研究[J]. 人民长江，2002，33（11）：45-47.

[169] 王少波，解建仓，孔珂. 自适应遗传算法在水库优化调度中的应用[J]. 水利学报，2006，37（4）：58-62.

[170] 王义刚,等. 三峡工程对长江口盐水入侵和航道的影响分析研究//第八届全国海岸工程学术讨论会暨 1997 年海峡两岸港口及海岸开发研讨会论文集[C]. 北京：海洋出版社.

[171] 王志良，潘文学. 混沌蚁群算法在水库优化调度中的应用[J]. 水利与建筑工程学报，2007，5（4）：31-34.

[172] 魏炳乾，夏双喜，内岛邦秀，等. 感潮河段弯道水流的水里特性[J]. 水动力学研究与进展，2007，22（1）：68-75.

[173] 魏凤英. 现代气候统计诊断预测技术[M]. 北京：气象出版社，1999.

[174] 闻平，陈晓宏，刘斌，等. 磨刀门水道咸潮入侵及其变异分析[J]. 水文，2007，27（3）：65-67.

[175] 闻平，等. 磨刀门水道咸潮入侵及其变异分析[J]. 水文，2007，27（3）：65-67.

[176] 吴寿红. 河网非恒定流四级解算法[J]. 水利学报，1985（8）：42-50.

[177] 吴修广，沈永明，等. 非正交曲线坐标下水流和污染物扩散输移的数值模拟[J]. 中国工程科学，2003，5（2）：57-61.

[178] 武新宇. 不确定环境下水电系统多维优化理论和应用[D]. 大连：大连理工大学，2006：86-93.

[179] 肖成猷，沈焕庭. 长江河口盐水入侵影响因子分析[J]. 华东师范大学学报（自然科学版），1998，3：74-80.

[180] 熊怡，张家枕. 中国水文区划[M]. 北京：科学出版社，1993.

[181] 胥加仕，罗承平. 近年来珠江三角洲咸潮活动特点及重点研究领域探讨[J]. 人民珠江，2005（2）：21-23.

[182] 徐刚，马光文，等. 蚁群算法在水库优化调度中的应用[J]. 水科学进展，2005，16（3）：397-400.

[183] 徐慧，欣金彪，等. 淮河流域大型水库联合优化调度的动态规划模型[J]. 水文，2000，20（1）：22-25.

[184] 薛青山，罗强，邵东国. 单一水库调度自优化模拟技术决策域的最优性[J]. 中国农村水利水电，2009，9：1-3.

[185] 杨桂山，朱季文. 全球海平面上升对长江口盐水入侵的影响研究[J]. 中国科学（B 辑），1993，23（1）：69-76.

[186] 杨俊杰，周建中，方仍存，钟建伟. MOPSO 算法及其在水库优化调度中的应用[J]. 计算机工程，2007，18（33）：249-264.

[187] 姚琪，等. 运河水网水量数学模型的研究和应用[J]. 河海大学学报，1991（4）：9-17.

[188] 叶秉如. 水利计算[M]. 北京：水利电力出版社，1985.

[189] 叶秉如，等. 水电站库群的年最优调度优化理论在水库调度中的应用[M]. 长沙：湖南科学技术出版社，1985：65-73.

[190] 叶守泽. 水文水力计算[M]. 北京：中国水利水电出版社，1992.

[191] 尹小玲. 基于数字流域模型的珠江补淡压咸水库调度研究[D]. 南京：河海大学，2008.

[192] 应铁甫，陈世光. 珠江口伶仃洋咸淡水混合特征[J]. 海洋学报，1983，5（1）：1-10.

[193] 袁丽荣，苏波，余顺超，等. 磨刀门河口瞬时盐度分层状态及其动力分析[J]. 人民珠江，2012（4）：12-18.

[194] 原文林，黄强，王义民，等. 最小弃水模型在梯级水库优化调度中的应用[J]. 水力发电学报，2008，27（3）：16-21.

[195] 翟劭燚，张建云，刘九夫，等. 海河流域近50年降水变化多时间尺度分析[J]. 海河水利，2009（1）：1-3.

[196] 张二骏，等. 河网非恒定流三级联合解法[J]. 华东水利学院学报，1982（1）：1-13.

[197] 张华庆，金生，沈汉笙. 珠江三角洲河网非恒定水沙数学模型研究[J]. 水道港口，2004，3：121-128.

[198] 张济世，刘立昱，程中山，等. 统计水文学[M]. 郑州：黄河水利出版社，2006.

[199] 张建云，王国庆. 气候变化对水文水资源影响研究[M]. 北京：科学出版社，2007.

[200] 张铭，丁毅，袁晓辉，等. 梯级水电站水库群联合发电优化调度[J]. 华中科技大学学报（自然科学版），2006，34（6）：90-92.

[201] 张双虎，黄强，孙廷容. 基于并行组合模拟退火算法的水电站优化调度研究[J]. 水力发电学报，2004，23（4）：16-19.

[202] 张勇传，等. 水电站水库群优化调度方法的研究[J]. 水力发电，1981（11）：48-52.

[203] 张玉新，冯尚友. 多目标动态规划逐次迭算法[J]. 武汉水利电力学院学报，1988（6）：73-81.

[204] 张玉新，冯尚友. 多维决策的多目标动态规划及其应用[J]. 水利学报，1986（7）：1-10.

[205] 龚政. 长江口三维斜压流场及盐度场数值模拟[D]. 南京：河海大学，2002.

[206] 长江口综合开发整治规划要点报告[R]. 水利电力部上海勘测设计院，1988.

[207] 赵慧明，方红卫，何国建，等. 多闸门联合调度的平面二维数学模型[J]. 水动力学研究与进展，2008，23（3）：287-293.

[208] 赵鸣雁，程春田，李刚. 水库群系统优化调度新进展[J]. 水文，2005，25（6）：18-23，61.

[209] 赵人俊. 流域水文模拟[M]. 北京：水利电力出版社，1984.

[210] 周济福，刘青泉，李家春. 河口混合过程的研究[J]. 中国科学（A辑），1999，（9）：36-43.

[211] 周慕逊. 自适应粒子群算法在水库优化调度中的应用研究[J]. 台州学院学报，2007，29（3）：44-48.

[212] 周晓阳，马寅午，张勇传. 梯级水库的参数辨识型优化调度方法—最优调度函数的确定[J]. 水利学报，1999，9：1-19.

[213] 周晓阳，张勇传，马寅午. 水库系统的辨识型优化调度方法[J]. 水力发电学报，2000（2）：74-86.

[214] 朱慧峰，吴今明，邵志刚. 上海市长江口水源地盐水入侵影响及对策研究[J]. 水利经济，2004，22（5）：48-49.

[215] 朱留正，长江口盐水入侵问题[R]. 华东水利学院海工所，1980.

[216] 珠江流域2004—2005年干旱与压咸补淡应急调水[R]. 珠江水利委员会，2005.

[217] 珠江流域2005—2006年干旱及压咸补淡应急调水[R]. 珠江水利委员，2006.

[218] 邹华志、王琳、董延军. 珠江河口磨刀门水道咸潮动力高分辨率三维数值模拟研究[J]. 人民珠江，2012，33（190）：56-60.

[219] 邹华志. 河网、河口及海岸整体联解数值模式及其在珠江口咸潮上溯研究的应用 [D]. 青岛：中国海洋大学，2010.

[220] 左幸，马光文，刘高明. 三角旋回算法及其在水库优化调度中的应用[J]. 水力发电，2006，32（12）：20-22.